大学物理 I

陈秀洪　魏望和　苏未安　/ 主编

北京大学出版社
PEKING UNIVERSITY PRESS

图书在版编目 (CIP) 数据

大学物理. Ⅰ / 陈秀洪，魏望和，苏未安主编. —北京：北京大学出版社，2022. 4
ISBN 978-7-301-32909-2

Ⅰ. ①大… Ⅱ. ①陈… ②魏… ③苏… Ⅲ. ①物理学-高等学校-教材 Ⅳ. ① O4

中国版本图书馆 CIP 数据核字 (2022) 第 035361 号

书　　名 大学物理 Ⅰ
DAXUE WULI Ⅰ
著作责任者 陈秀洪　魏望和　苏未安　主编
责 任 编 辑 刘　啸
标 准 书 号 ISBN 978-7-301-32909-2
出 版 发 行 北京大学出版社
地　　址 北京市海淀区成府路 205 号　100871
网　　址 http://www.pup.cn
电 子 信 箱 zpup@pup.cn
新 浪 微 博 @北京大学出版社
电　　话 邮购部 010-62752015　发行部 010-62750672　编辑部 010-62754271
印 刷 者 北京溢漾印刷有限公司
经 销 者 新华书店
730 毫米 × 980 毫米　16 开本　17.75 印张　364 千字
2022 年 4 月第 1 版　2025 年 1 月第 4 次印刷
定　　价 49.00 元

前言

物理学是一门研究物质的基本结构、相互作用及其最基本、最普遍的运动规律的学科，其研究对象具有普遍性，基本理论及研究方法渗透到了自然科学和应用科学的许多领域，也是工程技术的基础.

“大学物理”是高等院校理工科专业学生的一门必修基础课，其教学目的一方面是让学生系统地掌握物理学的理论知识，另一方面是让学生掌握解决问题的思想和方法，以提高高校所培养人才的素质.

本书是积极响应党的二十大报告关于“实施科教兴国战略，强化现代化建设人才支撑”的重大部署，以“建成教育强国、科技强国、人才强国、文化强国、体育强国、健康中国，国家文化软实力显著增强”为目标指引，以“坚持教育优先发展、科技自立自强、人才引领驱动”为战略方针，主动适应当前教学改革的需求，全面贯彻落实推进基础教育高质量发展的要求，同时兼顾大学和中学物理教学的有效衔接而编写的大学物理教材的第一册. 本书与第二册涵盖了教育部高等学校大学物理课程教学指导委员会制定的教学基本要求的全部内容，在总结我们多年教学经验的基础之上，还汲取了兄弟院校教材的优点.

本书由李玉晓编写第一、二章，李晟编写第三、四章，陈秀洪编写第五、六章，魏望和编写第七、八章，叶坤涛编写第九、十章，最后由苏未安负责全书的统稿工作.本书在编写过程中，得到了江西理工大学的大力支持，尤其是得到了卢敏教授的帮助和指导，在此一并致谢.

由于编者水平有限，书中不妥和疏漏之处在所难免，恳请读者批评指正.

编者

目录

第 1 章

质点运动学

学习目标

• 掌握描述质点运动的 4 个物理量——位矢、位移、速度和加速度，理解这些物理量的矢量性、瞬时性、叠加性和相对性.

• 理解运动方程的物理意义及作用，学会处理两类基本问题的方法：(1) 运用运动方程确定质点的位矢、位移、速度和加速度的方法；(2) 已知质点运动的加速度和初始条件，求速度、运动方程的方法.

• 掌握曲线运动的自然坐标表示法，能计算质点在平面内运动时的速度和加速度，质点做圆周运动时的角速度、角加速度、切向加速度和法向加速度.

• 理解伽利略速度变换式，会求简单的质点相对运动问题，并熟悉经典时空观的特征.

学习物理学，应当遵循一定的规律，找出各物体内在的共同特征，然后由简到繁，推广到千差万别的物质世界中. 因此，我们先从最简单的质点学起.

1.1 质点 参考系 时间和时刻

自然界一切物体都处于永恒运动中，绝对静止不动的物体是不存在的. 机械运动是最简单的一种运动，是物体位置或自身各部分的相对位置发生的变化. 为了便于研究物体的机械运动，我们需要将自然界中的各种运动进行合理的简化，抓住其主要特征.

1.1.1 质点

一切物体都具有大小、形状、质量和内部结构等物质形态，这些物质形态对于研究物体的运动状态有很大影响. 为了使研究简化，我们引进质点这一概念. 所谓质点,是指具有一定质量、没有大小和形状的理想物体. 质点是我们抽象出来的理想的物理模型,具有相对的意义.

质点是相对的、有条件的,并不是所有物体都可以当作质点. 只有当其大小和形状对运动没有影响或影响可以忽略(如其本身的线度远小于其运动路径尺度)时,物体才可以当作质点来处理. 例如,当研究地球围绕太阳公转时,由于日地之间的距离(约 1.5×10^8 km)要比地球的平均半径(约 6.4×10^3 km)大得多,此时地球上各点的公转速度相差很小,可以忽略地球自身尺寸的影响,把它作为质点处理,如图 1-1 所示.

但是,当研究地球自转时,由于地球上各点的速度相差很大. 因此,地球自身的大小和形状不能忽略. 此时,地球不能作为质点处理,如图 1-2 所示. 此时可以把地球无限分割为极小的质元,每个质元都可视为质点,地球的自转就成为无限个质点(即质点系)的运动的总和.

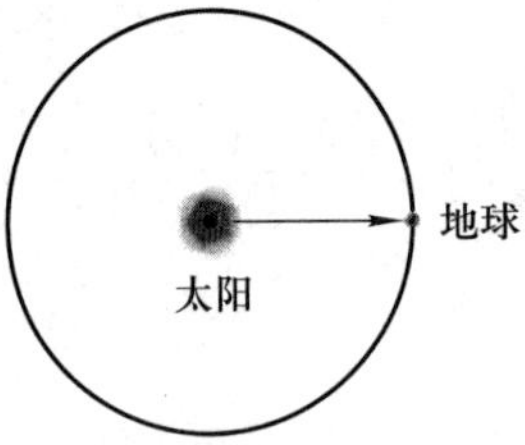

图 1-1 公转的地球可以当作质点

图 1-2 自转的地球不可以当作质点

做平动的物体,不论大小、形状如何,其体内任一点的位移、速度和加速度都相同,可以用其质心这个点的运动来概括,即物体的平动可视为质点的运动. 所以,物体是否被视为质点,完全取决于所研究问题的性质.

1.1.2 参考系和坐标系

运动是绝对的,自然界中绝对静止的物体是不存在的,大到星系,小到电子等基本粒子,都处于永恒运动之中. 因此,要描述一个物体的机械运动,必须选择另外一个物体或者系统进行参考,被选作参考的物体或系统称为参考系. 如果物体相对于参考系的位置在变化,则表明物体相对于该参考系在运动;如果物体相对于参考系的位置不变,则表明物体相对于该参考系是静止的. 同一物体相对于不同的参考系,运动状态可以不同. 研究和描述物体运动,只有在选定参考系后才能进行.

在运动学中,参考系的选择可以是任意的,但如何选择参考系,必须从具体情况来考虑,主要视问题的性质及研究是否方便而定. 例如,一个星际火箭在刚发射时,主要研究它相对于地面的运动,所以应把地球选作参考系. 但是,当火箭进入绕太阳运行的轨道时,为研究方便,则应将太阳选作参考系. 研究物体在地面上的运动,选地面作为参考系最方便. 例如,观察坐在飞机里的乘客,若以飞机为参考系来看,乘客是静止的,而以地面为参考系来看,乘客则在运动. 因此,选择参考系是研究问题的关键之一.

建立参考系后,为了定量地描述运动物体相对于参考系的位置,我们还需要运用数学手段,在参考系上建立合适的坐标系. 选取合适的坐标系可以使得物理问题简化,数学表达更为简洁. 直角坐标系、极坐标系、球坐标系、柱坐标系以及自然坐标系是我们最常用的坐标系.

1.1.3 时间和时刻

一个过程对应的时间间隔称为时间. 而某个时间点,即某个瞬间称为时刻. 例如,两个时刻 t_2 和 t_1 之差 $\Delta t = t_2 - t_1$ 是时间.

1.2 位矢 位移 速度 加速度

描述机械运动,不仅要有反映物体位置变化的物理量,也要有反映物体位置变化快慢的物理量. 下面一一介绍.

1.2.1 位矢 位移 速度 加速度

质点的位置可以用一个矢量来确定,如图 1-3 所示. 要想描述 P 点在空间的位置,可以先确定一个参考点 O,再由 O 到 P 作有向线段$\overrightarrow{OP}$,$\overrightarrow{OP}$称为质点的位置矢量,简称位矢,常记为 $\boldsymbol{r}$. 位矢的大小为 P 点到参考点 O 的距离,方向规定为由参考点 O 指向 P 点.

设 P,Q 为质点运动轨迹上任意两点. t_1 时刻,质点位于 P 点,t_2 时刻,质点位于 Q 点,则在时间 $\Delta t = t_2 - t_1$ 内,质点位矢的长度和方向都发生了变化. 质点位置的变化可用从 P 到 Q 的有向线段$\overrightarrow{PQ}$来表示,有向线段$\overrightarrow{PQ}$称为在 Δt 时间内质点的位移矢量,简称位移,记为 $\Delta \boldsymbol{r}$. 由图 1-4 可以看出,$\boldsymbol{r}_Q = \boldsymbol{r}_P + \Delta \boldsymbol{r}$,即 $\Delta \boldsymbol{r} = \boldsymbol{r}_Q - \boldsymbol{r}_P$. 显然,$\Delta s$ 是质点由 P 到 Q 所走过的路程.

应当注意:位移是表示质点位置变化的物理量,它只表示位置变化的实际效果,并非质点经历的路程. 如图 1-4 所示,位移是有向线段$\overrightarrow{PQ}$,是矢量,它的量值

$|\Delta \boldsymbol{r}|$是割线 PQ 的长度. 而路程是曲线 PQ 的长度 Δs,是标量. 当质点经历一个闭合路径回到起点时,其位移是零,而路程不为零. 只有当时间 Δt 趋近于零时,才可认为$|\Delta \boldsymbol{r}|$与 Δs 相等.

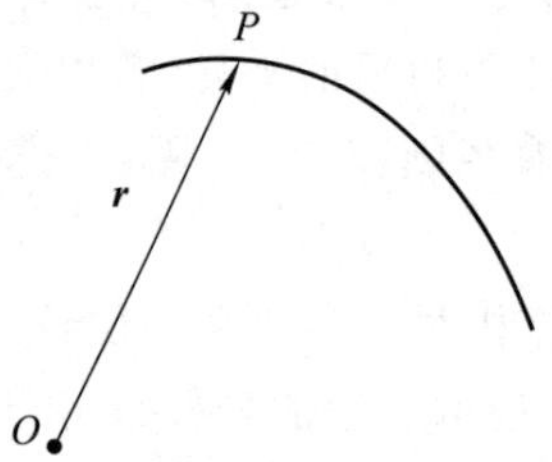

图 1-3　位矢

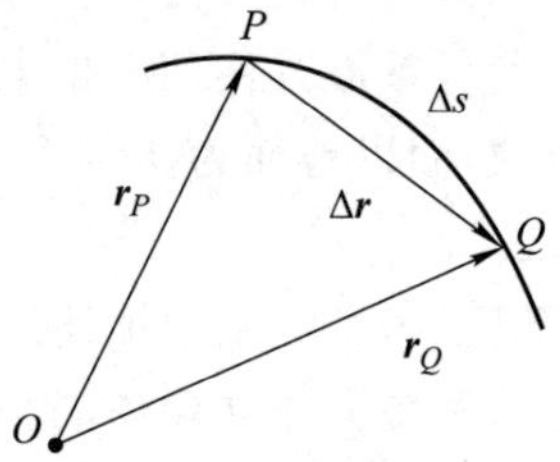

图 1-4　位移

若质点在 Δt 时间内的位移为 $\Delta \boldsymbol{r}$,则定义 $\Delta \boldsymbol{r}$ 与 Δt 的比值为质点在这段时间内的平均速度,记为 $\bar{\boldsymbol{v}}=\dfrac{\Delta \boldsymbol{r}}{\Delta t}$.

由于 $\Delta \boldsymbol{r}$ 是矢量,Δt 是标量,所以平均速度 $\bar{\boldsymbol{v}}$ 也是矢量,且与 $\Delta \boldsymbol{r}$ 方向相同. 此外,把路程 Δs 和 Δt 的比值称作质点在时间 Δt 内的平均速率. 平均速率是标量,等于质点在单位时间内通过的路程,而不考虑其运动的方向. 要说明的是,在一些不会引起混淆地方,人们习惯于将速率也称为速度,本书在后面一些章节中也是如此.

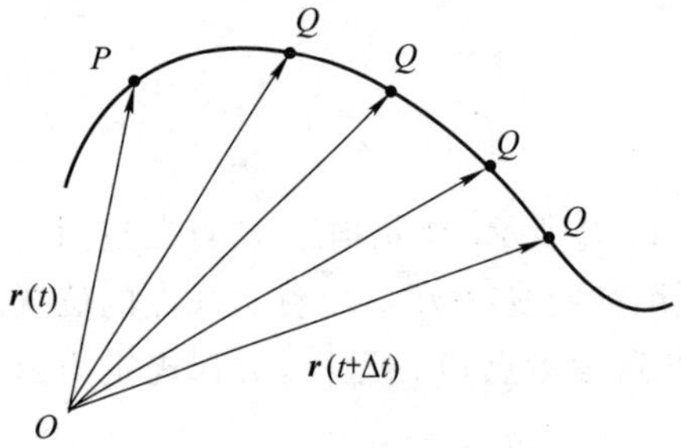

图 1-5　速度推导用图

如图 1-5 所示,当 $\Delta t \to 0$ 时,Q 点将向 P 点无限靠拢,此时,平均速度的极限值叫作瞬时速度,简称速度,即

$$\boldsymbol{v}=\lim_{\Delta t \to 0}\frac{\boldsymbol{r}(t+\Delta t)-\boldsymbol{r}(t)}{\Delta t}=\lim_{\Delta t \to 0}\frac{\Delta \boldsymbol{r}}{\Delta t}=\frac{\mathrm{d}\boldsymbol{r}}{\mathrm{d}t}. \tag{1-1}$$

速度是矢量,其方向为 $\Delta t \to 0$ 时位移 $\Delta \boldsymbol{r}$ 的极限方向,即它沿着轨道上质点所在的切线并指向质点前进的方向.

$\Delta t \to 0$ 时,$\Delta \boldsymbol{r}$ 的量值$|\Delta \boldsymbol{r}|$和 Δs 相等,此时瞬时速度的大小 $v=\left|\dfrac{\mathrm{d}\boldsymbol{r}}{\mathrm{d}t}\right|$等于质点在 P 点的瞬时速率$\dfrac{\mathrm{d}s}{\mathrm{d}t}$.

由于速度是矢量. 因此,无论是速度的大小还是方向发生改变,都代表速度发生了改变. 为了表征速度的变化,人们引进了加速度的概念. 加速度是描述质点速度的大小和方向随时间变化快慢的物理量.

如图 1-6 所示，t 时刻，质点位于 P 点，其速度为 $\boldsymbol{v}(t)$，在 $t+\Delta t$ 时刻，质点位于 Q 点，其速度为 $\boldsymbol{v}(t+\Delta t)$，则在时间 Δt 内，质点的速度增量为 $\Delta\boldsymbol{v}=\boldsymbol{v}(t+\Delta t)-\boldsymbol{v}(t)$. 定义质点在这段时间内的平均加速度为

$$\bar{\boldsymbol{a}}=\frac{\Delta\boldsymbol{v}}{\Delta t}. \tag{1-2}$$

平均加速度也是矢量，方向与速度增量的方向相同.

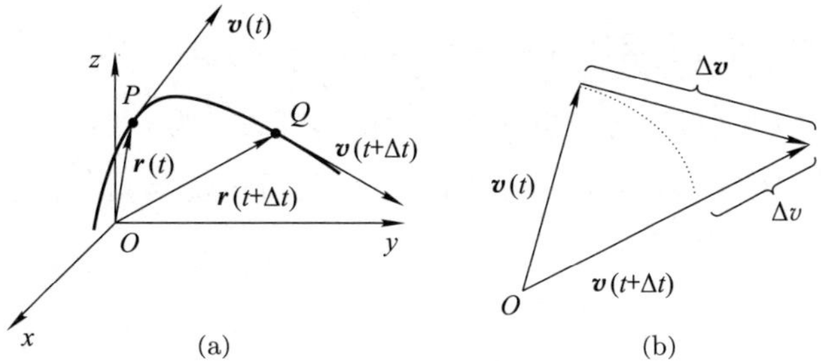

图 1-6 加速度

$\Delta t\to 0$ 时，平均加速度的极限值叫作瞬时加速度，简称加速度，即

$$\boldsymbol{a}=\lim_{\Delta t\to 0}\frac{\Delta\boldsymbol{v}}{\Delta t}=\frac{\mathrm{d}\boldsymbol{v}}{\mathrm{d}t}=\frac{\mathrm{d}^2\boldsymbol{r}}{\mathrm{d}t^2}. \tag{1-3}$$

加速度方向为当 Δt 趋近于零时，速度增量的极限方向. 由于速度增量的方向一般不同于速度的方向，所以加速度与速度的方向一般不同. 这是因为，加速度 $\boldsymbol{a}$ 不仅可以反映速度大小的变化，也可以反映速度方向的变化. 在直线运动中，加速度和速度虽然在同一直线上，但速度和加速度之间的夹角可能是 0°（速率增加时），即同向，也可能是 180°（速率减小时），即反向.

从图 1-7 可以看出，当质点做曲线运动时，加速度的方向总是指向曲线的凹侧. 如果速率是增加的，则 $\boldsymbol{a}$ 和 $\boldsymbol{v}$ 之间成锐角，如图 1-7(a)所示；如果速率是减小的，则 $\boldsymbol{a}$ 和 $\boldsymbol{v}$ 之间成钝角，如图 1-7(b)所示；如果速率不变，则 $\boldsymbol{a}$ 和 $\boldsymbol{v}$ 之间成直角，如图 1-7(c)所示.

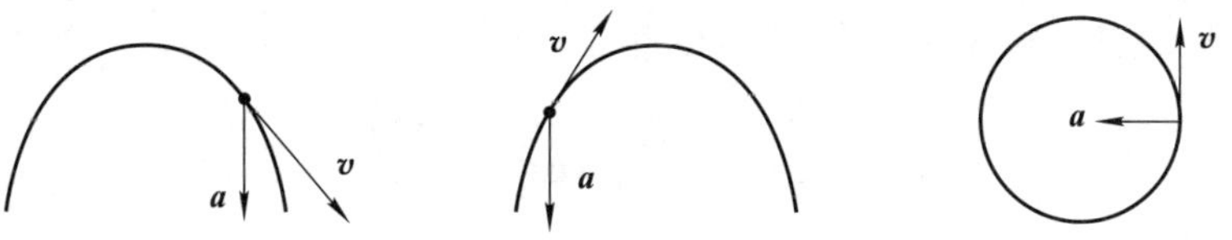

(a) $\boldsymbol{a}$ 和 $\boldsymbol{v}$ 之间成锐角　(b) $\boldsymbol{a}$ 和 $\boldsymbol{v}$ 之间成钝角　(c) $\boldsymbol{a}$ 和 $\boldsymbol{v}$ 之间成直角

图 1-7 曲线运动中速度和加速度的方向

1.2.2 直角坐标系

在直角坐标系下，设某时刻 P 点所在的位置的坐标为 (x,y,z)，$\boldsymbol{i},\boldsymbol{j}$ 和 $\boldsymbol{k}$ 为沿 Ox,Oy 和 Oz 轴的单位矢量，如图 1－8 所示. 显然，位矢

$$\boldsymbol{r}=x\boldsymbol{i}+y\boldsymbol{j}+z\boldsymbol{k}, \tag{1-4}$$

其中 x,y,z 称为 $\boldsymbol{r}$ 的分量. 位矢的大小可由关系式 $r=|\boldsymbol{r}|=\sqrt{x^2+y^2+z^2}$ 得到. 位矢在各坐标轴的方向余弦是 $\cos\alpha=\frac{x}{r},\cos\beta=\frac{y}{r},\cos\gamma=\frac{z}{r}$.

同理，如图 1－9 所示，直角坐标系下的位移可表示为

$$\Delta\boldsymbol{r}=(x_Q-x_P)\boldsymbol{i}+(y_Q-y_P)\boldsymbol{j}+(z_Q-z_P)\boldsymbol{k}, \tag{1-5}$$

亦可表示为

$$\Delta\boldsymbol{r}=\Delta x\boldsymbol{i}+\Delta y\boldsymbol{j}+\Delta z\boldsymbol{k}.$$

位移的大小

$$|\Delta\boldsymbol{r}|=\sqrt{\Delta x^2+\Delta y^2+\Delta z^2}. \tag{1-6}$$

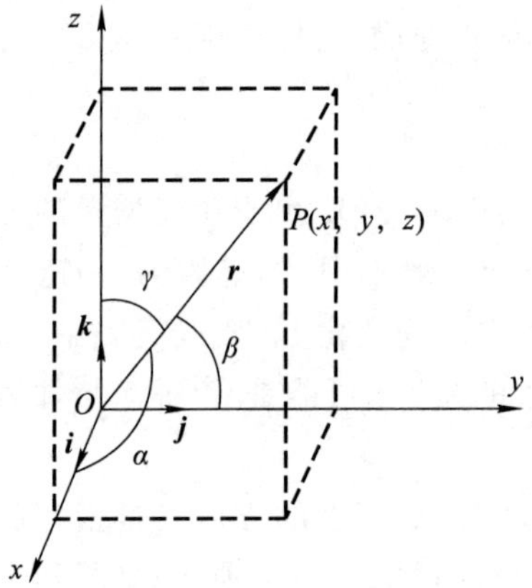

图 1－8 直角坐标系下的位矢

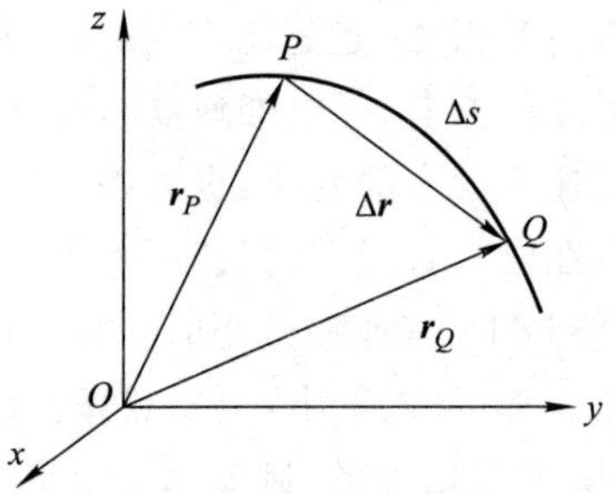

图 1－9 直角坐标系下的位移

将位移的表达式代入平均速度，可得

$$\bar{\boldsymbol{v}}=\frac{\Delta\boldsymbol{r}}{\Delta t}=\frac{\Delta x}{\Delta t}\boldsymbol{i}+\frac{\Delta y}{\Delta t}\boldsymbol{j}+\frac{\Delta z}{\Delta t}\boldsymbol{k}. \tag{1-7}$$

速度也可写成

$$\boldsymbol{v}=\frac{\mathrm{d}x}{\mathrm{d}t}\boldsymbol{i}+\frac{\mathrm{d}y}{\mathrm{d}t}\boldsymbol{j}+\frac{\mathrm{d}z}{\mathrm{d}t}\boldsymbol{k}=v_x\boldsymbol{i}+v_y\boldsymbol{j}+v_z\boldsymbol{k}, \tag{1-8}$$

即其三个分量

$$v_x=\frac{\mathrm{d}x}{\mathrm{d}t},\quad v_y=\frac{\mathrm{d}y}{\mathrm{d}t},\quad v_z=\frac{\mathrm{d}z}{\mathrm{d}t}. \tag{1-9}$$

速度的大小为

$$v=|\boldsymbol{v}|=\sqrt{v_x^2+v_y^2+v_z^2}. \tag{1-10}$$

同理,设加速度在 3 个坐标轴上的分量分别为 a_x,a_y,a_z,则

$$a_x=\frac{\mathrm{d}v_x}{\mathrm{d}t}=\frac{\mathrm{d}^2x}{\mathrm{d}t^2},\quad a_y=\frac{\mathrm{d}v_y}{\mathrm{d}t}=\frac{\mathrm{d}^2y}{\mathrm{d}t^2},\quad a_z=\frac{\mathrm{d}v_z}{\mathrm{d}t}=\frac{\mathrm{d}^2z}{\mathrm{d}t^2}. \tag{1-11}$$

加速度 $\boldsymbol{a}$ 可写为

$$\boldsymbol{a}=a_x\boldsymbol{i}+a_y\boldsymbol{j}+a_z\boldsymbol{k}, \tag{1-12}$$

其大小为

$$a=|\boldsymbol{a}|=\sqrt{a_x^2+a_y^2+a_z^2}. \tag{1-13}$$

1.2.3 质点的运动方程

当质点相对于参考点运动时,用来确定质点位置的位矢 $\boldsymbol{r}$ 将随时间 t 变化. 也就是说,质点位置是时间 t 的函数. 在直角坐标系中,这个函数可以表示为

$$x=x(t),\quad y=y(t),\quad z=z(t), \tag{1-14a}$$

或

$$\boldsymbol{r}(t)=x(t)\boldsymbol{i}+y(t)\boldsymbol{j}+z(t)\boldsymbol{k}. \tag{1-14b}$$

式(1-14a)或式(1-14b)叫作质点的运动方程. 知道了运动方程,我们就可以确定任意时刻质点的位置,从而确定质点的运动. 例如,斜抛运动方程为

$$x=x_0+v_0t\cos\theta,\quad y=y_0+v_0t\sin\theta-\frac{1}{2}gt^2.$$

从质点的运动方程(式(1-14a))中消去 t,便会得到质点的轨迹方程. 如果轨迹是直线,就叫作直线运动;如果轨迹是曲线,就叫作曲线运动.

实际情况中,大多数质点所参与的运动并不是单一的,而是同时参与了两个或者多个运动,此时总的运动为各个独立运动的合成,称为运动叠加原理,或称为运动的独立性原理.

1.2.4 质点运动学的两类基本问题

运动学中要解决的基本问题通常有以下两种:

(1) 已知质点的运动方程,求轨迹方程和质点的速度以及加速度. 这类问题只须按定义对时间求导数即可求解.

(2) 已知质点运动的加速度和初始条件,求其速度和运动方程,或已知质点运动的速度和初始条件,求运动方程. 这类问题要应用积分求解.

下面将用具体例子来说明以上两类问题的计算方法.

【例 1 - 1】 已知质点的运动方程 $x=3t,y=6-2t^2$(国际单位制),求:

(1) 质点的轨迹方程;

(2) $t_1=1$ 到 $t_1=2$ 内的 $\Delta\boldsymbol{r}$,Δr 和 $\bar{\boldsymbol{v}}$;

(3) $t_1=1$ 和 $t_1=2$ 两时刻的速度 $\boldsymbol{v}_1$ 和 $\boldsymbol{v}_2$.

(在国际单位制中,时间以秒(s)为单位,长度以米(m)为单位,以后不再一一说明)

解:(1) 从运动方程中消去参量 t,得轨迹方程为

$$y=6-\frac{2}{9}x^2.$$

(2) 质点的位矢

$$\boldsymbol{r}=x\boldsymbol{i}+y\boldsymbol{j}=3t\boldsymbol{i}+(6-2t^2)\boldsymbol{j}.$$

分别令 $t=1$ 和 2,得

$$\boldsymbol{r}_1=3\boldsymbol{i}+4\boldsymbol{j},\quad \boldsymbol{r}_2=6\boldsymbol{i}-2\boldsymbol{j},$$

所以

$$\begin{aligned}\Delta\boldsymbol{r}&=\boldsymbol{r}_2-\boldsymbol{r}_1=(x_2-x_1)\boldsymbol{i}+(y_2-y_1)\boldsymbol{j}\\&=3\boldsymbol{i}-6\boldsymbol{j},\\\Delta r&=r_2-r_1=\sqrt{6^2+(-2)^2}-\sqrt{3^2+4^2}\\&\approx 1.32,\\\bar{\boldsymbol{v}}&=\frac{\Delta\boldsymbol{r}}{\Delta t}=\frac{3\boldsymbol{i}-6\boldsymbol{j}}{1}=3\boldsymbol{i}-6\boldsymbol{j}.\end{aligned}$$

(3) 由

$$\boldsymbol{v}=\frac{\mathrm{d}\boldsymbol{r}}{\mathrm{d}t}=3\boldsymbol{i}-4t\boldsymbol{j},$$

代入 t 的值,得

$$\boldsymbol{v}_1=3\boldsymbol{i}-4\boldsymbol{j},$$
$$\boldsymbol{v}_2=3\boldsymbol{i}-8\boldsymbol{j}.$$

【例 1 - 2】 已知质点做匀加速直线运动,加速度为 a,求该质点的运动方程.

解:本题属于已知速度或加速度求运动方程,应采用积分法.

由定义 $\boldsymbol{a}=\frac{\mathrm{d}\boldsymbol{v}}{\mathrm{d}t}$,可知 $\mathrm{d}\boldsymbol{v}=\boldsymbol{a}\,\mathrm{d}t$. 对于做直线运动的质点,可直接采用标量形式

$$\mathrm{d}v=a\,\mathrm{d}t.$$

设 $t=0$ 时,$v=v_0$,由对上式两端的积分

$$\int_{v_0}^{v}\mathrm{d}v=\int_0^t a\,\mathrm{d}t,$$

可得

$$v=v_0+at.$$

又设 $t=0$ 时，$x=x_0$，对速度的定义式

$$\frac{\mathrm{d}x}{\mathrm{d}t}=v=v_0+at$$

两端积分，得到运动方程

$$x=x_0+v_0t+\frac{1}{2}at^2.$$

【例 1-3】 已知一质点的运动方程为 $\boldsymbol{r}=t^2\boldsymbol{i}+2t\boldsymbol{j}$（国际单位制），求：

(1) 质点在 $t=1$ 至 $t=3$ 时间内的位移；

(2) $t=1$ 时质点速度的大小和方向.

解：(1) 把时间 $t=1$ 和 $t=3$ 分别代入运动方程，可得两时刻质点的位矢分别为

$$\boldsymbol{r}_1=\boldsymbol{i}+2\boldsymbol{j},$$
$$\boldsymbol{r}_3=9\boldsymbol{i}+6\boldsymbol{j}.$$

质点的位移为

$$\Delta\boldsymbol{r}=\boldsymbol{r}_3-\boldsymbol{r}_1=9\boldsymbol{i}+6\boldsymbol{j}-(\boldsymbol{i}+2\boldsymbol{j})=8\boldsymbol{i}+4\boldsymbol{j}.$$

(2)根据运动方程，可得速度表达式为

$$\boldsymbol{v}=\frac{\mathrm{d}\boldsymbol{r}}{\mathrm{d}t}=2t\boldsymbol{i}+2\boldsymbol{j}.$$

代入 t 的值，得 $t=1$ 时质点的速度为

$$\boldsymbol{v}_1=2\boldsymbol{i}+2\boldsymbol{j},$$

速度的大小为

$$v_1=\sqrt{2^2+2^2}=2\sqrt{2},$$

方向与 x 轴正向夹角为

$$\alpha=\arccos\frac{v_{1x}}{v_1}=\arccos\frac{2}{2\sqrt{2}}=\arccos\frac{\sqrt{2}}{2}=45°.$$

1.3 自然坐标系 圆周运动

1.3.1 自然坐标系中的速度和加速度

在质点的平面曲线运动中，当已知运动轨道时，常用自然坐标系描述质点的位置、路程、速度和加速度. 如图 1-10 所示，在运动质点的轨迹曲线上任取一点作为坐标原点 O，规定从 O 点起沿轨迹的某一方向量得轨迹的长度 s 取正值，这个方向成为自然坐标的正向，反之为负向，s 取负值. 这样，曲线长度 s（s 为标量）就可唯一

确定质点在空间的位置,并称 s 为质点 P 的自然坐标,

$$s=s(t). \tag{1-15}$$

设 t 时刻质点处于 P 点,在质点上作相互垂直的两个坐标轴,其单位矢量为 $\boldsymbol{e}_\tau$ 和 $\boldsymbol{e}_n$. $\boldsymbol{e}_\tau$ 沿轨道的切向并指向质点前进方向,$\boldsymbol{e}_n$ 沿轨道法向并指向轨道凹侧. 由于切向和法向坐标随质点沿轨道的运动而变换位置和方向,通常称这种坐标系为自然坐标系.

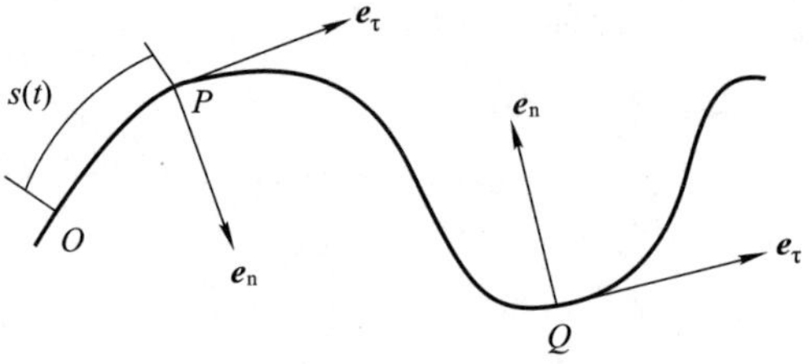

图 1-10　自然坐标系

当质点经过 Δt 时间从 P 点运动到 Q 点时,Δt 时间内质点经过的路程为

$$\Delta s=s(t+\Delta t)-s(t). \tag{1-16}$$

我们定义质点在 t 时刻沿轨道运动的瞬时速率为

$$v=\lim_{\Delta t\to 0}\frac{\Delta s}{\Delta t}=\frac{\mathrm{d}s}{\mathrm{d}t}. \tag{1-17}$$

考虑到 $\Delta t\to 0$ 时,$|\mathrm{d}\boldsymbol{r}|=\mathrm{d}s$,$v=\dfrac{\mathrm{d}s}{\mathrm{d}t}=\dfrac{|\mathrm{d}\boldsymbol{r}|}{\mathrm{d}t}=\left|\dfrac{\mathrm{d}\boldsymbol{r}}{\mathrm{d}t}\right|=|\boldsymbol{v}|$,则在自然坐标系中,质点的速度可表示为

$$\boldsymbol{v}=\frac{\mathrm{d}s}{\mathrm{d}t}\boldsymbol{e}_\tau=v\boldsymbol{e}_\tau. \tag{1-18}$$

由加速度的定义,有

$$\boldsymbol{a}=\frac{\mathrm{d}}{\mathrm{d}t}(v\boldsymbol{e}_\tau)=\frac{\mathrm{d}v}{\mathrm{d}t}\boldsymbol{e}_\tau+v\frac{\mathrm{d}\boldsymbol{e}_\tau}{\mathrm{d}t}, \tag{1-19}$$

其中 $\dfrac{\mathrm{d}v}{\mathrm{d}t}\boldsymbol{e}_\tau$ 表明质点速率的变化率,表示速度大小的变化,而方向沿切向,称为切向加速度 $\boldsymbol{a}_\tau$,即

$$\boldsymbol{a}_\tau=\frac{\mathrm{d}v}{\mathrm{d}t}\boldsymbol{e}_\tau=\frac{\mathrm{d}^2 s}{\mathrm{d}t^2}\boldsymbol{e}_\tau. \tag{1-20}$$

下面借助几何方法来分析 $\dfrac{\mathrm{d}\boldsymbol{e}_\tau}{\mathrm{d}t}$. 如图 1-11(a)所示,当时间间隔 Δt 足够小时,

路程 Δs 可以看作半径为 ρ 的一段圆弧. 设 t 时刻质点在 P 点,切向单位矢量为 $\boldsymbol{e}_\tau(t)$,$t+\Delta t$ 时刻质点运动到 Q 点,切向单位矢量为 $\boldsymbol{e}_\tau(t+\Delta t)$,$\Delta\boldsymbol{e}_\tau=\boldsymbol{e}_\tau(t+\Delta t)-\boldsymbol{e}_\tau(t)$. 当 $\Delta t\to 0$ 时,Q 趋近于 P,由图 1-11(b)可见 $|\Delta\boldsymbol{e}_\tau|=|\boldsymbol{e}_\tau|\Delta\theta$. 因为 $|\boldsymbol{e}_\tau|=1$,所以 $|\Delta\boldsymbol{e}_\tau|=\Delta\theta$. 又因为 $\Delta t\to 0$ 时,$\Delta\theta$ 越来越小,$\Delta\boldsymbol{e}_\tau(t)$ 的方向趋近于垂直 $\boldsymbol{e}_\tau(t)$ 的方向,即 $\boldsymbol{e}_\text{n}$ 方向,有

$$\frac{\mathrm{d}\boldsymbol{e}_\tau}{\mathrm{d}t}=\lim_{\Delta t\to 0}\frac{\Delta\boldsymbol{e}_\tau}{\Delta t}=\lim_{\Delta t\to 0}\frac{\Delta\theta}{\Delta t}\boldsymbol{e}_\text{n}. \tag{1-21}$$

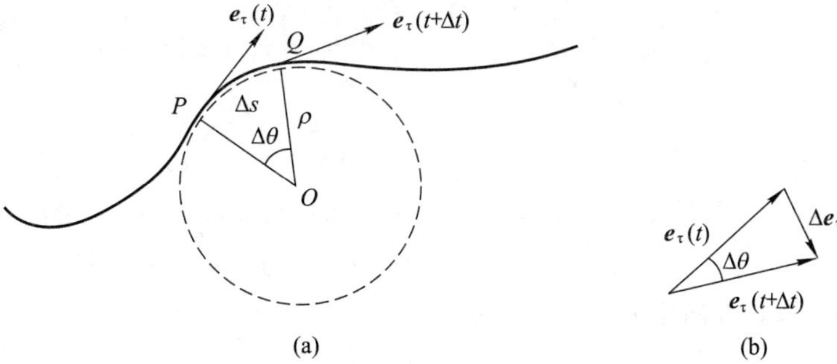

图 1-11 自然坐标系中的 $\boldsymbol{a}_\tau$ 和 $\boldsymbol{a}_\text{n}$

如图 1-11(a)所示,有 $\Delta\theta=\dfrac{\Delta s}{\rho}$. 代入式(1-21),有

$$\frac{\mathrm{d}\boldsymbol{e}_\tau}{\mathrm{d}t}=\lim_{\Delta t\to 0}\frac{\Delta s}{\rho\Delta t}\boldsymbol{e}_\text{n}=\frac{1}{\rho}\frac{\mathrm{d}s}{\mathrm{d}t}\boldsymbol{e}_\text{n}=\frac{v}{\rho}\boldsymbol{e}_\text{n},$$

则式(1-19)右边第二项的方向沿 $\boldsymbol{e}_\text{n}$,与第一项切向加速度垂直,称为法向加速度,记为 $\boldsymbol{a}_\text{n}$,

$$\boldsymbol{a}_\text{n}=v\frac{\mathrm{d}\boldsymbol{e}_\tau}{\mathrm{d}t}=\frac{v^2}{\rho}\boldsymbol{e}_\text{n}. \tag{1-22}$$

因此,加速度为

$$\boldsymbol{a}=\boldsymbol{a}_\tau+\boldsymbol{a}_\text{n}=\frac{\mathrm{d}v}{\mathrm{d}t}\boldsymbol{e}_\tau+\frac{v^2}{\rho}\boldsymbol{e}_\text{n}. \tag{1-23}$$

加速度的大小为

$$a=\sqrt{a_\tau^2+a_\text{n}^2}=\sqrt{\left(\frac{v^2}{\rho}\right)^2+\left(\frac{\mathrm{d}v}{\mathrm{d}t}\right)^2}, \tag{1-24}$$

加速度方向与切线方向的夹角为 $\alpha=\arctan\dfrac{a_\text{n}}{a_\tau}$.可见,$\boldsymbol{a}_\tau$ 反映速度大小的变化,$\boldsymbol{a}_\text{n}$ 反映速度方向的变化.

1.3.2　圆周运动

研究圆周运动具有重要意义. 圆周运动就是曲率半径不变的曲线运动，即 $\rho=R$，R 为常量的运动. 由于质点运动速度的方向一定沿着轨迹的切线方向，因此，自然坐标系中可将速度表示为

$$\boldsymbol{v}=\frac{\mathrm{d}s}{\mathrm{d}t}\boldsymbol{e}_\tau=v\boldsymbol{e}_\tau.$$

加速度同样可表示为

$$\boldsymbol{a}=\boldsymbol{a}_\tau+\boldsymbol{a}_\mathrm{n}=\frac{\mathrm{d}v}{\mathrm{d}t}\boldsymbol{e}_\tau+\frac{v^2}{R}\boldsymbol{e}_\mathrm{n}. \tag{1-25}$$

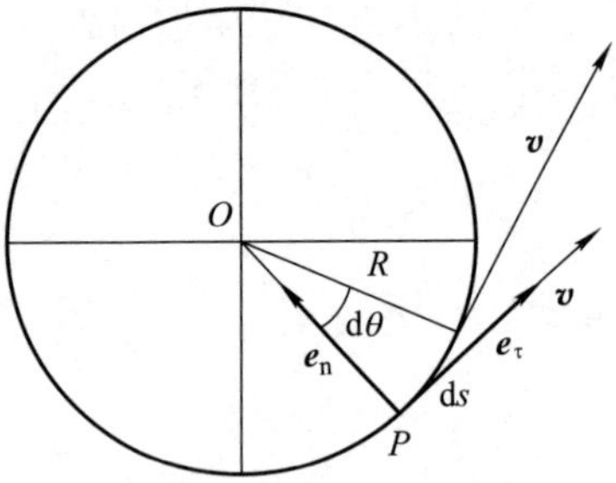

图 1－12　变速圆周运动的加速度

如图 1－12 所示，质点做变速圆周运动时，其速度的大小和方向都在变，但仍指向运动轨迹的切向方向. 此时，加速度并不指向圆心，其方向由 $\boldsymbol{a}_\tau$ 和 $\boldsymbol{a}_\mathrm{n}$ 决定：

$$\boldsymbol{a}=\boldsymbol{a}_\tau+\boldsymbol{a}_\mathrm{n}.$$

1.3.3　匀速圆周运动的加速度

质点做匀速圆周运动时，其速度大小不变，方向时刻在变，但始终指向运动轨迹的切向方向. 加速度永远沿着半径指向圆心，只改变速度的方向. 这种加速度称为向心加速度，其大小为

$$|\boldsymbol{a}|=\frac{v^2}{R}.$$

1.3.4　圆周运动的角量描述

质点做圆周运动时，除了线量，还可以用角量来描述其运动. 角量有角位置、角位移、角速度和角加速度等.

如图 1－13 所示，设一质点在平面 Oxy 内绕原点做圆周运动. $t=0$ 时，质点位于$(x,0)$处，选择 x 轴正向为参考方向. t 时刻，质点位于 P 点，圆心到 P 点的连线（即半径 OP）与 x 轴正向之间的夹角为 θ. 定义 θ 为此时质点的角位置. 经过时间 Δt 后，质点到达 Q 点，半径 OQ 与 x 轴正向之间的夹角为 $\theta+\Delta\theta$，即在 Δt 时间内，质点转过的角度为 $\Delta\theta$，定义 $\Delta\theta$ 为质点对于圆心 O 的角位移. 角位置和角位移不但有大小，而且有方向，一般规定逆时针转动方向为正方向，反之为负方向.

当 $\Delta\theta\to0$ 时，$\mathrm{d}\theta$ 可以当作一个矢量，写作 $\mathrm{d}\boldsymbol{\theta}$，其方向与转动方向符合右手螺旋关系，如图 1－14 所示. 角位置和角位移常用的单位为弧度(rad).

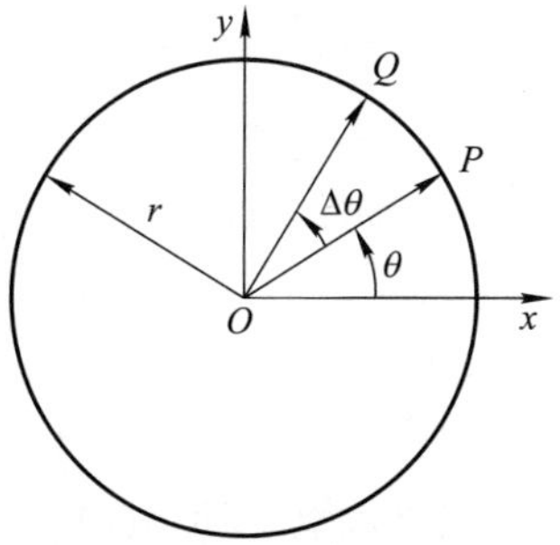

图 1-13 角位置和角位移

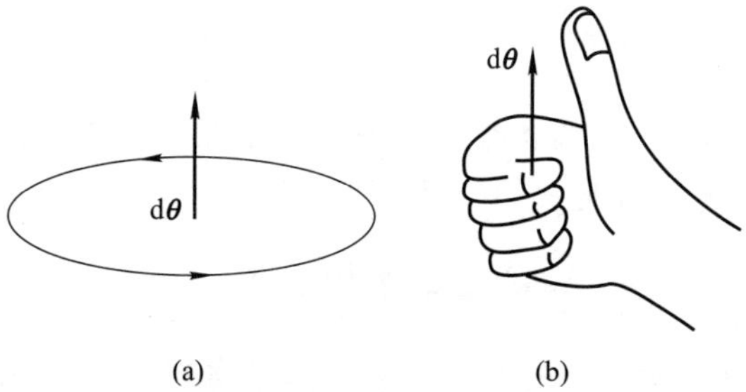

图 1-14 角位移矢量

角位移 $\Delta\theta$ 与时间 Δt 的比值，叫作 Δt 时间内质点对圆心 O 的平均角速度，用符号"$\bar{\omega}$"表示：

$$\bar{\omega}=\frac{\Delta\theta}{\Delta t}.$$

当 $\Delta t\to 0$ 时，上式的极限值叫作该时刻质点对圆心 O 的瞬时角速度，简称角速度，用符号"$\boldsymbol{\omega}$"表示：

$$\boldsymbol{\omega}=\lim_{\Delta t\to 0}\frac{\Delta\boldsymbol{\theta}}{\Delta t}=\frac{\mathrm{d}\boldsymbol{\theta}}{\mathrm{d}t}. \tag{1-26}$$

角速度的数值为角位移 $\mathrm{d}\boldsymbol{\theta}$ 随时间的变化率. 在这里，值得注意的是 $\boldsymbol{\omega}$ 和 $\mathrm{d}\boldsymbol{\theta}$ 是同方向的矢量，与转动方向成右手螺旋关系. 由于角位置和角位移的单位为弧度(rad)，所以角速度的单位为弧度每秒(rad/s).

同理，可以得出角加速度的定义. 角加速度 $\boldsymbol{\beta}$ 为角速度 $\boldsymbol{\omega}$ 随时间的变化率：

$$\boldsymbol{\beta}=\frac{\mathrm{d}\boldsymbol{\omega}}{\mathrm{d}t}, \tag{1-27}$$

其方向为角速度变化的方向，单位为弧度每二次方秒($\mathrm{rad/s^2}$).

对于平面圆周运动，$\mathrm{d}\boldsymbol{\theta}$，$\boldsymbol{\omega}$ 和 $\boldsymbol{\beta}$ 都只有两个方向，故可以将它们作为标量处理.

从以上式子可以看出：若 β 等于零，则质点做匀速圆周运动；若 β 不等于零但为常数，则质点做匀变速圆周运动；若 β 随时间变化，则质点做一般的圆周运动. 质点做匀变速圆周运动时的角速度、角位移与角加速度的关系式为

$$\begin{aligned}\omega&=\omega_0+\beta t,\\ \theta-\theta_0&=\omega_0 t+\beta t^2/2,\\ \omega^2&=\omega_0^2+2\beta(\theta-\theta_0).\end{aligned} \tag{1-28}$$

与质点做匀变速直线运动的几个关系式

$$v = v_0 + at,$$
$$x - x_0 = v_0 t + at^2/2, \quad (1-29)$$
$$v^2 = v_0^2 + 2a(x - x_0)$$

相比较可知,两者数学形式完全相同. 这说明用角量描述,可把平面圆周运动转化为一维运动形式,从而简化问题.

1.3.5 线量和角量的关系

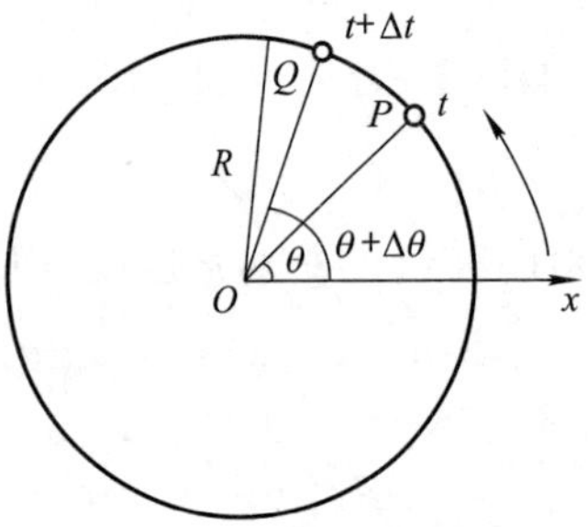

图 1-15 线量和角量的关系

如图 1-15 所示,一质点做圆周运动,在 Δt 时间内,质点的角位移为 $\Delta\theta$,则 P,Q 间的有向线段与弧将满足

$$\lim_{\Delta t\to 0}|\overrightarrow{PQ}| = \lim_{\Delta t\to 0}\overset{\frown}{PQ}.$$

上式两边同除以 Δt,有

$$\lim_{\Delta t\to 0}\left|\frac{\overrightarrow{PQ}}{\Delta t}\right| = v = \lim_{\Delta t\to 0}\frac{\overset{\frown}{PQ}}{\Delta t} = \lim_{\Delta t\to 0}\frac{R\Delta\theta}{\Delta t} = R\omega.$$

于是,得到速度与角速度之间的量值关系

$$v = R\omega. \quad (1-30)$$

式(1-30)两端对时间求导,得到切向加速度与角加速度大小之间的关系

$$a_\tau = R\beta. \quad (1-31)$$

将速度与角速度的关系代入法向加速度的定义式,得到法向加速度与角速度之间的关系

$$a_n = \frac{v^2}{R} = R\omega^2. \quad (1-32)$$

【例 1-4】 如图 1-16 所示,一质点沿半径为 R 的圆周按规律 $s = v_0 t - bt^2/2$ 运动,v_0,b 都是正的常量. 求:

(1) t 时刻,质点加速度的大小;

(2) t 为何值时,加速度的大小为 b;

(3) 当加速度大小为 b 时,质点沿圆周运行了多少圈.

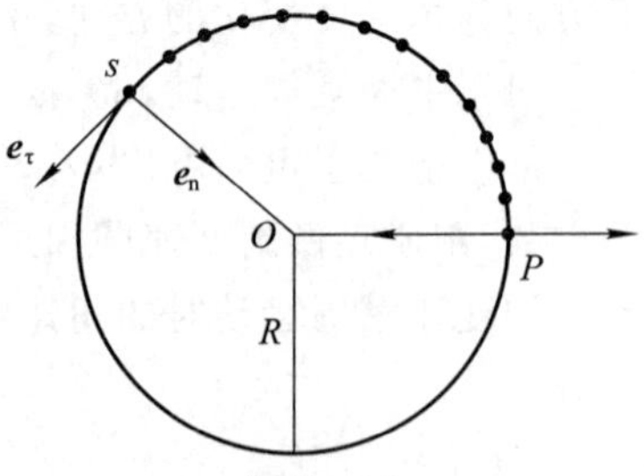

图 1-16

解:如图 1-16 所示,$t=0$ 时,质点位于 $s=0$ 的 P 点处. 在 t 时刻,质点运动到位置 s 处.

(1) t 时刻切向加速度、法向加速度为

$$a_\tau = \frac{\mathrm{d}v}{\mathrm{d}t} = \frac{\mathrm{d}^2 s}{\mathrm{d}t^2} = -b,$$

$$a_\mathrm{n} = \frac{v^2}{R} = \frac{(v_0 - bt)^2}{R}.$$

由此得加速度大小为

$$a = \sqrt{a_\tau^2 + a_\mathrm{n}^2} = \frac{\sqrt{(v_0 - bt)^4 + (bR)^2}}{R}.$$

(2) 令 $a=b$,即

$$a = \frac{\sqrt{(v_0 - bt)^4 + (bR)^2}}{R} = b,$$

可得

$$t = v_0/b.$$

(3) 当 $a=b$ 时,$t=v_0/b$,由此可求得质点历经的弧长为

$$s = v_0 t - bt^2/2 = v_0^2/(2b).$$

它与圆周长之比即为圈数:

$$n = \frac{s}{2\pi R} = \frac{v_0^2}{4\pi R b}.$$

【例 1-5】 一质点沿半径 $R=1$ 的圆做圆周运动,其角位置与时间的关系为 $\theta = -t^2 + 4t$(国际单位制). 求 $t=1$ 时,质点的速度和加速度的大小.

解:先由角位置求出角速度和角加速度的表达式:

$$\omega = \frac{\mathrm{d}\theta}{\mathrm{d}t} = -2t + 4, \quad \beta = \frac{\mathrm{d}\omega}{\mathrm{d}t} = -2.$$

当 $t=1$ 时,

$$v = R\omega = R(-2t+4) = 1 \times (-2+4) = 2,$$

$$a_\tau = R\beta = 1 \times (-2) = -2,$$

$$a_\mathrm{n} = R\omega^2 = 1 \times 2^2 = 4,$$

$$a = \sqrt{a_\tau^2 + a_\mathrm{n}^2} = \sqrt{(-2)^2 + 4^2} = 2\sqrt{5}.$$

1.4 相对运动 伽利略坐标变换

在低速的情况下,一辆汽车沿水平直线先后通过 P,Q 两点,在汽车里的人测得汽车通过此两点的时间为 Δt,在地面上的人测得汽车通过此两点的时间为 $\Delta t'$. 显然,$\Delta t = \Delta t'$,即在两个做相对直线运动的参考系(汽车和地面)中,时间的测量是绝对的,与参考系无关.

同样，在汽车中的人测得的 P，Q 两点的距离，和在地面上的人测得的 P，Q 两点的距离也是完全相等的. 也就是说，在两个做相对直线运动的参考系中，长度的测量也是绝对的，与参考系无关. 时间和长度的绝对性是经典力学的基础. 然而，在经典力学中，运动质点的位移、速度和运动轨迹等却与参考系的选择有关. 例如，在无风的下雨天，在地面上的人看到雨滴的轨迹是竖直向下的，而在车中随车运动的人看到的雨滴的轨迹是沿斜线迎面而来，而且车速越快，他看到的雨滴轨迹越倾斜. 它们之间具有什么关系呢？本节将通过伽利略(Galileo)坐标变换来讨论这方面的问题.

1.4.1 伽利略坐标变换式

设有两个参考系，一个为 K 系，即 $Oxyz$ 坐标系，另一个为 K'系，即 $O'x'y'z'$ 坐标系，两个参考系对应的坐标轴平行. 它们相对做低速的匀速直线运动，相对速度为 $\boldsymbol{v}$. 取 K 系为基本坐标系，则 $\boldsymbol{v}$ 就是 K'系相对于 K 系的速度，为讨论方便，取 $\boldsymbol{v}$ 沿 x 轴方向. $t=0$ 时，坐标原点重合. 对于同一个质点 A，任意时刻在两个坐标系中对应的位矢分别为 $\boldsymbol{r}$ 和 $\boldsymbol{r}'$，如图 1-17 所示. 此时，K'系原点相对 K 系原点的位矢为 $\boldsymbol{R}$. 显然，从图 1-17 可以得出

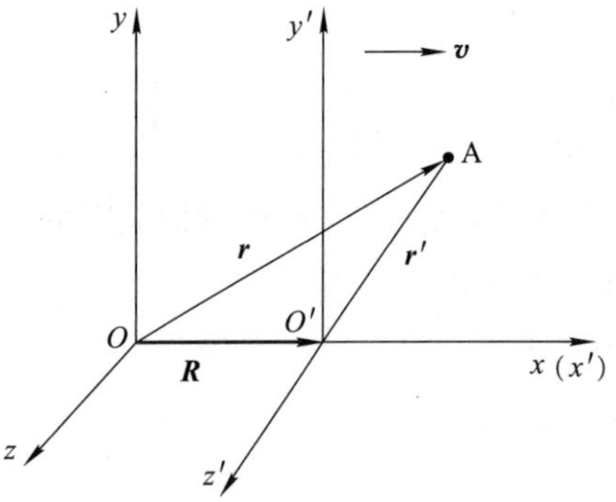

图 1-17 伽利略坐标变换

$$\boldsymbol{r}=\boldsymbol{r}'+\boldsymbol{R}.$$

上述过程所经历的时间，在 K 系中观测为 t，在 K'系中观测为 t'. 经典力学中，时间的测量是绝对的，因此有 $t=t'$. 于是，有

$$\begin{aligned} \boldsymbol{r}' &= \boldsymbol{r}-\boldsymbol{R}=\boldsymbol{r}-\boldsymbol{v}t, \\ t' &= t, \end{aligned} \tag{1-33}$$

或者写成

$$\begin{aligned} x' &= x-vt, \\ y' &= y, \\ z' &= z, \\ t' &= t. \end{aligned} \tag{1-34}$$

式(1-33)和式(1-34)叫作伽利略坐标变换式.

1.4.2 速度变换

以低速的匀速直线运动为例. 一些运动可以看作：质点 A 既参与了 K 系的运动，又参与了 K'系的运动. 设其在两个坐标系中的速度分别为 $\boldsymbol{v}_K$ 和 $\boldsymbol{v}_{K'}$，由速度的定义式可知

$$\boldsymbol{v}_{K'}=\frac{\mathrm{d}\boldsymbol{r}'}{\mathrm{d}t'}=\frac{\mathrm{d}\boldsymbol{r}'}{\mathrm{d}t}=\frac{\mathrm{d}(\boldsymbol{r}-\boldsymbol{v}t)}{\mathrm{d}t}=\boldsymbol{v}_K-\boldsymbol{v},$$

即

$$\boldsymbol{v}_{K'} = \boldsymbol{v}_K - \boldsymbol{v}, \tag{1-35}$$

或者写成

$$v_{K'x} = v_{Kx} - v,$$
$$v_{K'y} = v_{Ky},$$
$$v_{K'z} = v_{Kz}.$$

这就是经典力学中的速度变换公式. 通常为了方便,把质点 A 相对于 K 系的速度 $\boldsymbol{v}_K$ 写成 $\boldsymbol{v}_{AK}$,称为绝对速度;把质点 A 相对于 K'系的速度 $\boldsymbol{v}_{K'}$写成 $\boldsymbol{v}_{AK'}$,称为相对速度;而把 K'系相对于 K 系的速度 $\boldsymbol{v}_K$ 写成 $\boldsymbol{v}_{K'K}$,称为牵连速度(注意下标的顺序). 这样,就可以把式(1-35)写成便于记忆的形式

$$\boldsymbol{v}_{AK} = \boldsymbol{v}_{AK'} + \boldsymbol{v}_{K'K}, \tag{1-36}$$

文字表述为:质点相对于基本(或绝对)参考系的绝对速度,等于质点相对于运动参考系的相对速度与运动参考系相对于基本参考系的牵连速度之和.

例如,在无风的下雨天,地面上的人观测雨滴的速度为 $\boldsymbol{v}_{雨地}$,而在车里面的人观测雨滴的速度为 $\boldsymbol{v}_{雨车}$,车相对于地面的速度为 $\boldsymbol{v}_{车地}$,则有

$$\boldsymbol{v}_{雨地} = \boldsymbol{v}_{雨车} + \boldsymbol{v}_{车地},$$

如图 1-18 所示.

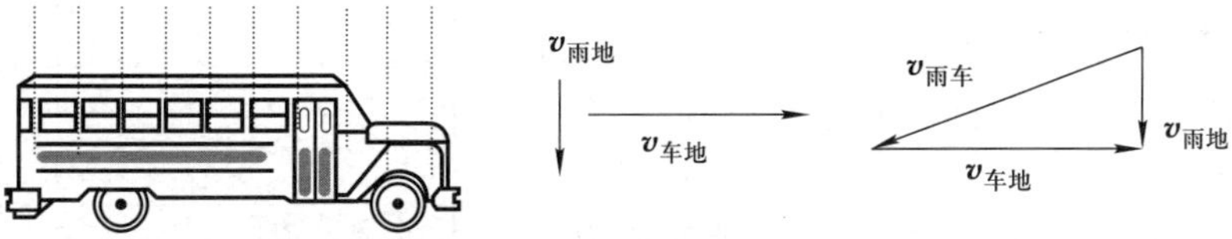

图 1-18 绝对速度、相对速度和牵连速度的关系

注意:低速运动的物体满足速度变换式(1-36),并且可通过实验证实,但对于高速运动的物体(即其速度接近光速),上述变换式失效.

1.4.3 加速度变换

设 K'系相对于 K 系做匀加速直线运动,加速度 $\boldsymbol{a}_0$ 沿 x 方向,且 $t=0$ 时,$\boldsymbol{v}=\boldsymbol{v}_0$,则 K'系相对于 K 系的速度 $\boldsymbol{v}=\boldsymbol{v}_0+\boldsymbol{a}_0 t$. 于是,由式(1-35)对时间 t 求导,可得

$$\frac{\mathrm{d}\boldsymbol{v}_K}{\mathrm{d}t} = \frac{\mathrm{d}\boldsymbol{v}_{K'}}{\mathrm{d}t} + \frac{\mathrm{d}\boldsymbol{v}}{\mathrm{d}t},$$

即

$$\boldsymbol{a}_K = \boldsymbol{a}_{K'} + \boldsymbol{a}_0. \tag{1-37}$$

若两个参考系之间相对做匀速直线运动，则 $\boldsymbol{a}_0=\boldsymbol{0}$，此时 $\boldsymbol{a}_K=\boldsymbol{a}_{K'}$. 这表明：质点的加速度相对于做匀速运动的各个参考系来说是个绝对量.

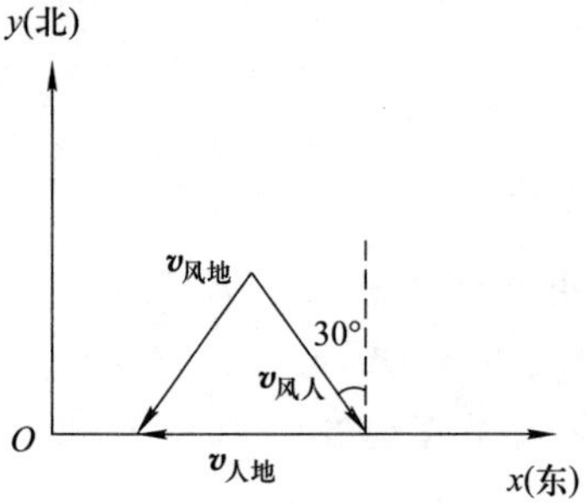

图 1-19

【例 1-6】 某人骑摩托车向西前进，其速率为 10 m/s 时，感觉有风以相同的速率从北偏西 30° 方向吹来，试求风的速度.

解：选择风作为研究对象，骑车人为运动参考系，地面作为绝对参考系，如图 1-19 所示.

设 $\boldsymbol{v}_{风地}$ 是风相对于地的速度，即绝对速度，$\boldsymbol{v}_{风人}$ 是风相对于人的速度，即相对速度，$\boldsymbol{v}_{人地}$ 是人相对于地的速度，即牵连速度，则根据伽利略速度变换公式可以得到

$$\boldsymbol{v}=\boldsymbol{v}_{风地}=\boldsymbol{v}_{风人}+\boldsymbol{v}_{人地}.$$

由图 1—19 中的几何关系，容易得到

$$v_{风地}=10\ \mathrm{m/s},$$

其方向为北偏东 30°.

【例 1-7】 设河面宽 $l=1$ km，河水由北向南流动，流速为 $v=2$ m/s，有一船相对于河水以 $v'=1.5$ m/s 的速率从西岸驶向东岸.

(1) 如果船头与正北方向成 $\alpha=15°$角，船到达对岸要花多少时间？到达对岸时，船在下游何处？

(2) 如果要使船相对于岸走过的路程为最短，船头与河岸的夹角 α 为多大？到达对岸时，船又在下游何处？要花多少时间？

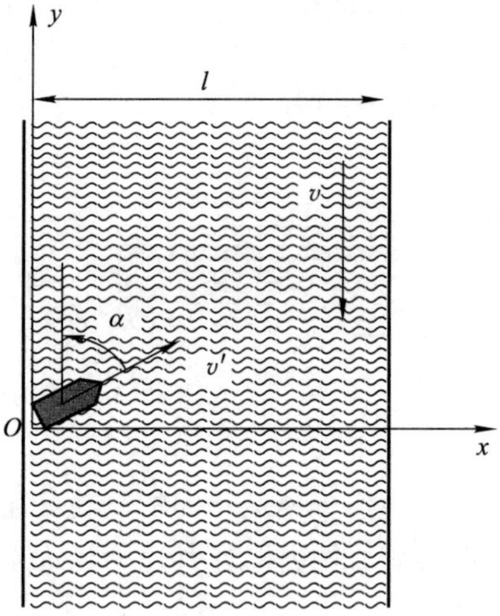

图 1-20

解：建立如图 1-20 所示的坐标系.

(1) 船的速度分量为

$$v_x=v'\sin\alpha=v'\sin 15°,$$

$$v_y=v'\cos\alpha-v=v'\cos 15°-v.$$

船到达对岸要花的时间为

$$t=\frac{l}{v_x}=\frac{l}{v'\sin 15°}=\frac{1000\ \mathrm{m}}{(1.5\ \mathrm{m/s})\times\sin 15°}\approx 2.6\times 10^3\ \mathrm{s}.$$

船到达对岸时，在下游的坐标为

$$y=v_yt=(v'\cos 15°-v)t$$

$$\approx((1.5\ \mathrm{m/s})\times\cos 15°-2\ \mathrm{m/s})\times 2.6\times 10^3\ \mathrm{s}$$

$$\approx -1.4\times 10^3\ \text{m}.$$

（2）船的速度分量为

$$v_x = v'\sin\alpha,\quad v_y = v'\cos\alpha - v.$$

船的运动方程为

$$x = v_x t = v'\sin\alpha t,$$
$$y = v_y t = (v'\cos\alpha - v)t.$$

船到达对岸时

$$x = l,\quad t = \frac{l}{v'\sin\alpha},$$

所以

$$y = (v'\cos\alpha - v)t = (v'\cos\alpha - v)\frac{l}{v'\sin\alpha}$$
$$= l\cot\alpha - \frac{lv}{v'\sin\alpha}.$$

当$\frac{\mathrm{d}y}{\mathrm{d}\alpha}=0$时，$y$取极小值. 将上式对$\alpha$求导，并令$\frac{\mathrm{d}y}{\mathrm{d}\alpha}=0$，求得

$$\cos\alpha = \frac{v'}{v} = \frac{1.5}{2} = 0.75.$$

由此得船头与河岸的夹角约为41.4°. 船到达对岸要花的时间为

$$t = \frac{l}{v_x} = \frac{l}{v'\sin\alpha} = \frac{1000\ \text{m}}{(1.5\ \text{m/s})\times\sqrt{1-\cos^2\alpha}} \approx 1\times 10^3\ \text{s}.$$

船到达对岸时，在下游的坐标为

$$y = v_y t = (v'\cos\alpha - v)t$$
$$\approx ((1.5\ \text{m/s})\times\cos\alpha - 2\ \text{m/s})\times 1\times 10^3\ \text{s} = -875\ \text{m}.$$

习题

一、思考题

1. 质点做曲线运动，$\boldsymbol{r}$表示位矢，$\boldsymbol{v}$表示速度，$\boldsymbol{a}$表示加速度，s表示路程，a_τ表示切向加速度，思考下列表达式的正误：

（1）$\mathrm{d}v/\mathrm{d}t = a$；

（2）$\mathrm{d}r/\mathrm{d}t = v$；

（3）$\mathrm{d}s/\mathrm{d}t = v$；

（4）$|\mathrm{d}\boldsymbol{v}/\mathrm{d}t| = a_\tau$.

2. 思考下列情况是否可能出现：

(1) 物体具有加速度而速度为零;

(2) 物体具有恒定的速率但仍有变化的速度;

(3) 物体具有恒定的速度但仍有变化的速率;

(4) 物体具有沿 x 轴正方向的加速度而有沿 x 轴负方向的速度;

(5) 物体的加速度大小恒定而速度的方向改变.

3. 关于瞬时运动的说法“瞬时速度就是很短时间内的平均速度”是否正确?该如何正确表述瞬时速度的定义?我们是否能按照瞬时速度的定义通过实验测量瞬时速度?

4. 思考下列说法正误:

(1) 运动中物体的加速度越大,速率也越大;

(2) 物体在直线上运动时,如果其向前的加速度减小了,其前进的速度也就减小;

(3) 物体加速度很大但速率不变是不可能的.

5. 设质点的运动方程为 $x=x(t)$,$y=y(t)$. 在计算质点的速度和加速度大小时,有人先求出 $r=\sqrt{x^2+y^2}$,然后根据 $v=\frac{\mathrm{d}r}{\mathrm{d}t}$ 及 $a=\frac{\mathrm{d}^2 r}{\mathrm{d}t^2}$ 求得结果. 又有人先计算速度和加速度的分量,再合成求得结果,即

$$v=\sqrt{\left(\frac{\mathrm{d}x}{\mathrm{d}t}\right)^2+\left(\frac{\mathrm{d}y}{\mathrm{d}t}\right)^2}$$

及

$$a=\sqrt{\left(\frac{\mathrm{d}^2 x}{\mathrm{d}t^2}\right)^2+\left(\frac{\mathrm{d}^2 y}{\mathrm{d}t^2}\right)^2}.$$

你认为哪一种方法正确?两种方法差别何在?

6. 在参考系一定的条件下,质点运动的初始条件的具体形式是否与计时起点和坐标系的选择有关?

7. 某抛体运动的轨迹如图 1-21 所示,请于图中用矢量表示质点在 a,b,c,d,e 各点的速度和加速度.

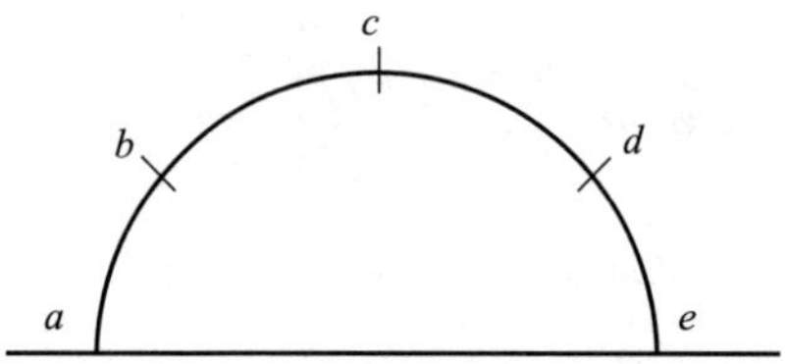

图 1-21

8. 圆周运动中质点的加速度是否一定和速度垂直?非圆周运动中质点的加速度是否一定不与速度垂直?

9. 在利用自然坐标研究曲线运动时,“v_τ”“v”和“$\boldsymbol{v}$”3个符号的含义有什么不同?

10. 试简述伽利略坐标变换所包含的时空观有何特点?

11. 在以恒定速度运动的火车上竖直向上抛出一小物块,此物块能否落回人的手中?如果物块抛出后,火车以恒定加速度前进,结果又将如何?

二、选择题

1. 以下 4 种运动,加速度保持不变的运动是( ).

(A) 单摆运动 (B) 圆周运动 (C) 抛体运动 (D) 匀速率曲线运动

2. 下面的表述中正确的是( ).

(A) 质点做圆周运动,加速度一定与速度垂直

(B) 物体做直线运动,法向加速度必为零

(C) 轨道最弯处法向加速度最大

(D) 某时刻的速率为零,切向加速度必为零

3. 下列情况不可能存在的是(　　).

(A) 速率增大,加速度减小　　(B) 速率减小,加速度增大

(C) 速率不变而有加速度　　(D) 速率增大而无加速度

(E) 速率增大而法向加速度大小不变

4. 质点在 Oxy 平面内做曲线运动,其运动方程为 $x=2t$,$y=19-2t^2$(国际单位制),则质点位矢与速度矢量恰好垂直的时刻为(　　).

(A) 0 s 和 3.16 s　　(B) 1.78 s　　(C) 1.78 s 和 3 s　　(D) 0 s 和 3 s

5. 质点沿半径 $R=1$ m 的圆周运动,某时刻角速度 $\omega=1$ rad/s,角加速度 $\alpha=1$ rad/s^2,则质点速度和加速度的大小为(　　).

(A) 1 m/s, 1 m/s^2　　(B) 1 m/s, 2 m/s^2

(C) 1 m/s, $\sqrt{2}$ m/s^2　　(D) 2 m/s, $\sqrt{2}$ m/s^2

6. 一质点做直线运动,某时刻的瞬时速率 $v=2$ m/s,瞬时加速度 $a=-2$ m/s^2,则 1 s 后质点的速度等于(　　).

(A) 0　　(B) 2 m/s　　(C) -2 m/s　　(D) 不能确定

三、计算与证明题

1. 质点的运动方程为 $\boldsymbol{r}=(2-3t)\boldsymbol{i}+(4t-1)\boldsymbol{j}$(国际单位制),求质点轨迹并用图表示.

2. 在一质点的运动方程分别为 $\boldsymbol{r}=(3+2t)\boldsymbol{i}+5\boldsymbol{j}$ 和 $\boldsymbol{r}=\boldsymbol{i}+4t^2\boldsymbol{j}+t\boldsymbol{k}$(国际单位制)时,求:

(1) 它的速度与加速度;

(2) 它的轨迹方程.

3. 一质点的运动方程为 $x=3t+5$,$y=0.5t^2+3t+4$(国际单位制).

(1) 以 t 为变量,写出位矢的表达式;

(2) 求质点在 $t=4$ 时速度的大小和方向.

4. 某飞机着陆时为尽快停止采用了降落伞制动. 刚着陆,即 $t=0$ 时速度为 v_0 且坐标为 $x=0$. 假设其加速度为 $a=-bv^2$,$b=$常量,并将飞机看作质点,求此质点的运动方程.

5. 一质点从静止开始做直线运动,开始时加速度为 a_0,此后加速度随时间均匀增加,经过时间 τ 后,加速度为 $2a_0$,经过时间 2τ 后,加速度为 $3a_0$,求经过时间 $n\tau$ 后,该质点的速度和走过的距离.

6. 直线运动的高速列车减速进站. 列车原行驶速度为 $v_0=180$ km/h,其速度变化规律如图 1-22 所示. 求列车行驶至 $x=1.5$ km 时加速度的大小.

7. 路灯距地面的高度为 h,一个身高为 l 的人在路上匀速运动,速度为 $\boldsymbol{v}_0$,如图 1-23 所示,求:

(1) 人影中头顶的移动速度;

(2) 影子长度增长的速度.

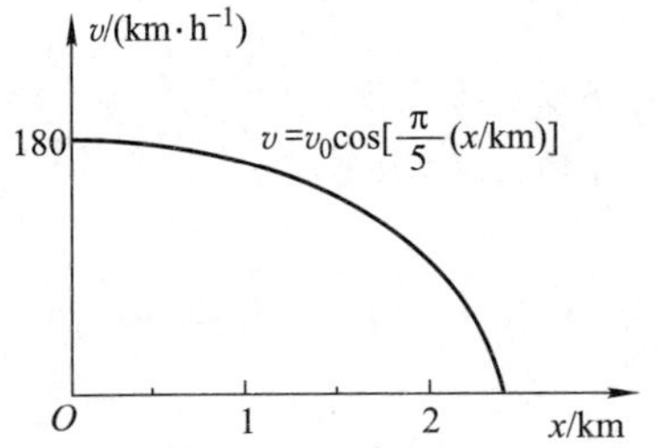

图 1 - 22

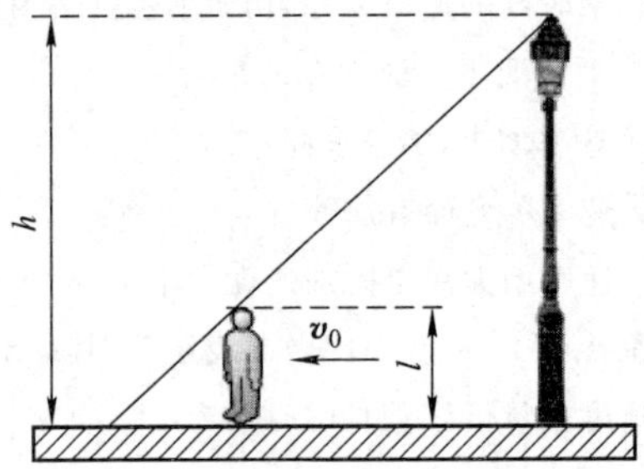

图 1 - 23

8. 在离水面高度为 h 的岸边，有人用绳子拉船靠岸，船在离岸边 s 距离处. 当人以速率 v_0 匀速收绳时，试求船的速率和加速度大小.

9. 一质点自原点开始沿抛物线 $y=bx^2$ 运动(国际单位制)，其在 Ox 轴上的分速度为一恒量 $v_x=4$，求质点位于 $x=2$ 处的速度和加速度.

10. 一质点在半径为 0.1 的圆周上运动，其角位置为 $\theta=2+4t^3$(国际单位制)，求：

(1) $t=2$ 时质点的法向加速度和切向加速度；

(2) 切向加速度的大小恰等于总加速度大小的一半时的 θ 值；

(3) t 为多少时，法向加速度和切向加速度的值相等.

11. 已知一质点做平面曲线运动，运动方程为 $\boldsymbol{r}=2t\boldsymbol{i}+(4-t^2)\boldsymbol{j}$(国际单位制)，试求：

(1) 质点在第 2 s 内的位移；

(2) 质点在 $t=2$ 时的速度和加速度；

(3) 质点的轨迹方程.

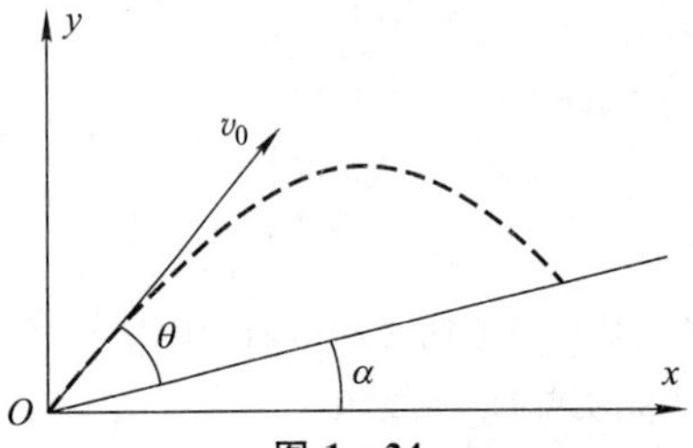

图 1 - 24

12. 一人站在山脚下向山坡上扔石子，石子初速度为 v_0，与山坡夹角为 θ(斜向上)，山坡与水平面成 α 角，如图 1 - 24 所示.

(1) 如不计空气阻力，求石子在山坡上的落地点对山脚的距离 s；

(2) 如果 α 值与 v_0 值一定，θ 取何值时 s 最大？并求出最大值 $s_{\max}$.

13. 一运动质点的位置与时间的关系为 $x=10t^2-5t$(国际单位制)，试求：

(1) 质点的速度和加速度与时间的关系，以及初速度的大小和方向；

(2) 质点在原点左边最远处的位置；

(3) 何时 $x=0$，此时质点的速度是什么.

14. 设从某一点 O 以同样的速率，在同一竖直面内沿不同方向同时抛出几个物体，试证：在任意时刻，这几个物体总是散落在某个圆周上.

15. 当一列火车以 36 km/h 的速率向东行驶时，相对于地面匀速竖直下落的雨滴，在列车的窗子上形成的雨迹与竖直方向成 30° 角，试求：

（1）雨滴相对于地面的水平分速度和相对于列车的水平分速度；

（2）雨滴相对于地面的速率和相对于列车的速率.

第2章

牛顿运动定律

学习目标

- 熟练掌握牛顿运动定律的基本内容及适用条件.
- 熟练掌握用隔离法分析物体的受力情况,能用微积分方法求解变力作用下的简单质点动力学问题.
- 理解常见力的种类及特点.
- 了解惯性系、非惯性系及惯性力的特点.

在上一章中,我们讨论了质点的运动学,本章我们将继续探讨关于运动的话题.本章属于动力学的范畴,通过对牛顿三大定律的介绍,研究物体的运动和物体间相互作用的联系,从而阐明物体运动状态发生变化的原因.

图2-1　牛顿

牛顿(Newton,1643—1727,见图2-1)是英国物理学家、数学家、天文学家和自然哲学家.他在1687年出版的《自然哲学的数学原理》里,对万有引力和三大运动定律进行了描述.这些描述奠定了此后三个世纪里物理世界的科学观点,并成为现代工程学的基础.他通过论证开普勒(Kepler)行星运动定律与他的引力理论间的一致性,展示了地面物体与天体运动都遵循着相同的自然定律,从而消除了对日心说的最后一丝疑虑,并推动了科学革命.在力学上,牛顿阐明了动量和角动量守恒的原理.在光学上,他发明了反射式望远镜,并基于对三棱镜将白光分解成可见光谱的观察,发展出了颜色的理论.他还系统地表述了冷却定律,并研究了音速.在数学方面,牛顿与莱布尼茨(Leibniz)分享了发展出微积分学的荣誉.他也证明了广义二项式定理,提出了"牛顿法"以趋近函数的零点,并为幂级数的研究做出了贡献.

2.1 牛顿运动定律

牛顿运动定律是经典物理大厦的支柱. 研究牛顿运动定律,将有助于我们深刻地理解经典物理的思想,以便更好地解决宏观物体的运动问题.

1687 年,牛顿在《自然哲学的数学原理》中提出了三条运动定律,后被称为牛顿第一、第二和第三定律.

2.1.1 牛顿第一定律

古希腊哲学家亚里士多德(Aristotle)认为:必须有力作用在物体上,物体才能运动,没有力的作用,物体就要静止下来. 这种看法深信“力是产生和维持物体运动的原因”. 它与人们日常生活中的一些粗略经验相符合,使得不少人认为它是对的. 直到 17 世纪,意大利科学家伽利略在一系列实验后指出:运动物体之所以会停下来,恰恰是因为它受到了某种外力的作用. 如果没有外力的作用,物体将会以恒定的速度一直运动下去. 笛卡儿(Descartes)等人又在伽利略研究的基础上进行了更深入的研究,也得出结论:如果运动的物体不受任何力的作用,不仅速度大小不变,而且运动方向也不会变,将沿原来的方向匀速运动下去.

牛顿总结了伽利略等人的研究成果,概括出一条重要的物理定律,称作牛顿第一定律:任何物体都要保持静止或者匀速直线运动状态,直到有外力迫使它改变运动状态为止.

牛顿第一定律表明:一切物体都有保持其运动状态的性质. 这种性质叫作惯性. 因此,牛顿第一定律也称为惯性定律,它是经典物理学的基础之一.

牛顿第一定律还阐明,外力,也就是其他物体的作用才是改变物体运动状态的原因. 不可能有物体完全不受力,所以牛顿第一定律是理想化抽象思维的产物,不能简单地用实验加以验证. 但是,从定律得出的一切推论,都经受住了实践的检验.

一切物体的运动只有相对于某个参考系才有意义. 如果在某个参考系中观察,物体不受力时能保持匀速直线运动或者静止状态,即在此参考系中惯性定律成立,这个参考系就称为惯性参考系,简称惯性系.

值得注意的是,并非任何参考系都是惯性系. 相对某惯性系静止或做匀速直线运动的参考系也是惯性系,而相对某惯性系做加速运动的参考系则是非惯性系. 参考系是否为惯性系,只能根据观察和实验的结果来判断. 在力学中,通常把太阳参考系认为是惯性系. 在一般精度范围内,地球和静止在地面上的任一物体可近似地看作惯性系.

2.1.2 牛顿第二定律

中学时都学过动量的概念，物体的质量 m 和其运动速度 $\boldsymbol{v}$ 的乘积叫作物体的动量，用符号"$\boldsymbol{p}$"表示. $\boldsymbol{p}$ 是矢量，其方向与速度的方向一致：

$$\boldsymbol{p}=m\boldsymbol{v}. \tag{2-1}$$

牛顿第二定律的内容是：物体的动量 $\boldsymbol{p}$ 随时间的变化率应当等于作用于物体的合外力 $\boldsymbol{F}\ \left(=\sum_i \boldsymbol{F}_i\right)$. 其数学表达式为

$$\boldsymbol{F}=\frac{\mathrm{d}\boldsymbol{p}}{\mathrm{d}t}=\frac{\mathrm{d}(m\boldsymbol{v})}{\mathrm{d}t}. \tag{2-2a}$$

物体运动的速度远小于光速时，其质量可以认为是常量，此时式(2-2a)可写成

$$\boldsymbol{F}=m\frac{\mathrm{d}\boldsymbol{v}}{\mathrm{d}t}=m\boldsymbol{a}. \tag{2-2b}$$

这就是我们中学时学过的牛顿运动定律的形式，即：在受到外力作用时，物体所获得的加速度与外力成正比，与物体的质量成反比. 通常将式(2-2a)和式(2-2b)称为牛顿第二定律的微分形式.

在直角坐标系中，式(2-2b)可以沿坐标轴分解，写成如下形式：

$$\boldsymbol{F}=m\frac{\mathrm{d}v_x}{\mathrm{d}t}\boldsymbol{i}+m\frac{\mathrm{d}v_y}{\mathrm{d}t}\boldsymbol{j}+m\frac{\mathrm{d}v_z}{\mathrm{d}t}\boldsymbol{k},$$

即

$$\boldsymbol{F}=ma_x\boldsymbol{i}+ma_y\boldsymbol{j}+ma_z\boldsymbol{k}. \tag{2-2c}$$

在各个方向上，有

$$F_x=ma_x,\quad F_y=ma_y,\quad F_z=ma_z.$$

在自然坐标系下，式(2-2b)又可写成

$$\boldsymbol{F}=m\boldsymbol{a}=m(\boldsymbol{a}_\tau+\boldsymbol{a}_\mathrm{n})=m\frac{\mathrm{d}v}{\mathrm{d}t}\boldsymbol{e}_\tau+m\frac{v^2}{\rho}\boldsymbol{e}_\mathrm{n}, \tag{2-2d}$$

此时

$$F_\tau=m\frac{\mathrm{d}v}{\mathrm{d}t}=m\frac{\mathrm{d}s^2}{\mathrm{d}t^2},\quad F_\mathrm{n}=m\frac{v^2}{\rho}.$$

式(2-2)是牛顿第二定律的数学表达式，或者叫作牛顿力学的质点动力学方程. 应当指出的是，在质点高速运动的情况下，质量 m 将不再是常量，而是依赖于速率 v 的物理量 $m(v)$.

在应用牛顿第二定律时需要注意以下问题：

(1) 瞬时关系. 当物体(质量一定)所受外力发生突然变化时，作为由力决定的加速度的大小和方向也要同时发生突变，而当合外力为零时，加速度同时为零，加速度与合外力同时产生、同时变化、同时消失. 牛顿第二定律是一个瞬时对应的规

律,表明了力的瞬间效应.

(2) 矢量性. 力和加速度都是矢量,物体加速度的方向由物体所受合外力的方向决定. 牛顿第二定律数学表达式 $\boldsymbol{F}=m\boldsymbol{a}$ 中,等号不仅表示左右两边数值相等,也表示方向一致,即物体加速度的方向与所受合外力的方向相同.

(3) 叠加性(或力的独立性原理). 某一方向的力只产生该方向的加速度,而与其他方向的受力及运动无关. 当几个外力同时作用于物体时,其合力 $\boldsymbol{F}$ 所产生的加速度 $\boldsymbol{a}$ 与每个外力 $\boldsymbol{F}_i$ 所产生的加速度的矢量和是一样的.

(4) 适用范围. 牛顿第二定律适用于惯性参考系、质点及低速平动的宏观物体.

(5) 对于质量的理解. 质量是惯性的量度. 物体不受外力时保持运动状态不变. 一定外力作用时,物体的质量越大,加速度就越小,运动状态越难改变,物体的质量越小,加速度就越大,运动状态越容易改变. 因此,在这里质量又叫作惯性质量.

2.1.3 牛顿第三定律

牛顿第三定律又称为作用力与反作用力定律. 两个物体之间的作用力 $\boldsymbol{F}$ 和反作用力 $\boldsymbol{F}'$ 总是同时在同一条直线上,大小相等、方向相反,且分别作用在两个物体上. 其数学表述为

$$\boldsymbol{F}=-\boldsymbol{F}'. \tag{2-3}$$

在运用牛顿第三定律时需要注意的是:这两个力总是成对出现、同时存在、同时消失,没有主次之分. 当一个力为作用力时,另一个力即为反作用力,且这两个力一定属于同一性质的力. 例如,图 2-2 中悬挂木板和重物之间的作用力与反作用力均为拉力,而重物和地球之间的作用力与反作用力均为引力(不考虑地球运动影响),分别作用在两个物体上,不能相互抵消.

牛顿第三定律反映了力的物质性. 力是物体之间的相互作用,作用于一物体,必然会同时反作用于另一物体,离开物体谈力是没有意义的.

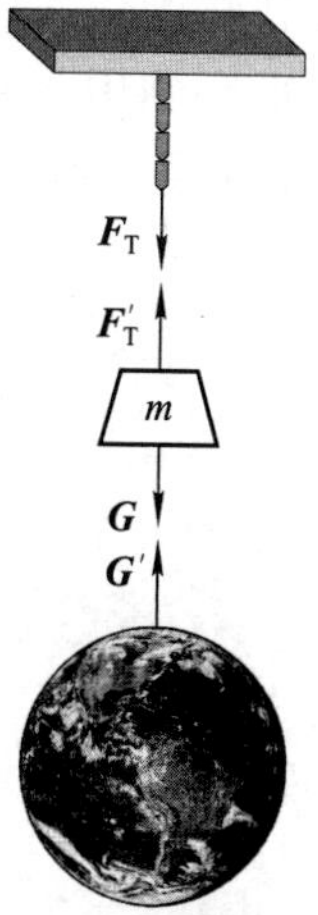

图 2-2 作用力与反作用力

2.2 几种常见的力

日常生活中,我们经常会接触到的力有万有引力、重力、弹性力和摩擦力等.

2.2.1 万有引力

在牛顿之前，有很多天文学家对行星进行过观测，并做了观测记录. 到开普勒时，他对这些观测结果进行了分析总结，并结合自己的观测，得到了开普勒三定律：

(1) 行星都绕太阳做椭圆运动，太阳在所有椭圆的公共焦点上；

(2) 行星的向径在相等的时间内扫过相等的面积；

(3) 所有行星轨道半长轴的三次方与公转周期的二次方的比值都相等.

为什么会这样呢？是什么让行星做加速度不为零的运动？

牛顿在总结前人经验的基础上，在《自然哲学的数学原理》中首次提出，任何物体之间都存在一种遵循同一规律的相互吸引力，这种相互吸引的力称为万有引力. 如果用 m_1, m_2 表示两个物体的质量，它们间的距离为 r，则这两个物体间的万有引力，方向是沿着它们之间的连线，其大小与它们质量的乘积成正比，与它们之间距离 r 的平方成反比. 万有引力的数学表述为

$$F = G\frac{m_1 m_2}{r^2}, \tag{2-4a}$$

式中 G 为一普适常数，称为万有引力常数. 1798 年，英国物理学家卡文迪什(Cavendish)利用著名的卡文迪什扭秤(即卡文迪什实验，其示意图见图 2-3)，较精确地测出了万有引力常数的数值. 在一般计算中，可取

$$G = 6.67 \times 10^{-11} \mathrm{N \cdot m^2 \cdot kg^{-2}}.$$

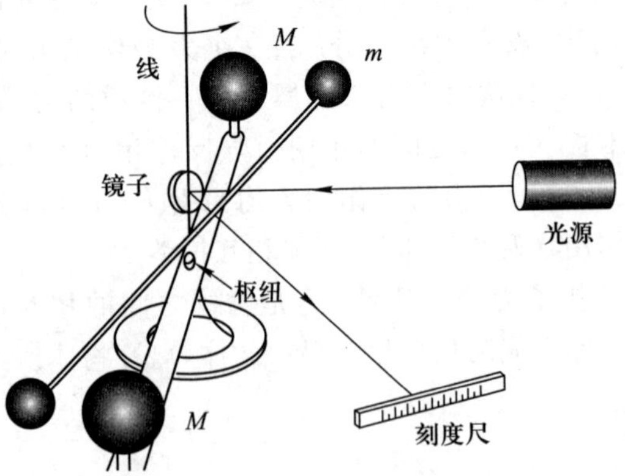

图 2-3 卡文迪什实验示意图

万有引力定律可写成矢量形式

$$\boldsymbol{F} = -G\frac{m_1 m_2}{r^3}\boldsymbol{r}, \tag{2-4b}$$

式中负号表示 m_1 施于 m_2 的万有引力的方向始终与 m_1 指向 m_2 的位矢 $\boldsymbol{r}$ 的方向相反.

万有引力定律说明,每一个物体都吸引着其他物体,而两个物体间的引力大小,正比于它们的质量乘积,反比于两物体中心连线距离的平方.

通常,两个物体之间的万有引力极其微小,我们察觉不到它,可以不予考虑. 比如,两个质量都是 60 kg 的人,相距 0.5 m,他们之间的万有引力还不足百万分之一牛顿,连一只蚂蚁拖动细草梗的力都是这个引力的 1000 倍! 但是,在天体系统中,由于天体的质量很大,万有引力就起着决定性的作用. 在天体中质量还算很小的地球,对其他物体的万有引力已经具有巨大的影响,它把人类、大气和所有地面物体束缚在地球上,还使月球和人造地球卫星绕地球旋转而不离去.

牛顿利用万有引力定律不仅说明了行星运动规律,而且还指出,木星、土星的卫星围绕行星的运动也有同样的运动规律. 他认为月球除了受到地球的引力外,还受到太阳的引力,从而解释了月球运动中早已发现的二均差等. 此外,他还解释了彗星的运动轨道和地球上的潮汐现象. 根据万有引力定律,人们成功地预言并发现了海王星. 万有引力定律出现后,人们才正式把对天体运动的研究建立在力学理论的基础上,创立了天体力学.

牛顿推动了万有引力定律的发展,指出万有引力不仅是星体的特征,也是所有物体的特征. 作为最重要的科学定律之一,万有引力定律及其数学公式已成为整个物理学的基石.

值得我们注意的是:前面提到的惯性质量和引力质量反映了物体的两种不同属性,实验表明它们在数值上成正比,与物体成分、结构无关,选用适当的单位(国际单位制)可用同一数值表征这两种质量. 在后面的讨论中,我们将不再区分引力质量和惯性质量. 质量是物理学的基本物理量.

2.2.2 重力

地球表面附近的物体都受到地球的吸引力,这种由于地球吸引而使物体受到的力叫作重力.

一般情况下,常把重力近似看作等于地球附近物体受到的地球的万有引力,但实际上,重力是万有引力的一个分力. 因为地球有自转,我们与地球一起运动,这个运动可以近似看成匀速圆周运动. 物体做匀速圆周运动需要向心力,在地球上,这个力由万有引力的一个指向地轴的分力提供,而万有引力的另一个分力就是我们平时所说的重力. 在精度要求不高的情况下,可以近似地认为重力等于地球的引力.

在重力 G 的作用下,物体具有的加速度 g 叫作重力加速度,大小满足 $G=mg$

的关系,其中,$g \approx 9.8\ \mathrm{m/s^2}$. 重力是矢量,它的方向总是竖直向下的. 重力的作用点在物体的重心上. 由于地球不是一个质量均匀分布的球体和地球自转的影响,地球表面不同地方的重力加速度 g 的值略有差别. 在密度较大的矿石附近,物体的重力和周围环境相比会出现异常,因此利用重力的差异可以探矿. 这种方法叫重力探矿法.

2.2.3　弹性力

弹性力是由于物体发生形变所产生的. 物体在力的作用下发生的形状或体积改变,叫作形变. 两个相互接触并产生形变的物体试图回复原状而彼此互施作用力,这种力叫弹性力,简称弹力.

弹力产生在由于直接接触而发生弹性形变的物体间. 所以,弹性力的产生是以物体的互相接触以及形变为先决条件的,弹力的方向始终与使物体发生形变的外力方向相反.

当物体受到的外力停止作用后,能够回复原状的形变叫作弹性形变. 但如果形变过大,超过一定限度,物体的形状将不能完全回复,这个限度叫作弹性限度. 物体因形变而导致形状不能完全回复,这种形变叫作塑性形变,也称范性形变.

比较常见的弹力有两个物体通过一定面积相互挤压产生的正压力或者支持力、绳索被拉伸时对物体产生的拉力,还有一种在力学中常讨论的力是弹簧的弹力. 当弹簧被拉伸或者压缩时,它就会对与之相连的物体有弹力作用. 这种弹力总是试图使弹簧回复原状,所以叫回复力. 这种回复力在弹性限度内,其大小和形变成正比. 以 F 表示弹力,以 x 表示形变亦即弹簧的长度变化,则

$$F = -kx, \tag{2-5}$$

式中 k 为弹簧的劲度系数,负号表示弹力的方向总是和弹簧形变的方向相反,或是弹力总是指向要回复它原长的方向.

2.2.4　摩擦力

假如地球上没有摩擦力,将会变成什么样子呢? 假如没有摩擦力,我们将既站不稳,也无法行走,汽车要么因为打滑而无法启动,要么开起来就停不下来了. 假如没有摩擦力,我们无法拿起任何东西,因为我们拿东西靠的就是摩擦力. 假如没有摩擦力,螺钉就不能旋紧,钉在墙上的钉子就会自动松开而落下来,家里的桌子、椅子都要散开来,并且会在地上滑来滑去,根本无法使用. 假如没有摩擦力,我们就再也不能欣赏美妙的用小提琴等演奏的音乐,因为弓和弦的摩擦产生振动才发出了声音.

摩擦力是两个相互接触的物体在沿接触面相对运动,或者有相对运动趋势时,在它们的接触面间所产生的一对阻碍相对运动或相对运动趋势的力.

若两个相互接触而又相对静止的物体，在外力作用下只具有相对滑动趋势，而又未发生相对滑动，它们接触面之间出现的阻碍发生相对滑动的力，叫作静摩擦力. 例如，将一物体放于粗糙水平面上，且对其施加一水平方向的拉力. 若拉力较小，则物体不会发生滑动. 因此，静摩擦力的存在，阻碍了物体的相对滑动. 此时静摩擦力的大小和外力的大小相等，方向相反，即静摩擦力与物体相对于水平面的运动趋势的方向相反. 随着外力增大，静摩擦力将逐渐增大，直到增加到一个临界值. 当外力超过这个临界值时，物体将发生滑动，这个临界值叫作最大静摩擦力，记为 f_s. 实验表明，最大静摩擦力的值与物体间的正压力 N 成正比，即

$$f_s=\mu_s N, \tag{2-6a}$$

其中 μ_s 叫作静摩擦系数，它与两物体的材质以及接触面的情况有关.

物体滑动时受到的摩擦力叫作滑动摩擦力，记为 f_k. 实验表明，滑动摩擦力的值也与物体间的正压力 N 成正比，有

$$f_k=\mu_k N, \tag{2-6b}$$

其中 μ_k 叫作滑动摩擦系数，它与两接触物体的材质、接触面的情况、温度和干湿度都有关. 通常滑动摩擦系数就直接写作 μ. 对于给定的接触面，$\mu<\mu_s$，两者都小于 1. 在一般不需要精确计算的情况下，可以近似认为它们是相等的，即 $\mu=\mu_s$.

摩擦力也有其有害的一面. 例如，机器的运动部分之间都存在摩擦，对机器有害又浪费能量，使额外功增加，因此必须设法减少这方面的摩擦，方法通常是在产生有害摩擦的部位涂抹润滑油、变滑动摩擦为滚动摩擦等. 总之，我们要想办法增大有益摩擦，减小有害摩擦.

2.3 牛顿定律应用举例

作为牛顿力学的重要组成部分，牛顿定律在低速情况下的问题的分析中起着重要的作用，日常实践和工程上经常会应用牛顿定律来解决问题. 本节将通过例题来讲述应用牛顿定律解题的方法. 需要注意的是，牛顿三大定律是一个整体，不能厚此薄彼，只注重应用牛顿第二定律，而把第一和第三定律忽略的思想是错误的.

通常的力学问题有两类：一类是已知物体的受力，由此分析物体的运动状态；另一类则是已知物体的运动状态，由此分析物体上所受的力. 在不做特殊说明的情况下，物体所受的重力是必有的，而其他的力则需要根据具体情况判断.

运用牛顿定律解题的步骤一般是先确定研究对象，然后使用隔离法分析该研究对象的受力，作出受力图，通过分析物体的运动情况，判断加速度，并建立合适的坐标系，根据牛顿第二定律求解，具体问题需要具体分析讨论.

【例 2-1】 阿特伍德(Atwood)机[1].

如图 2-4 所示,设有一质量可以忽略的滑轮,滑轮两侧通过轻绳分别悬挂着质量为 m_1 和 m_2 的重物 A 和 B,已知 $m_1>m_2$. 现将此滑轮系统悬挂于电梯天花板上,求:当电梯(1) 匀速上升时,(2) 以加速度 a 匀加速上升时,绳中的张力和两物体相对电梯的加速度 a_r.

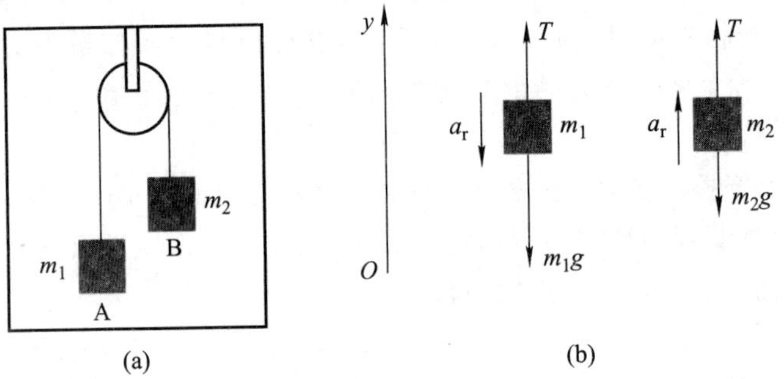

图 2-4

解:如图 2-4(a)所示,取地面为参考系,使用隔离法分别对 A,B 两物体分析受力. 从图 2-4(b)可以看出,此时两物体均受到两个力的作用,即受到向下的重力和向上的拉力. 由于滑轮质量不计,故两物体所受到的向上的拉力应相等,等于轻绳的张力.

因物体只在竖直方向运动,故可建立坐标系 Oy,取向上为正方向.

(1) 当电梯匀速上升时,物体对电梯的加速度等于它们对地面的加速度. A 的加速度为负,B 的加速度为正,根据牛顿第二定律,对 A 和 B 分别得到

$$T-m_1g=-m_1a_r,$$

$$T-m_2g=m_2a_r.$$

将上两式联立,可得两物体的加速度

$$a_r=\frac{m_1-m_2}{m_1+m_2}g,$$

以及轻绳的张力

$$T=\frac{2m_1m_2}{m_1+m_2}g.$$

---

① 这是英国数学家、物理学家阿特伍德于 1784 年所制的一种测定重力加速度及阐明运动定律的器械. 其基本结构为在跨过定滑轮的轻绳两端悬挂两个质量相等的物块,当在一物块上附加另一小物块时,该物块即由静止开始加速滑落,经一段距离后附加物块自动脱离,系统匀速运动,测得此运动速度即可求得重力加速度.

(2) 电梯以加速度 a 上升时，A 对地的加速度为 $a-a_r$，B 对地的加速度为 $a+a_r$，根据牛顿第二定律，对 A 和 B 分别得到

$$T-m_1g=m_1(a-a_r),$$
$$T-m_2g=m_2(a+a_r).$$

将上两式联立，可得

$$a_r=\frac{m_1-m_2}{m_1+m_2}(a+g),$$
$$T=\frac{2m_1m_2}{m_1+m_2}(a+g).$$

$a=0$ 时即为电梯匀速上升时的状态.

思考：若电梯匀加速下降时，上述问题的解又为何值？请读者自证.

【例 2-2】 将质量为 10 kg 的小球用轻绳挂在倾角 $\alpha=30°$ 的光滑斜面上，如图 2-5(a)所示.

(1) 当斜面以加速度 $g/3$ 沿如图所示的方向运动时，求绳中的张力及小球对斜面的正压力.

(2) 斜面的加速度至少为多大时，小球对斜面的正压力为零？

解：(1) 取地面为参考系，对小球进行受力分析，如图 2-5(b)所示，设小球质量是 m，则小球受到自身重力 mg、轻绳拉力 T 以及斜面支持力 N 的作用，斜面的支持力大小等于小球对斜面的正压力，根据牛顿第二定律，可得水平方向

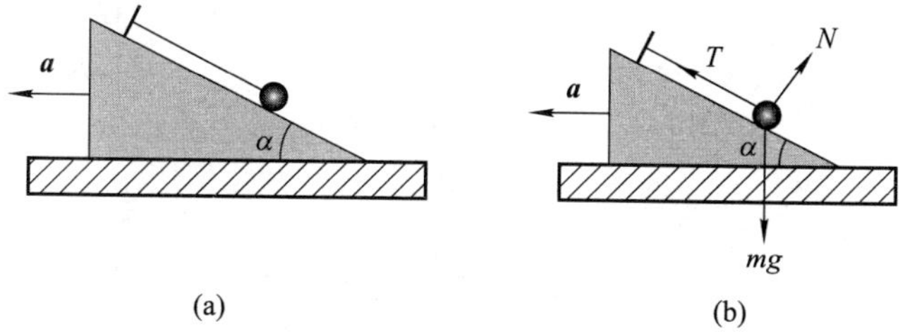

图 2-5

$$T\cos\alpha-N\sin\alpha=ma, \tag{2-7a}$$

竖直方向

$$T\sin\alpha+N\cos\alpha-mg=0. \tag{2-7b}$$

式(2-7a)和式(2-7b)联立，可得

$$T=mg\sin\alpha+ma\cos\alpha,$$

即

$$T = mg\sin\alpha + \frac{1}{3}mg\cos\alpha.$$

代入数值,得

$$T \approx 77.3\ \text{N}.$$

同理

$$N = mg\cos\alpha - ma\sin\alpha \approx 68.4\ \text{N}.$$

(2) 当对斜面的正压力 $N=0$ 时,式(2-7a)和式(2-7b)可写成

$$T\cos\alpha = ma,$$

$$T\sin\alpha - mg = 0.$$

将两式联立,可得

$$a = \frac{g}{\tan\alpha} \approx 17\ \text{m/s}^2.$$

【例 2-3】 圆锥摆问题①.

如图 2-6 所示,一重物 m 用轻绳悬起,绳的另一端系在天花板上,绳长 $l=0.5$ m,重物经推动后,在一水平面内做匀速圆周运动,转速为每秒一圈(记作 1 r/s),求这时绳和竖直方向所成的角度.

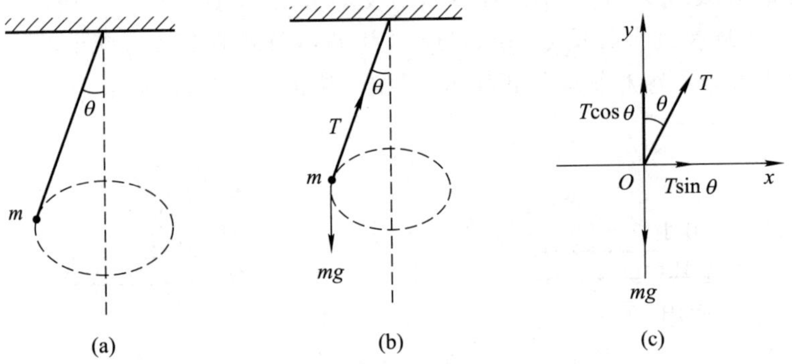

图 2-6

解:以重物 m 为研究对象,对其进行受力分析. 小球受到自身重力和绳的拉力 T 的作用,如图 2-6(b)所示. 由于小球在水平面内做匀速圆周运动,故其加速度为向心加速度,方向指向圆心,向心力由拉力的水平分力提供. 在竖直方向上,重物受力平衡.

所以,建立坐标如图 2-6(c)所示. 根据牛顿第二定律,列出 x 方向方程

① 在长为 L 的细绳下端拴一个质量为 m 的小物体,绳子上端固定,设法使小物体在水平圆周上以大小恒定的速度旋转,细绳就掠过圆锥表面,这就是圆锥摆.

$$T\sin\theta = m\omega^2 r = m\omega^2 l\sin\theta,$$

y 方向方程

$$T\cos\theta = mg.$$

由转速可求得角速度

$$\omega = 2\pi\ \mathrm{rad/s},$$

所以，拉力

$$T = m\omega^2 l = 4\pi^2 ml\,\mathrm{s}^{-2}.$$

此时，绳和竖直方向所成的角度可由其余弦求得：

$$\cos\theta = \frac{g}{4\pi^2 l\,\mathrm{s}^{-2}} \approx \frac{9.8}{4\pi^2 \times 0.5} \approx 0.497,$$

可知

$$\theta \approx 60°13'.$$

可以看出，物体的转速愈大，θ 也愈大，而与重物的质量 m 无关.

【例 2-4】 如图 2-7(a)所示，一条均匀的金属链条，质量为 m，挂在一个光滑的钉子上，一边长度为 a，另一边长度为 b，且 $a>b$，试证链条从静止开始到滑离钉子所花的时间为

$$t = \sqrt{\frac{a+b}{2g}}\ln\frac{\sqrt{a}+\sqrt{b}}{\sqrt{a}-\sqrt{b}}.$$

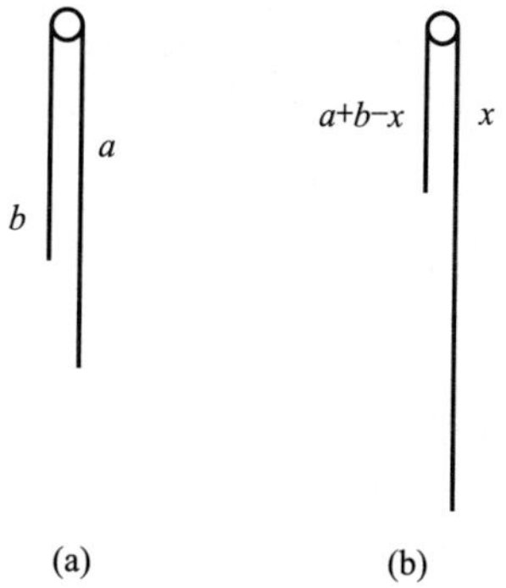

图 2-7

证明：设某一时刻，链条一段长度为 x，则另外一段长度为 $a+b-x$，如图 2-7(b)所示. 链条左右两段可以看作两部分，由于链条是均匀的，故每一部分质量都可以看作集中在其中心上，每一部分均受到自身重力和向上的拉力 T 作用. 取向上为正方向，两部分分别应用牛顿运动定律. 对左部分有

$$T - \frac{m}{a+b}(a+b-x)g = \frac{m}{a+b}(a+b-x)\frac{\mathrm{d}v}{\mathrm{d}t},$$

对右部分有

$$T - \frac{m}{a+b}xg = -\frac{m}{a+b}x\frac{\mathrm{d}v}{\mathrm{d}t}.$$

两式相减得，得

$$\frac{m}{a+b}(2x-a-b)g = m\frac{\mathrm{d}v}{\mathrm{d}t}.$$

两边乘 $\mathrm{d}x$，有

$$\frac{m}{a+b}(2x-a-b)g\,\mathrm{d}x=m\,\frac{\mathrm{d}x}{\mathrm{d}t}\mathrm{d}v.$$

由于$\frac{\mathrm{d}x}{\mathrm{d}t}=v$,所以上式可化简得

$$\frac{1}{a+b}(2x-a-b)g\,\mathrm{d}x=v\mathrm{d}v.$$

两边积分,由

$$\int_a^x \frac{1}{a+b}(2x-a-b)g\,\mathrm{d}x=\int_0^v v\mathrm{d}v,$$

得

$$v=\sqrt{\frac{2g}{a+b}(x-a)(x-b)}\,.$$

由 $v=\frac{\mathrm{d}x}{\mathrm{d}t}$得 $\mathrm{d}t=\frac{\mathrm{d}x}{v}$,积分得

$$t=\int_0^t \mathrm{d}t=\int_a^{a+b}\frac{\mathrm{d}x}{v}=\int_a^{a+b}\frac{\mathrm{d}x}{\sqrt{\frac{2g}{a+b}(x-a)(x-b)}}=\sqrt{\frac{a+b}{2g}}\ln\frac{\sqrt{a}+\sqrt{b}}{\sqrt{a}-\sqrt{b}}.$$

证毕.

*2.4 非惯性系 惯性力

我们知道,描述物体的运动只有相对于某一参考系才有意义. 如果在某个参考系中观察,物体不受其他物体作用力时,保持匀速直线运动或者静止状态,那么这个参考系就是惯性系. 相对于惯性系做匀速直线运动或者静止的参考系也是惯性系. 而如果某个参考系相对于惯性系做加速运动,则这个参考系就称为非惯性系. 换言之,由于一般精度内可以选择地面为惯性系,那么凡是对地面参考系做加速运动的物体,都是非惯性系. 由于牛顿定律只适用于惯性系,因此,在应用牛顿定律时,参考系的选择就不再是任意的了,因为在非惯性系中,牛顿定律就不再成立了. 下面举例说明一下.

例如,一列火车,其光滑桌面上放置一物体,质量为 m,如图 2-8 所示. 当车相对于地面静止或匀速向前运动时,坐在车里以车为参考系的人,和站在地面上以地面为参考系的人对车上的物体观测的结果是一致的.

但是,当车以加速度 $\boldsymbol{a}$ 向前突然加速时,在车里的人以车为参考系,会发现车上的物体突然以加速度$-\boldsymbol{a}$ 向车加速的相反方向运动起来,即有了一个向后的加

速度，桌面越光滑，效果越明显. 但此时物体所受的水平方向的合外力为零，显然这是违反牛顿定律的. 而在车下的以地面为参考系的人看来，当车相对于地面做加速运动时，火车里的物体由于水平方向不受力，所以仍要保持其原来的静止状态. 可以看出，地面是惯性系，在这里牛顿定律是成立的，而相对地面做加速运动的火车则是非惯性系，牛顿定律不成立. 也就是说，在不同参考系上观察物体的运动，观察的结果会截然不同.

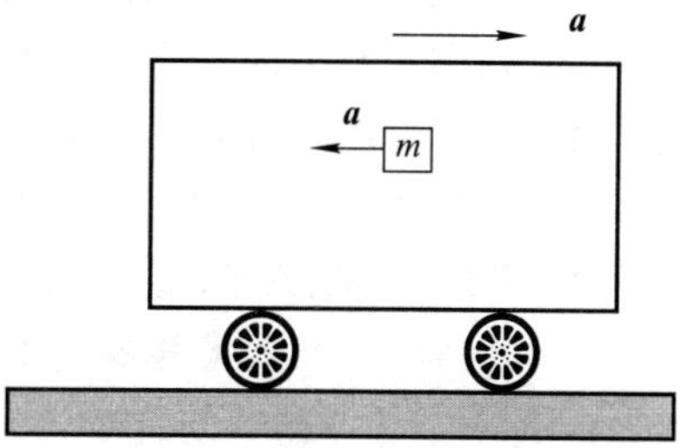

图 2-8 惯性力

在实际生活和工程计算中，我们会遇到很多非惯性系中的力学问题. 在这类问题中，人们引入了惯性力的概念，以便仍可方便地运用牛顿定律来解决问题.

惯性力是一个虚拟的力，是在非惯性系中来自参考系本身加速效应的力，找不到施力物体，其大小等于物体的质量 m 乘以非惯性系的加速度的大小 a，但是方向和 $\boldsymbol{a}$ 的方向相反. 用 $\boldsymbol{F}_i$ 表示惯性力，则

$$\boldsymbol{F}_i = -m\boldsymbol{a}. \tag{2-8}$$

在上述例子中，可以认为有一个大小为 $-m\boldsymbol{a}$ 的惯性力作用在物体上面，这样，就不难在火车这个非惯性系中用牛顿定律来解释这个现象了.

非惯性系中，作用在物体上的力既包含真实力 $\boldsymbol{F}$，又包含惯性力 $\boldsymbol{F}_i$，以非惯性系为参考系，牛顿第二定律应修改为

$$\boldsymbol{F} + \boldsymbol{F}_i = m\boldsymbol{a}', \tag{2-9a}$$

实际上即为

$$\boldsymbol{F} - m\boldsymbol{a} = m\boldsymbol{a}', \tag{2-9b}$$

式中 $\boldsymbol{a}$ 是非惯性系相对于惯性系的加速度，$\boldsymbol{a}'$ 是物体相对于非惯性系的加速度.

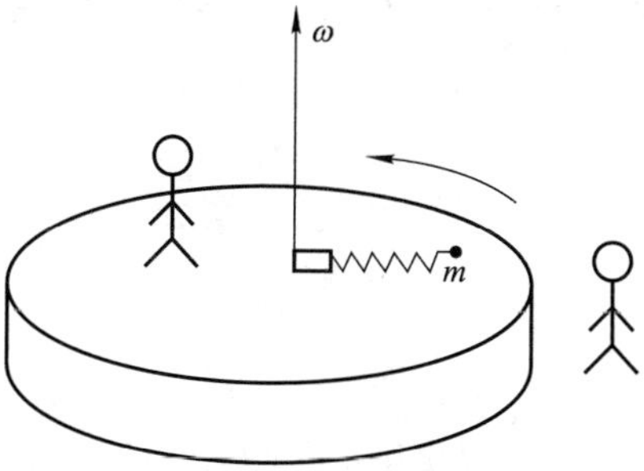

图 2-9 惯性离心力

再例如，如图 2-9 所示，在水平面上放置一圆盘，用轻弹簧将一质量为 m 的小球与圆盘的中心相连. 圆盘相对于地面做匀速圆周运动，角速度为 ω. 另外，有两个观察者，一个位于地面上，以地面(惯性系)为参考系，另一个位于圆盘上，与圆盘相对静止并随圆盘一起转动，以圆盘(非惯性系)为参考系. 圆盘转动时，地面上的观察者发现弹簧拉长，小球受到弹簧的拉力作用，显然，此拉力为向心力，大小为 $F = ml\omega^2$. 小球在向心力的作用

下,做匀速圆周运动. 用牛顿定律的观点来看是很好理解的.

同时,在圆盘上的观察者看来,弹簧拉长了,即有拉力 $\boldsymbol{F}$ 作用在小球上,但小球却相对于圆盘保持静止. 于是,圆盘上的观察者认为小球必受到一个惯性力的作用,这个惯性力的大小和拉力相等,方向与之相反. 这样就可以用牛顿定律解释小球保持平衡这一现象了. 这里,这个惯性力称为惯性离心力.

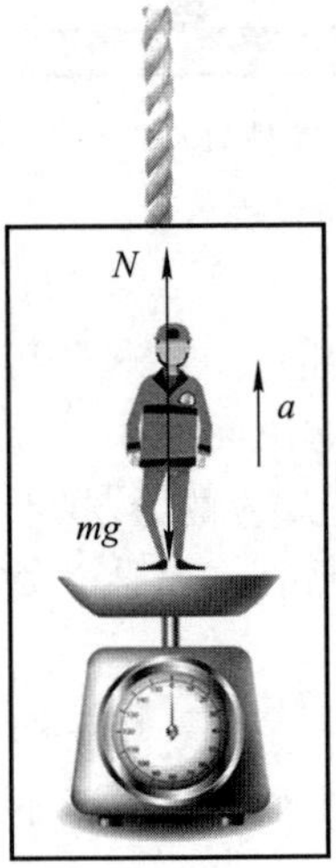

图 2 - 10

【例 2 - 5】 如图 2 - 10 所示,质量为 m 的人站在升降机内的一磅秤上,当升降机以加速度 a 向上匀加速上升时,求磅秤的示数. 试用惯性力的方法求解.

解:磅秤的示数即为人对磅秤的压力的大小. 取升降机这个非惯性系为参考系可知,当升降机相对于地面以加速度 a 上升时,与之对应的惯性力为 $F_i = -ma$. 在这个非惯性系中,人除了受到自身重力 mg、磅秤对他的支持力 N,还受到一个惯性力 F_i 的作用. 由于此人相对电梯静止,所以以上 3 个力为平衡力,有

$$N - mg - F_i = 0,$$

即

$$N = mg + F_i = m(g + a).$$

由此可见,此时磅秤上的示数并不等于人自身重力. 当加速上升时,$N > mg$,称为"超重",当加速下降时,$N < mg$,称为"失重". 当升降机自由降落时,人对地板的压力减为 0,此时人处于完全失重状态.

人造地球卫星、宇宙飞船和航天飞机等航天器进入太空轨道后,可以认为是绕地球做圆周运动,其加速度为向心加速度,等于卫星所在高度处的重力加速度. 这与在以重力加速度下降的升降机中发生的情况类似,航天器中的人和物都处于完全失重状态.

习题

一、思考题

1. 牛顿运动定律适用的范围是什么? 对于宏观物体,牛顿运动定律在什么情况下适用,什么情况下不适用? 对于微观粒子,牛顿运动定律适用吗?

2. 思考下列问题:

(1) 物体所受合外力方向与其运动方向一定一致吗?

(2) 物体速率很大时,其所受合外力是否也很大?

(3) 物体运动速率不变时,其所受合外力一定为零吗?

3. 如图 2-11 所示,质点从竖直放置的圆周顶端 a 处分别沿不同长度的弦 ab 和 ac($ac<ab$)由静止下滑,不计摩擦力. 质点下滑到底部所需要的时间分别为 t_b 和 t_c,则 t_b 和 t_c 之间大小关系如何?

4. 绳子一端握在手中,另一端系一重物,使之在竖直方向内做匀速圆周运动,绳子的张力在什么位置最大,什么位置最小?请说明原因.

5. 质量为 m 的物体在摩擦系数为 μ 的平面上做匀速直线运动,当力与水平面所成角 θ 多大时最省力?

6. 弹簧秤下端系有一金属小球,当小球分别为竖直静止状态和在一水平面内做匀速圆周运动状态时,弹簧秤的读数是否相同?请说明原因.

7. 利用一挂在车顶的摆长为 l 的单摆和附在下端的有刻度的尺(如图 2-12 所示),怎样测出车厢的加速度(单摆的偏角很小)?

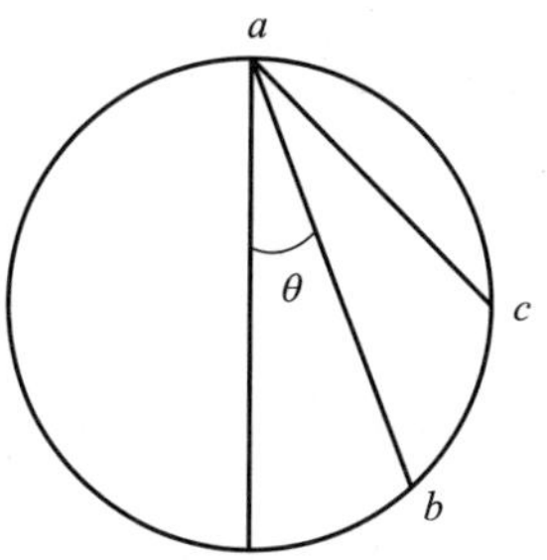

图 2-11

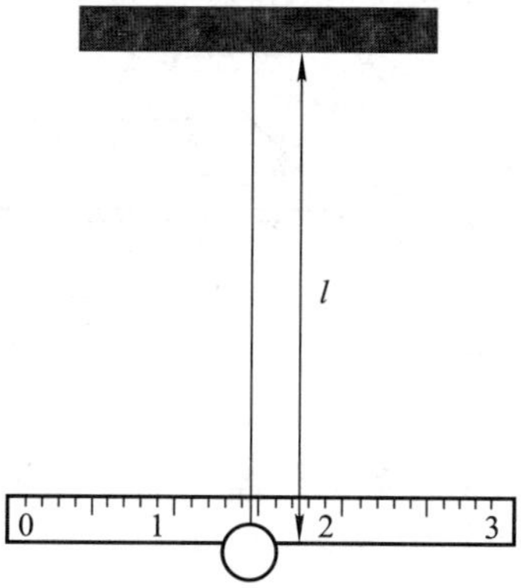

图 2-12

二、选择题

1. 关于速度和加速度之间的关系,下列说法中正确的是(　　).

(A) 物体的加速度逐渐减小,而它的速度却可能增加

(B) 物体的加速度逐渐增加,则它的速度只能减小

(C) 加速度的方向保持不变,速度的方向也一定保持不变

(D) 只要物体有加速度,其速度大小就一定改变

2. 静止在光滑水平面上的物体受到一个水平拉力 F 作用后开始运动. F 随时间 t 变化的规律如图 2-13 所示,则下列说法中正确的是(　　).

(A) 物体在前 2 s 内的位移为零

(B) 第 1 s 末物体的速度方向发生改变

(C) 物体将做往复运动

(D) 物体将一直朝同一个方向运动

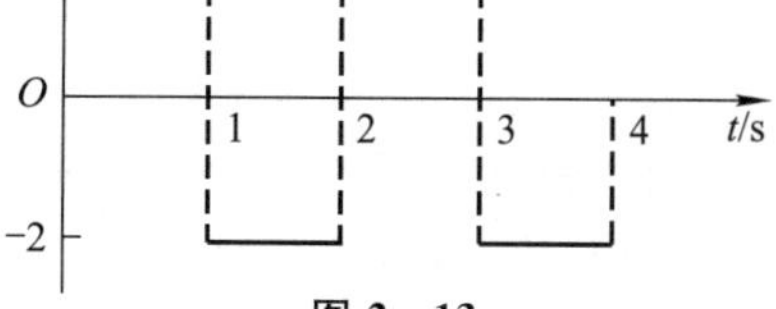

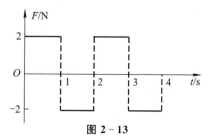

图 2-13

3. 质量分别为 m 和 M 的滑块 A 和 B,叠放在光滑水平桌面上. A,B 间静摩擦系数为 μ_s,滑动摩擦系数为 μ_k,系统原处于静止. 今有一水平力作用于 A 上,要使 A,B 不发生相对滑动,则应有(　　).

(A) $F\leqslant\mu_s mg$　　(B) $F\leqslant\mu_s(1+m/M)mg$

(C) $F\leqslant\mu_s(m+M)mg$　　(D) $F\leqslant\mu_k\dfrac{M+m}{M}mg$

4. 升降机内地板上放有物体 A,其上再放另一物体 B,两者的质量分别为 M_A,M_B. 当升降机以加速度 a 向下加速运动时($a<g$),物体 A 对升降机地板的压力在数值上等于(　　).

(A) $M_A g$　　(B) $(M_A+M_B)g$

(C) $(M_A+M_B)(g+a)$　　(D) $(M_A+M_B)(g-a)$

5. 一个长方形板被锯成如图 2-14 所示的 A,B,C 三块,放在光滑水平面上. A,B 的质量为 1 kg,C 的质量为 2 kg. 现在以 10 N 的水平力 $\boldsymbol{F}$ 沿 C 板的对称轴方向推 C,使 A,B,C 保持相对静止且沿 $\boldsymbol{F}$ 方向移动,在此过程中,C 对 A 的摩擦力大小是(　　).

(A) 10 N　　(B) 2.17 N　　(C) 2.5 N　　(D) 1.25 N

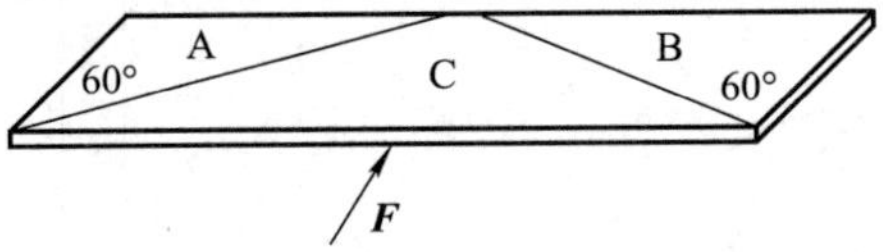

图 2-14

6. 一质量为 m 的质点,自半径为 R 的光滑半球形碗口由静止下滑,质点在碗内某处的速率为 v,则质点对该处的压力为(　　).

(A) $\dfrac{5mv^2}{2R}$　　(B) $\dfrac{2mv^2}{R}$　　(C) $\dfrac{3mv^2}{2R}$　　(D) $\dfrac{mv^2}{R}$

三、计算题

1. 物体 A 和皮带保持相对静止一起向右运动,其速度曲线如图 2-15(b)所示.

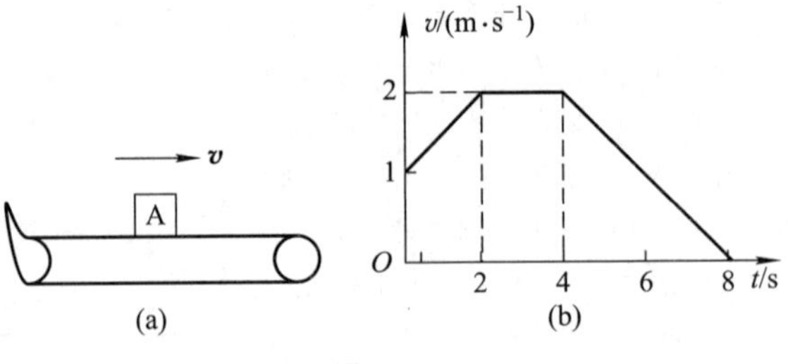

图 2-15

(1) 若在物体 A 开始运动的最初 2 s 内,作用在 A 上的静摩擦力大小是 4 N,求 A 的质量.

(2) 开始运动后第 3 s 内,作用在 A 上的静摩擦力大小为多少?

(3) 在开始运动后的第 5 s 内,作用在物体 A 上的静摩擦力的大小为多少? 方向如何?

2. 如图 2－16 所示，A 为定滑轮，B 为动滑轮，三个物体的质量分别为 $m_1=200$ g，$m_2=100$ g，$m_3=50$ g，滑轮及绳的质量以及摩擦均忽略不计，求：

(1) 每个物体的加速度；

(2) 两根绳子的张力 T_1 与 T_2.

3. 快艇以速率 v_0 行驶，它受到的摩擦阻力与速率平方成正比，可表示为 $F=-kv^2$（k 为正常数）. 设快艇的质量为 m，当快艇发动机关闭后：

(1) 求速率 v 随时间 t 的变化规律；

(2) 求路程 x 随时间 t 的变化规律.

4. 一质点从静止出发沿半径 $R=1$ 的圆周运动，其角加速度随时间 t 的变化规律是 $\beta=12t^2-6t$（国际单位制），求质点从出发到 t 时刻走过的路程 s.

5. 质量为 m 的物体，在 $F=F_0-kt$ 的外力作用下沿 x 轴运动，已知 $t=0$ 时，$x_0=0$，$v_0=0$，求物体在任意时刻的速度 v 和位移 x.

6. 质量为 m 的质点沿 x 轴正向运动. 设质点通过坐标点 x 时的速度为 $v=kx$（k 为常数），求作用在质点的合外力及质点从 $x=x_0$ 到 $x=2x_0$ 处所需的时间 t.

7. 如图 2－17 所示，长为 l 的轻绳，一端系有质量为 m 的小球，另一端系于定点 O. 开始时小球处于最低位置. 若使小球获得如图所示的初速 v_0，则小球将在铅直平面内做圆周运动，求小球在任意位置的速率 v 及绳的张力 T.

8. 光滑水平面上平放着半径为 R 的固定环，环内的一物体以速率 v_0 开始在环内侧沿逆时针方向运动，物体与环内侧的摩擦系数为 μ，求：

(1) 物体任一时刻 t 的速率 v；

(2) 物体从开始运动经时间 t 走过的路程 s.

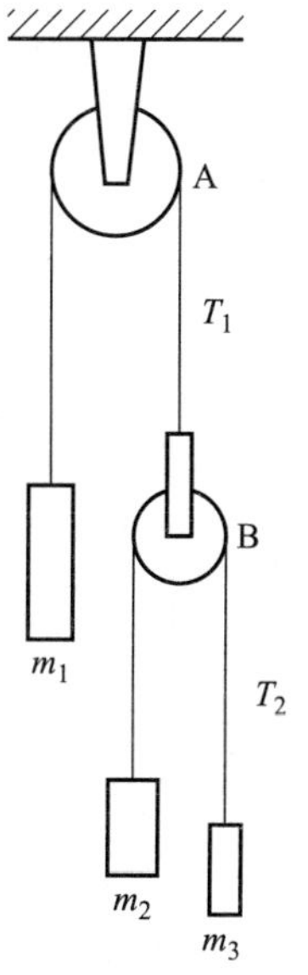

图 2－16

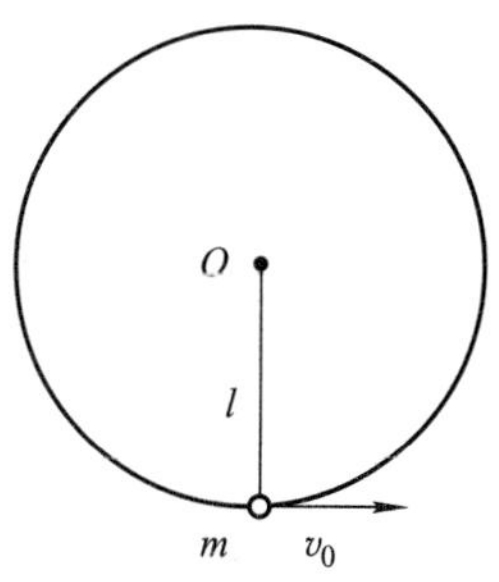

图 2－17

9. 一辆装有货物的汽车中，货物与车底板之间的静摩擦系数为0.25，如汽车以30 km/h的速度行驶，则要使货物不发生滑动，汽车从刹车到完全静止所经过的最短路程是多少？

10. 一个质量为m的质点只受指向原点的引力的作用沿x轴运动. 引力的大小与质点离原点的距离x的平方成反比，即$F=-k/x^2$(k为正常数). 设质点在$x=a$时速度为零，求$x=a/4$处的速度的大小.

11. 质量为m的小球沿半球形碗的光滑的内面，以角速度ω在一水平面内做匀速圆周运动，碗的半径为R，求该小球做匀速圆周运动的水平面离碗底的高度.

第 3 章

动量守恒

学习目标

- 熟练掌握动量和冲量的概念.
- 熟练掌握质点和质点系的动量定理、质点系的动量守恒定律,并能熟练处理相关问题.

上一章的牛顿第二定律指出,在外力作用下,质点的动量随时间的变化率不为零. 力对质点作用的时间越长,质点动量变化越大. 本章将通过探讨力对时间的积累效果,观察质点和质点系动量的变化以及动量守恒定律.

3.1 冲量 质点动量定理

我们知道,力是时间的函数,牛顿第二定律是关于力和质点运动的瞬时关系的,那么,如果有外力在质点上作用了一段时间,外力和运动过程之间存在什么关系呢? 换句话说,有没有牛顿第二定律的积分形式呢? 答案是肯定的,并且形式也不是唯一的:一种是力对时间的积累,一种是力对空间的积累. 我们将分别对这两种形式进行探讨. 下面先讨论第一种情况.

牛顿第二定律为

$$\boldsymbol{F}=\frac{\mathrm{d}\boldsymbol{p}}{\mathrm{d}t}=\frac{\mathrm{d}(m\boldsymbol{v})}{\mathrm{d}t},$$

即

$$\boldsymbol{F}\mathrm{d}t=\mathrm{d}\boldsymbol{p}=\mathrm{d}(m\boldsymbol{v}).$$

在经典力学里,当物体运动的速度远远小于光速时,物体的质量可以认为是不依赖于速度的常量,此时上式可变形为

$$\boldsymbol{F}\mathrm{d}t=\mathrm{d}\boldsymbol{p}=m\mathrm{d}\boldsymbol{v}.$$

在力 $\boldsymbol{F}$ 作用的一段时间 $\Delta t=t_2-t_1$ 内，对上式两端可积分，得

$$\int_{t_1}^{t_2}\boldsymbol{F}\mathrm{d}t=\boldsymbol{p}_2-\boldsymbol{p}_1=m\boldsymbol{v}_2-m\boldsymbol{v}_1,\tag{3-1}$$

式中 $\boldsymbol{p}_1,\boldsymbol{v}_1$ 以及 $\boldsymbol{p}_2,\boldsymbol{v}_2$ 分别对应质点在 t_1,t_2 时刻的动量和速度. 式(3-1)左边的 $\int_{t_1}^{t_2}\boldsymbol{F}\mathrm{d}t$ 为力对这段时间的积累，叫作力的冲量，用符号“$\boldsymbol{I}$”表示，即

$$\boldsymbol{I}=\int_{t_1}^{t_2}\boldsymbol{F}\mathrm{d}t.$$

于是式(3-1)可表示为 $\boldsymbol{I}=\boldsymbol{p}_2-\boldsymbol{p}_1$，其物理意义为：在给定的时间间隔内，质点所受的合外力的冲量，等于该物体动量的增量. 这就是质点的动量定理. 一般情况下，冲量的方向与瞬时力 $\boldsymbol{F}$ 的方向不同，而与质点速度改变(即动量改变)的方向相同.

式(3-1)是矢量式，可以沿着坐标轴的各个方向分解. 在直角坐标系中，其分量式为

$$\begin{aligned}I_x&=\int_{t_1}^{t_2}F_x\mathrm{d}t=mv_{2x}-mv_{1x},\\I_y&=\int_{t_1}^{t_2}F_y\mathrm{d}t=mv_{2y}-mv_{1y},\\I_z&=\int_{t_1}^{t_2}F_z\mathrm{d}t=mv_{2z}-mv_{1z}.\end{aligned}\tag{3-2}$$

式(3-2)表明，动量定理可以在某个方向上成立，某方向受到冲量时，该方向上动量就变化.

3.2　质点系的动量定理

上面我们讨论了质点的动量定理. 在由多个质点组成的质点系中，外力的冲量和动量之间又有什么联系呢?

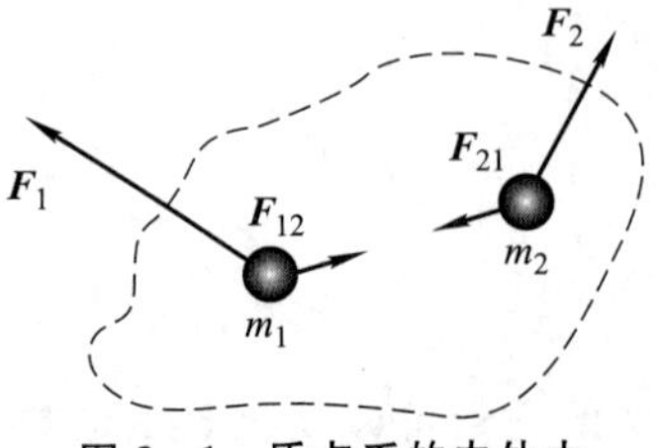

图3-1　质点系的内外力

先看一种最简单的情况，由两个质点组成的质点系. 如图3-1所示的系统中含有两个质点，其质量为 m_1 和 m_2，分别受到来自系统外的力 $\boldsymbol{F}_1$ 和 $\boldsymbol{F}_2$ 的作用. 我们把这种来自系统外的力称为外力，记作 $\boldsymbol{F}_{\text{ex}}$. 此外，两个质点分别受到彼此之间的力 $\boldsymbol{F}_{12}$ 和 $\boldsymbol{F}_{21}$ 的作用. 我们把这种来自系统内部的力称为内力，记作 $\boldsymbol{F}_{\text{in}}$. 现分别对两质点应用质点的动量定理，有

$$\int_{t_1}^{t_2}(\boldsymbol{F}_1+\boldsymbol{F}_{12})\mathrm{d}t=m_1\boldsymbol{v}_1-m_1\boldsymbol{v}_{10},$$

$$\int_{t_1}^{t_2}(\boldsymbol{F}_2+\boldsymbol{F}_{21})\mathrm{d}t=m_2\boldsymbol{v}_2-m_2\boldsymbol{v}_{20}.$$

因为

$$\boldsymbol{F}_{12}+\boldsymbol{F}_{21}=\boldsymbol{0},$$

两个式子相加,得

$$\int_{t_1}^{t_2}(\boldsymbol{F}_1+\boldsymbol{F}_2)\mathrm{d}t=(m_1\boldsymbol{v}_1+m_2\boldsymbol{v}_2)-(m_1\boldsymbol{v}_{10}+m_2\boldsymbol{v}_{20}). \tag{3-3}$$

由此可见,内力的冲量总的效果为零,作用于两个质点组成的质点系的外力的冲量等于系统内两质点动量的增量,即系统动量的增量.

若系统由 N 个质点组成,不难看出,由于内力总是成对出现,且互为作用力与反作用力,其矢量和必为零,即 $\sum\boldsymbol{F}_{\text{in}}=\boldsymbol{0}$,这样,对系统动量的增量有贡献的只有系统所受到的合外力 $\sum\boldsymbol{F}_{\text{ex}}$(下面为符号简单,将合外力也记作 $\boldsymbol{F}_{\text{ex}}$).设系统的初、末动量分别为 $\boldsymbol{p}_1$ 和 $\boldsymbol{p}_2$,则

$$\int_{t_1}^{t_2}\boldsymbol{F}_{\text{ex}}\mathrm{d}t=\sum_{i=1}^{n}m_i\boldsymbol{v}_{i2}-\sum_{i=1}^{n}m_i\boldsymbol{v}_{i1}=\boldsymbol{p}_2-\boldsymbol{p}_1, \tag{3-4}$$

即作用于系统的合外力的冲量等于系统动量的增量.这叫作质点系的动量定理.

值得注意的是,需要区分系统的外力和内力.系统受到的合外力等于作用于系统中每一质点的外力的矢量和,只有外力才对系统动量的变化有贡献,而系统中质点之间的内力仅能改变系统内单个物体的动量,不能改变系统的总动量.这样,处理由多个质点组成的系统的动力学问题就变得简单了.

由于冲量是力对时间的积累,故常力 $\boldsymbol{F}$ 的冲量可以直接写作 $\boldsymbol{I}=\boldsymbol{F}\Delta t$,而对于变力的冲量可以分以下两种情况讨论:

第一种情况,若变力不是连续的,如图 3-2(a)所示,则其合力的冲量为

$$\boldsymbol{I}=\boldsymbol{F}_1\Delta t_1+\boldsymbol{F}_2\Delta t_2+\cdots+\boldsymbol{F}_n\Delta t_n=\sum_{i=1}^{n}\boldsymbol{F}_i\Delta t_i.$$

第二种情况,当力连续变化时,可以用积分的形式求出各个方向上的冲量.以

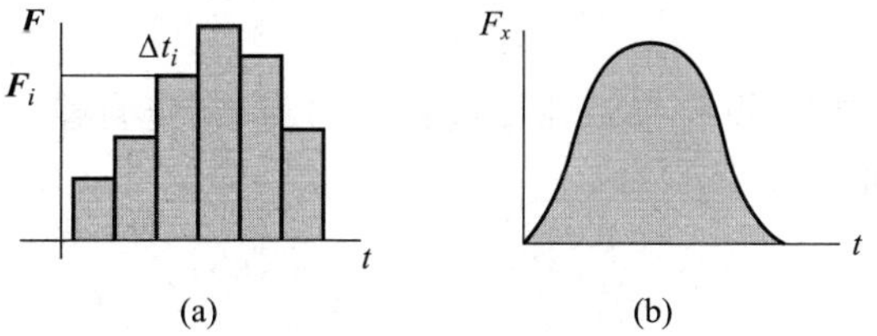

图 3-2 变力的冲量

二维情况为例，有

$$I_x=\int_{t_1}^{t_2}F_x\mathrm{d}t,\quad I_y=\int_{t_1}^{t_2}F_y\mathrm{d}t.$$

如图 3-2(b)所示，此时，冲量 I_x 在数值上等于 F_x-t 曲线与坐标轴所围的面积.

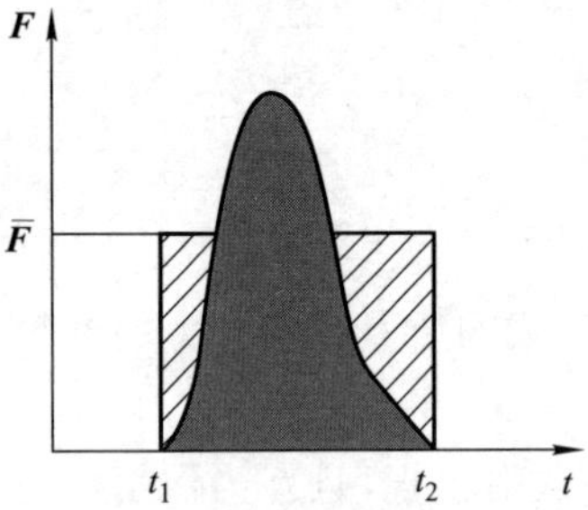

图 3-3 平均冲力

动量定理在“打击”或“碰撞”问题中有着非常重要的作用. 在“打击”或“碰撞”过程中，两物体接触时间非常短暂，作用力在很短时间内达到最大值，然后迅速下降为零. 这种作用时间很短暂、变化很快、数值很大的作用力，称为冲力. 因为冲力是个变力，而且和时间的关系又很难确定，所以无法直接用牛顿定律求其数值. 但是我们可以用动量定理求此过程中的平均冲力. 如图 3-3 所示，在“打击”或“碰撞”过程中，由于力 $\boldsymbol{F}$ 的方向保持不变，曲线与 t 轴所包围的面积就是 t_1 到 t_2 这段时间内力 $\boldsymbol{F}$ 的冲量的大小，它可以等效为某个常力在此时间内的冲量，此时曲线下的面积和图中矩形阴影区的面积相等. 根据改变动量的等效性，这个常力即可以看作此过程中的平均冲力 $\overline{\boldsymbol{F}}$.

另外，由于动量定理是牛顿第二定律的积分形式，因此，其适用范围也是惯性系.

【例 3-1】 质量为 m 的小球自高为 y_0 处沿水平方向以速率 v_0 抛出，与地面碰撞后跳起的最大高度为 $\frac{1}{2}y_0$，水平速度大小为 $\frac{1}{2}v_0$，求此碰撞过程中：

(1) 地面对小球的水平冲量的大小；

(2) 地面对小球的垂直冲量的大小.

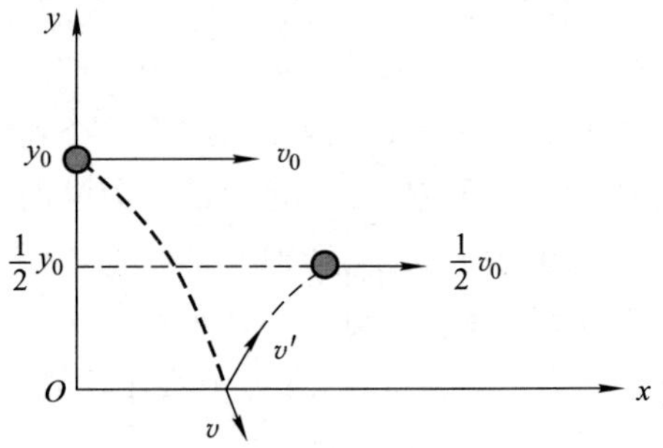

图 3-4

解:(1) 如图 3-4 所示，显然小球受到地面的水平冲量为

$$I_x=\frac{1}{2}mv_0-mv_0=-\frac{1}{2}mv_0.$$

(2) 在竖直方向上，设其接触地面过程中的初、末竖直速度大小分别为 v_y 和 v_y'，由运动学知识可得

$$v_y^2=2gy_0,\quad v_y=-\sqrt{2gy_0},$$

又

$$0-v_y'^2=-2g\cdot\frac{1}{2}y_0,$$

所以

$$v'_y=\sqrt{gy_0},$$

因此,其竖直方向所受地面的冲量为

$$I_y=mv'_y-mv_y=(1+\sqrt{2})\,m\sqrt{gy_0}.$$

【例 3-2】 一质量均匀分布的柔软细绳铅直地悬挂着,绳长为 L,质量为 M,绳的下端刚好触到水平桌面上,如果把绳的上端放开,绳将自由下落到桌面上. 试证明:在绳下落的过程中,任意时刻作用于桌面的压力,等于已落到桌面上的绳重量的 3 倍.

证明:建立如图 3-5 所示的坐标系,设 t 时刻已经有长度为 x 的绳子落到桌面上,随后 $\mathrm{d}t$ 时间内将有质量为 $\mathrm{d}m$ 的绳子落到桌面上而停止,$\mathrm{d}m=\rho\mathrm{d}x=\frac{M}{L}\mathrm{d}x$,根据定义,其速度为 $\frac{\mathrm{d}x}{\mathrm{d}t}$,则它的动量变化率为

$$\frac{\mathrm{d}P}{\mathrm{d}t}=\frac{-\rho\mathrm{d}x\cdot\frac{\mathrm{d}x}{\mathrm{d}t}}{\mathrm{d}t}.$$

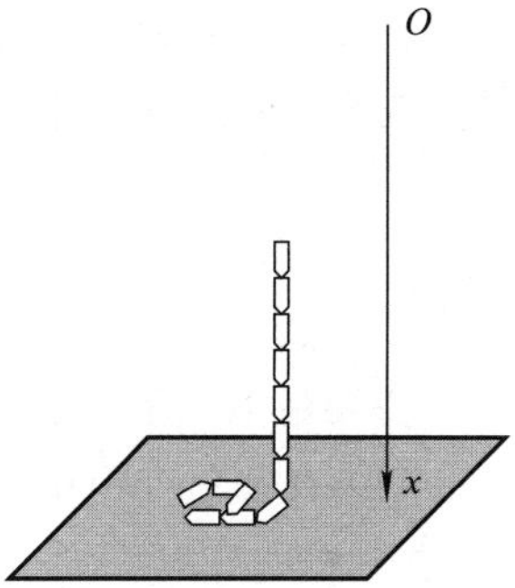

图 3-5

根据动量定理,桌面对柔绳的冲力为

$$F'=\frac{\mathrm{d}P}{\mathrm{d}t}=\frac{-\rho\mathrm{d}x\cdot\frac{\mathrm{d}x}{\mathrm{d}t}}{\mathrm{d}t}=-\rho v^2,$$

而柔绳对桌面的冲力 $F=-F'$,即

$$F=\rho v^2=\frac{M}{L}v^2.$$

又因为

$$v^2=2gx,$$

因此

$$F=2Mgx/L.$$

而已落到桌面上的柔绳的重量为

$$mg=Mgx/L,$$

因此

$$F_{总}=F+mg=2Mgx/L+Mgx/L=3mg.$$

证毕.

3.3 质点系的动量守恒定律

由式$\int_{t_1}^{t_2}\boldsymbol{F}_{\mathrm{ex}}\mathrm{d}t=\sum_{i=1}^{n}m_i\boldsymbol{v}_{i2}-\sum_{i=1}^{n}m_i\boldsymbol{v}_{i1}=\boldsymbol{p}_2-\boldsymbol{p}_1$可知，若系统的合外力为零(即$\boldsymbol{F}_{\mathrm{ex}}=\boldsymbol{0}$)时，系统的总动量的变化为零，此时，$\boldsymbol{p}_2=\boldsymbol{p}_1$，或写成

$$\boldsymbol{p}=\sum_{i=1}^{n}m_i\boldsymbol{v}_i=\text{常矢量}. \tag{3-5}$$

其文字表述为：当系统所受的合外力为零时，系统的总动量将保持不变. 这就是动量守恒定律.

式(3-5)是矢量式，在实际计算中，可以沿各坐标轴进行分解，若某个方向的合外力为零，则此方向上的总动量保持不变. 以直角坐标系为例，可以写成如下形式：

$$m_1v_{1x}+m_2v_{2x}+\cdots+m_nv_{nx}=\text{常量},$$
$$m_1v_{1y}+m_2v_{2y}+\cdots+m_nv_{ny}=\text{常量},$$
$$m_1v_{1z}+m_2v_{2z}+\cdots+m_nv_{nz}=\text{常量}.$$

需要注意以下几点：

(1) 在动量守恒中，系统的总动量不改变，但是并不意味着系统内某个质点的动量不改变. 虽然对于一切惯性系，动量守恒定律都成立，研究某个系统的动量守恒时，系统内各个质点动量的研究都应该对应同一惯性系.

(2) 内力的存在只改变系统内动量的分配，即可改变每个质点的动量，而不能改变系统的总动量，也就是说，内力对系统的总动量无影响.

(3) 动量守恒要求系统所受的合外力为零，但是，有时系统的合外力并不为零，然而外力的大小远小于系统的内力，此时往往可忽略外力的影响，认为系统的动量是守恒的. 例如，在“碰撞”“打击”“爆炸”等相互作用时间极短的过程中，一般可以这样处理. 反冲现象可以作为动量守恒的典型例子.

(4) 动量守恒定律是自然界最重要、最基本的规律之一. 动量守恒定律与能量守恒定律、角动量守恒定律是自然界的普遍规律，在微观粒子做高速运动(速度接近光速)的情况下，牛顿定律已经不适用，但是动量守恒定律等仍然适用.

【例3-3】 一个静止物体炸成三块，其中两块质量相等，且以相同速率30 m/s沿相互垂直的方向飞开，第三块的质量恰好等于这两块质量的总和. 试求第三块的速度(大小和方向).

解：物体静止时的动量等于零，炸裂时爆炸力是物体内力，它远大于重力，故在爆炸中，可认为动量守恒. 由此可知，物体分裂成三块后，这三块碎片的动量之和仍等于零，即

$$m_1\boldsymbol{v}_1+m_2\boldsymbol{v}_2+m_3\boldsymbol{v}_3=\boldsymbol{0},$$

因此，这三个动量必处于同一平面内，且第三块的动量必和第一、第二块的合动量大小相等、方向相反，如图 3-6 所示. 因为 $\boldsymbol{v}_1$ 和 $\boldsymbol{v}_2$ 相互垂直，所以

$$(m_3v_3)^2=(m_1v_1)^2+(m_2v_2)^2.$$

设 $m_1=m_2=m$，则 $m_3=2m$，可得 $\boldsymbol{v}_3$ 的大小为

$$v_3=\frac{1}{2}\sqrt{v_1^2+v_2^2}=\frac{1}{2}\sqrt{(30\ \mathrm{m/s})^2+(30\ \mathrm{m/s})^2}\approx 21.2\ \mathrm{m/s}.$$

由于 $\boldsymbol{v}_1$ 和 $\boldsymbol{v}_3$ 所成角 α 由

$$\alpha=180°-\theta$$

决定，又因 $\tan\theta=\dfrac{v_2}{v_1}=1$，知 $\theta=45°$，所以

$$\alpha=135°,$$

即 $\boldsymbol{v}_3$ 与 $\boldsymbol{v}_1$ 和 $\boldsymbol{v}_2$ 都成 135°，且三者都在同一平面内.

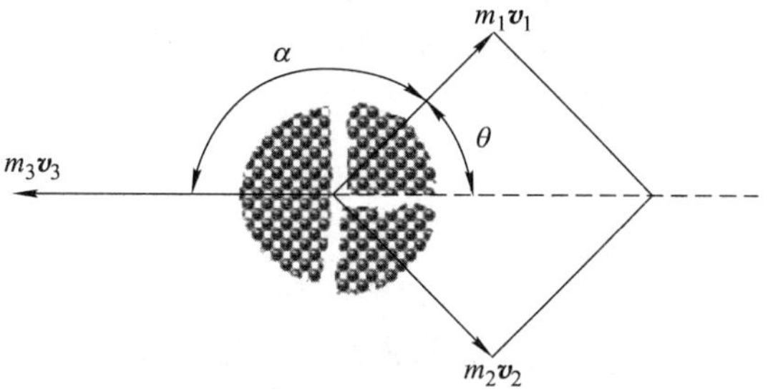

图 3-6 三块小物体动量守恒

【例 3-4】 人与船的质量分别为 m 及 M，船长为 L，若人从船尾走到船首，试求船相对于岸的位移.

解：如图 3-7 所示，设人相对于船的速度大小为 u，船相对于岸的速度大小为 v，取岸为参考系，选择人和船作为一个系统，由于其水平方向所受外力为零，故由动量守恒，有

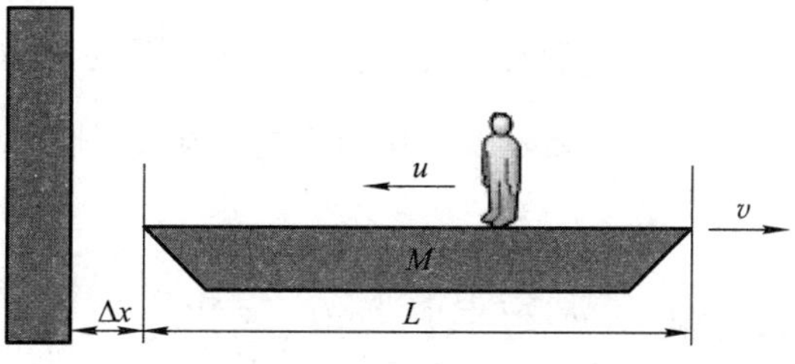

图 3-7 人船系统动量守恒

$$Mv+m(v-u)=0,$$

由此得

$$v=\frac{m}{M+m}u.$$

船相对于岸的位移

$$\Delta x=\int v\,\mathrm{d}t=\frac{m}{M+m}\int u\,\mathrm{d}t=\frac{m}{M+m}L.$$

由此可知，船的位移和人的行走速度无关，不管人的行走速度如何变化，其结果是相同的.

*3.4　质心运动 火箭飞行问题

我们知道，规则、质量均匀分布的物体的几何中心可以看作物体质量分布的中心，称为质心. 但是，如果物体是不规则的呢？在研究多个质点组成的系统的运动时，质心将是一个很有用的概念.

3.4.1　质心

图 3-8　质心

任何物体都可以看作由许多质点组成的质点系. 大家都有向空中抛物体的经验，但是不知是否曾用心观察. 如果我们斜抛一质量均匀的物体(例如一把锤子)，如图 3-8 所示，通过观察会发现，锤子在空中的运动是很复杂的. 但是，锤子上存在一点，它的运动轨迹始终是抛物线，其他点的运动可以看作平动以及围绕该点做转动的运动的合成. 因此，我们可以用该点的运动来描述整个锤子的运动，这个特殊点就是这个系统的质心.

若用 m_i 表示系统中第 i 个质点的质量，$\boldsymbol{r}_i$ 表示其位矢，而用 $\boldsymbol{r}_C$ 表示质心的位矢，用 $M=\sum_i m_i$ 表示系统中质点的总质量，那么质心的位置可以确定：

$$\boldsymbol{r}_C=\frac{m_1\boldsymbol{r}_1+m_2\boldsymbol{r}_2+\cdots+m_i\boldsymbol{r}_i+\cdots}{m_1+m_2+\cdots+m_i+\cdots}=\frac{\sum_i m_i\boldsymbol{r}_i}{M}.\tag{3-6a}$$

在各坐标轴上分解后，有

$$x_C=\frac{\sum_i m_i x_i}{M},\quad y_C=\frac{\sum_i m_i y_i}{M},\quad z_C=\frac{\sum_i m_i z_i}{M}. \tag{3-6b}$$

如果系统质量是连续分布的,则可用积分的形式求其质心:

$$x_C=\frac{1}{M}\int x\,\mathrm{d}m,\quad y_C=\frac{1}{M}\int y\,\mathrm{d}m,\quad z_C=\frac{1}{M}\int z\,\mathrm{d}m. \tag{3-6c}$$

【例 3-5】 如图 3-9 所示,相距为 l 的两个质点 A,B 的质量分别为 m_1,m_2,求此系统的质心.

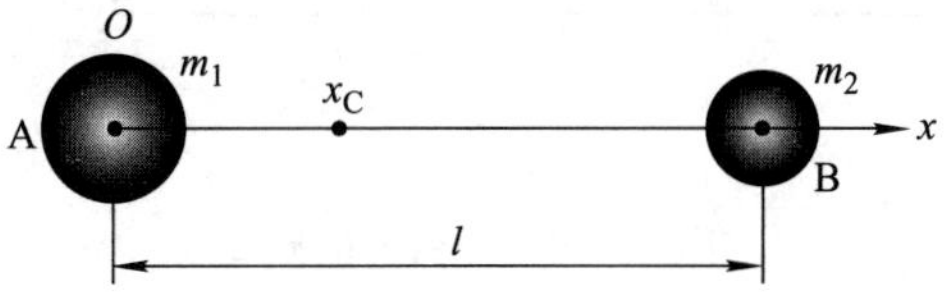

图 3-9

解:沿两质点的连线取 x 轴,若原点 O 取在质点 A 处,则质点 A,B 的坐标为 $x_1=0$,$x_2=l$.

按质心的位置坐标公式

$$x_C=\frac{\sum_i m_i x_i}{M},\quad y_C=\frac{\sum_i m_i y_i}{M},\quad z_C=\frac{\sum_i m_i z_i}{M},$$

得质心的位置坐标为

$$x_C=\frac{m_1\times 0+m_2 l}{m_1+m_2}=\frac{m_2 l}{m_1+m_2},$$

$$y_C=z_C=0.$$

质心到质点 B 处的距离为

$$l-x_C=l-\frac{m_2 l}{m_1+m_2}=\frac{m_1 l}{m_1+m_2}.$$

由上两式可知

$$\frac{x_C}{l-x_C}=\frac{m_2}{m_1}.$$

即质心与两质点的距离之比,和两质点的质量成反比. 可见,对给定的系统而言,其质心具有确定的相对位置.

【例 3-6】 求证:一均质杆的质心位置在杆的中点.

证明:设杆长为 l,质量为 m,因杆为均质,即杆的质量均匀分布,则每单位长度的质量为 $\rho=m/l$.

如图 3-10 所示,沿杆长取 x 轴,原点 O 选在杆的中点,在坐标为 x 处取长为

dx 的质元，其质量为 dm. 在上述以杆的中心为原点的坐标系中，若将杆分成许多质量相等的质元，在坐标 x_1 处有一质元 m_1，由于对称，在坐标为 $-x_1$ 处必有一个质量相同的质元 m_1，因而求和时，相应两项之和为

$$m_1x_1+m_1(-x_1)=0.$$

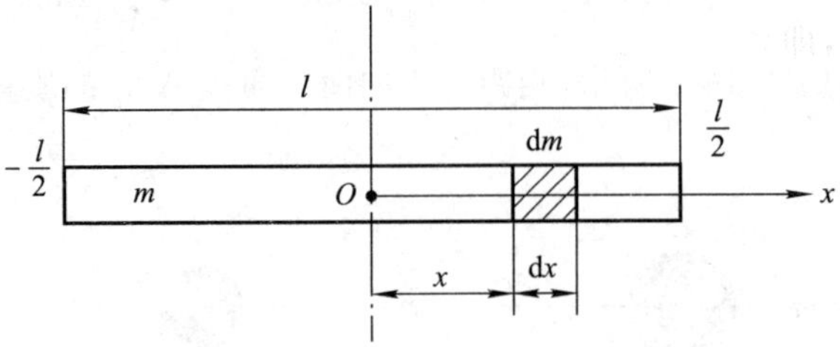

图 3-10 均质杆的质心

其他每一对对称质元都是如此，则总和 $\sum_i m_i x_i=0$，按质心位置坐标的公式

$$x_C=\frac{\sum_i m_i x_i}{M},$$

得

$$x_C=\frac{1}{m}\int_l x\,dm=\frac{1}{m}\int_{-l/2}^{l/2}\frac{m}{l}x\,dx=\frac{0}{l}=0,$$

即杆的质心在杆的中点. 证毕.

根据这种"对称性"分析的方法就可以验证，质量均匀分布、几何形状对称的物体，其质心必在其几何中心上. 例如，均质圆环或圆盘的质心在圆心上，均质矩形板的质心在对角线的交点上.

3.4.2 质心运动定律

系统运动时，系统中的每个质点都参与了运动，此时，质心不可避免地也要参与运动. 下面我们来学习质心运动定律.

由式(3-6a)，即

$$\boldsymbol{r}_C=\frac{m_1\boldsymbol{r}_1+m_2\boldsymbol{r}_2+\cdots+m_i\boldsymbol{r}_i+\cdots}{m_1+m_2+\cdots+m_i+\cdots}=\frac{\sum_i m_i\boldsymbol{r}_i}{M},$$

可求得质心的速度为

$$\boldsymbol{v}_C=\frac{d\boldsymbol{r}_C}{dt}=\frac{\sum_i m_i\frac{d\boldsymbol{r}_i}{dt}}{M}=\frac{\sum_i m_i\boldsymbol{v}_i}{M},\tag{3-7}$$

质心的加速度为

$$\boldsymbol{a}_{\mathrm{C}}=\frac{\mathrm{d}\boldsymbol{v}_{\mathrm{C}}}{\mathrm{d}t}=\frac{\sum_{i}m_{i}\frac{\mathrm{d}\boldsymbol{v}_{i}}{\mathrm{d}t}}{M}=\frac{\sum_{i}m_{i}\boldsymbol{a}_{i}}{M}. \tag{3-8}$$

对于 n 个质点组成的系统，若用 $\boldsymbol{F}_1,\boldsymbol{F}_2,\boldsymbol{F}_3,\cdots,\boldsymbol{F}_i,\cdots,\boldsymbol{F}_n$ 表示各个质点所受来自系统外的力，即系统所受外力，用 $\boldsymbol{f}_{12},\boldsymbol{f}_{21},\cdots,\boldsymbol{f}_{i1},\cdots,\boldsymbol{f}_{n(n-1)}$ 等表示系统内各质点之间的相互作用力，即系统的内力，对于系统中各个质点来说，有

$$m_1\boldsymbol{a}_1=m_1\frac{\mathrm{d}\boldsymbol{v}_1}{\mathrm{d}t}=\boldsymbol{F}_1+\boldsymbol{f}_{12}+\boldsymbol{f}_{13}+\boldsymbol{f}_{14}+\cdots+\boldsymbol{f}_{1i}+\cdots+\boldsymbol{f}_{1n},$$

$$m_2\boldsymbol{a}_2=m_2\frac{\mathrm{d}\boldsymbol{v}_2}{\mathrm{d}t}=\boldsymbol{F}_2+\boldsymbol{f}_{21}+\boldsymbol{f}_{23}+\boldsymbol{f}_{24}+\cdots+\boldsymbol{f}_{2i}+\cdots+\boldsymbol{f}_{2n},$$

……

$$m_i\boldsymbol{a}_i=m_i\frac{\mathrm{d}\boldsymbol{v}_i}{\mathrm{d}t}=\boldsymbol{F}_i+\boldsymbol{f}_{i1}+\boldsymbol{f}_{i2}+\boldsymbol{f}_{i3}+\cdots+\boldsymbol{f}_{in}$$

……

$$m_n\boldsymbol{a}_n=m_n\frac{\mathrm{d}\boldsymbol{v}_n}{\mathrm{d}t}=\boldsymbol{F}_n+\boldsymbol{f}_{n1}+\boldsymbol{f}_{n2}+\boldsymbol{f}_{n3}+\cdots+\boldsymbol{f}_{n(n-1)}.$$

考虑到系统内力总是成对出现，它们之间满足 $\boldsymbol{f}_{12}+\boldsymbol{f}_{21}=\boldsymbol{0},\cdots,\boldsymbol{f}_{(n-1)n}+\boldsymbol{f}_{n(n-1)}=\boldsymbol{0}$，因此把上列式子相加之后系统的内力之和为零，可得

$$m_1\boldsymbol{a}_1+m_2\boldsymbol{a}_2+\cdots+m_i\boldsymbol{a}_i+\cdots+m_n\boldsymbol{a}_n=\boldsymbol{F}_1+\boldsymbol{F}_2+\cdots+\boldsymbol{F}_i+\cdots+\boldsymbol{F}_n,$$

或可写成

$$\sum_{i=1}^{n}m_i\boldsymbol{a}_i=\sum_{i=1}^{n}\boldsymbol{F}_i.$$

代入式(3-8)中，得

$$\boldsymbol{a}_{\mathrm{C}}=\frac{\sum_{i=1}^{n}\boldsymbol{F}_i}{M}.$$

变形后，得

$$\sum_{i=1}^{n}\boldsymbol{F}_i=M\boldsymbol{a}_{\mathrm{C}}. \tag{3-9}$$

这就是质心运动定理，即作用在系统上的合外力等于系统的总质量乘以系统质心的加速度. 可以看出，它与牛顿第二定律的形式完全一致，不同的是，系统的质量集中于质心，系统所受的合外力也全部集中作用于其质心上，把系统的运动转化为质心的运动.

【例 3-7】 如图 3-11 所示的阿特伍德机中，两物体的质量分别是 m_1 和 m_2，且 $m_1>m_2$，视两物体为一系统，忽略绳子的质量和摩擦力的影响，则物体自静止

释放后，求：

(1) 系统的质心加速度 $\boldsymbol{a}_C$；

(2) 释放后时间 t 的质心速度 $\boldsymbol{v}_C$.

解：(1) 取竖直向上为正方向，向下为负，设绳子的张力大小为 T，受力分析如图 3-12 所示. 根据牛顿定律，两物体的运动方程为

$$T - m_1 g = m_1 a_1,$$
$$T - m_2 g = m_2 a_2,$$

式中 a_1 和 a_2 分别表示 m_1 和 m_2 的加速度. 由于 $m_1 > m_2$，所以 m_1 下降，m_2 上升，因此 $a_1 = -a_2$，代入上两式，可解得

$$a_1 = -a_2 = -\frac{m_1 - m_2}{m_1 + m_2} g, \quad T = \frac{2m_1 m_2}{m_1 + m_2} g.$$

系统的质心加速度为

$$a_C = \frac{m_1 a_1 + m_2 a_2}{m_1 + m_2},$$

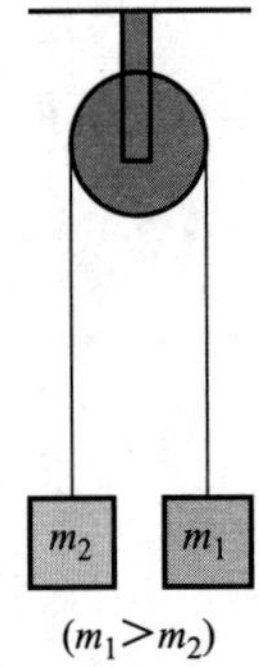

图 3-11 阿特伍德机

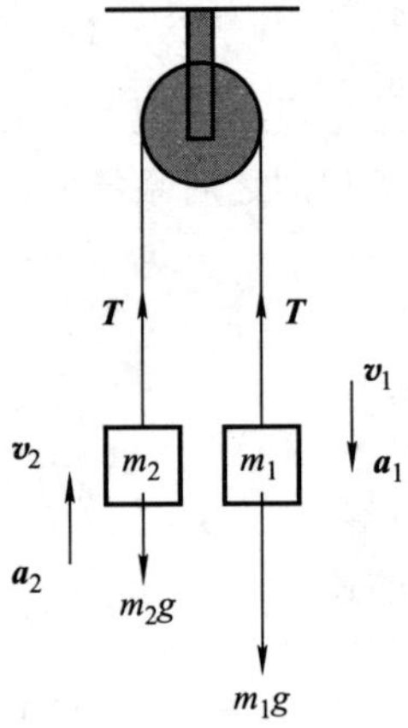

图 3-12 受力分析

因而得

$$a_C = \frac{m_1 a_1 + m_2(-a_1)}{m_1 + m_2} = \frac{m_1 - m_2}{m_1 + m_2} a_1 = -\left(\frac{m_1 - m_2}{m_1 + m_2}\right)^2 g,$$

负号代表质心加速度的方向竖直向下.

(2) 在释放后时间 t 时，两物体的速度分别为

$$v_1 = a_1 t = -\frac{m_1 - m_2}{m_1 + m_2} g t,$$

$$v_2 = a_2 t = \frac{m_1 - m_2}{m_1 + m_2} g t.$$

由质心的速度

$$v_C = \frac{m_1 v_1 + m_2 v_2}{m_1 + m_2},$$

得

$$v_C = \frac{m_1\left(-\frac{m_1 - m_2}{m_1 + m_2}\right) g t + m_2\left(\frac{m_1 - m_2}{m_1 + m_2}\right) g t}{m_1 + m_2} = -\left(\frac{m_1 - m_2}{m_1 + m_2}\right)^2 g t,$$

负号代表质心速度的方向也竖直向下.

注:质心速度也可以直接用 $v_C = a_C t$ 求得.

*3.4.3 火箭飞行

火箭飞行问题是一类很具有代表性的变质量问题. 如图 3-13 所示,火箭在飞行时,向后不断喷出大量的速度很快的气体,使火箭获得向前的很大的动量,从而推动其向前高速运动. 因为这一过程不需要依赖空气作用,所以火箭可以在宇宙空间中高速运行.

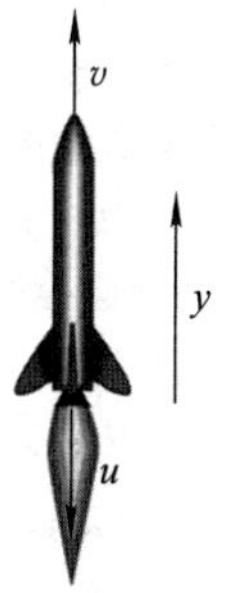

图 3-13 火箭飞行

设火箭在外空间飞行,此时火箭不受重力或空气阻力等任何外力的影响. 某时刻 t,火箭(包括火箭体和其中尚存的燃料)质量为 M,速度为 v,在其后的 $\mathrm{d}t$ 时间内,火箭向后喷出气体,质量为 $|\mathrm{d}M|$(注,$\mathrm{d}M$ 为质量 M 在 $\mathrm{d}t$ 时间内的增量,由于火箭质量 M 随时间而减少,故 $\mathrm{d}M$ 本身具有负号),相对火箭的速度为 u,火箭体质量变为 $M+\mathrm{d}M$,获得了向前的速度后,速度为 $v+\mathrm{d}v$. 火箭和喷出的气体作为一个系统,对于描述火箭运动的同一惯性系来说,t 时刻系统总动量为 Mv,而在喷气之后,火箭的动量变为$(M+\mathrm{d}M)(v+\mathrm{d}v)$,所喷出气体的动量为$(-\mathrm{d}M)(v+\mathrm{d}v-u)$,由于火箭不受外力作用,系统的总动量守恒,故由动量守恒定律,有

$$Mv = (M + \mathrm{d}M)(v + \mathrm{d}v) + (-\mathrm{d}M)(v + \mathrm{d}v - u).$$

上式展开后,略去二阶小量,整理后得

$$u\,\mathrm{d}M + M\,\mathrm{d}v = 0,$$

或

$$\mathrm{d}v = -u\,\frac{\mathrm{d}M}{M}.$$

上式表示,每当火箭喷出质量为 $|\mathrm{d}M|$ 的气体,其速度将增加 $\mathrm{d}v$. 设火箭点火时质

量为 M_1，初速为 v_1，燃烧完后火箭质量是 M_2，速度为 v_2，对上式积分得

$$v_2 - v_1 = u\ln\frac{M_1}{M_2}. \tag{3-10}$$

式(3-10)表明，火箭在燃料燃烧后所增加的速度和喷气速度成正比，也与火箭的始、末质量比的自然对数成正比.

若以喷出的气体为研究对象，可得喷气对火箭体的推力公式为

$$F = -u\frac{\mathrm{d}M}{\mathrm{d}t}.$$

习题

一、思考题

1. 何为内力？何为外力？它们对于改变质点和质点系的动量各有什么贡献？

2. 一大一小两条船，距岸一样远，从哪条船跳到岸上容易些？为什么？

3. 在质点系的质心处一定存在一个质点吗？

4. 质量为 m 的小球以速率 v 水平地射向垂直的光滑大平板，碰撞后又以相同速率沿水平方向弹回，在此碰撞过程中小球动量的增量是多少？小球施于平板的冲量是多少？

二、选择题

1. 考虑几种说法：

(1) 质点系总动量的改变与内力无关；

(2) 质点系总动能的改变与内力无关；

(3) 质点系机械能的改变与保守内力无关.

上面的说法中，(　　).

(A) 只有(1)正确　　(B) (1)和(2)正确

(C) (1)和(3)正确　　(D) (2)和(3)正确

2. 质量为 20 g 的子弹沿 x 轴正向以 500 m/s 的速率射入一木块后，与木块一起仍沿 x 轴正向以 50 m/s 的速率前进，在此过程中木块所受冲量的大小为(　　).

(A) 9 N·s　　(B) −9 N·s　　(C) 10 N·s　　(D) −10 N·s

3. 两辆小车 A,B 可在光滑平直轨道上运动. A 以 2 m/s 的速率向右与静止的 B 对心碰撞，A 和 B 的质量相同，假定车 A 的初始速度方向为正方向，则碰撞为完全弹性碰撞和完全非弹性碰撞时车 A 的速率分别为(　　).

(A) $v_A=0$ m/s, $v_A=2$ m/s　　(B) $v_A=0$ m/s, $v_A=1$ m/s

(C) $v_A=1$ m/s, $v_A=0$ m/s　　(D) $v_A=2$ m/s, $v_A=1$ m/s

4. 质量为 m 的铁锤自由落下，打在木桩上并停下，设打击时间为 Δt，打击前铁锤速率为 v，则在撞击木桩的过程中，铁锤所受平均合外力的大小为(　　).

(A) $\dfrac{mv}{\Delta t}$　　(B) $\dfrac{mv}{\Delta t}-mg$　　(C) $\dfrac{mv}{\Delta t}+mg$　　(D) $\dfrac{2mv}{\Delta t}$

5. 一个力 F 作用在质量为 2 kg 的质点上，使之沿 x 轴运动. 已知在此力作用下质点的运动方程为 $x=3t-4t^2+t^3$（国际单位制），则在 0～4 s 的时间内，力 F 的冲量大小是（　　）.

(A) 32 N·s　　(B) −32 N·s　　(C) 64 N·s　　(D) −16 N·s

三、计算题

1. 质量为 m 的小球在水平面内做速率为 v_0 的匀速圆周运动，试求小球经过 1/4 圆周、1/2 圆周、3/4 圆周、整个圆周的过程中的动量改变量，试从冲量计算得出结果.

2. 一子弹从枪口飞出的速率是 300 m/s，在枪管内子弹所受合力的大小符合下式：

$$f=400-\frac{4}{3}\times 10^5 t\text{（国际单位制）}.$$

(1) 画出 f-t 图；

(2) 若子弹到枪口时所受的力变为零，计算子弹行经枪管长度所花费的时间；

(3) 求该力冲量的大小；

(4) 求子弹的质量.

3. 为了安全，煤矿采煤多采用水力，使用高压水枪喷出的强力水柱冲击煤层，如图 3-14 所示. 设水柱直径 $D=30$ mm，水速 $v=56$ m/s，水柱垂直射在煤层表面上，冲击煤层后的速度为零，求水柱对煤的平均冲力.

4. 一质量为 0.05 kg、速率为 10 m·s^{-1} 的钢球，以与钢板法线成 45°角的方向撞击在钢板上，并以相同的速率和角度弹回来，如图 3-15 所示. 设碰撞时间为0.05 s，求在此时间内钢板所受到的平均冲力.

5. 一辆装煤车以 2 m/s 的速率从煤斗下面通过，煤粉通过煤斗以 5 t/s 的速率竖直注入车厢. 如果车厢的速率保持不变，车厢与钢轨间摩擦忽略不计，求牵引力的大小.

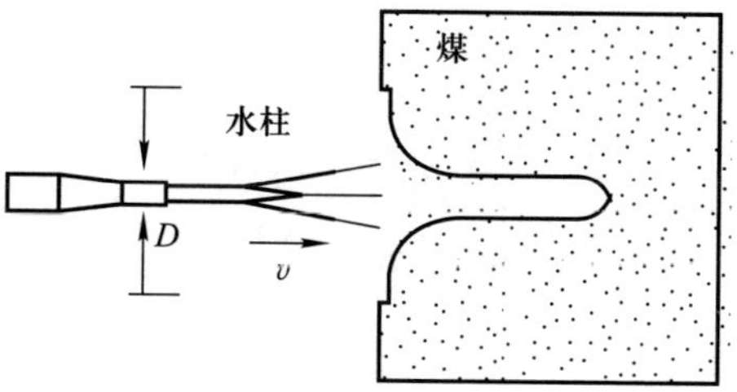

图 3-14

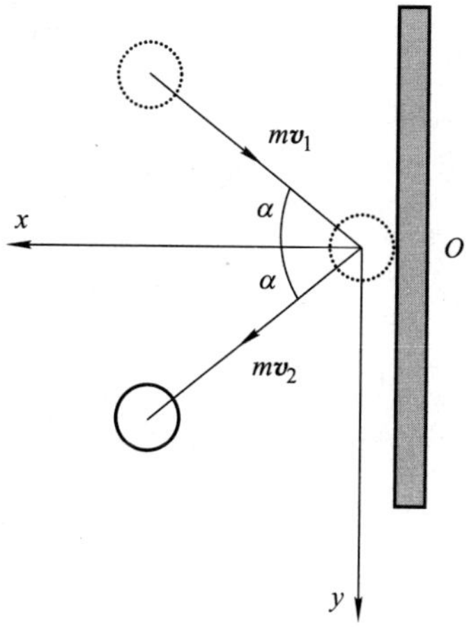

图 3-15

6. 一炮弹竖直向上发射，初速率为 v_0，在发射后经 t 秒后在空中爆炸，假定分成质量相同的 A,B,C 三块碎块. 其中 A 块的速度为零，B,C 两块的速度大小相同，且 B 块速度方向与水平成 α

角，求 B，C 两碎块的速度(大小和方向).

7. 一链条，总长为 l，放在光滑的桌面上，其一端下垂，长度为 a，如图 3－16 所示. 假定开始时链条静止，求链条刚刚离开桌边时的速度.

8. 一名质量为 $m=60$ kg 的跳高运动员从高 $h=2.5$ m 处自由下落，试求：

(1) 运动员下落过程中，重力的冲量；

(2) 若运动员落到地面海绵垫上，与海绵垫的作用时间为 2 s，运动员受到的平均冲力为多大.

9. 质量为 80 g 的子弹，垂直地穿过一面墙壁后，速率由 800 m/s 变为 700 m/s，子弹穿墙的时间为 1×10^{-4} s，试求：

(1) 子弹受的平均冲力大小；

(2) 墙壁的厚度.

10. 一质量为 $m=8$ kg 的物体在沿 Ox 轴方向力的作用下由静止开始运动. 力随时间的变化关系如图 3－17 所示，试求：

(1) 力随时间的变化关系；

(2) 0～4 s 力的冲量及 4 s 末物体的速度；

(3) 0～6 s 力的冲量及 6 s 末物体的速度.

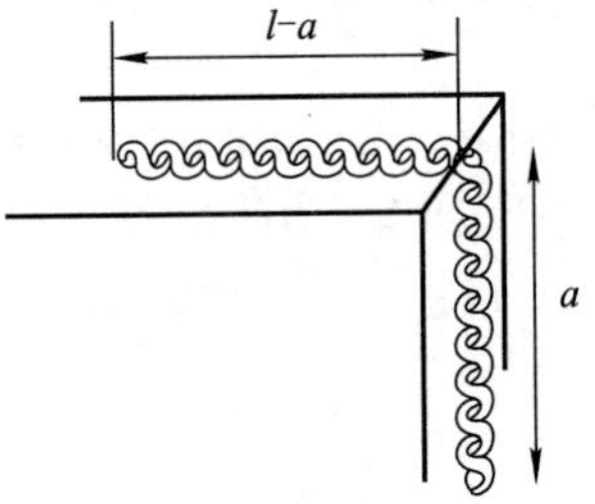

图 3－16

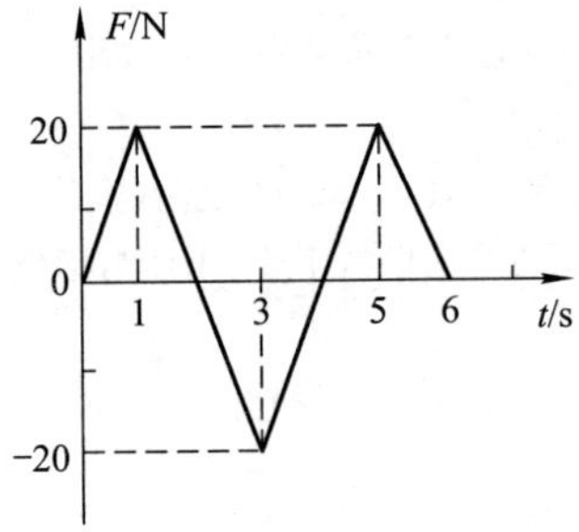

图 3－17

第 4 章

能量守恒

学习目标

• 熟练掌握功的概念，理解一般力及保守力的特点，熟练掌握各种保守力对应的势能，会计算万有引力、重力和弹性力的势能.

• 熟练掌握动能的概念，以及质点和质点系的动能定理，并能熟练处理相关问题.

• 熟练掌握机械能的概念，并能利用功能原理及机械能守恒定律处理相关问题.

• 了解完全弹性碰撞和完全非弹性碰撞的特点，并能处理较简单的完全弹性碰撞和完全非弹性碰撞的问题.

本章将通过探讨力对空间的积累效果，观察质点以及质点系能量的变化. 在一定条件下，质点和质点系的能量将保持守恒. 能量守恒不仅是力学的基本定律，而且通过某些变化，还广泛应用于物理学的各种运动形式中.

4.1 功 保守力

在上一章中，我们讨论了力对时间的积累，下面来认识力对空间的积累——功.

4.1.1 功

一质点在力的作用下沿着路径 ab 运动，如图 4-1 所示. 某时间段内，质点在力 $\boldsymbol{F}$ 作用下发生元位移 $\mathrm{d}\boldsymbol{r}$，$\boldsymbol{F}$ 与 $\mathrm{d}\boldsymbol{r}$ 之间的夹角为 θ. 定义功为力在位移方向的分量与该位移大小的乘积，则力 $\boldsymbol{F}$ 所做的元功为

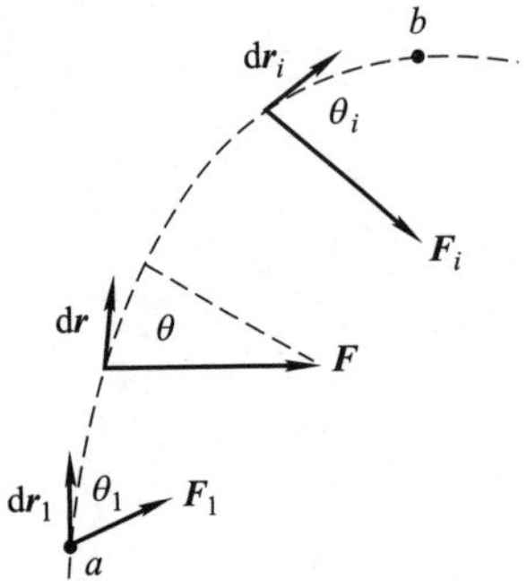

图 4-1 功的定义

$$\mathrm{d}A = F\cos\theta\,|\mathrm{d}\boldsymbol{r}|. \tag{4-1a}$$

式(4-1a)也可以写成 $\mathrm{d}A = F\,|\mathrm{d}\boldsymbol{r}|\cos\theta$，即位移在力方向上的分量和力的大小的乘积. 此表述和上述功的定义表述是等效的.

由于 $\mathrm{d}s = |\mathrm{d}\boldsymbol{r}|$，则式(4-1a)也可写成

$$\mathrm{d}A = F\cos\theta\,\mathrm{d}s. \tag{4-1b}$$

当 $0<\theta<90°$ 时，力做正功；当 $90°<\theta\leqslant180°$ 时，力做负功；当 $\theta=90°$ 时，力不做功.

因为 $\boldsymbol{F}$ 与 $\mathrm{d}\boldsymbol{r}$ 均为矢量，所以元功的矢量形式为

$$\mathrm{d}A = \boldsymbol{F}\cdot\mathrm{d}\boldsymbol{r}. \tag{4-1c}$$

元功为 $\boldsymbol{F}$ 和 $\mathrm{d}\boldsymbol{r}$ 的标积，因此，功是标量.

当质点由 a 点运动到 b 点，在此过程中作用于质点上的力的大小和方向时刻都在变化. 为求得在此过程中变力所做的功，可以把由 a 到 b 的路径分成很多小段，每一小段都看作一个元位移，在每个元位移中，力可以近似看作不变. 因此，质点从 a 运动到 b，变力所做的总功等于力在每段元位移上所做的元功的代数和，可以用积分的形式求得：

$$A = \int_a^b \boldsymbol{F}\cdot\mathrm{d}\boldsymbol{r} = \int_a^b F\cos\theta\,\mathrm{d}s. \tag{4-2a}$$

功的数值也可以用图示法来计算. 如图 4-2 所示，图中的曲线表示力在位移方向上的分量 $F\cos\theta$ 随路径的变化关系，曲线下的面积等于变力做功的代数和.

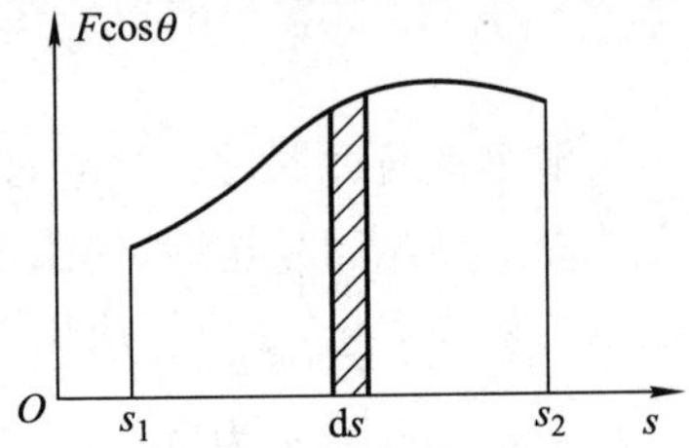

图 4-2 功的图示

请注意，功是一个和路径有关的过程量.

合力的功，等于各分力的功的代数和. 我们可以把力 $\boldsymbol{F}$ 和 $\mathrm{d}\boldsymbol{r}$ 看作其在各个坐标轴上分力的矢量和，即

$$\boldsymbol{F} = F_x\boldsymbol{i} + F_y\boldsymbol{j} + F_z\boldsymbol{k},$$

$$\mathrm{d}\boldsymbol{r} = \mathrm{d}x\boldsymbol{i} + \mathrm{d}y\boldsymbol{j} + \mathrm{d}z\boldsymbol{k}.$$

此时，式(4-2a)可写成

$$A = \int_a^b \boldsymbol{F}\cdot\mathrm{d}\boldsymbol{r} = \int_a^b (F_x\mathrm{d}x + F_y\mathrm{d}y + F_z\mathrm{d}z), \tag{4-2b}$$

各分力所做的功为

$$A_x = \int_{x_a}^{x_b} F_x\mathrm{d}x,\quad A_y = \int_{y_a}^{y_b} F_y\mathrm{d}y,\quad A_z = \int_{z_a}^{z_b} F_z\mathrm{d}z. \tag{4-2c}$$

同理,若有几个力 $\boldsymbol{F}_1,\boldsymbol{F}_2,\cdots,\boldsymbol{F}_n$ 同时作用在质点上,则其合力所做的功为

$$A=\int_a^b \boldsymbol{F}\cdot \mathrm{d}\boldsymbol{r}=\int_a^b (\boldsymbol{F}_1+\boldsymbol{F}_2+\cdots+\boldsymbol{F}_n)\cdot \mathrm{d}\boldsymbol{r},$$

即

$$A=\int_a^b \boldsymbol{F}\cdot \mathrm{d}\boldsymbol{r}=\int_a^b \boldsymbol{F}_1\cdot \mathrm{d}\boldsymbol{r}+\int_a^b \boldsymbol{F}_2\cdot \mathrm{d}\boldsymbol{r}+\cdots+\int_a^b \boldsymbol{F}_n\cdot \mathrm{d}\boldsymbol{r},$$

或写成

$$A=A_1+A_2+\cdots+A_n. \tag{4-2d}$$

在国际单位制中,功的单位是焦耳,简称焦,用符号"J"表示,

$$1\ \mathrm{J}=1\ \mathrm{N}\cdot\mathrm{m}.$$

功随时间的变化率称为功率,用符号"P"表示,

$$P=\frac{\mathrm{d}A}{\mathrm{d}t}=\boldsymbol{F}\cdot\boldsymbol{v}. \tag{4-3}$$

在国际单位制中,功率的单位是瓦特,简称瓦,用符号"W"表示,

$$1\ \mathrm{W}=1\ \mathrm{J}\cdot\mathrm{s}^{-1}.$$

4.1.2 保守力与非保守力

让我们先考察几个常见力的做功情况.

首先,看一下重力的功. 如图 4-3 所示,设质量为 m 的物体在重力的作用下从 a 点沿任意曲线 acb 运动到 b 点. 选地面为参考,设 a,b 两点的高度分别是 h_a 和 h_b,则在 c 点附近,在元位移 $\mathrm{d}\boldsymbol{r}$ 中,重力 $\boldsymbol{G}$ 所做的元功为

$$\mathrm{d}A=G\mathrm{d}r\cos\alpha=mg\mathrm{d}r\cos\alpha=mg\mathrm{d}h,$$

其中 $\mathrm{d}h=\mathrm{d}r\cos\alpha$ 为物体在元位移 $\mathrm{d}\boldsymbol{r}$ 中下降的高度. 因此,质点从 a 点沿曲线 acb 运动到 b 点过程中,重力所做的功为

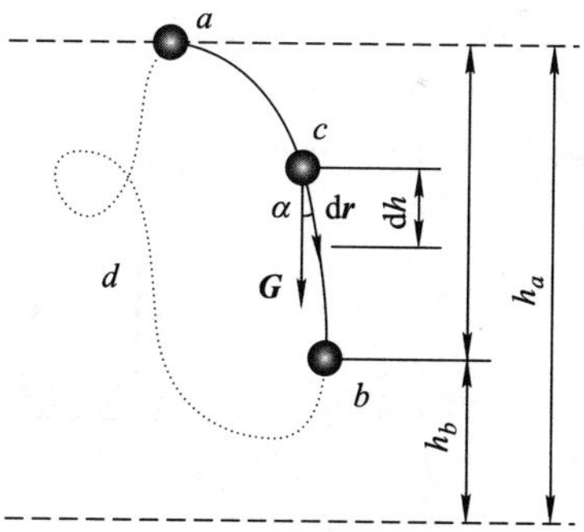

图 4-3 重力做功

$$A=\int_a^b \mathrm{d}A=\int_{h_a}^{h_b}(-mg)\mathrm{d}h=mgh_a-mgh_b. \tag{4-4}$$

可以看出,重力做功仅与物体的始末位置有关,而与物体运动的路径无关,即物体在重力作用下,从 a 点沿另一任意曲线 adb 运动到 b 点时,重力所做的功和上述值相等.

设物体沿任一闭合路径 $adbca$ 运动一周,重力做的总功为

$$A=\oint \boldsymbol{G}\cdot\mathrm{d}\boldsymbol{r}=0.$$

我们再看一下万有引力的功. 以地球围绕太阳运动为例. 由于地球距离太阳很远,

以太阳为参考系，地球可以看作质点. 设太阳质量为 M，地球质量为 m，a，b 两点为地球运行轨道上任意两点，距离太阳分别是 r_a 和 r_b，如图 4-4 所示. 则某时刻在距离太阳为 r 处附近，万有引力所做的元功

$$\mathrm{d}A=\boldsymbol{F}\cdot\mathrm{d}\boldsymbol{r}=F\mathrm{d}s\cos(90^\circ+\theta).$$

这里之所以如此变换，是考虑到 $\mathrm{d}s$ 和其对应的张角 $\mathrm{d}\alpha$ 非常小，故截取长度为 r 的线段后，可以认为截线和 r 垂直. 由前式可得

$$\mathrm{d}A=-G\frac{Mm}{r^2}\sin\theta\mathrm{d}s=-G\frac{Mm}{r^2}\mathrm{d}r.$$

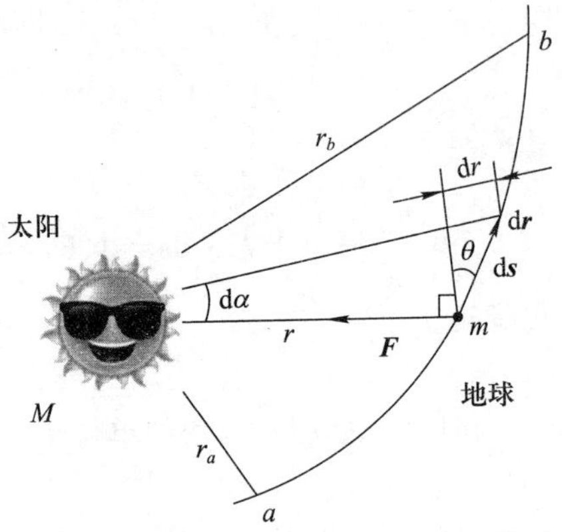

图 4-4 万有引力做功

这样，地球从 a 运动到 b 的过程中，万有引力做的总功为

$$A=-GMm\int_{r_a}^{r_b}\frac{\mathrm{d}r}{r^2}=-\left[\left(-\frac{GMm}{r_b}\right)-\left(-\frac{GMm}{r_a}\right)\right]. \tag{4-5}$$

可以看出，万有引力做功仅与物体的始末位置有关，而与其所经历的路径无关.

下面看一下弹性力的功. 如图 4-5 所示，一轻弹簧放置在水平桌面上，弹簧的一端固定，另一端与一质量为 m 的物体相连. 当弹簧不发生形变时，物体所在位置为 O 点，这个位置叫作弹簧的平衡位置，此时弹簧的伸缩为零. 现以平衡位置为坐标原点，取向右为正方向.

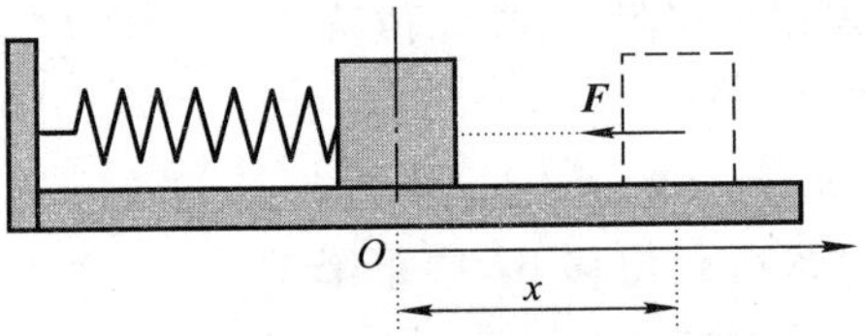

图 4-5 弹性力做功

设弹簧受到沿 x 轴正向的外力作用后被拉伸，拉伸量为物体位移 x，并设弹簧的弹性力为 $\boldsymbol{F}$. 根据胡克(Hooke)定律，在弹簧的弹性限度内，有

$$\boldsymbol{F}=-kx\boldsymbol{i},$$

其中 k 为弹簧的劲度系数.

尽管在拉伸过程中 $\boldsymbol{F}$ 是变力，但是，对于一段很小的位移 $\mathrm{d}x$，弹性力 $\boldsymbol{F}$ 可以近似看作不变. 所以，此时弹性力所做的元功为

$$\mathrm{d}A=\boldsymbol{F}\cdot\mathrm{d}\boldsymbol{r}=-kx\boldsymbol{i}\cdot\mathrm{d}x\boldsymbol{i}=-kx\mathrm{d}x.$$

当弹簧的伸长量由 x_1 变化到 x_2 时，弹性力所做的总功为

$$A=\int_{x_1}^{x_2}F\mathrm{d}x=\int_{x_1}^{x_2}-kx\mathrm{d}x=-\left(\frac{1}{2}kx_2^2-\frac{1}{2}kx_1^2\right). \tag{4-6}$$

可以看出，弹性力做功只与弹簧伸长的初末位置有关，和具体路径无关.

综上可以看出，无论重力、万有引力还是弹性力，其做功都具有一个共同的特点，即做功只与质点的初末位置有关，而与路径无关. 我们把具有这种特点的力称为保守力. 通过对重力的分析也可以看出，保守力满足条件$\oint \boldsymbol{F}\cdot\mathrm{d}\boldsymbol{r}=0$，即质点沿着任意闭合路径运动一周或一周的整数倍时，保守力对它所做的总功为零.

除了上述这几个力是保守力外，电荷间的静电力以及分子间的分子力都是保守力.

自然界中并非所有的力都具有做功和路径无关这一特性，更多的力做的功和路径有关，路径不一样，功的大小也不一样. 我们把具有这样特点的力称为非保守力. 人们熟知的摩擦力就是最常见的非保守力，路径越长，摩擦力做的功越多.

4.2 动能定理

一个物体能够做功，我们就说这个物体具有能量. 能量表示一个物体做功的能力. 功和能量的关系如何？ 下面来讨论一下. 首先，我们来学习动能定理.

4.2.1 质点的动能定理

一运动质点，质量为 m，在外力 $\boldsymbol{F}$ 的作用下，沿任意路径做曲线运动，从 a 点运动到 b 点，其速度发生了变化. 设其在 a，b 两点的速度分别是 $\boldsymbol{v}_1$ 和 $\boldsymbol{v}_2$，如图4-6所示，在某元位移 $\mathrm{d}\boldsymbol{r}$ 中，外力 $\boldsymbol{F}$ 和 $\mathrm{d}\boldsymbol{r}$ 之间的夹角为 θ，则由功及切向加速度的定义，外力 $\boldsymbol{F}$ 的元功为

$$\mathrm{d}A=\boldsymbol{F}\cdot\mathrm{d}\boldsymbol{r}=F\cos\theta\,|\mathrm{d}\boldsymbol{r}|=F_\tau\,|\mathrm{d}\boldsymbol{r}|.$$

由于 $|\mathrm{d}\boldsymbol{r}|=\mathrm{d}s$，即 $\mathrm{d}s$ 是元位移的大小，$\mathrm{d}s=v\mathrm{d}t$.

另由牛顿第二定律，可得

$$\mathrm{d}A=F_\tau\mathrm{d}s=m\frac{\mathrm{d}v}{\mathrm{d}t}\mathrm{d}s=mv\mathrm{d}v.$$

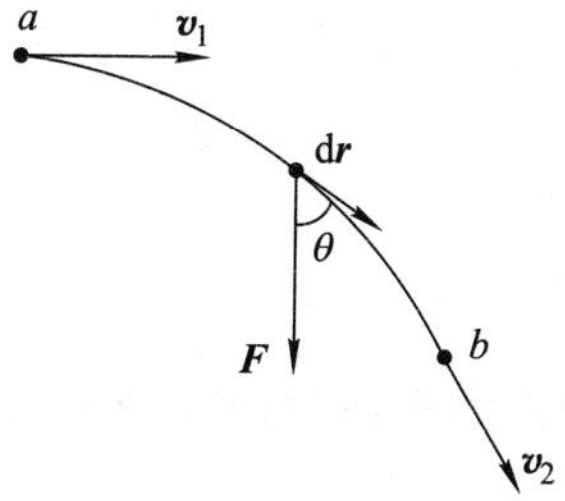

图 4-6 质点的动能定理

因此，质点在从 a 点运动到 b 点过程中，外力 $\boldsymbol{F}$ 所做的总功为

$$A=\int_{v_1}^{v_2}mv\mathrm{d}v=\frac{1}{2}mv_2^2-\frac{1}{2}mv_1^2. \tag{4-7}$$

我们把$\frac{1}{2}mv^2$叫作质点的动能，用符号“E_k”表示，即

$$E_k=\frac{1}{2}mv^2. \tag{4-8}$$

和势能一样，动能也是机械能的一种形式. 这样，式(4－8)可以写作

$$A=\frac{1}{2}mv_2^2-\frac{1}{2}mv_1^2=E_{k2}-E_{k1}. \tag{4-9}$$

式(4－9)就是质点的动能定理. E_{k1}称为初动能，E_{k2}称为末动能. 动能定理的文字表述为：合外力对质点所做的功等于质点动能的增量. 当合外力做正功时，质点动能增大，反之质点动能减小.

与牛顿第二定律一样，动能定理只适用于惯性系. 由于在不同的惯性系中，质点的速度不尽相同，因此，动能的量值与参考系有关. 但是，对于不同的惯性系，动能定理的形式不变.

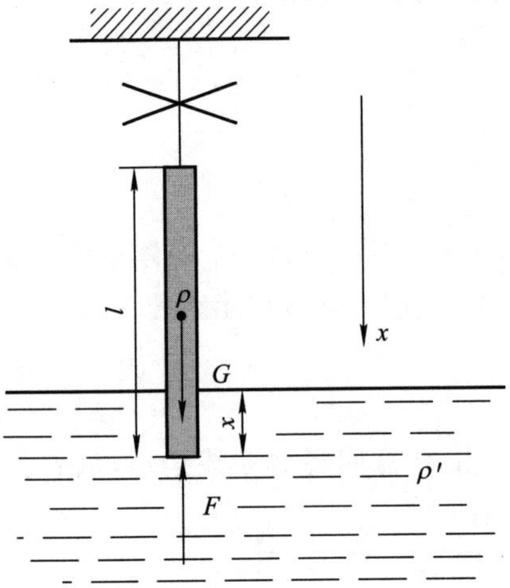

图 4－7

值得注意的是，动能定理建立了功和能量之间的关系，但是功是一个过程量，而动能是一个状态量，它们之间仅存在一个等量关系.

【例 4－1】 有一线密度为 ρ 的细棒，长度为 l，其上端用细线悬着，下端紧贴着密度为 ρ' 的液体表面. 现将悬线剪断，求细棒在恰好全部没入水中时的沉降速度. 设液体没有黏性. 试利用动能定理求解.

解：如图 4－7 所示，细棒下落过程中受到向下的重力 G 和向上的浮力 F 的作用，合外力对它做的功为

$$A=\int_0^l (G-F)\mathrm{d}x=\int_0^l (\rho l-\rho' x)g\,\mathrm{d}x=\rho l^2 g-\frac{1}{2}\rho' l^2 g.$$

由动能定理，初速度为 0，设末速度为 v，可得

$$\rho l^2 g-\frac{1}{2}\rho' l^2 g=\frac{1}{2}mv^2=\frac{1}{2}\rho l v^2,$$

$$v=\sqrt{\frac{(2\rho l-\rho' l)}{\rho}g}\,.$$

本题也可以用牛顿定律求解，但可以看出，应用动能定理解题更加简便.

4.2.2 质点系的动能定理

下面，我们把单个质点的动能定理推广到由若干个质点组成的质点系中. 此时系统既受到外力作用，又受到质点间的内力作用. 为了简单起见，先分析最简单的情况：设质点系由两个质点 1 和 2 组成，它们的质量分别为 m_1 和 m_2，并沿着各自的路径 s_1 和 s_2 运动，如图 4－8 所示.

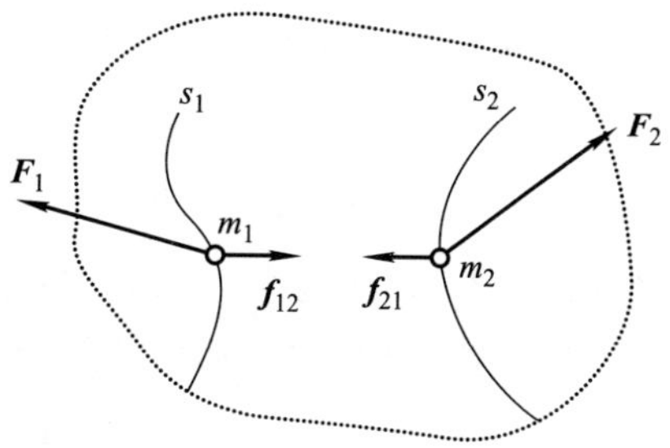

图 4－8 系统的内力和外力

分别对两质点应用动能定理，对质点 1 有

$$\int \boldsymbol{F}_1 \cdot \mathrm{d}\boldsymbol{r}_1 + \int \boldsymbol{f}_{12} \cdot \mathrm{d}\boldsymbol{r}_1 = \Delta E_{k1},$$

对质点 2 有

$$\int \boldsymbol{F}_2 \cdot \mathrm{d}\boldsymbol{r}_2 + \int \boldsymbol{f}_{21} \cdot \mathrm{d}\boldsymbol{r}_2 = \Delta E_{k2},$$

上两式相加，得

$$\int \boldsymbol{F}_1 \cdot \mathrm{d}\boldsymbol{r}_1 + \int \boldsymbol{F}_2 \cdot \mathrm{d}\boldsymbol{r}_2 + \int \boldsymbol{f}_{12} \cdot \mathrm{d}\boldsymbol{r}_1 + \int \boldsymbol{f}_{21} \cdot \mathrm{d}\boldsymbol{r}_2 = \Delta E_{k1} + \Delta E_{k2}.$$

上式右边为系统的动能的增量，可以用 ΔE_k 表示，左边的前两项之和为系统所受外力的功，用 A_e 表示，后两项之和为系统内力的功，用 A_i 表示. 于是上式可写为

$$A_e + A_i = \Delta E_k, \qquad (4-10)$$

即系统的外力和内力做功的总和等于系统动能的增量. 这就是质点系的动能定理. 可以看出，与质点系的动量定理不同的是，内力可以改变质点系的动能.

4.3 势能 势能曲线

4.3.1 势能

从上面的讨论可知，保守力做功只与质点的初末位置有关，为此，我们引入势能的概念. 在具有保守力相互作用的系统内，只由质点间的相对位置决定的能量称为势能. 势能用符号“E_p”表示. 势能是机械能的一种形式. 不同的保守力对应不同的势能. 例如，引力势能

$$E_p = -\frac{GMm}{r},$$

重力势能

$$E_p = mgh.$$

将质点从 a 点移到参考点时，保守力所做的功，即为质点(系统)在 a 点所具有的势能：

$$E_{pa} = A_{a\to参考点} = \int_a^{参考点} \boldsymbol{F} \cdot \mathrm{d}\boldsymbol{r}. \tag{4-11}$$

通常情况下，零势能点的选取规则如下：

(1) 重力势能以地面为零势能点，

$$E_{pa} = \int_a^{参考点} \boldsymbol{F} \cdot \mathrm{d}\boldsymbol{r} = \int_h^0 -mg\,\mathrm{d}y = mgh;$$

(2) 引力势能以无穷远为零势能点，

$$E_{pa} = \int_a^{\infty} \boldsymbol{F} \cdot \mathrm{d}\boldsymbol{r} = -\frac{GMm}{r_a}.$$

(3) 弹性势能以弹簧原长为零势能点，

$$E_{pa} = \int_a^{参考点} \boldsymbol{F} \cdot \mathrm{d}\boldsymbol{r} = \int_{x_a}^0 (-kx)\,\mathrm{d}x = \frac{1}{2}kx_a^2.$$

具体问题中零势能点的选取要看具体情况. 势能是相对量，具有相对意义，因此选取不同的零势能点，物体的势能将具有不同的值. 但是，无论零势能点选在何处，两点之间的势能差是绝对的，具有绝对性.

在保守力作用下，只要质点的初末位置确定了，保守力做的功也就确定了，即势能也就确定了，所以说势能是状态的函数，或者叫作坐标的函数. 保守力做功与路径无关的性质，大大简化了保守力做功的计算. 引入势能概念后，保守力的功可简单地写成

$$A_{a\to b} = \int_a^b \boldsymbol{F} \cdot \mathrm{d}\boldsymbol{r} = E_{pa} - E_{pb} = -(E_{pb} - E_{pa}) = -\Delta E_p. \tag{4-12}$$

上式的意思是，系统在由位置 a 改变到位置 b 的过程中，保守力做功等于系统势能增量的负值.

另外，势能是由于系统内各物体之间具有保守力作用而产生的，因此，势能是属于整个系统的，离开系统谈单个质点的势能是没有意义的. 我们通常所说的地球附近某个质点的重力势能实际上是一种简化说法，是为了叙述上的方便，实际上，它是属于地球和质点这个系统的. 至于引力势能和弹性势能亦是如此.

4.3.2 势能曲线

当零势能点和坐标系确定后，势能仅是坐标的函数. 此时，我们可将势能与相对位置的关系绘成曲线，用来讨论质点在保守力作用下的运动，这些曲线叫作势能曲线. 图 4-9 给出了上述讨论的保守力的势能曲线.

图 4－9(a)为重力势能曲线，是一条直线. 图 4－9(b)为弹性势能曲线，是一条抛物线，可以看出，其零势能点在其平衡位置，此时势能最小. 图 4－9(c)为引力势能曲线，可以看出，当 x 趋于无穷时，引力势能趋近于零.

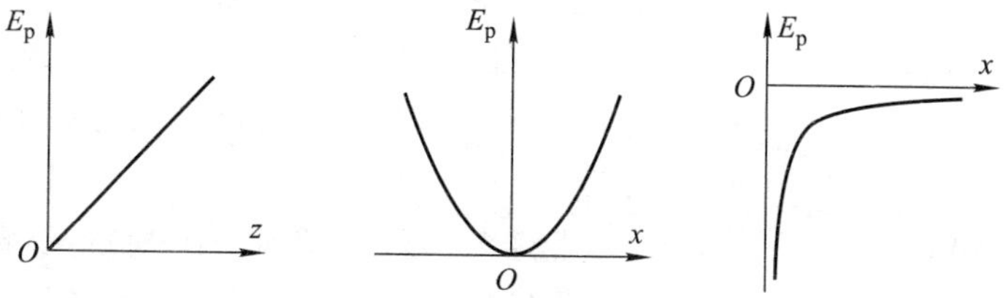

(a) 重力势能曲线　(b) 弹性势能曲线　(c) 引力势能曲线

图 4－9　势能曲线

利用势能曲线，还可以判断质点在某个位置所受保守力的大小和方向.

4.4 功能原理 机械能守恒定律

4.4.1 质点系的功能原理

对于系统来说，所受的力既有外力也有内力，而对于系统的内力来说，也有保守内力和非保守内力之分. 所以，内力的功也分为保守内力的功 A_{ic} 和非保守内力的功 A_{id}，即

$$A_i = A_{ic} + A_{id}.$$

保守内力的功可以用系统势能增量的负值来表示，

$$A_{ic} = -\Delta E_p,$$

因此，对于系统来说，若用 ΔE 表示其机械能的增量，其动能定理可以写作

$$A_e + A_i = A_e + A_{id} + A_{ic} = A_e + A_{id} - \Delta E_p = \Delta E_k, \tag{4-13}$$

也可写作

$$A_e + A_{id} = \Delta E_k + \Delta E_p = \Delta E. \tag{4-13a}$$

E 代表机械能，即当系统从状态 1 变化到状态 2 时，它的机械能的增量等于外力的功与非保守内力的功的总和，这个结论叫作系统的功能原理.

4.4.2 机械能守恒定律

由式(4－13a)可知，当 $A_e + A_{id} = 0$ 时，$\Delta E = 0$，或者写成

$$E_{k1} + E_{p1} = E_{k2} + E_{p2}, \tag{4-13b}$$

即如果一个系统内只有保守内力做功，或者非保守内力与外力的总功为零，则系统内机械能的总值保持不变．这一结论称为机械能守恒定律．

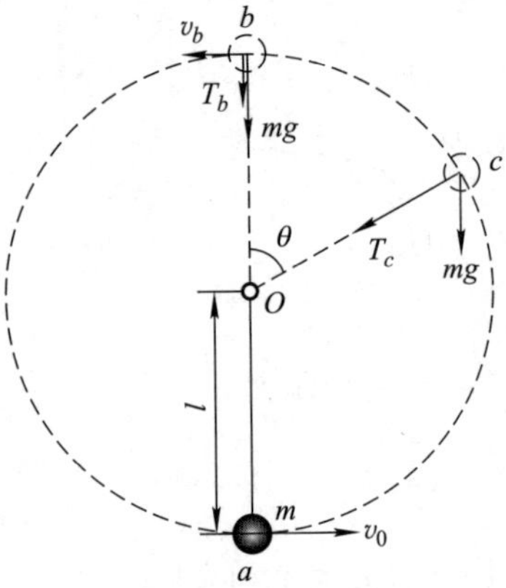

图 4-10

可以看出，在满足机械能守恒的条件下，尽管系统动能和势能之和保持不变，但系统内各质点的动能和势能可以相互转换．此时，质点内势能和动能之间的转换是通过质点系的保守内力做功来实现的．

【例 4-2】 如图 4-10 所示，质量为 m 的小球，系在绳的一端，绳的另一端固定在 O 点，绳长 l，今把小球以水平初速 v_0 从 a 点抛出，使小球在竖直平面内绕一周（不计空气摩擦阻力）．

（1）求证 v_0 必须满足 $v_0 \geqslant \sqrt{5gl}$；

（2）设 $v_0 = \sqrt{5gl}$，求小球在圆周上 c 点（$\theta = 60°$）时，绳子对小球的拉力．

解：（1）取 m 与地球为系统，则系统机械能守恒，以最低点为零势能点，则

$$\frac{1}{2}mv_0^2 = \frac{1}{2}mv^2 + mgl(1+\cos\theta),$$

即

$$v_0^2 = v^2 + 2gl(1+\cos\theta).$$

又因为小球的向心力是由绳的拉力以及重力的合力提供，所以

$$T + mg\cos\theta = \frac{mv^2}{l},$$

即

$$T = \frac{mv^2}{l} - mg\cos\theta.$$

因为 T 只能在有限个瞬间为 0，否则小球将做抛体运动，所以在 θ 取任意值时，均有 $T \geqslant 0$．当 $\theta = 0$ 时，

$$T = T_{\min} = \frac{mv^2}{l} - mg \geqslant 0,$$

则

$$v^2 \geqslant gl,$$

由此可得

$$v_0^2 = v^2 + 2gl(1+\cos\theta)\big|_{\theta=0} = v^2 + 4gl \geqslant 5gl,$$

即

$$v_0 \geqslant \sqrt{5gl}.$$

（2）因为

$$T=\frac{mv^2}{l}-mg\cos\theta,$$

$$\frac{1}{2}mv_0^2=\frac{1}{2}mv^2+mgl(1+\cos\theta),$$

所以由上两式联立，得

$$T=\frac{m}{l}[v_0^2-2gl(1+\cos\theta)]-mg\cos\theta=\frac{mv_0^2}{l}-2mg-3mg\cos\theta.$$

当小球在 c 点时，将 $v_0=\sqrt{5gl}$ 以及 $\theta=60°$ 代入上式，得

$$T_c=\frac{3}{2}mg.$$

【例 4-3】 一质量为 m 的小球，由顶端沿质量为 M 的圆弧形木槽自静止下滑，设圆弧形槽的半径为 R，如图 4-11 所示. 忽略所有摩擦，求：

(1) 小球刚离开圆弧形槽时，小球和圆弧形槽的速度各是多少？

(2) 小球滑到 b 点时对木槽的压力.

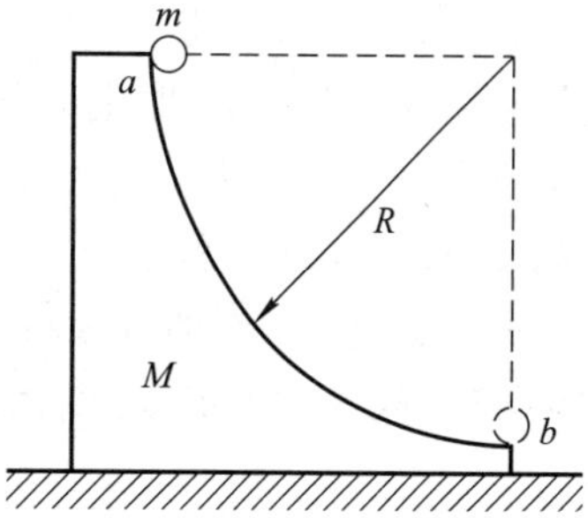

图 4-11

解：设小球和圆弧形槽的速度分别为 v_1 和 v_2，取水平向右作为正方向.

(1) 由动量守恒定律，

$$mv_1+Mv_2=0.$$

由机械能守恒定律，

$$\frac{1}{2}mv_1^2+\frac{1}{2}Mv_2^2=mgR.$$

两式联立，解得

$$v_1=\sqrt{\frac{2MgR}{m+M}}=M\sqrt{\frac{2gR}{(m+M)M}},$$

$$v_2=-m\sqrt{\frac{2gR}{(m+M)M}}.$$

(2) 小球相对槽的速度为

$$v=v_1-v_2=(M+m)\sqrt{\frac{2gR}{(m+M)M}}.$$

在竖直方向应用牛顿运动第二定律，得

$$N-mg=m\frac{v^2}{R},$$

$$N'=N=mg+m\frac{v^2}{R}=mg+(M+m)^2\frac{2mg}{(m+M)M}=3mg+\frac{2m^2g}{M}.$$

4.4.3 能量守恒定律

若一个系统不受外界影响，这个系统就叫作孤立系统. 对于孤立系统来说，既然不受外界影响，则外力做功肯定为零. 此时，影响系统能量的只有系统的内力. 由前面可知，如果有非保守内力做功，系统的机械能就不再守恒，但是系统内部除了机械能之外，还存在其他形式的能量，比如热能、化学能、电能等，因而系统的机械能就要和其他形式的能量发生转换. 实验表明，一个孤立系统经历任何变化时，该系统的所有能量的总和是不变的，能量只能从一种形式变化为另外一种形式，或从系统内一个物体传给另一个物体. 这就是普遍的能量守恒定律，即某种形式的能量减少，一定有其他形式的能量增加，且减少量和增加量一定相等.

能量守恒定律是人类所发现的最普遍、最重要的基本定律之一. 能量守恒和转化定律与细胞学说、进化论合称 19 世纪自然科学的三大发现. 从物理、化学到地质、生物，从宇宙天体到原子核内部，只要有能量转化，就一定服从能量守恒的规律. 在日常生活和科学研究、工程技术中，这一规律都发挥着重要的作用. 人类对各种能量，如煤、石油等燃料以及水能、风能、核能等的利用，都是通过能量转化来实现的. 能量守恒定律是人们认识自然和利用自然的有力武器.

4.5 碰撞问题

当两个或两个以上物体或质点相互接近时，在较短的时间内，通过相互作用，它们的运动状态(包括物质的性质)发生显著变化的现象，称为碰撞. 我们经常会遇到碰撞的情况，例如打台球(见图 4-12). 另外打桩，锻铁，分子、原子等微观粒子的相互作用，以及人从车上跳下，子弹打入物体等现象都可以认为是碰撞. 如果把发生碰撞的几个物体看作一个系统，在碰撞过程中，它们之间的内力较之系统外物体对它们的作用力要大得多，因此，在研究碰撞问题时，可以将系统外物体对它们的作用力忽略不计. 此时，系统的总动量守恒. 碰撞时，时间极短，但碰撞前后物体运动状态的改变非常显著，因而易于分清过程的始末状态.

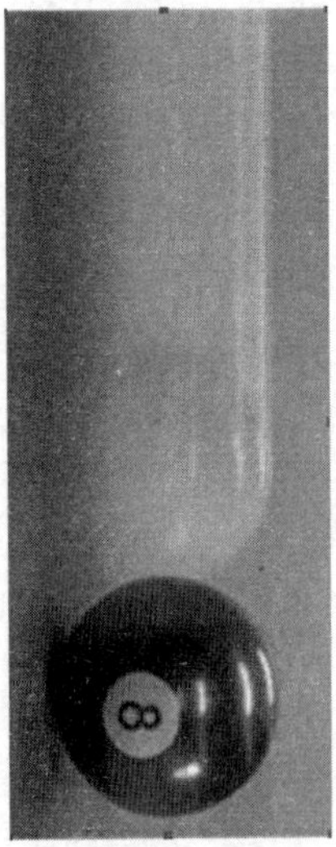

图 4-12 打台球

以两个物体之间的碰撞为例，若碰撞后，两物体的机械能完全没有损失，这种碰撞叫作完全弹性碰撞，这是一种理想的情况. 一般情况下，由于有非保守力的作用，导致系统的机械能和其他形式的能量相互转换,这种碰撞叫作非弹性碰撞.而如果碰撞之后两物体以同一速度运动,并不分开,这种碰撞叫作完全非弹性碰撞.

一般可用动量守恒定律并酌情引入机械能守恒定律处理碰撞问题,可用碰撞前后系统的状态(动量、动能、势能等)变化来反映碰撞过程,或用碰撞对系统所产生的效果来反映碰撞过程,从而回避碰撞本身经历的实际过程,简化问题.下面通过具体例题讨论一下碰撞问题.

【例 4-4】 设有两个质量分别为 m_1 和 m_2,速度分别为 $\boldsymbol{v}_{10}$ 和 $\boldsymbol{v}_{20}$ 的弹性小球做对心碰撞,两球的速度方向相同,如图 4-13 所示.若碰撞是完全弹性的,求碰撞后的速度 $\boldsymbol{v}_1$ 和 $\boldsymbol{v}_2$.

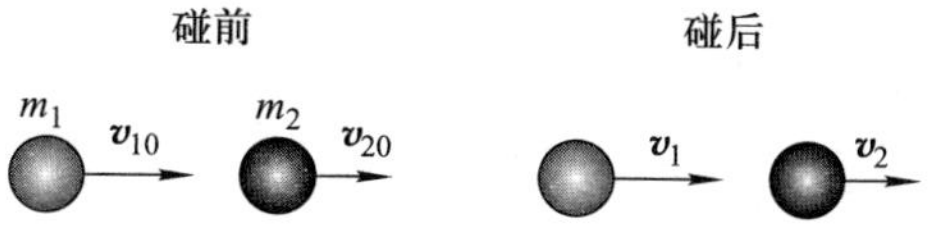

图 4-13

解:取初始速度方向为正方向,由动量守恒定律得

$$m_1v_{10}+m_2v_{20}=m_1v_1+m_2v_2,$$
$$m_1(v_{10}-v_1)=m_2(v_2-v_{20}). \quad ①$$

由机械能守恒定律得

$$\frac{1}{2}m_1v_{10}^2+\frac{1}{2}m_2v_{20}^2=\frac{1}{2}m_1v_1^2+\frac{1}{2}m_2v_2^2,$$
$$m_1(v_{10}^2-v_1^2)=m_2(v_2^2-v_{20}^2). \quad ②$$

由式①、式②可解得

$$v_{10}+v_1=v_2+v_{20},$$
$$v_{10}-v_{20}=v_2-v_1. \quad ③$$

由式①、式③可解得

$$v_1=\frac{(m_1-m_2)v_{10}+2m_2v_{20}}{m_1+m_2},$$
$$v_2=\frac{(m_2-m_1)v_{20}+2m_1v_{10}}{m_1+m_2}.$$

可以看出:

(1) 若 $m_1=m_2$,则 $v_1=v_{20}$,$v_2=v_{10}$;

(2) 若 $m_2\gg m_1$,且 $v_{20}=0$,则 $v_1\approx -v_{10}$,$v_2\approx 0$;

(3) 若 $m_2\ll m_1$,且 $v_{20}=0$,则 $v_1\approx v_{10}$, $v_2\approx 2v_{10}$.

【例 4-5】 图 4-14 所示为一冲击摆.摆长为 l,木块质量为 M,在质量为 m

的子弹击中木块后，冲击摆摆过的最大偏角为 θ，试求子弹击中木块时的初速度 v_0.

解:子弹射入木块内停止下来的过程为完全非弹性碰撞，在此过程中动量守恒而机械能不守恒. 设子弹与木块碰撞后的共同速度为 v，则有

$$v=\frac{mv_0}{m+M}.$$

摆从垂直位置摆到最高位置的过程中，重力与张力的合力不为零. 由于张力不做功，系统动量不守恒，而机械能守恒，因此有

$$(m+M)gh=\frac{(m+M)v^2}{2}.$$

而

$$h=(1-\cos\theta)l,$$

所以

$$v_0=\frac{m+M}{m}\sqrt{2gh}=\frac{m+M}{m}\sqrt{2gl(1-\cos\theta)}.$$

【例 4-6】 如图 4-15 所示，光滑斜面与水平面的夹角为 $\alpha=30°$，轻弹簧上端固定. 今在弹簧的另一端轻轻挂上质量为 $M=1$ kg 的木块，则木块沿斜面向下滑动. 当木块向下滑 $x=30$ cm 时，恰好有一质量 $m=0.01$ kg 的子弹，沿水平方向以速度 $v=200$ m/s 射中木块并深陷在其中. 设弹簧的劲度系数为 $k=25$ N/m，求子弹打入木块后它们的共同速度.

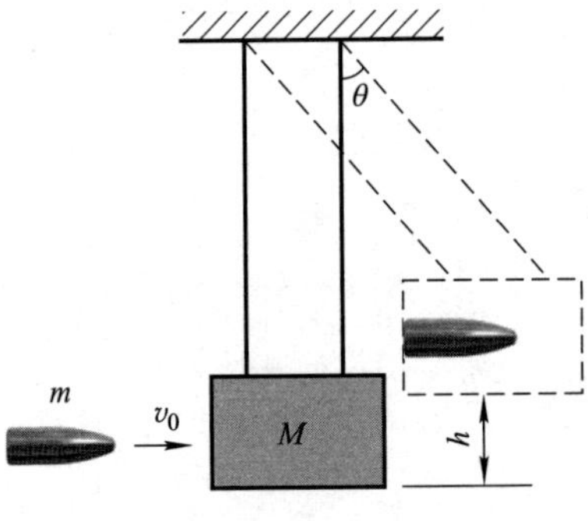

图 4-14

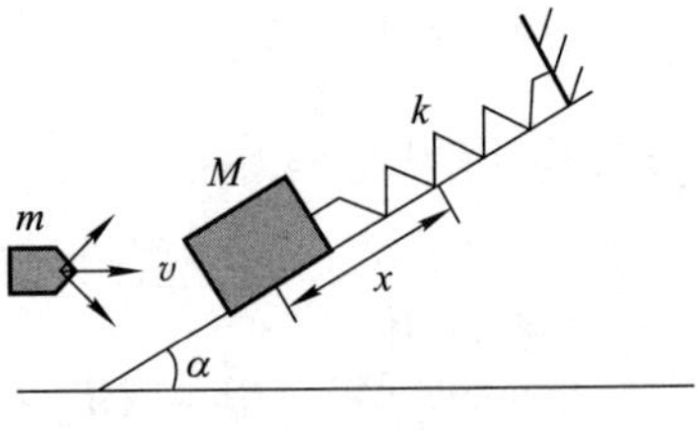

图 4-15

解:木块下滑过程中，以木块、弹簧、地球为系统的机械能守恒. 选弹簧原长处为弹性势能和重力势能的零点，以 v_1 表示木块下滑 x 距离时的速度，则

$$\frac{1}{2}kx^2+\frac{1}{2}Mv_1^2-Mgx\sin\alpha=0.$$

由此得

$$v_1=\sqrt{2gx\sin\alpha-\frac{kx^2}{M}}\approx 0.83\ \text{m/s},$$

方向沿斜面向下.

以子弹和木块为系统，在子弹射入木块的过程中，外力沿斜面方向的分力可略去不计，沿斜面方向应用动量守恒定律. 以 v_2 表示子弹射入木块后的共同速度，则有

$$Mv_1-mv\cos\alpha=(M+m)v_2.$$

由此得

$$v_2=\frac{Mv_1-mv\cos\alpha}{M+m}\approx -0.89\ \text{m/s},$$

负号表示其方向沿斜面向上.

此外，快速飞行的子弹穿过物体时，由于其作用时间极短，作用力很大，故也可以用碰撞原理来解决此类问题. 而如子弹穿过扑克牌等情况，因其所受阻力很小，子弹前后状态改变不大，故不适宜归于碰撞问题. 即碰撞问题要根据实际情况来具体分析、灵活运用.

习题

一、思考题

1. 有没有物体只有动量而无机械能？反之，只有机械能而无动量的物体是否存在？

2. 动能也具有相对性，它与重力势能的相对性在物理意义上是一样的吗？

3. 以速度 v 匀速提升一质量为 m 的物体，在时间 t 内提升力做功若干. 又以比前面快一倍的速度把该物体匀速提高同样的高度，试问所做的功是否比前一种情况大？为什么？在这两种情况下，它们的功率是否一样？

4. 分析静摩擦力与滑动摩擦力做功情况. 它们一定做负功吗？

5. 向心力为什么对物体不做功？在静止斜面上滑行的物体，支持力对物体做功吗（光滑水平面上放着的劈形物体 A 上放置物体 B，B 由于重力而下滑，A 对 B 的支持力做功吗）？

6. 如果力的方向不变，而大小随位移均匀变化，那么在这个变力作用下物体运行一段位移，其做功如何计算？

7. 试从物理意义、数学表达式的性质、适用领域上比较动能定理与动量定理.

二、选择题

1. 质量为 m 的质点在外力作用下，其运动方程为 $\boldsymbol{r}=A\cos\omega t\boldsymbol{i}+B\sin\omega t\boldsymbol{j}$，式中 A,B,ω 都是正的常量，由此可知外力在 $t=0$ 到 $t=\pi/(2\omega)$ 这段时间内所做的功为（　　）.

(A) $\frac{1}{2}m\omega^2(A^2+B^2)$　　(B) $m\omega^2(A^2+B^2)$

(C) $\frac{1}{2}m\omega^2(A^2-B^2)$　　(D) $\frac{1}{2}m\omega^2(B^2-A^2)$

2. 有A,B两球分别以速度 $\boldsymbol{v}_1=\boldsymbol{v}$ 和 $\boldsymbol{v}_2=-\boldsymbol{v}$ 相向运动而发生完全弹性正碰,设碰后A球静止,则B球的速度为(　　).

(A) $\boldsymbol{v}$　　(B) $\sqrt{2}\,\boldsymbol{v}$　　(C) $\frac{1}{2}\boldsymbol{v}$　　(D) $2\boldsymbol{v}$

3. 对功的概念有以下几种说法:

(1) 保守力做正功时系统内相应的势能增加;

(2) 质点运动经一闭合路径,保守力对质点做的功为零;

(3) 作用力与反作用力大小相等、方向相反,所以两者所做的功的代数和必为零.

在上述说法中,(　　).

(A) (1)、(2)是正确的　　(B) (2)、(3)是正确的

(C) 只有(2)是正确的　　(D) 只有(3)是正确的

4. 一颗质量为0.002 kg,速率为700 m/s的子弹,打穿一块木板后,速率降到400 m/s,则在此过程中其受到的外力所做功 A 为(　　).

(A) −330 J　　(B) 330 J　　(C) 660 J　　(D) −660 J

5. 某质点在力 $\boldsymbol{F}=(5+5x)\boldsymbol{i}$(国际单位制)的作用下沿 x 轴做直线运动,在从 $x=0$ 移动到 $x=20$ 的过程中,力所做的功为(　　).

(A) 1100 J　　(B) −1100 J　　(C) 550 J　　(D) −550 J

6. 光滑水平面上有一质量为 $m=1$ kg的物体,在力 $\boldsymbol{F}=(1+x)\boldsymbol{i}$(国际单位制)作用下由静止开始运动,物体从 x_1 处运动到 x_2 处,在此过程中物体的动能增量为(　　).

(A) $\left(x_1+\frac{x_1^2}{2}\right)-\left(x_2+\frac{x_2^2}{2}\right)$　　(B) $\left(x_2+\frac{x_2^2}{2}\right)-\left(x_1+\frac{x_1^2}{2}\right)$

(C) $\left(x_1+\frac{x_1^2}{2}\right)$　　(D) $\left(x_2+\frac{x_2^2}{2}\right)$

7. 在高台上分别沿45°仰角方向和水平方向,以同样的速率投出两颗小石子,忽略空气阻力,则它们落地时速度(　　).

(A) 大小不同,方向不同　　(B) 大小相同,方向不同

(C) 大小相同,方向相同　　(D)大小不同,方向相同

8. 质量为100 kg的货物,平放在卡车底板上.卡车以5 m/s² 的加速度启动,货物与卡车底板无相对滑动,则在开始的4 s内摩擦力对该货物做的功为(　　).

(A) 10000 J　　(B) −10000 J　　(C) 20000 J　　(D) −20000 J

9. 两辆小车A,B可在光滑平直轨道上运动.A以3 m/s的速度向右与静止的B碰撞,A和B的质量分别为1 kg和2 kg,碰撞后A,B车的速度分别为−1 m/s和2 m/s,则碰撞的性质为(　　).

(A) 完全弹性碰撞　　(B) 完全非弹性碰撞

(C) 非弹性碰撞　　(D) 无法判断

三、计算与证明题

1. 一个质量为 $m=2$ kg的质点,在外力作用下,运动方程为 $x=5+t^2$,$y=5t-t^2$(国际单位

制)，则力在 $t=0$ 到 $t=2$ 内做的功为多少?

2. 质量为 $m=0.5\ \mathrm{kg}$ 的质点，在 Oxy 坐标平面内运动，其运动方程为 $x=5t$，$y=0.5t^2$(国际单位制)，从 $t=2$ 到 $t=4$ 这段时间内，外力对质点做的功为多少?

3. 质量为 2 的质点受到力 $\boldsymbol{F}=3\boldsymbol{i}+5\boldsymbol{j}$ 的作用(国际单位制). 当质点从原点移动到位矢为 $\boldsymbol{r}=2\boldsymbol{i}-3\boldsymbol{j}$ 处时，

(1) 此力所做的功为多少? 它与路径有无关系?

(2) 如果此力是作用在质点上的唯一的力，则质点的动能将变化多少?

4. 用铁锤将一只铁钉击入木板内，设木板对铁钉的阻力与铁钉进入木板的深度成正比，如果在击第一次时，能将钉击入木板内 1 cm，再击第二次时(锤仍然以第一次同样的速度击钉)，能击入多深?

5. 如图 4-16 所示，用轻弹簧连接质量都为 $m=2\ \mathrm{kg}$ 的物体 A 和 B，外力通过细线拉物体 A 以加速度 $a=0.5\ \mathrm{m\cdot s^{-2}}$ 竖直上升. 若在上升的过程中突然将细线剪断，则在剪断细线的瞬间物体 A 和 B 的加速度各为多大?

6. 一弹簧劲度系数为 k，一端固定在 a 点，另一端连一质量为 m 的物体，靠在光滑的半径为 R 的圆柱体表面上，弹簧原长为 ab(如图 4-17 所示). 在变力作用下，物体极缓慢地沿表面从位置 b 移到 c，求力 $\boldsymbol{F}$ 所做的功.

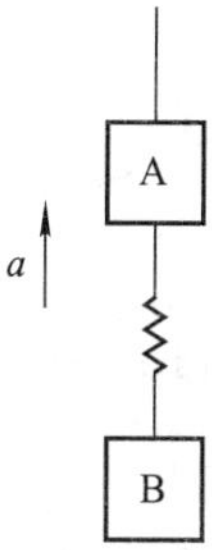

图 4-16

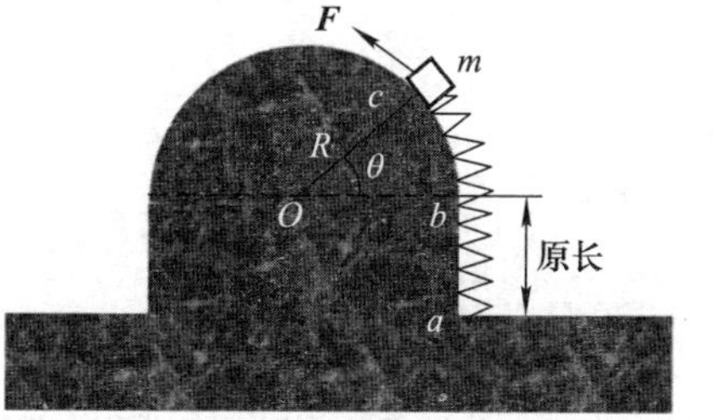

图 4-17

7. 一质量为 m 的物体，位于质量可以忽略的直立弹簧正上方高度为 h 处，该物体从静止开始落向弹簧. 若弹簧的劲度系数为 k，不考虑空气阻力，求物体可能获得的最大动能.

8. 如图 4-18 所示，一轻质弹簧劲度系数为 k，两端各固定一质量均为 M 的物块 A 和 B，放在水平光滑桌面上静止. 今有一质量为 m 的子弹沿弹簧的轴线方向以速度 v_0 射入一物块而不复出，求此后弹簧的最大压缩长度.

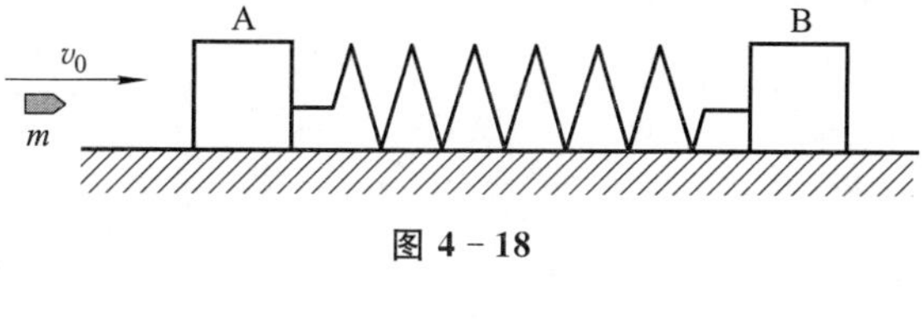

图 4-18

9. 一汽车以 $v_0=36\ \mathrm{km\cdot h^{-1}}$ 的速率从斜坡底端冲上斜坡. 斜坡与水平方向的夹角为 30°，轮胎与路面间的摩擦系数为 $\mu=0.05$. 如果关闭发动机，汽车能沿斜坡前进多远？

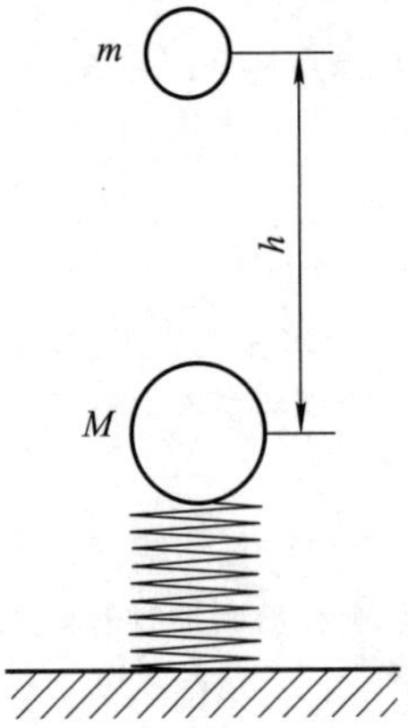

图 4 - 19

10. 如图 4 - 19 所示，地面上竖直安放着一个劲度系数为 k 的弹簧，其顶端连接一静止的质量为 M 的物体. 另有一质量为 m 的物体，从距离顶端为 h 处自由落下，与 M 做完全非弹性碰撞，求证弹簧对地面的最大压力为

$$N=(m+M)g+mg\sqrt{1+\frac{2kh}{(m+M)g}}.$$

11. 如图 4 - 20 所示，质量为 m 的小球在外力作用下，由静止开始从 a 点出发做匀加速直线运动，到 b 点时撤销外力，小球无摩擦地冲上一竖直半径为 R 的半圆环，恰好能到达最高点 c，而后又刚好落到原来的出发点 a 处，试求小球在 ab 段运动的加速度.

12. 如图 4 - 21 所示，一质量为 m 的铁块静止在质量为 M 的斜面上，斜面本身又静止于水平桌面上. 设所有接触都是光滑的. 当铁块位于高出桌面 h 处时，铁块-斜面系统由静止开始运动. 当铁块落到桌面上时，斜面的速度有多大？设斜面与地面的夹角为 α.

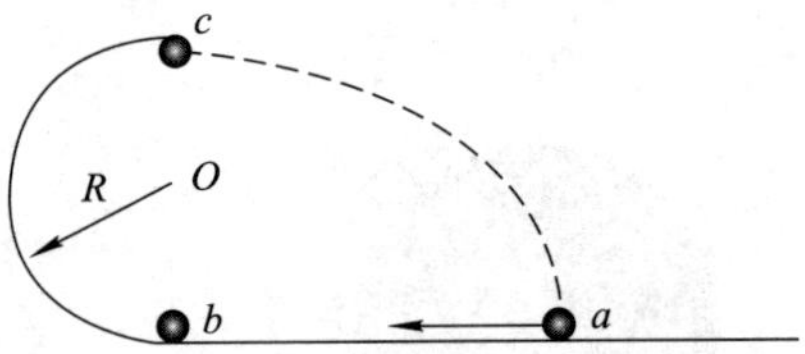

图 4 - 20

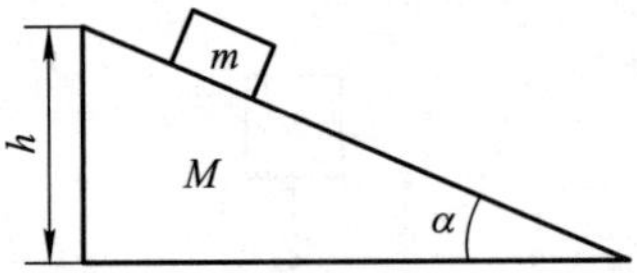

图 4 - 21

13. 升降机欲将一质量为 $M=200$ kg 的货物运送至 9 m 高的楼顶，试求：

(1) 慢慢地运送货物，升降机做的功；

(2) 以加速度 $a=2\ \mathrm{m\cdot s^{-2}}$ 运送货物，升降机做的功及平均功率.

第5章

刚体力学基础

学习目标

- 掌握刚体的概念及定轴转动的特点.
- 熟练掌握力矩、转动惯量的概念.
- 熟练掌握质点和刚体的角动量的概念.
- 能够应用刚体定轴转动的转动定律、角动量定理和角动量守恒定律解决实际问题.
- 掌握转动动能的概念和刚体定轴转动的动能定理,能正确地应用机械能守恒定律求解问题.
- 掌握力矩的功和功率.
- 了解进动的相关概念.

前面我们有了质点、质点系的概念. 可视为质点的物体的运动实际上只代表了该物体的平动,若该物体做转动以及更复杂的运动就不能视为质点,而应视为质点系. 对于质点系而言,运动情况比较复杂. 研究机械运动的最终目的是要研究具体物体的运动. 对于具体物体,在外力的作用下,其形状、大小都要发生变化. 如果在讨论一个物体运动时,在外力的作用下,其形状、大小的变化可以忽略,这样我们可以引入一个理想模型——刚体. 刚体是指受力时不改变其形状和大小的物体. 刚体可以视为由许多质点组成的质点系,其特点是在外力的作用下刚体内各质点间相对位置保持不变. 本章将重点研究刚体的定轴转动及其相关的规律,为进一步研究真实物体的机械运动打下基础.

5.1 刚体 刚体的运动

5.1.1 刚体的平动和转动

刚体的运动形式可分为平动和转动. 若刚体中所有点的运动轨迹都保持完全相同,或者说,刚体内任意两点间的连线总是平行于它们初始位置间的连线,那么这种运动叫作平动,如图 5-1(a)所示. 刚体平动时,刚体中任意一点的运动都可代替刚体的运动,一般常以质心作为代表点,即刚体平动时视为质点.

转动是指刚体中所有的点都绕同一直线做半径不等的圆周运动,如图 5-1(b)所示. 这条直线叫作转轴.

转动分为定轴转动和非定轴转动两种. 若转轴相对参考系静止,这种转动叫作刚体的定轴转动,而垂直于转轴的平面叫作转动平面. 刚体上各点都绕同一固定转轴在各自的转动平面内做半径不等的圆周运动,且在相同时间内各点转过相同的角度,角速度相同. 反之,若转轴不固定,刚体做的就是非定轴转动. 一般情况下,刚体的运动可以看作平动和转动的合成运动. 例如,行进中的车轮的运动,可以看作车轮中心点的平动以及轮上周围各点围绕中心点的转动的合成,如图 5-2 所示.

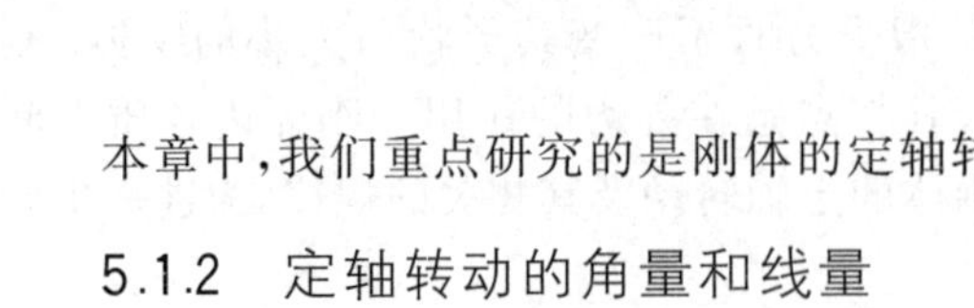

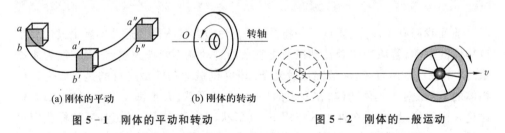

(a) 刚体的平动 (b) 刚体的转动

图 5-1 刚体的平动和转动

图 5-2 刚体的一般运动

本章中,我们重点研究的是刚体的定轴转动.

5.1.2 定轴转动的角量和线量

在第1章中,我们已经学习了圆周运动用角量描述的问题. 刚体的定轴转动可以看作刚体中所有质点均围绕其转轴在各自的转动平面内做半径不等的圆周运动,其特点是各质点做圆周运动的角量相同,线量不同. 这样刚体定轴转动运动学问题用角量描述,再根据角量与线量的关系得到各质点的线量. 因此,可以参考 1.3 节中的角量和线量的关系来描述刚体定轴转动中的相应物理量.

如图 5-3 所示，有一做定轴转动的刚体，角速度大小为 ω，转动平面上任取一质点 P，P 到转轴的距离为 r，其线速度大小为

$$v = r\omega. \tag{5-1a}$$

上式也可写成矢量形式

$$\boldsymbol{v} = r\omega\boldsymbol{e}_{\tau}. \tag{5-1b}$$

P 点的切向加速度和法向加速度则分别为

$$a_{\tau} = r\beta, \tag{5-2}$$

$$a_{n} = r\omega^{2}, \tag{5-3}$$

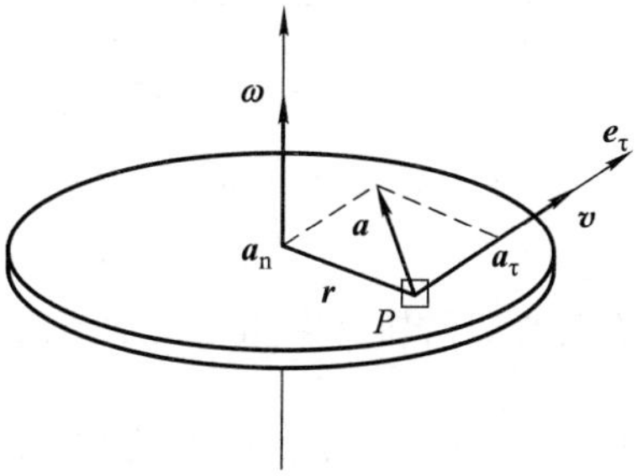

图 5-3 角量和线量的关系

总加速度

$$\boldsymbol{a} = r\beta\boldsymbol{e}_{\tau} + r\omega^{2}\boldsymbol{e}_{n}. \tag{5-4}$$

如果刚体匀速转动，则有

$$\theta = \theta_0 + \omega t,$$

其中 θ_0 为刚体初始的角位置，ω 为刚体转动的角速度.

如果刚体做匀加速转动，则有

$$\theta = \theta_0 + \omega_0 t + \frac{1}{2}\beta t^2, \quad \omega = \omega_0 + \beta t, \quad \omega^2 - \omega_0^2 = 2\beta\Delta\theta,$$

其中 ω_0 为刚体初始的角速度，β 为刚体转动的角加速度，$\Delta\theta$ 为该段时间内刚体的角位移.

【例 5-1】 一飞轮半径为 0.2 m，转速为 150 r/min，因受制动而均匀减速，经 30 s 停止转动. 试求：

(1) 角加速度和在此时间内飞轮所转的圈数；

(2) 制动开始后 $t=6$ s 时飞轮的角速度；

(3) $t=6$ s 时飞轮边缘上一点的线速度、切向加速度和法向加速度.

解：(1) 由题意可知，$\omega_0 = 5\pi$ rad · s^{-1}，当 $t=30$ s 时，$\omega=0$. 设 $t=0$ 时，$\theta_0=0$. 因为飞轮做匀减速运动，角加速度为

$$\beta = \frac{\omega - \omega_0}{t} = \frac{0-5\pi}{30}\text{rad} \cdot \text{s}^{-2} = -\frac{\pi}{6}\text{rad} \cdot \text{s}^{-2}.$$

飞轮 30 s 内转过的角度为

$$\theta = \frac{\omega^2 - \omega_0^2}{2\beta} = \frac{-(5\pi)^2}{2\times(-\pi/6)} = 75\pi.$$

所以，转过的圈数为

$$N = \frac{\theta}{2\pi} = \frac{75\pi}{2\pi} = 37.5.$$

(2) $t=6$ s 时飞轮的角速度为

$$\omega=\omega_0+\beta t=\left(5\pi-\frac{\pi}{6}\times 6\right)\text{rad}\cdot\text{s}^{-1}=4\pi\ \text{rad}\cdot\text{s}^{-1}.$$

(3) $t=6$ s 时飞轮边缘上一点的线速度大小为

$$v=r\omega=0.2\times 4\pi\ \text{m}\cdot\text{s}^{-1}\approx 2.5\ \text{m}\cdot\text{s}^{-1}.$$

该点的切向加速度和法向加速度为

$$a_\tau=r\beta=0.2\times\left(-\frac{\pi}{6}\right)\text{m}\cdot\text{s}^{-2}\approx -0.1\ \text{m}\cdot\text{s}^{-2},$$

$$a_\text{n}=r\omega^2=0.2\times(4\pi)^2\ \text{m}\cdot\text{s}^{-2}\approx 31.6\ \text{m}\cdot\text{s}^{-2}.$$

5.2　力矩 转动惯量 定轴转动定律

本节将研究刚体绕定轴转动的运动规律. 我们知道,物体绕定轴的转动变化,不仅与外力的大小有关,也与外力的作用点和方向有关,即与力的三要素有关. 例如,门把手的位置将影响开关门的力量. 这涉及一个物理概念——力矩.

5.2.1　力矩

力对点的力矩:图 5-4 所示为一绕 Oz 轴转动的刚体的转动平面,外力 $\boldsymbol{F}$ 在此平面内且作用于 P 点,P 点(力的作用点)相对于 O 点(参考点)的位矢为 $\boldsymbol{r}$,则定义力 $\boldsymbol{F}$ 对 O 点的力矩为

$$\boldsymbol{M}=\boldsymbol{r}\times\boldsymbol{F}. \tag{5-5}$$

如果 $\boldsymbol{r}$ 和力 $\boldsymbol{F}$ 之间的夹角为 θ,从 O 点到力 $\boldsymbol{F}$ 的作用线的垂直距离为 d,则 d 叫作力对转轴的力臂. 此时力矩的大小为

$$M=Fr\sin\theta=Fd. \tag{5-6}$$

力矩 $\boldsymbol{M}$ 的方向如图 5-5 所示:右手拇指伸直,四指弯曲,弯曲的方向为由 $\boldsymbol{r}$ 通过小于 180°的角转到 $\boldsymbol{F}$ 的方向,此时拇指的方向垂直于转动平面,即为力矩 $\boldsymbol{M}$ 的方向.

在国际单位制中,力矩的单位为 N · m.

若 $\boldsymbol{F}$ 不在转动平面内,则可将 $\boldsymbol{F}$ 分解为平行于转轴的分力 $\boldsymbol{F}_z$ 和垂直于转轴的分力 $\boldsymbol{F}_\perp$,其中 $\boldsymbol{F}_z$ 对转轴的力矩为零,对转动起作用的只有分力 $\boldsymbol{F}_\perp$,如图 5-6 所示. 故 $\boldsymbol{F}$ 对转轴的力矩为

$$M_z\boldsymbol{k}=\boldsymbol{r}\times\boldsymbol{F}_\perp, \tag{5-7a}$$

即

$$M_z=rF_\perp\sin\theta. \tag{5-7b}$$

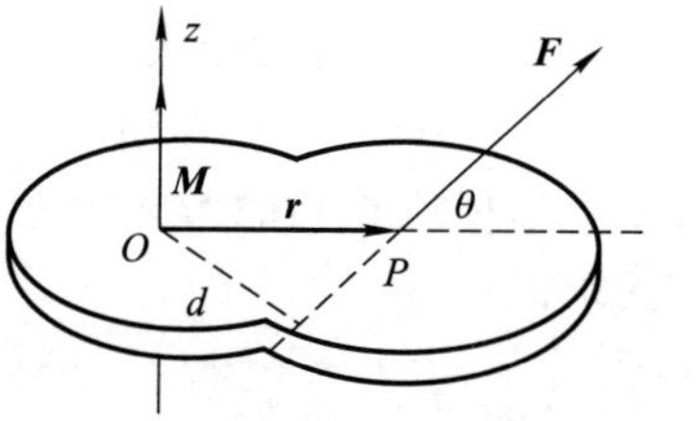

图 5-4 力矩

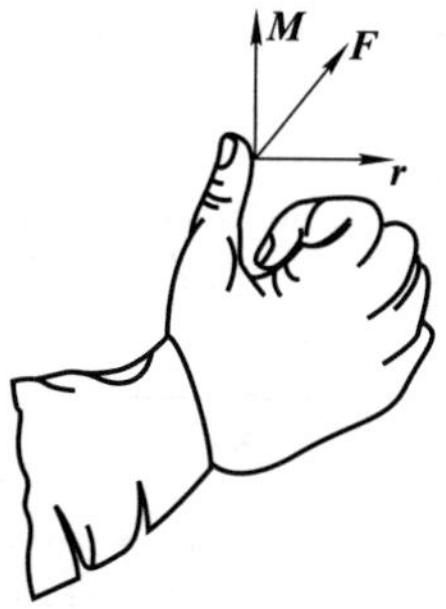

图 5-5 力矩的方向

若有几个外力同时作用在绕定轴转动的刚体上，那么它们的合力矩等于这几个外力力矩的矢量和：

$$\boldsymbol{M}=\boldsymbol{M}_1+\boldsymbol{M}_2+\boldsymbol{M}_3+\cdots.$$

若这几个力都在转动平面内或平行于转动平面，各个力的力矩方向要么同向，要么反向，此时，其合力矩等于这几个力的力矩的代数和.

由于质点间的力总是成对出现，且符合牛顿第三定律，因此，刚体内质点间作用力和反作用力的力矩互相抵消，即内力的力矩对于刚体转动的作用效果为零：

$$\boldsymbol{M}_{ij}=-\boldsymbol{M}_{ji},$$

如图 5-7 所示.

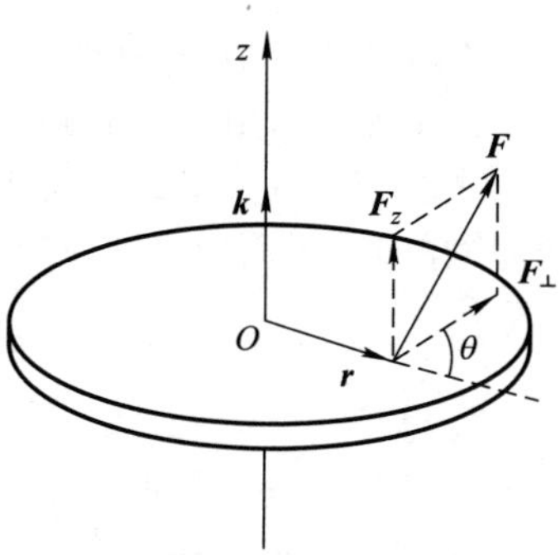

图 5-6 不在转动平面内的力的力矩

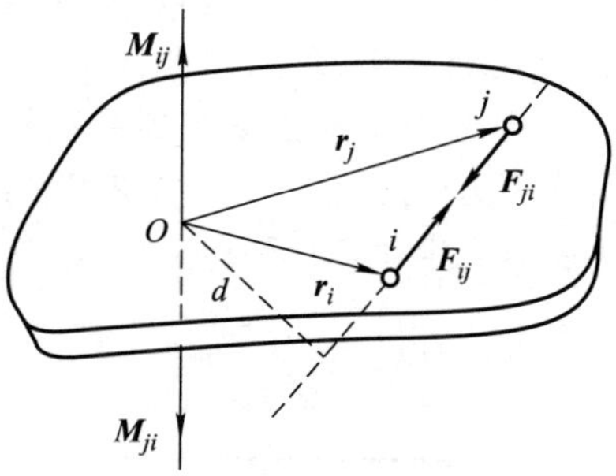

图 5-7 内力的力矩

【例 5-2】 一质量为 m、长为 l 的均匀细棒，可在水平桌面上绕通过其一端的竖直固定轴转动，已知细棒与桌面的摩擦系数为 μ，求棒转动时受到的摩擦力矩的大小.

解：如图 5-8 所示，在细棒上距离转轴为 x 处，沿 x 方向取一长度为 $\mathrm{d}x$ 的质

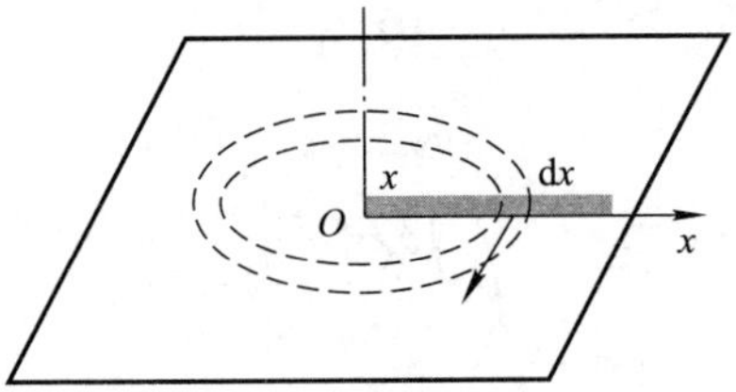

图 5-8

量元，此质量元的质量为

$$dm = \frac{m}{l}dx.$$

此质量元受到的摩擦力矩大小为

$$dM = x(\mu dmg),$$

因此整个细棒所受到的摩擦力矩可以用积分的形式求得：

$$M = \int x\mu dmg = \frac{\mu mg}{l}\int_0^l x dx = \frac{1}{2}\mu mgl.$$

5.2.2 转动定律

如图 5-9 所示，质量为 m 的质点，与一转轴 Oz 刚性相连，其相对于 O 点的位矢为 $\boldsymbol{r}$，质点受到垂直于转轴且在质点转动平面内的外力 $\boldsymbol{F}$ 作用，$\boldsymbol{r}$ 和力 $\boldsymbol{F}$ 之间的夹角为 θ，质点在转动平面内做圆周运动，即绕转轴 Oz 做定轴转动. 力 $\boldsymbol{F}$ 可分解为切向的分力 $\boldsymbol{F}_\tau$ 和法向的分力 $\boldsymbol{F}_n$，$\boldsymbol{F}_n$ 对于质点绕 Oz 轴的转动无贡献，有贡献的只有其切向分力 $\boldsymbol{F}_\tau$. 由圆周运动和牛顿定律，得

$$F_\tau = ma_\tau = mr\beta.$$

力矩的大小

$$M = rF\sin\theta,$$

而 $F\sin\theta = F_\tau$，所以得

$$M = rF_\tau = mr^2\beta. \tag{5-8}$$

如图 5-10 所示，设质点 A 为绕定轴 Oz 转动的刚体中任一质点，质量为 Δm_i，A 离转轴的距离为 r_i，即其位矢为 $\boldsymbol{r}_i$，刚体绕定轴转动的角速度和角加速度分别为 ω 和 β. 此时质点既受到系统外的作用力(即外力 $\boldsymbol{F}_{ei}$)，又受到系统内其他质点的作用力(即内力 $\boldsymbol{F}_{ii}$). 简单起见，设 $\boldsymbol{F}_{ei}$ 和 $\boldsymbol{F}_{ii}$ 均在转动平面内且通过质点 A，根据牛顿第二定律，对于质点 A，有

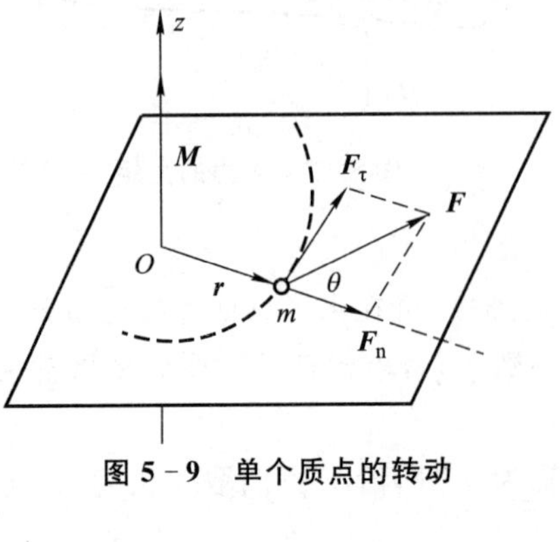

图 5-9 单个质点的转动

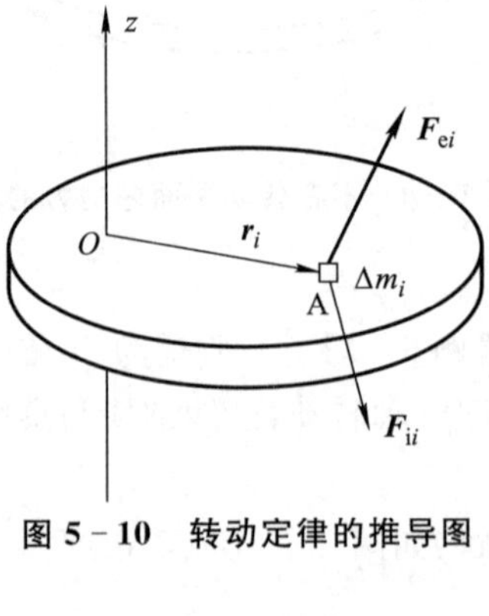

图 5-10 转动定律的推导图

$$\boldsymbol{F}_{ei}+\boldsymbol{F}_{ii}=\Delta m_i\boldsymbol{a}_i,$$

其中 $\boldsymbol{a}_i$ 为质点的加速度,质点在合力的作用下绕转轴做圆周运动.

此时,若分别用 $\boldsymbol{F}_{ei\tau}$ 和 $\boldsymbol{F}_{ii\tau}$ 表示外力和内力沿切向方向的分力,则有

$$F_{ei\tau}+F_{ii\tau}=\Delta m_i r_i\beta.$$

在上式两边同时乘以 r_i,可得

$$F_{ei\tau}r_i+F_{ii\tau}r_i=\Delta m_i r_i^2\beta, \tag{5-9}$$

其中 $F_{ei\tau}r_i$ 和 $F_{ii\tau}r_i$ 分别为外力 $\boldsymbol{F}_{ei}$ 和内力 $\boldsymbol{F}_{ii}$ 的力矩. 因此

$$M_{ei}+M_{ii}=\Delta m_i r_i^2\beta.$$

对整个刚体,有

$$\sum_i M_{ei}+\sum_i M_{ii}=\sum_i \Delta m_i r_i^2\beta.$$

由于刚体中内力的力矩互相抵消,有 $\sum\limits_i M_{ii}=0$,所以上式可写为

$$\sum_i M_{ei}=\left(\sum_i \Delta m_i r_i^2\right)\beta.$$

用 M 表示刚体内所有质点所受的外力对转轴的力矩的代数和,即

$$M=\sum_i M_{ei},$$

可得

$$M=\left(\sum_i \Delta m_i r_i^2\right)\beta,$$

其中 $\sum\limits_i \Delta m_i r_i^2$ 叫作刚体的转动惯量,用符号"J"表示,它只与刚体的几何形状、质量分布以及转轴的位置有关,即只与刚体本身的性质和转轴的位置有关. 绕定轴转动的刚体一旦确定,其转动惯量即为一恒定量. 此时,上式可写作

$$M=J\beta, \tag{5-10a}$$

其矢量形式为

$$\boldsymbol{M}=J\boldsymbol{\beta}. \tag{5-10b}$$

式(5-10)即为刚体绕定轴转动时的转动定律,简称转动定律. 其文字表述为:刚体绕定轴转动的角加速度与它所受的合外力矩成正比,与刚体的转动惯量成反比. 转动定律是解决刚体定轴转动问题的基本方程,其地位相当于解决质点运动问题的牛顿第二定律. 由式(5-10)也可以看出,转动定律的形式和牛顿第二定律的形式是一致的,而转动惯量是描述刚体转动惯性的物理量.

5.2.3 转动惯量 平行轴定理和正交轴定理

下面我们讨论转动惯量的计算问题. 由于 $J=\sum\limits_i \Delta m_i r_i^2$,对于质量离散分布的刚体来说,其转动惯量为各离散质点的转动惯量的代数和,即

$$J=\sum_i \Delta m_i r_i^2=\Delta m_1 r_1^2+\Delta m_2 r_2^2+\cdots, \tag{5-11a}$$

其中 Δm_i 表示刚体各部分的质量，r_i 表示刚体各部分到转轴的垂直距离.

对于质量连续分布的刚体，其转动惯量可以用积分的形式进行计算，即

$$J=\sum_i \Delta m_i r_i^2=\int r^2\,\mathrm{d}m, \tag{5-11b}$$

其中 $\mathrm{d}m$ 表示刚体上任意一个质元的质量，r 表示该质元到转轴的垂直距离.

对于质量线分布的刚体，设其质量线密度为 λ，则 $\mathrm{d}m=\lambda\,\mathrm{d}l$；对于质量面分布的刚体，设其质量面密度为 σ，则 $\mathrm{d}m=\sigma\,\mathrm{d}S$；对于质量体分布的刚体，设其质量体密度为 ρ，则 $\mathrm{d}m=\rho\,\mathrm{d}V$.

在国际单位制中，转动惯量的单位为 $\mathrm{kg\cdot m^2}$.

需要注意的是，只有形状简单、质量连续且均匀分布的刚体，才能用积分的形式求其转动惯量. 而对于一般刚体，往往通过实验来测定其转动惯量. 表 5-1 所示为一些常见刚体的转动惯量.

表 5-1　常见刚体的转动惯量

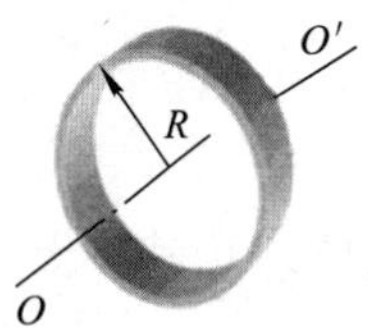 $J=mR^2$	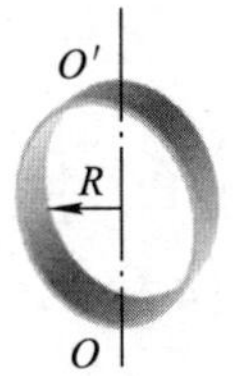 $J=\frac{mR^2}{2}$	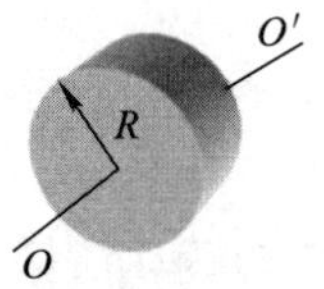 $J=\frac{mR^2}{2}$	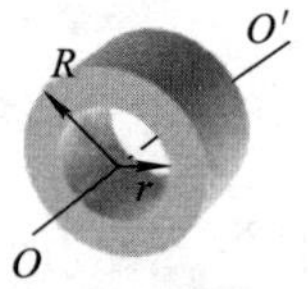 $J=\frac{m}{2}(R^2+r^2)$
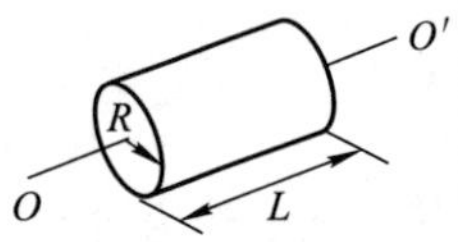 $J=\frac{mR^2}{2}$	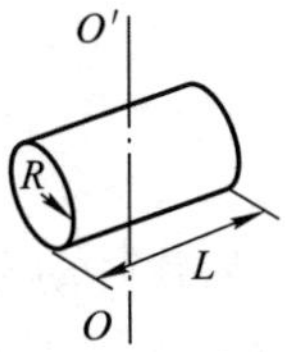 $J=\frac{mR^2}{4}+\frac{mL^2}{12}$	球体 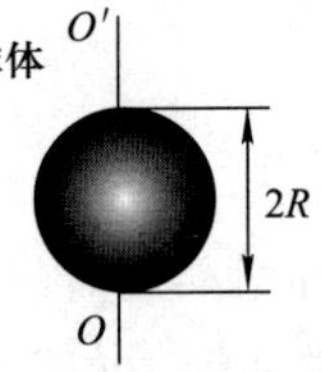 $J=\frac{2mR^2}{5}$	球壳 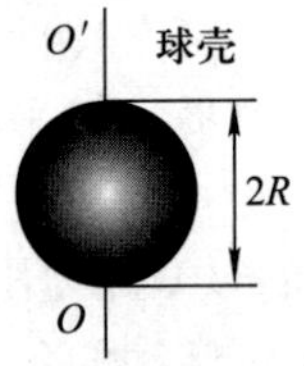 $J=\frac{2mR^2}{3}$

【例 5-3】 一质量为 m、长为 l 的均匀细长棒，求其对于通过棒中心并与棒垂直的轴的转动惯量.

解：如图 5-11 所示，设棒的线密度为 λ，取一距离转轴 OO' 为 r 处的质量元 $\mathrm{d}m=\lambda\,\mathrm{d}r$，则此质量元对转轴的转动惯量为 $\mathrm{d}J=r^2\,\mathrm{d}m=\lambda r^2\,\mathrm{d}r$. 由于细棒两端通过其中心对称，故可求其总的转动惯量为

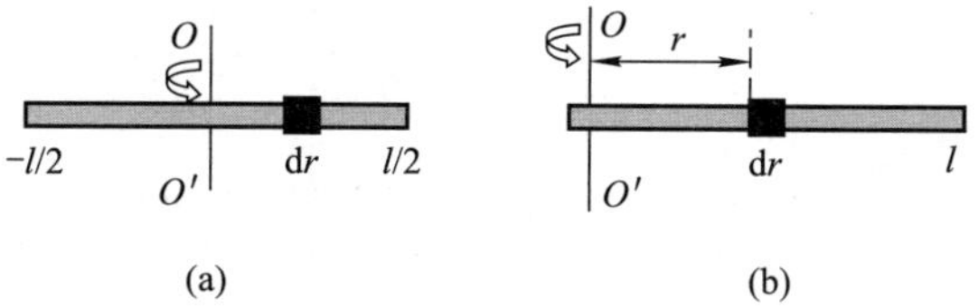

图 5-11

$$J=2\lambda\int_0^{l/2}r^2\mathrm{d}r=\frac{1}{12}\lambda l^3=\frac{1}{12}ml^2.$$

同理,若转轴过端点垂直于棒,则其对转轴的转动惯量为

$$J=\lambda\int_0^{l}r^2\mathrm{d}r=\frac{1}{3}ml^2.$$

可见,细棒对通过其中心的轴和通过其一端的轴的转动惯量是不同的. 通常,我们用 J_c 表示转轴通过刚体质心时的转动惯量. 从上面两个结果可以看出,$J_c=\frac{1}{12}ml^2$,而通过其一端的转动惯量 J 和 J_c 有如下关系:

$$J=\frac{1}{3}ml^2=\frac{1}{12}ml^2+\frac{1}{4}ml^2=J_c+m\left(\frac{1}{2}l\right)^2,$$

其中 $\frac{1}{2}l$ 为两个转轴之间的距离.

平行轴定理:若质量为 m 的刚体围绕通过其质心的轴转动,刚体的转动惯量为 J_c. 则对任一与该轴平行,相距为 d 的转轴(见图 5-12)的转动惯量为

$$J=J_c+md^2. \tag{5-12}$$

式(5-12)证明从略. 可见,刚体对通过其质心轴的转动惯量 J_c 最小,而对其他任何与质心轴平行的轴线的转动惯量都大于 J_c.

设有一薄板如图 5-13 所示,过其上一点 O 作 z 轴垂直于板面,x,y 轴在板面内,若取一质量元 Δm_i,则有

$$J_z=\sum_i\Delta m_i r_i^2=\sum_i\Delta m_i(x_i^2+y_i^2)=\sum_i\Delta m_i x_i^2+\sum_i\Delta m_i y_i^2=J_x+J_y,$$

即

$$J_z=J_x+J_y. \tag{5-13}$$

式(5-13)说明,薄板型刚体对于板内的两条正交轴的转动惯量之和等于这个物体对过该两轴交点并垂直于板面的那条转轴的转动惯量. 这一结论称为正交轴定理(垂直轴定理).

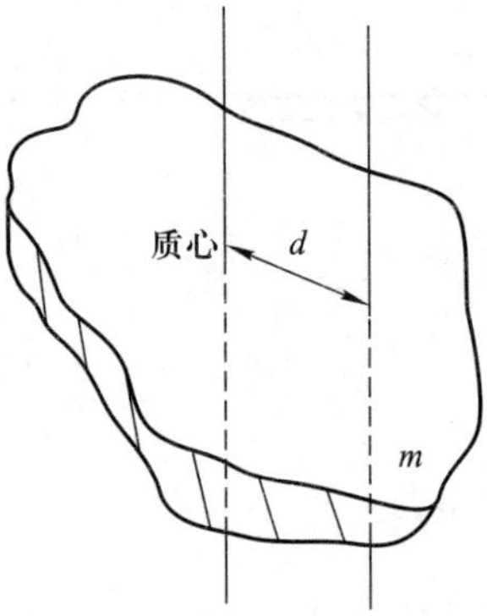

图 5-12 平行轴定理

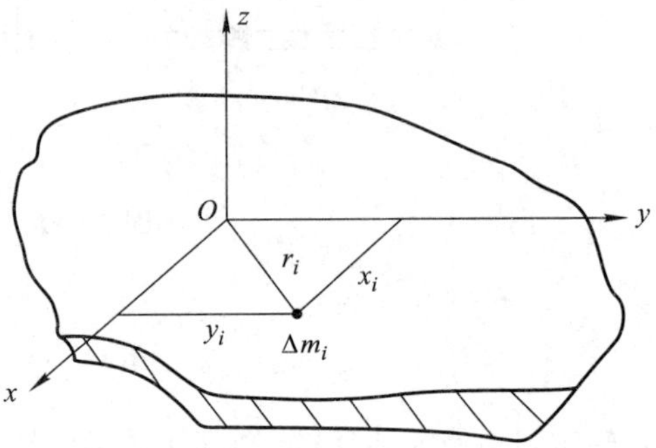

图 5-13 正交轴定理

刚体转动定律的应用与质点运动中牛顿定律的应用也完全相似. 解决问题的基本类型为:

(1) 已知受力矩情况,求解刚体转动状态.

(2) 已知转动状态变化情况,求解所受力矩.

应用转动定律求解问题的基本思路、基本步骤,以及需要注意的问题也与牛顿定律基本相似,在此不再重复. 另外,对于定轴转动的刚体,由于描述其转动状态的各物理量方向仅有两种可能,我们在计算过程中一般都写其标量形式,而用值的正负反映该量的方向. 因而,转动定律在具体使用时,我们也一般写其标量形式 $M=J\beta$,式中各量方向与正方向相同则为正,否则为负.

【例 5-4】 如图 5-14(a)所示,一轻绳跨过一轴承光滑的定滑轮,绳的两端分别悬有质量为 m_1,m_2 的物体,$m_1<m_2$. 滑轮可视为质量为 m、半径为 r 的均质圆盘. 绳不能伸长且与滑轮间无相对滑动. 试求物体的加速度、滑轮的角加速度、绳中的张力.

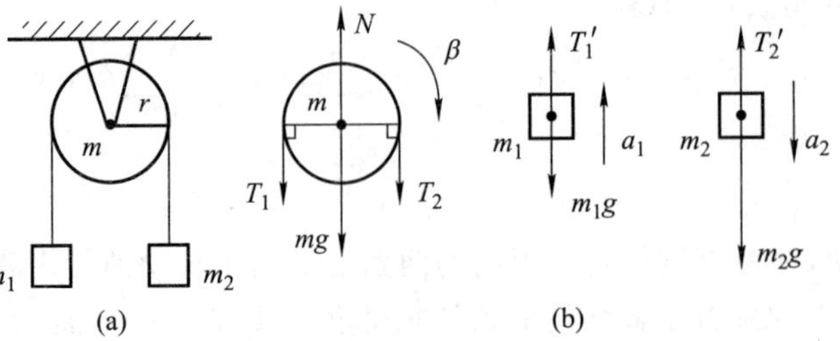

图 5-14

解:选滑轮、物体为研究对象,进行受力分析,如图 5-14(b)所示. 滑轮受四个力作用:重力、轴承的支持力、左侧绳线的拉力 T_1、右侧绳线的拉力 T_2(这里有一点需注意,即由于滑轮质量不能忽略,因而必须考虑其转动问题,所以滑轮两侧的拉力不能相等,即 $T_1 \neq T_2$). 重力和支持力的力矩为零,则滑轮在两侧拉力的作用下加速转动,根据 $m_1 < m_2$ 可知,滑轮角加速度的方向为顺时针. 相应地,m_1 加速上升,m_2 加速下降,且有 $a_1 = a_2 = a$(绳不能伸长).

对滑轮及物体分别应用转动定律和牛顿第二定律,有

$$T_1' - m_1 g = m_1 a,$$

$$m_2 g - T_2' = m_2 a,$$

$$T_2 r - T_1 r = J\beta.$$

根据作用力反作用关系,有 $T_1 = T_1'$,$T_2 = T_2'$;根据角量、线量关系,有 $a = r\beta$;均质圆盘的转动惯量 $J = \frac{1}{2}mr^2$. 代入方程,联立求解,得

$$a = \frac{(m_2 - m_1)g}{m_2 + m_1 + \frac{1}{2}m}, \quad \beta = \frac{(m_2 - m_1)g}{\left(m_2 + m_1 + \frac{1}{2}m\right)r},$$

$$T_1 = \frac{m_1\left(2m_2 + \frac{1}{2}m\right)g}{m_2 + m_1 + \frac{1}{2}m}, \quad T_2 = \frac{m_2\left(2m_2 + \frac{1}{2}m\right)g}{m_2 + m_1 + \frac{1}{2}m}.$$

【例 5-5】 如图 5-15(a)所示,质量为 m_1 的物体 A 静止在光滑水平面上,和一不计质量的绳索相连接,绳索跨过一半径为 R、质量为 m_C 的圆柱形滑轮 C,并系在另一质量为 m_2 的物体 B 上,B 竖直悬挂,滑轮与绳索间无滑动,且滑轮与轴承间的摩擦力可略去不计. 求:

(1) 两物体的线加速度为多少? 水平和竖直两段绳索的张力各为多少?

(2) 物体 B 从静止落下距离 y 时,其速率是多少?

解:(1) 在第 2 章关于滑轮的例题中,我们曾假设滑轮的质量不计,即不考虑滑轮的转动. 但在实际情况中,滑轮的质量是不能忽略的,其本身具有转动惯量,要考虑它的转动. A,B 两个物体做的是平动,其加速度分别由其所受的合外力决定,而滑轮做转动,其角加速度是由其所受的合外力矩决定. 因此,我们用隔离法分别对各物体做受力分析,如图 5-15(b)所示,以向右和向下为正方向建立坐标系.

隔离法分析物体受力如下:物体 A 受到重力、支持力以及水平方向上拉力 $\boldsymbol{F}_{T1}$ 作用,物体 B 受到向下的重力和向上的拉力 $\boldsymbol{F}'_{T2}$ 作用. 滑轮受到自身重力、转轴对它的约束力,以及两侧的拉力 $\boldsymbol{F}'_{T1}$ 和 $\boldsymbol{F}_{T2}$ 产生的力矩作用,由于其自身重力及轴对它的约束力都过滑轮中心轴,对转动没有贡献,故影响其转动的只有拉力 $\boldsymbol{F}'_{T1}$ 和

$\boldsymbol{F}_{T2}$的力矩. 这里,我们不能先假定 $F_{T1}=F_{T2}$,但是 $F_{T1}=F'_{T1}$,$F_{T2}=F'_{T2}$.

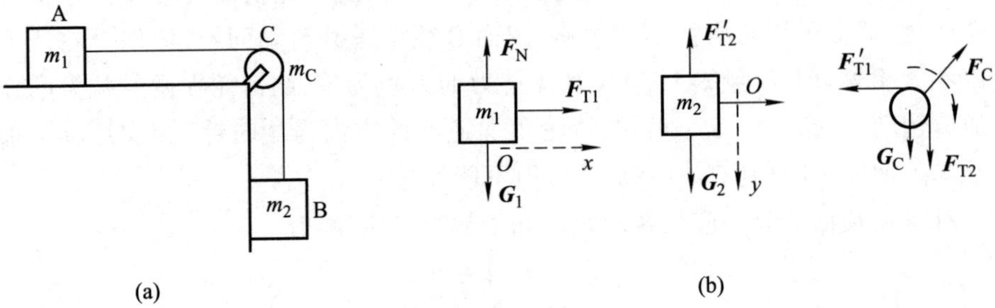

图 5-15

由于不考虑绳索的伸长,因此,对 A,B 两物体,可由牛顿第二定律求解,得

$$F_{T1}=m_1a,$$

$$m_2g-F_{T2}=m_2a.$$

对于滑轮,有

$$RF_{T2}-RF_{T1}=J\beta,$$

其中 J 为滑轮的转动惯量,可知 $J=\frac{1}{2}m_CR^2$. 由于绳索无滑动,滑轮边缘上一点的切向加速度与绳索和物体的线加速度大小相等,即角量和线量有如下的关系:

$$a=R\beta.$$

上述 4 个式子联立,可得

$$a=\frac{m_2g}{m_1+m_2+\frac{m_C}{2}},$$

$$F_{T1}=\frac{m_1m_2g}{m_1+m_2+\frac{m_C}{2}},$$

$$F_{T2}=\frac{(m_1+m_C/2)m_2g}{m_1+m_2+m_C/2}.$$

(2) 由题意知,B 由静止出发做匀加速直线运动,下落距离 y 时的速率为

$$v=\sqrt{2ay}=\sqrt{\frac{2m_2gy}{m_1+m_2+m_C/2}}.$$

【例 5-6】 如图 5-16 所示,质量为 m、长为 l 的均质细杆一端固定在地面上,一开始杆竖直放置,当其受到微小扰动时便可在重力的作用下绕轴自由转动. 当细杆摆至与水平面成 60°夹角时和到达水平位置时的角速度、角加速度为多大?

解:细杆受到自身重力和固定端的约束力的作用,因为细杆是均质的,所以重力可以看作集中于杆的中心处，当杆转至与水平方向成角度 θ 时，其重力力矩为 $mg\ \dfrac{l}{2}\cos\theta$，因为约束力过转轴，所以其力矩为零，如图 5-16 所示. 由转动定律，得

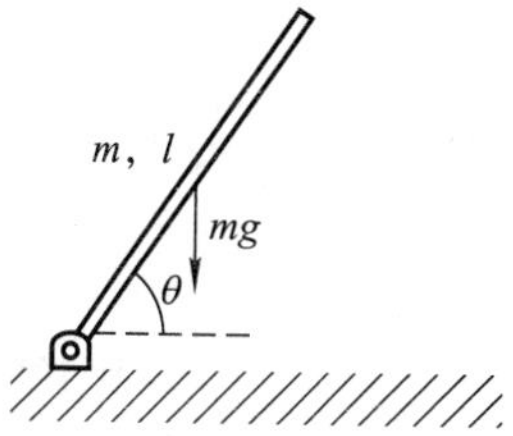

图 5-16

$$mg\ \frac{l}{2}\cos\theta = J\beta = \frac{1}{3}ml^2\beta,$$

其中 $J=\dfrac{1}{3}ml^2$ 为杆绕一端转动时的转动惯量. 杆的角加速度为

$$\beta = \frac{3g\cos\theta}{2l}.$$

由角加速度的定义，有

$$\frac{\mathrm{d}\omega}{\mathrm{d}t} = \frac{3g\cos\theta}{2l}.$$

在等式左面同时乘以和除以 $\mathrm{d}\theta$，上式的值不变，有

$$\frac{\mathrm{d}\omega}{\mathrm{d}t}\,\frac{\mathrm{d}\theta}{\mathrm{d}\theta} = \frac{3g\cos\theta}{2l}.$$

因为 $\omega = -\dfrac{\mathrm{d}\theta}{\mathrm{d}t}$，所以上式可变形为

$$\omega\,\mathrm{d}\omega = -\frac{3g\cos\theta}{2l}\mathrm{d}\theta.$$

其初始状态 $t=0$ 时，$\theta_0=\dfrac{\pi}{2}$，$\omega_0=0$，对上式两端同时积分，得

$$\int_0^{\omega}\omega\,\mathrm{d}\omega = -\int_{\frac{\pi}{2}}^{\theta}\frac{3g}{2l}\cos\theta\,\mathrm{d}\theta.$$

于是得，当细杆与水平面成任意角度 θ 时的角速度为

$$\omega = \sqrt{\frac{3g}{l}(1-\sin\theta)}.$$

将 $\theta=60°$ 代入上式，得

$$\omega_1 = \sqrt{\frac{3g}{l}(1-\sin 60°)} = \sqrt{\frac{6-3\sqrt{3}}{2l}g},$$

$$\beta_1 = \frac{3}{4l}g.$$

当 $\theta=0$ 时，得

$$\omega_2 = \sqrt{\frac{3g}{l}(1-\sin 0°)} = \sqrt{\frac{3g}{l}},$$

$$\beta_2 = \frac{3}{2l}g.$$

5.3 角动量 角动量守恒定律

5.3.1 质点的角动量和角动量守恒定律

质量为 m 的质点以速度 $\boldsymbol{v}$ 在空间运动. 某时刻质点相对原点 O 的位矢为 $\boldsymbol{r}$，如图 5－17(a)所示，定义质点相对于原点的角动量为

$$\boldsymbol{L}=\boldsymbol{r}\times\boldsymbol{p}=\boldsymbol{r}\times m\boldsymbol{v}. \tag{5-14}$$

角动量是一个矢量，其方向垂直于 $\boldsymbol{r}$ 和 $\boldsymbol{v}$ 组成的平面，并遵从右手螺旋关系：右手的拇指伸直，四指弯曲的方向为由 $\boldsymbol{r}$ 通过小于 180°的角转到 $\boldsymbol{v}$ 的方向，此时，拇指的方向为角动量 $\boldsymbol{L}$ 的方向，如图 5－17(b)所示.

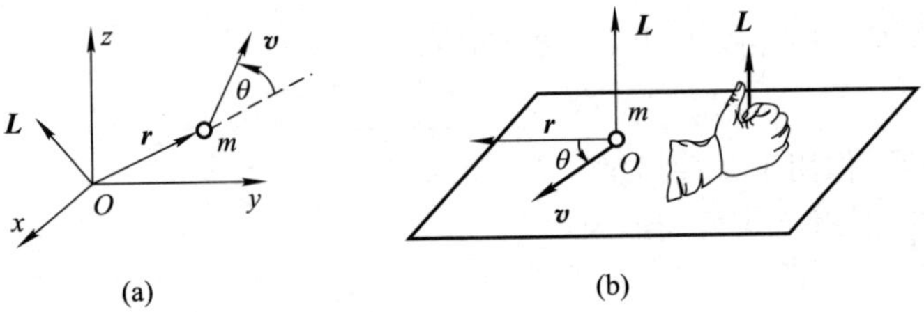

图 5－17 质点的角动量

角动量的大小可由积矢法则求得：

$$L=rmv\sin\theta, \tag{5-15}$$

其中 θ 为位矢 $\boldsymbol{r}$ 和速度 $\boldsymbol{v}$ 之间的夹角. 另外，由于速度 $\boldsymbol{v}$ 与动量 $\boldsymbol{p}$ 的方向一致，式(5－15)中 $\boldsymbol{v}$ 的方向可用 $\boldsymbol{p}$ 的方向来代替. 在国际单位制中，角动量的单位为 $\mathrm{kg\cdot m^2\cdot s^{-1}}$.

注意：角动量和所选取的参考点 O 的位置有关，参考点不同，角动量往往不同，因此，在描述质点的角动量时，必须指明是相对哪一点的角动量.

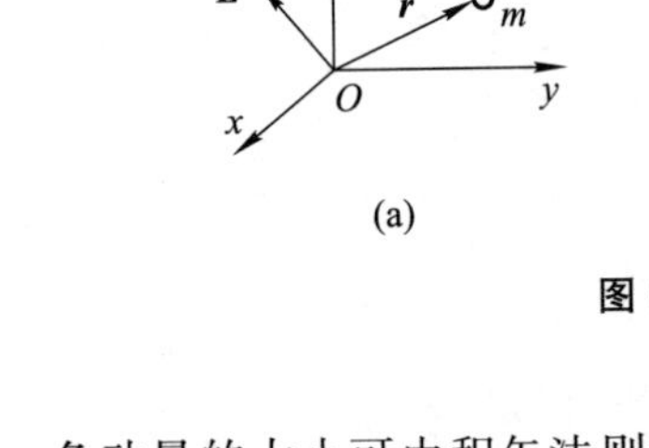

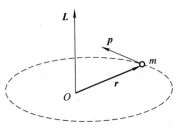

图 5－18 质点做圆周运动时的角动量

如图 5－18 所示，质点以角速度 ω 做半径为 r 的圆周运动时，由于任意点的位矢 $\boldsymbol{r}$ 和速度 $\boldsymbol{v}$ 总是垂直的，所以质点相对圆心的角动量 $\boldsymbol{L}$ 的大小为

$$L=mr^2\omega=J\omega.$$

设质点在合外力 $\boldsymbol{F}$ 的作用下运动，某时刻

质点相对原点的位矢为 $\boldsymbol{r}$，动量为 $\boldsymbol{p}$. 将角动量的定义式

$$\boldsymbol{L}=\boldsymbol{r}\times\boldsymbol{p}$$

两端同时对 t 求导，可得

$$\frac{\mathrm{d}\boldsymbol{L}}{\mathrm{d}t}=\frac{\mathrm{d}}{\mathrm{d}t}(\boldsymbol{r}\times\boldsymbol{p})=\boldsymbol{r}\times\frac{\mathrm{d}\boldsymbol{p}}{\mathrm{d}t}+\frac{\mathrm{d}\boldsymbol{r}}{\mathrm{d}t}\times\boldsymbol{p}.$$

上式右面第二项由于 $\frac{\mathrm{d}\boldsymbol{r}}{\mathrm{d}t}=\boldsymbol{v}$，且 $\boldsymbol{v}\times\boldsymbol{p}=\boldsymbol{0}$ 而为零，因此可得

$$\frac{\mathrm{d}\boldsymbol{L}}{\mathrm{d}t}=\boldsymbol{r}\times\frac{\mathrm{d}\boldsymbol{p}}{\mathrm{d}t}.$$

由牛顿第二定律可知 $\frac{\mathrm{d}\boldsymbol{p}}{\mathrm{d}t}=\boldsymbol{F}$，上式可变为

$$\frac{\mathrm{d}\boldsymbol{L}}{\mathrm{d}t}=\boldsymbol{r}\times\frac{\mathrm{d}\boldsymbol{p}}{\mathrm{d}t}=\boldsymbol{r}\times\boldsymbol{F}.$$

$\boldsymbol{r}\times\boldsymbol{F}$ 为合外力 $\boldsymbol{F}$ 对参考原点 O 的合力矩 $\boldsymbol{M}$，于是上式可写作

$$\boldsymbol{M}=\frac{\mathrm{d}\boldsymbol{L}}{\mathrm{d}t}. \tag{5-16}$$

式(5-16)表明，作用于质点的合力对参考点 O 的力矩，等于质点对该 O 的角动量随时间的变化率. 这就是质点的角动量定理的微分形式.

式(5-16)还可写成 $\mathrm{d}\boldsymbol{L}=\boldsymbol{M}\mathrm{d}t$. 若外力在质点上作用了一段时间，即有力矩对时间的积累，那么，对(5-16)式两端取积分，可得

$$\int_{t_1}^{t_2}\boldsymbol{M}\mathrm{d}t=\boldsymbol{L}_2-\boldsymbol{L}_1. \tag{5-17}$$

式(5-17)中，$\boldsymbol{L}_1$ 和 $\boldsymbol{L}_2$ 分别为质点在 t_1 和 t_2 时刻对参考点 O 的角动量，$\int_{t_1}^{t_2}\boldsymbol{M}\mathrm{d}t$ 叫作质点在 t_1 到 t_2 时间内所受的冲量矩，即对同一参考点 O，质点所受的冲量矩等于质点角动量的增量. 这就是质点的角动量定理的积分形式.

可见，当质点所受的合力矩为零，即 $\boldsymbol{M}=\boldsymbol{0}$ 时，$\boldsymbol{L}_1=\boldsymbol{L}_2$，即质点所受对参考点 O 的合力矩为零时，质点对该参考点 O 的角动量为一恒矢量. 这就是质点的角动量守恒定律.

导致质点的角动量守恒的情况有两种：一种是质点所受的合外力为零；另一种是合外力虽然不为零，但合外力过参考点，导致合外力矩为零. 质点做匀速圆周运动时就属于第二种情况，此时质点所受到的合力为向心力，对圆心的角动量守恒. 另外，只要作用于质点的力为有心力，那么，质点对于力心的力矩总是零，其角动量总是守恒. 例如，以太阳为参考点，地球围绕太阳的角动量是守恒的.

【例 5-7】 一半径为 R 的光滑圆环置于竖直平面内. 一质量为 m 的小球穿在圆环上，并可在圆环上滑动. 小球开始时静止于圆环上的 a 点(该点在通过环心

O 的水平面上),然后从 a 点开始下滑. 设小球与圆环间的摩擦略去不计,求小球滑到点 b 时对环心 O 的角动量和角速度.

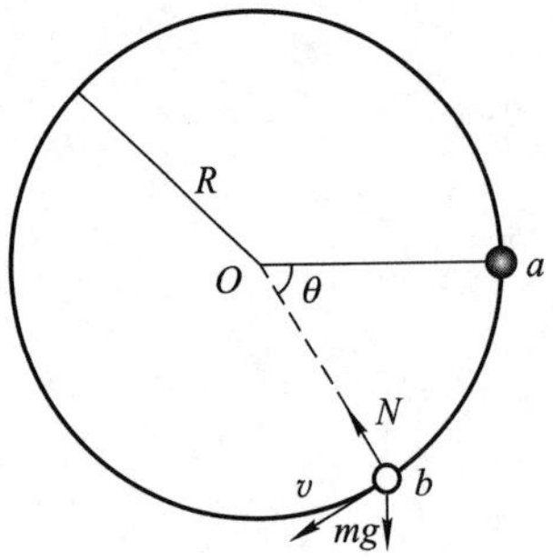

图 5-19

解:如图 5-19 所示,小球受重力和支持力作用. 支持力 N 指向圆心,其力矩为零,故小球所受合外力矩仅为重力矩,其方向垂直纸面向里,大小为

$$M = mgR\cos\theta.$$

小球在下滑过程中,角动量的大小时刻变化,但是其方向也始终垂直纸面向里. 由质点的角动量定理,得

$$M\mathrm{d}t = \mathrm{d}L,$$

$$mgR\cos\theta = \frac{\mathrm{d}L}{\mathrm{d}t}.$$

移项之后,得

$$\mathrm{d}L = mgR\cos\theta\mathrm{d}t.$$

因为 $\omega = \frac{\mathrm{d}\theta}{\mathrm{d}t}$, $L = mRv = mR^2\omega$,所以上式左端乘以 L,右端乘以 $mR^2\omega$ 后其值不变,有

$$L\mathrm{d}L = m^2gR^3\cos\theta\mathrm{d}\theta.$$

因为 $t=0$ 时,$\theta_0=0$,$L_0=0$,可对上式两端积分,得

$$\int_0^L L\mathrm{d}L = m^2gR^3\int_0^\theta \cos\theta\mathrm{d}\theta.$$

因此,有

$$L = mR^{\frac{3}{2}}(2g\sin\theta)^{\frac{1}{2}}.$$

将 $L=mR^2\omega$ 代入上式,可得

$$\omega = \left(\frac{2g}{R}\sin\theta\right)^{\frac{1}{2}}.$$

5.3.2 刚体定轴转动的角动量定理

下面介绍刚体绕定轴转动时的角动量定理.

如图 5-20 所示,以角速度 ω 绕定轴 Oz 转动的刚体上任意一点 m_i,距离中心轴为 r_i,其对于转轴的角动量为 $m_ir_iv_i=m_ir_i^2\omega$. 由于刚体上所有质点都以相同的角速度绕 Oz 轴做圆周运动,因此,刚体上所有质点对转轴的角动量为

$$L = \left(\sum_i m_ir_i^2\right)\omega.$$

这也是刚体对转轴 Oz 的角动量.

刚体绕转轴 Oz 的转动惯量

$$J=\sum_i m_i r_i^2.$$

上式可写成

$$L=J\omega. \tag{5-18}$$

刚体上任意质点 m_i 都满足质点的角动量定理，设其所受的对转轴的合力矩为 M_i，则应有

$$M_i=\frac{dL_i}{dt}=\frac{d}{dt}(m_i r_i^2\omega).$$

而对转轴的合力矩 M_i 既包括来自系统外的力对转轴的力矩（外力矩 M_{ei}），又包括来自系统内质点间力对转轴的力矩（即内力矩 M_{ii}）. 我们知道，对于绕定轴转动的刚体，其内部各质点间的内力矩之和为零，即 $\sum_i M_{ii}=0$，因此，作用于绕定轴 Oz 转动刚体的对转轴的力矩为

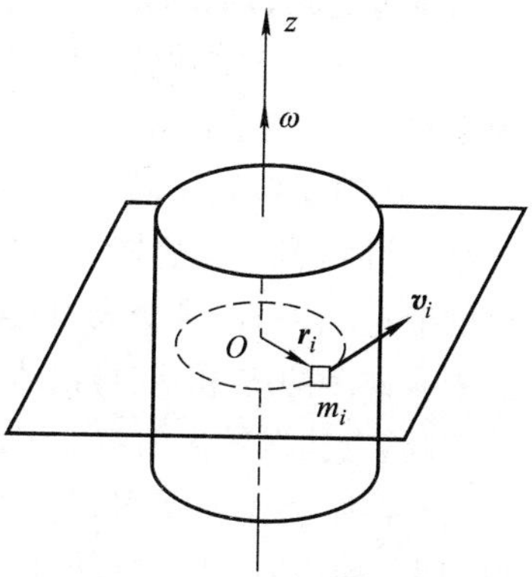

图 5-20 刚体的角动量

$$M=\sum_i M_{ei}=\frac{d}{dt}\Big(\sum_i L_i\Big)=\frac{d}{dt}\Big(\Big(\sum_i m_i r_i^2\Big)\omega\Big),$$

M 为其所受的外力对转轴的合外力矩. 上式也可写成

$$M=\frac{dL}{dt}=\frac{d(J\omega)}{dt}. \tag{5-19}$$

这就是刚体绕定轴转动的角动量定理的微分形式：刚体绕定轴转动时，作用于刚体的外力对转轴的合力矩等于刚体绕此定轴的角动量随时间的变化率.

若在 M 作用下，绕定轴转动的刚体角动量在 t_1 到 t_2 时间内，由 $L_1=J\omega_1$ 变为 $L_2=J\omega_2$，则其所受合力对给定轴的冲量矩为

$$\int_{t_1}^{t_2} M\,dt=J\omega_2-J\omega_1. \tag{5-20a}$$

这就是刚体绕定轴转动的角动量定理的积分形式：刚体绕定轴转动时，作用于刚体的外力对转轴的合外力矩的冲量矩等于刚体绕此定轴的角动量的增量.

对于绕定轴转动的刚体组合，若在转动过程中刚体组合的转动惯量发生变化，设在 t_1 到 t_2 时间内，转动惯量由 J_1 变为 J_2，则式(5-20a)应写为

$$\int_{t_1}^{t_2} M\,dt=J_2\omega_2-J_1\omega_1. \tag{5-20b}$$

5.3.3 刚体定轴转动的角动量守恒定律

由式(5-19)可知，若 $M=0$，则有

$$L=J\omega=\text{常量}. \tag{5-21}$$

这就是刚体定轴转动的角动量守恒定律：当作用在刚体上的外力对轴的合外力矩为零时，刚体对给定轴的角动量守恒.

刚体定轴转动的角动量守恒分以下两种情况：

(1) 对于绕定轴转动的单个刚体，由于其转动惯量保持不变，刚体受合外力矩为零时，根据角动量守恒定律，刚体绕轴转动的角速度也将保持不变.

(2) 对于绕定轴转动的刚体组合，若所受的合外力矩为零，则系统的总角动量守恒. 此时，若系统的转动惯量不变，则角速度不变；若系统的转动惯量变化，则角速度变化. 转动惯量变大，角速度变小；转动惯量变小，角速度变大. 这一规律在生活中有许多的应用. 花样滑冰运动员在开始旋转时总是伸开双臂，然后快速收拢双臂和腿，以获得较大的角速度，而要结束旋转时，必然再度伸展四肢，以便降低角速度. 这是因为，运动员可以视为刚体系统，在冰面上系统受合外力矩为零，角动量守恒. 四肢伸展时，质量到转轴的距离大，因而系统转动惯量大，从而角速度小，旋转平稳；而四肢收拢时，系统转动惯量小，因而角速度大. 再如跳水运动员在起跳时，总是向上伸展手臂，跳到空中做翻滚动作时，又快速收拢手臂和腿，这样做同样是为了减小转动惯量，以便增加翻滚的角速度. 而在入水前，运动员一定会再度伸展身体，增大转动惯量，从而减小翻滚速度，竖直平稳落水.

和动量守恒、能量守恒定律一样，角动量守恒定律也是自然界中的一条普遍规律. 宏观的天体演化、微观的电子绕核运动等都遵从角动量守恒定律. 角动量守恒定律在刚体转动中的地位与动量守恒定律在质点运动中的地位相当.

应用刚体定轴转动的角动量守恒定律求解问题的基本步骤如下：

(1) 选择系统，做受力分析，判断守恒条件. 角动量守恒的条件是系统受的外力对转轴的合外力矩为零(注意与动量守恒条件的区别).

(2) 根据题意选择转动的正方向. 刚体定轴转动问题，角动量的方向仅有两种可能性，所以确定矢量的正方向即可，不必建立坐标系.

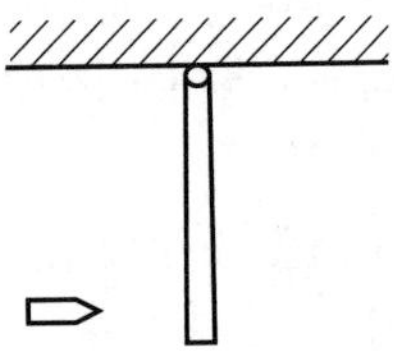

图 5-21

(3) 依据题意写出定轴转动角动量守恒的方程. 方程中角动量方向与正方向相同者为正值，否则为负值. 注意：方程中各量应是相对于同一参考系的，这点与动量守恒定律相同.

(4) 解方程，讨论.

【例 5-8】 如图 5-21 所示，一质量为 m 的子弹以水平速度射入一静止悬于顶端的长棒的下端，穿出后速度损失 3/4，求子弹穿出后，棒的角速度 ω. 已知棒长为 l，质量为 M.

解：碰撞的过程中，棒对子弹的阻力 f 和子弹对棒的作用力 f' 为作用力与反作用力，大小相等，方向相反.

对子弹来说，碰撞过程中，棒对子弹的阻力 f 的冲量为

$$\int f\,\mathrm{d}t = m(v - v_0) = -\frac{3}{4}mv_0,$$

而子弹对棒的反作用力对棒的冲量矩为

$$\int f' l \mathrm{d}t = l\int f' \mathrm{d}t = J\omega.$$

由 $f' = -f$，又棒绕其一端转动时转动惯量为 $J = \frac{1}{3}Ml^2$，上两式联立，可得

$$\omega = \frac{3mv_0 l}{4J} = \frac{9mv_0}{4Ml}.$$

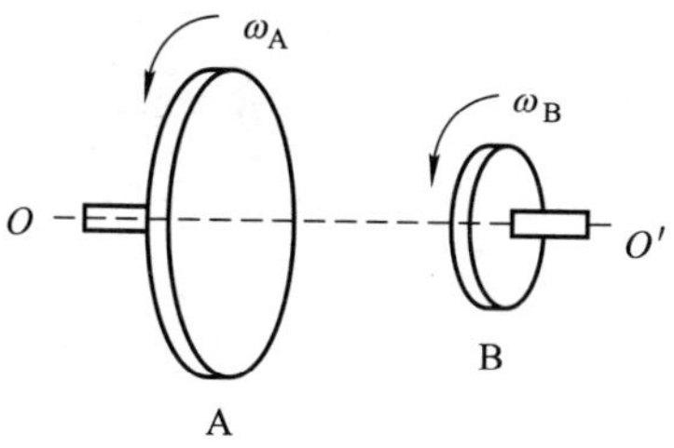

图 5-22

【例 5-9】 如图 5-22 所示，轴承光滑的两个齿轮 A 和 B 可绕通过中心的轴 OO' 转动. 初始两轮的角速度方向相同，大小为 $\omega_A = 50\ \mathrm{rad \cdot s^{-1}}$，$\omega_B = 200\ \mathrm{rad \cdot s^{-1}}$. 设两轮的转动惯量分别为 $J_A = 0.4\ \mathrm{kg \cdot m^2}$，$J_B = 0.2\ \mathrm{kg \cdot m^2}$，试求两齿轮啮合后一起转动的角速度.

解：选两齿轮组成的系统为研究对象，做受力分析. 系统只受重力及轴承的支持力作用，这两个力都通过转轴，力矩都为零，系统角动量守恒. 以地面为参考系，初始齿轮转动方向为正方向，则有

$$J_A\omega_A + J_B\omega_B = (J_A + J_B)\omega.$$

解方程，得系统一起转动的角速度为

$$\omega = \frac{J_A\omega_A + J_B\omega_B}{J_A + J_B} = \frac{0.4 \times 50 + 0.2 \times 200}{0.4 + 0.2}\ \mathrm{rad \cdot s^{-1}} = 100\ \mathrm{rad \cdot s^{-1}}.$$

【例 5-10】 如图 5-23 所示，质量为 M、半径为 R 的转台，可绕通过中心的光滑竖直轴转动，质量为 m 的人站在转台的边缘，初始台和人都静止. 如果人沿台的边缘匀角速度跑一圈，人和转台相对于地面各转动多大的角度？

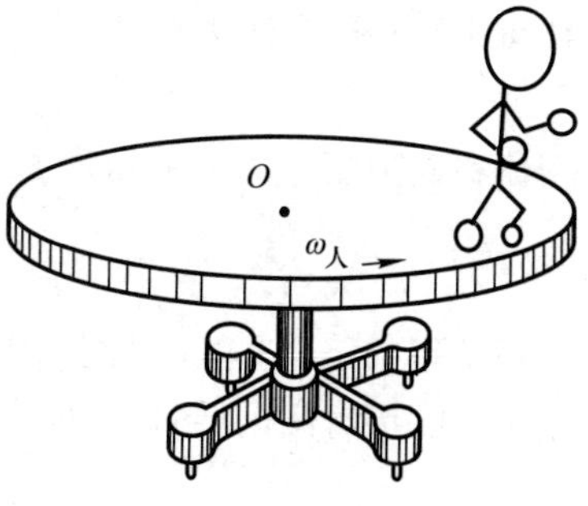

图 5-23

解：选择人和转台为系统，做受力分析. 转台受的重力、支持力都通过转轴，力矩为零，人受的重力平行转轴，力矩为零，系统角动量守恒. 以地面为参考系，人转动的方向为正方向，设人和转台的角速度大小分别为 $\omega_人$，$\omega_台$，则有

$$J_人\omega_人 - J_台\omega_台 = 0.$$

人和台的转动惯量分别为 $J_人 = mR^2$，$J_台 = \frac{1}{2}MR^2$，代入上式，解方程有

$$\omega_台 : \omega_人 = 2m : M.$$

因为是匀速转动，则根据角速度之比，可得二者相对于地面的转动角度之比为

$$\theta_{台} : \theta_{人} = 2m : M.$$

人绕台跑一圈，则有 $\theta_{台} + \theta_{人} = 2\pi$，结合二者比例关系，可得

$$\theta_{人} = \frac{2\pi M}{2m + M}, \quad \theta_{台} = \frac{4\pi m}{2m + M}.$$

5.4 刚体定轴转动的功能关系

本节要介绍的是力矩对空间的积累效应——力矩的功.

5.4.1 力矩的功和功率

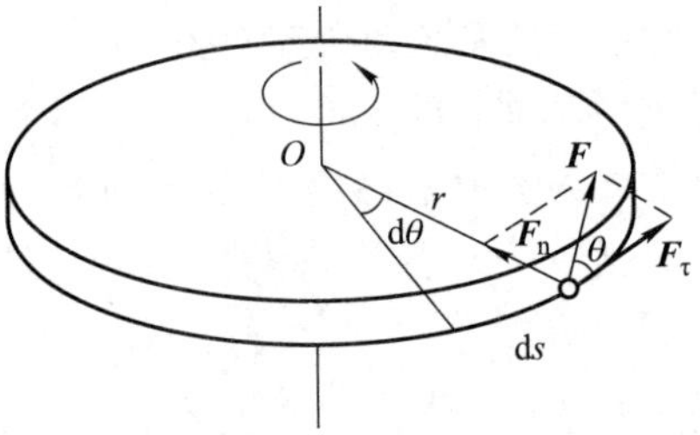

图 5-24　力矩的功

力矩对绕定轴转动刚体做功的效果是：刚体在外力的作用下转动而发生了角位移.

如图 5-24 所示，刚体绕转轴转过了 $d\theta$ 角，即其角位移为 $d\theta$，力 $\boldsymbol{F}$ 的作用点的位移为 $ds = r d\theta$. 此时，可将力 $\boldsymbol{F}$ 分解为沿着切向的分力 $\boldsymbol{F}_\tau$ 和沿着法向的分力 $\boldsymbol{F}_n$. 在刚体绕定轴转动时 $\boldsymbol{F}_\tau$ 做功，而 $\boldsymbol{F}_n$ 不做功.

在此过程中，力 $\boldsymbol{F}$ 做的元功为

$$dA = F_\tau ds = F_\tau r d\theta.$$

$\boldsymbol{F}$ 对于转轴的力矩大小即 $M = F_\tau r$，所以上式可写为

$$dA = M d\theta.$$

刚体在此力矩作用下从角度 θ_0 转到角度 θ 时，力矩做的总功为

$$A = \int_{\theta_0}^{\theta} dA = \int_{\theta_0}^{\theta} M d\theta. \tag{5-22}$$

按照功率的定义，单位时间内力矩对刚体做的功叫作力矩的功率. 设刚体在力矩作用下，在 dt 时间内转过了 $d\theta$ 角，力矩的功率为

$$N = \frac{dA}{dt} = M \frac{d\theta}{dt} = M\omega. \tag{5-23}$$

5.4.2 刚体的转动动能

刚体绕定轴转动时，动能为刚体内所有质点动能的总和，叫作转动动能. 转动动能是动能的一种，也用符号 E_k 表示. 我们把质点做平动时具有的动能叫作平动动能. 设刚体中各质量元的质量分别为 $\Delta m_1, \Delta m_2, \cdots, \Delta m_i, \cdots$，其线速率分别为 $v_1, v_2, \cdots, v_i, \cdots$，各质量元到转轴的垂直距离分别为 $r_1, r_2, \cdots, r_i, \cdots$，当刚体以角

速度 ω 转动时，任一点 Δm_i 的动能为

$$\frac{1}{2}\Delta m_i v_i^2 = \frac{1}{2}\Delta m_i r_i^2 \omega^2,$$

所以整个刚体的转动动能为

$$E_k = \sum_i \frac{1}{2}\Delta m_i r_i^2 \omega^2 = \frac{1}{2}\left(\sum_i \Delta m_i r_i^2\right)\omega^2.$$

$J = \sum_i \Delta m_i r_i^2$ 即为刚体的转动惯量，所以上式可写为

$$E_k = \frac{1}{2}J\omega^2. \tag{5-24}$$

5.4.3 刚体绕定轴转动的动能定理

设刚体在外力对轴的合外力矩 M 作用下，在 Δt 时间内，从角度 θ_0 转到角度 θ，其角速度从 ω_0 变为 ω，则外力对轴的合外力矩的功为

$$A = \int_{\theta_0}^{\theta} M \mathrm{d}\theta.$$

外力对轴的合外力矩为 $M = J\beta = J\dfrac{\mathrm{d}\omega}{\mathrm{d}t}$，代入上式中，则功为

$$A = \int_{\theta_0}^{\theta} M \mathrm{d}\theta = \int_{\theta_0}^{\theta} J\frac{\mathrm{d}\omega}{\mathrm{d}t}\mathrm{d}\theta.$$

而 $\omega = \dfrac{\mathrm{d}\theta}{\mathrm{d}t}$，则上式等价于

$$A = \int_{\omega_0}^{\omega} J\omega \mathrm{d}\omega.$$

若转动惯量 J 为常量，则有

$$A = \frac{1}{2}J\omega^2 - \frac{1}{2}J\omega_0^2. \tag{5-25}$$

这就是刚体绕定轴转动的动能定理：外力对轴的合外力矩对绕定轴转动的刚体做功的代数和等于刚体转动动能的增量.

当系统中既有平动的物体又有转动的刚体，且系统中只有保守力做功，其他力与力矩不做功时，物体系的机械能守恒. 这叫作物体系的机械能守恒定律. 此时，物体系的机械能包括质点的平动动能、刚体的转动动能、势能等，具体情况可以具体分析.

【例 5-11】 如图 5-25 所示，质量为 m、半径为 R 的圆盘，以初角速度 ω_0 在摩擦系数为 μ 的水平面上绕质心轴转动，圆盘转动几圈后静止？

解：以圆盘为研究对象，则圆盘在转动过程中只有摩擦力矩做功. 其始末状态动能分别为

$$E_{k0}=\frac{1}{2}J\omega_0^2$$

和

$$E_k=0.$$

根据绕定轴转动刚体的动能定理,摩擦力矩的功等于刚体转动动能的增量.下面我们求摩擦力矩的功.根据题意,先求摩擦力矩的大小.如图5-26所示,将圆盘分割成无限多个圆环.圆盘的面密度为$\sigma=\frac{m}{\pi R^2}$,圆环的质量为$dm=\sigma dS=\sigma 2\pi r dr$,因此,每个圆环产生的摩擦力矩,即阻力矩为

$$dM_{阻}=-\mu dmgr.$$

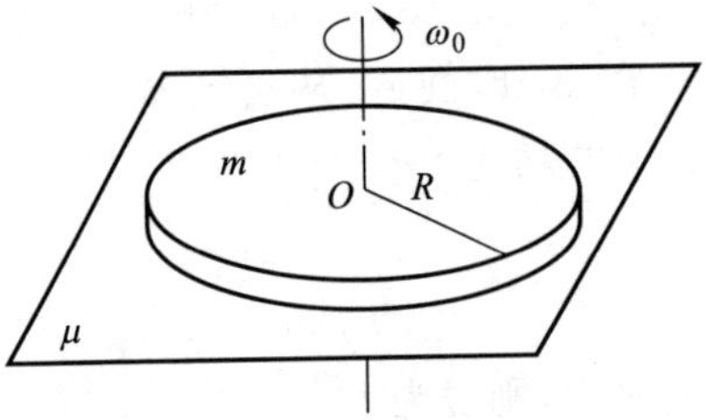

图5-25

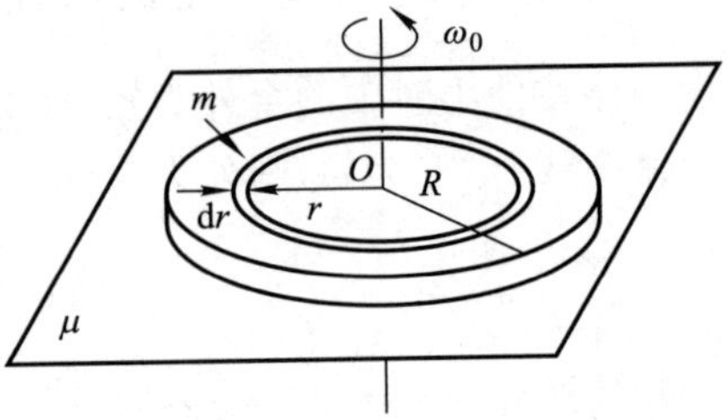

图5-26 将圆盘分割成无限多个圆环

于是,可得整个圆盘产生的阻力矩为

$$M_{阻}=\int dM_{阻}=-\int_0^R \mu dmgr$$
$$=-\int_0^R 2\pi\mu g\sigma r^2 dr=-\frac{2}{3}mg\mu R.$$

阻力矩的功为

$$A_{阻}=\int M_{阻}\,d\theta$$
$$=-\int_0^\theta \frac{2}{3}mg\mu R\,d\theta=-\frac{2}{3}mg\mu R\theta.$$

由动能定理,可得

$$-\frac{2}{3}mg\mu R\theta=0-\frac{1}{2}J\omega_0^2.$$

对绕中心轴转动的圆盘来说,转动惯量$J=\frac{1}{2}mR^2$,代入上式中,可得转过的角度为

$$\theta=\frac{3R\omega_0^2}{8g\mu},$$

则转过的圈数为

$$n=\frac{\theta}{2\pi}=\frac{3R\omega_0^2}{16\pi g\mu}.$$

【例 5-12】 如图 5-27 所示，一质量为 M、半径为 R 的圆盘，可绕垂直通过盘心的无摩擦的水平轴转动. 圆盘上绕有轻绳，一端挂有质量为 m 的物体. 物体在静止下落高度 h 时，其速度的大小为多少？绳的质量忽略不计.

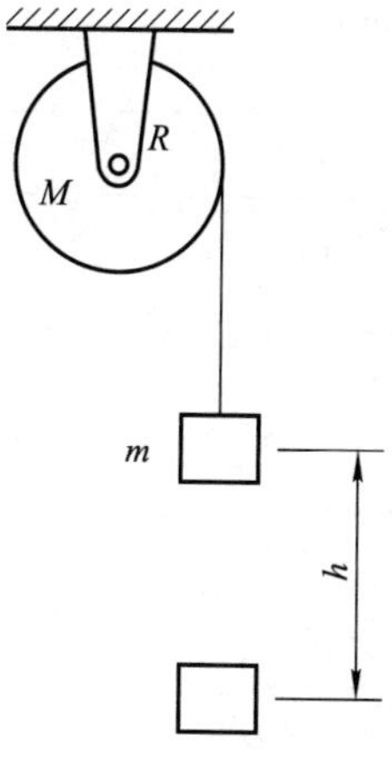

图 5-27

解：如图 5-28 所示，取向下为正方向，做受力分析. 对圆盘转动起作用的力矩为向下的绳的拉力 $\boldsymbol{T}_1$ 产生的力矩. 设 θ，θ_0 和 ω，ω_0 分别为圆盘最终和起始时的角坐标和角速度.

拉力 $\boldsymbol{T}_1$ 对圆盘做功. 由刚体绕定轴转动的动能定理可得，拉力 $\boldsymbol{T}_1$ 的力矩所做的功为

$$\int_{\theta_0}^{\theta}T_1R\,\mathrm{d}\theta=R\int_{\theta_0}^{\theta}T_1\,\mathrm{d}\theta=\frac{1}{2}J\omega^2-\frac{1}{2}J\omega_0^2.$$

而物体受到向下的重力和向上的拉力 $-\boldsymbol{T}_1$，对物体应用质点动能定理，有

$$mgh-R\int_{\theta_0}^{\theta}T_1\,\mathrm{d}\theta=\frac{1}{2}mv^2-\frac{1}{2}mv_0^2.$$

因为物体由静止开始下落，所以 $v_0=0$，$\omega_0=0$. 考虑到圆盘的转动惯量 $J=\frac{1}{2}MR^2$，而 $v=\omega R$，可得

$$v=2\sqrt{\frac{mgh}{M+2m}}=\sqrt{\frac{m}{(M/2)+m}2gh}.$$

本题也可用物体系的机械能守恒来计算. 取圆盘及物体为系统，因为系统内只有保守力做功，所以系统机械能守恒.

根据物体系机械能守恒定律，有

$$mgh=\frac{1}{2}J\omega^2+\frac{1}{2}mv^2.$$

将 $J=\frac{1}{2}MR^2$ 和 $\omega=\frac{v}{R}$ 代入，同样可得

$$v=2\sqrt{\frac{mgh}{M+2m}}=\sqrt{\frac{m}{(M/2)+m}2gh}.$$

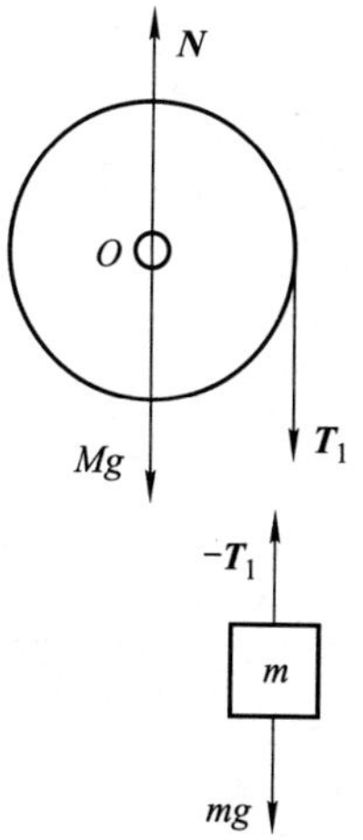

图 5-28

可以看出，应用物体系机械能守恒定律解题会更加简单.

对于刚体绕定轴转动的规律的学习，可以对比前面质点运动的一些规律. 表 5-2 列举了这两方面一些对应的物理量和公式，供读者参考.

表 5-2 质点运动规律和刚体定轴转动规律对比

质点的运动	刚体的定轴转动
速度 $\boldsymbol{v}=\dfrac{\mathrm{d}\boldsymbol{r}}{\mathrm{d}t}$	角速度 $\omega=\dfrac{\mathrm{d}\theta}{\mathrm{d}t}$
加速度 $\boldsymbol{a}=\dfrac{\mathrm{d}\boldsymbol{v}}{\mathrm{d}t}$	角加速度 $\alpha=\dfrac{\mathrm{d}\omega}{\mathrm{d}t}$
质量 m,力 $\boldsymbol{F}$	转动惯量 J,力矩 M
力的功 $W=\int_a^b \boldsymbol{F}\cdot\mathrm{d}\boldsymbol{r}$	力矩的功 $W=\int_{\theta_a}^{\theta_b} M\mathrm{d}\theta$
动能 $E_\mathrm{k}=\dfrac{1}{2}mv^2$	转动动能 $E_\mathrm{k}=\dfrac{1}{2}J\omega^2$
运动定律 $\boldsymbol{F}=m\boldsymbol{a}$	运动定律 $M=J\beta$
动量定理 $\boldsymbol{F}=\dfrac{\mathrm{d}(m\boldsymbol{v})}{\mathrm{d}t}$	角动量定理 $M=\dfrac{\mathrm{d}(J\omega)}{\mathrm{d}t}$
动量守恒 $\sum_i m_i\boldsymbol{v}_i=$ 常量	角动量守恒 $\sum_i J_i\omega_i=$ 常量
动能定理 $W=\dfrac{1}{2}mv^2-\dfrac{1}{2}mv_0^2$	动能定理 $W=\dfrac{1}{2}J\omega^2-\dfrac{1}{2}J\omega_0^2$

*5.5 进动

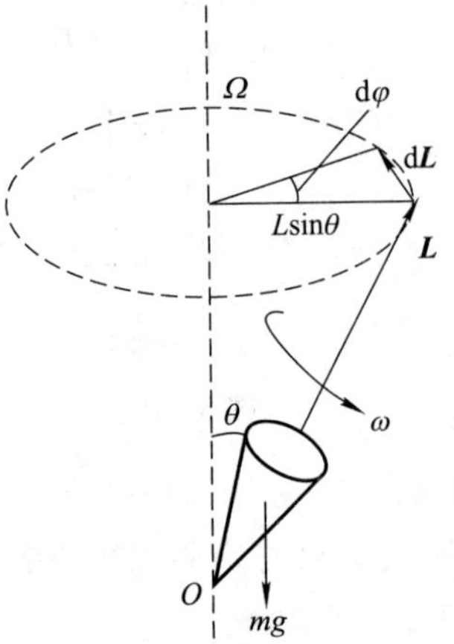

图 5-29 进动

日常生活中,并不是所有的刚体都围绕定轴转动,也有一些绕非定轴转动的现象存在.大家应该都玩过陀螺的游戏,陀螺在急速转动时,除了绕自身对称轴线转动外,对称轴还将绕竖直轴 Oz 转动.这种回转现象称为进动,又称为旋进.

图 5-29 所示为一个较简单的陀螺进动示意图.当陀螺按图示方向转动时,其对 O 点的角动量可以看作对其本身对称轴的角动量.另外可以看出,陀螺所受的外力矩仅有重力的力矩 $\boldsymbol{M}$,其方向垂直于转轴和重力组成的平面.在 $\mathrm{d}t$ 时间内,陀螺的角动量由 $\boldsymbol{L}$ 增加到 $\boldsymbol{L}+\mathrm{d}\boldsymbol{L}$,即增加了 $\mathrm{d}\boldsymbol{L}$.由定义式 $\boldsymbol{M}\mathrm{d}t=\mathrm{d}\boldsymbol{L}$ 可以看出,$\mathrm{d}\boldsymbol{L}$ 的方向与外力矩的方向一致,因外力矩方向垂

直于 $\boldsymbol{L}$ 的方向，故 $\mathrm{d}\boldsymbol{L}$ 和 $\boldsymbol{L}$ 的方向也互相垂直，使 $\boldsymbol{L}$ 大小不变而方向发生了变化. 此时，陀螺按逆时针方向转过了角度 $\mathrm{d}\varphi$，将出现在图中 $\boldsymbol{L}+\mathrm{d}\boldsymbol{L}$ 的位置上. 由图 5－29 可以看出，此时

$$|\mathrm{d}\boldsymbol{L}|=L\sin\theta\mathrm{d}\varphi.$$

由于 $\mathrm{d}L=M\mathrm{d}t$，代入上式中，得

$$M\mathrm{d}t=L\sin\theta\mathrm{d}\varphi=J\omega\sin\theta\mathrm{d}\varphi,$$

其中 ω 为陀螺自转的角速度，J 为陀螺绕自身轴转动时的转动惯量. 进动的角速度用符号"Ω"表示，按照定义，$\Omega=\dfrac{\mathrm{d}\varphi}{\mathrm{d}t}$，得

$$\Omega=\frac{M}{J\omega\sin\theta}. \tag{5-26}$$

进动现象应用非常广泛，子弹、炮弹、导弹在飞行时常遇到阻力，阻力往往可以使子弹等发生翻转. 为了解决这个问题，人们在枪膛或者炮膛中设计了来复线，使子弹或者炮弹在飞行过程中绕自身的轴旋转，遇到阻力偏离轴向后，产生进动，总的运动仍保持原方向前进.

进动现象在微观世界中也能看到. 例如，自旋电子在外磁场中一方面自转，另一方面还以外磁场的方向为轴做进动. 我们在电磁学中还将学到这方面的内容.

习题

一、选择题

1. 两个均质圆盘 A 和 B 的半径分别为 R_A 和 R_B，$R_A>R_B$，但两圆盘的质量相同，如两盘对通过盘心垂直于盘面轴的转动惯量各为 J_A 和 J_B，则有（　　）.

(A) $J_A>J_B$　　(B) $J_B>J_A$　　(C) $J_A=J_B$　　(D) J_A，J_B 哪个大不能确定

2. 一长为 l，质量为 m 的直杆，可绕通过其一端的水平光滑轴在竖直平面内做定轴转动，在杆的另一端固定着一质量为 m 的小球. 将杆由水平位置无初转速地释放，则杆刚被释放时的角加速度 β_0 为（　　）.

(A) $\dfrac{9g}{8l}$　　(B) $\dfrac{g}{l}$　　(C) $\dfrac{3g}{2l}$　　(D) $\dfrac{18g}{13l}$

3. 如图 5－30 所示，竖立的圆筒形转笼半径为 R，绕中心轴 OO' 转动，物块 A 紧靠在圆筒的内壁上，物块与圆筒间的摩擦系数为 μ，要使物块 A 不下落，圆筒转动的角速度 ω 至少应为（　　）.

(A) $\sqrt{\dfrac{\mu g}{R}}$　　(B) $\sqrt{\mu g}$

(C) $\sqrt{\dfrac{g}{\mu R}}$　　(D) $\sqrt{\dfrac{g}{R}}$

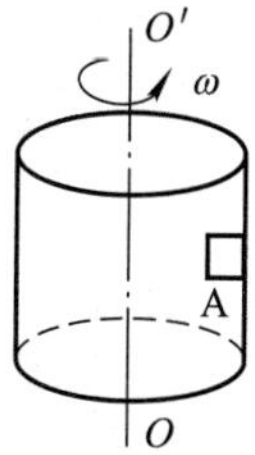

图 5－30

4. 一飞轮以角速度ω_0绕光滑固定轴旋转，飞轮对轴的转动惯量为J_1，另一静止飞轮突然和上述转动的飞轮啮合，绕同一转轴转动，该飞轮对轴的转动惯量为$2J_1$. 啮合后整个系统的动能为（　　）.

(A) $\frac{1}{3}J_1\omega_0^2$　　(B) $\frac{1}{6}J_1\omega_0^2$　　(C) $\frac{1}{2}J_1\omega_0^2$　　(D) $\frac{3}{2}J_1\omega_0^2$

5. 人造地球卫星做椭圆轨道运动，卫星轨道近地点和远地点分别为a和b，用L和E_k分别表示卫星对地心的角动量及其动能的瞬时值，则应有（　　）.

(A) $L_a>L_b$，$E_{ka}>E_{kb}$　　(B) $L_a=L_b$，$E_{ka}<E_{kb}$

(C) $L_a=L_b$，$E_{ka}>E_{kb}$　　(D) $L_a<L_b$，$E_{ka}<E_{kb}$

6. 一质点做匀速圆周运动时，（　　）.

(A) 动量不变，对圆心的角动量也不变

(B) 动量不变，对圆心的角动量不断改变

(C) 动量不断改变，对圆心的角动量不变

(D) 动量不断改变，对圆心的角动量也不断改变

7. 人造地球卫星绕地球做椭圆轨道运动，地球在椭圆的一个焦点上，则卫星的（　　）.

(A) 动量不守恒，动能守恒　　(B) 动量守恒，动能不守恒

(C) 对地心的角动量守恒，动能不守恒　(D) 对地心的角动量不守恒，动能守恒

8. 花样滑冰运动员绕通过自身的竖直轴转动，开始时两臂伸开，转动惯量为J_0，角速度为ω_0. 然后她将两臂收回，使转动惯量减少为$\frac{1}{3}J_0$，这时她转动的角速度变为（　　）.

(A) $\frac{1}{3}\omega_0$　　(B) $\frac{1}{\sqrt{3}}\omega_0$　　(C) $\sqrt{3}\omega_0$　　(D) $3\omega_0$

9. 光滑的水平桌面上，有一长为$2L$、质量为m的均质细杆，可绕过其中点且垂直于杆的竖直光滑固定轴O自由转动，其转动惯量为$\frac{1}{3}mL^2$. 起初杆静止. 桌面上有两个质量均为m的小球，各自在垂直于杆的方向上，正对着杆的一端，以相同速率v相向运动，如图5-31所示. 当两小球同时与杆的两个端点发生完全非弹性碰撞后，就与杆粘在一起转动，则这一系统碰撞后的转动角速度应为（　　）.

(A) $\frac{2v}{3L}$　　(B) $\frac{4v}{5L}$　　(C) $\frac{6v}{7L}$　　(D) $\frac{8v}{9L}$

10. 如图5-32所示，一均质细杆可绕通过上端与杆垂直的水平光滑固定轴O旋转，初始状态为静止悬挂. 现有一个小球自左方水平打击细杆. 设小球与细杆之间为非弹性碰撞，则在碰撞过程中对细杆与小球这一系统（　　）.

(A) 只有机械能守恒　　(B) 只有动量守恒

(C) 只有对转轴O的角动量守恒　　(D) 机械能、动量和角动量均守恒

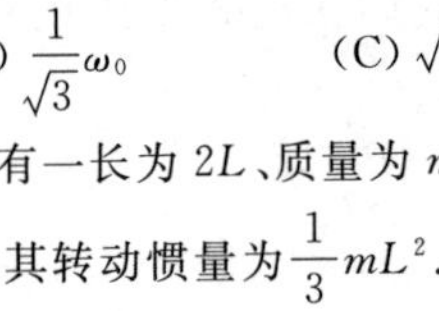

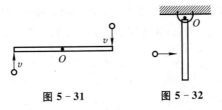

图5-31

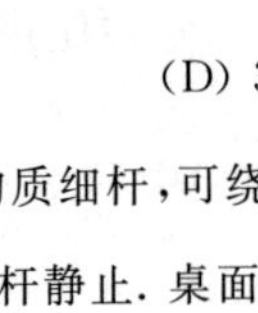

图5-32

11. 刚体角动量守恒的充要条件是(　　).

(A) 刚体不受外力矩的作用

(B) 刚体所受合外力矩为零

(C) 刚体所受的合外力和合外力矩均为零

(D) 刚体的转动惯量和角速度均保持不变

12. 一块方板可以绕通过其一个水平边的光滑固定轴自由转动,最初板自由下垂. 今有一小团黏土,垂直板面撞击方板,并粘在板上. 对黏土和方板系统,如果忽略空气阻力,在碰撞中守恒的量是(　　).

(A) 动能　　(B) 绕木板转轴的角动量

(C) 机械能　　(D) 动量

13. 如图 5-33 所示,A,B 为两个相同的绕着轻绳的定滑轮. A 滑轮挂一质量为 M 的物体,B 滑轮受拉力 F,而且 $F=Mg$. 设 A,B 两滑轮的角加速度分别为 β_A 和 β_B,不计滑轮轴的摩擦,则有(　　).

(A) $\beta_A=\beta_B$　　(B) $\beta_A>\beta_B$

(C) $\beta_A<\beta_B$　　(D) 开始时 $\beta_A=\beta_B$,以后 $\beta_A<\beta_B$

14. 几个力同时作用在一个具有光滑固定转轴的刚体上,如果这几个力的矢量和为零,则此刚体(　　).

(A) 必然不会转动　　(B) 转速必然不变

(C) 转速必然改变　　(D) 转速可能不变,也可能改变

15. 一圆盘绕过盘心且与盘面垂直的光滑固定轴 O 以角速度 ω 按图 5-34 所示方向转动. 若如图所示的情况那样,将两个大小相等方向相反但不在同一条直线的力沿盘面同时作用到圆盘上,则圆盘的角速度 ω(　　).

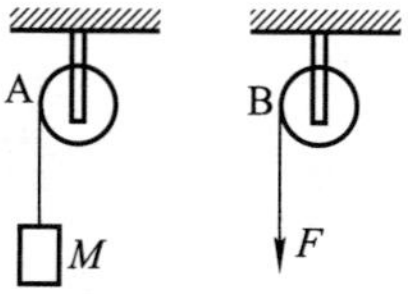

图 5-33

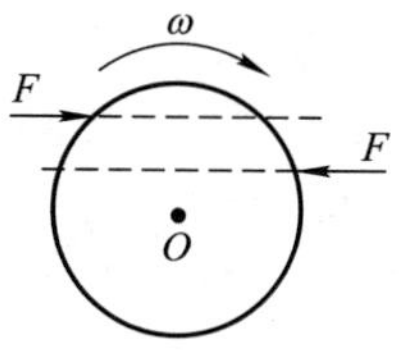

图 5-34

(A) 必然增大　　(B) 必然减少

(C) 不会改变　　(D) 如何变化不能确定

16. 均匀细棒可绕通过其一端 O 而与棒垂直的水平固定光滑轴转动,如图 5-35 所示. 今使棒从水平位置由静止开始自由下落,在棒摆动到竖直位置的过程中,下述说法哪一种是正确的?(　　).

(A) 角速度从小到大,角加速度从大到小

(B) 角速度从小到大,角加速度从小到大

(C) 角速度从大到小,角加速度从大到小

(D) 角速度从大到小,角加速度从小到大

17. 如图 5-36 所示,一轻绳跨过一具有水平光滑轴、质量为 M 的定滑轮,绳的两端分别悬有质量为 m_1 和 m_2 的物体($m_1 < m_2$). 绳与轮之间无相对滑动. 若某时刻滑轮沿逆时针方向转动,则绳中的张力(　　).

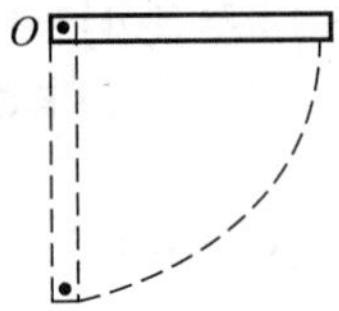

图 5-35

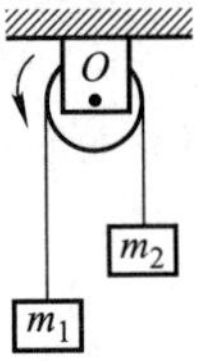

图 5-36

(A) 处处相等　　(B) 左边大于右边

(C) 右边大于左边　　(D) 哪边大无法判断

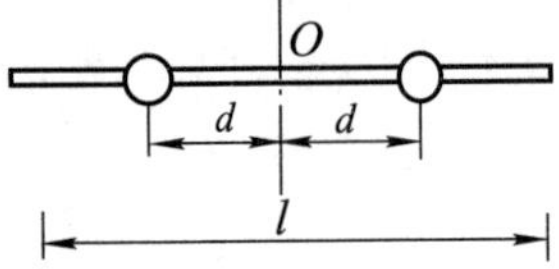

图 5-37

18. 如图 5-37 所示,一水平刚性轻杆,质量不计,杆长 $l=20$ cm,其上穿有两个小球. 初始时,两小球相对杆中心 O 对称放置,与 O 的距离 $d=5$ cm,二者之间用细线拉紧. 现在让细杆绕通过中心 O 的竖直固定轴做匀速转动,转速为 ω_0,再烧断细线让两球向杆的两端滑动. 不考虑转轴的摩擦力和空气的阻力,当两球都滑至杆端时,杆的角速度为(　　).

(A) $2\omega_0$　　(B) ω_0　　(C) $\frac{1}{2}\omega_0$　　(D) $\frac{1}{4}\omega_0$

19. 一个物体正在绕固定光滑轴自由转动,则(　　).

(A) 它受热膨胀或遇冷收缩时,角速度不变

(B) 它受热时角速度变大,遇冷时角速度变小

(C) 它受热或遇冷时,角速度均变大

(D) 它受热时角速度变小,遇冷时角速度变大

20. 有一半径为 R 的水平圆转台,可绕通过其中心的竖直固定光滑轴转动,转动惯量为 J. 开始时转台以匀角速度 ω_0 转动,此时有一质量为 m 的人站在转台边缘,随后人沿半径向转台中心跑去. 当人到达转台中心时,转台的角速度为(　　).

(A) $\frac{J}{J+mR^2}\omega_0$　　(B) $\frac{J+mR^2}{J}\omega_0$　　(C) $\frac{J}{mR^2}\omega_0$　　(D) ω_0

二、填空题

1. 如图 5-38 所示,一质量为 m 的质点自由下落的过程中某时刻具有速度 v,此时它相对于 a,b,c 三个参考点的距离分别为 d_1,d_2,d_3,则质点对这三个参考点的角动量的大小 $L_a=$________,$L_b=$________,$L_c=$________,作用在质点上的重力对这三个点的力矩大小 $M_a=$________,$M_b=$________,$M_c=$________.

2. 已知地球的质量为 $m=5.97\times10^{24}$ kg,它离太阳的平均距离为 $r=1.496\times10^{11}$ m,地球绕

太阳的公转周期为 $T=3.156\times10^7$ s. 假设公转轨道是圆形,则地球绕太阳运动的角动量大小为________.

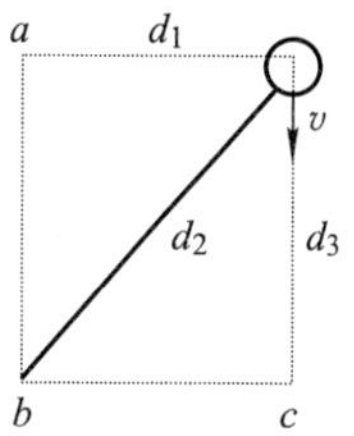

图 5-38

3. 哈雷彗星绕太阳的运动轨道为一椭圆,太阳位于椭圆轨道的一个焦点上,它离太阳最近的距离是 $r_1=8.75\times10^{10}$ m,此时的速率是 $v_1=5.46\times10^4\,\mathrm{m\cdot s^{-1}}$,在离太阳最远的位置上的速率是 $v_2=9.08\times10^2\ \mathrm{m\cdot s^{-1}}$,此时它离太阳的距离是________.

4. 质量为 m、半径为 R 的均质圆盘,平放在水平桌面上,它与桌面的滑动摩擦系数为 μ,圆盘绕中心转动所受摩擦力矩为________.

5. 一旋转齿轮的角加速度 $\beta=4at^3-3bt^2$,式中 a,b 均为恒量,若齿轮初角速度为 ω,则任意时刻 t 的角速度为________,转过的角度为________.

6. 一长为 L、质量为 m 的均质细杆,两端附着质量分别为 m_1 和 m_2 的小球,且 $m_1>m_2$,两小球直径 d_1,d_2 都远小于 L,此杆可绕通过中心并垂直于细杆的轴在竖直平面内转动,则它对该轴的转动惯量为________. 若将它由水平位置自静止释放,则它在开始时刻的角加速度为________.

7. 人造卫星绕地球做椭圆轨道运动(地球在椭圆的一个焦点上),若不计其他星球对卫星的作用,则人造卫星的动量 $\boldsymbol{p}$ 及其对地球的角动量 $\boldsymbol{L}$ 是否守恒? 结论是________.

8. 质量为 m、半径为 R 的均质圆盘,绕通过其中心且与盘垂直的固定轴以角速度 ω 匀速转动,则对其转轴来说,它的动量为________,角动量为________.

9. 一质量为 m、半径为 R 的均质圆盘 A,水平放在光滑桌面上,以角速度 ω 绕通过中心 O 的竖直轴转动. 在 A 盘的正上方 h 高处,有一与 A 盘完全相同的圆盘 B 从静止自由下落,与 A 盘发生完全非弹性碰撞并啮合后一起转动,则啮合后总角动量大小为________,在碰撞啮合过程中,机械能的损失是________.

10. 将一质量为 m 的小球,系于轻绳的一端,绳的另一端穿过光滑水平桌面上的小孔用手拉住. 先使小球以角速度 ω_1 在桌面上做半径为 r_1 的圆周运动,然后缓慢将绳下拉,使半径缩小为 r_2,在此过程中小球的动能增量是________.

11. 一长为 l 的均匀细直棒,可绕通过其一端的光滑固定轴在竖直平面内转动. 使棒从水平位置自由下摆,当棒和水平面成 30°角时,棒转动的角速度 $\omega=$________.

12. 一长为 l、质量可以忽略的直杆,可绕通过其一端的水平光滑轴在竖直平面内做定轴转动,在杆的另一端固定着一质量为 m 的小球. 现将杆由水平位置无初转速地释放,则杆与水平方向夹角为 60°时的角加速度 $\beta=$________.

13. 一长为 l、质量可以忽略的直杆,两端分别固定有质量为 $2m$ 和 m 的小球,杆可绕通过其中心 O 且与杆垂直的水平光滑固定轴在铅直平面内转动. 开始杆与水平方向成某一角度 θ,处于静止状态. 释放后,杆绕 O 轴转动. 则当杆转到水平位置时,该系统所受到的合外力矩的大小 $M=$________.

14. 地球的质量为 m,太阳的质量为 M,地心与日心的距离为 R,引力常量为 G,则地球绕太阳做圆周运动的轨道角动量 $L=$________.

15. 一质量为 m 的质点沿着一条曲线运动,其位矢在空间直角坐标系中的表达式为 $\boldsymbol{r}=a\cos\omega t\boldsymbol{i}+b\sin\omega t\boldsymbol{j}$,其中 a,b,ω 皆为常量,则此质点对原点的角动量 $L=$________.

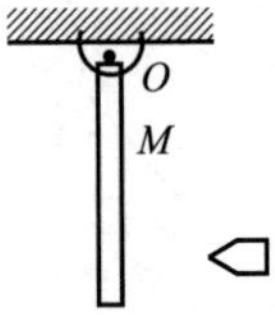

图 5-39

16. 长为 l 的杆如图 5-39 悬挂. O 为水平光滑固定转轴,平衡时杆竖直下垂,一子弹水平地射入杆中. 则在此过程中,由________组成的系统对转轴 O 的角动量守恒.

17. 一水平的均质圆盘,可绕通过盘心的竖直光滑固定轴自由转动. 圆盘质量为 M,半径为 R,对轴的转动惯量 $J=\frac{1}{2}MR^2$. 当圆盘以角速度 ω_0 转动时,有一质量为 m 的子弹沿盘的直径方向射入并嵌在盘的边缘上. 子弹射入后,圆盘的角速度 $\omega=$________.

18. 一质量均匀分布的圆盘,质量为 m,半径为 R,放在一粗糙水平面上,圆盘可绕通过其中心 O 的竖直固定光滑轴转动,圆盘和粗糙水平面之间摩擦力矩的大小为 M_f. 开始时,圆盘的角速度为 ω_0,经过时间 $\Delta t=$________后,圆盘停止转动.(圆盘绕通过 O 的竖直轴的转动惯量为 $\frac{1}{2}mR^2$)

19. 长为 l、质量为 M 的均质杆可绕通过杆一端 O 的水平光滑固定轴转动,转动惯量为 $\frac{1}{3}Ml^2$,开始时杆竖直下垂,如图 5-40 所示. 有一质量为 m 的子弹以水平速度 $\boldsymbol{v}_0$ 射入杆上 a 点,并嵌在杆中,$Oa=2l/3$,则子弹射入后瞬间杆的角速度 $\omega=$________.

20. 如图 5-41 所示,在一水平放置的质量为 m、长度为 l 的均匀细杆上,套着一质量也为 m 的套管(可看作质点),套管用细线拉住,它到竖直的光滑固定轴 OO' 的距离为 $\frac{1}{2}l$,杆和套管所组成的系统以角速度 ω_0 绕 OO' 轴转动. 若在转动过程中细线被拉断,套管将沿着杆滑动. 在套管滑动过程中,该系统转动的角速度 ω 与套管离轴的距离 x 的函数关系为________.(已知杆本身对 OO' 轴的转动惯量为 $\frac{1}{3}ml^2$)

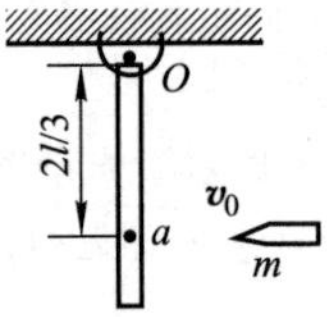

图 5-40

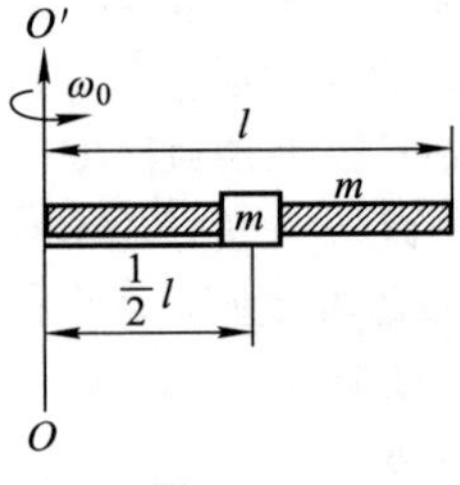

图 5-41

三、计算题

1. 一电动机的电枢半径为 0.1 m,每分钟转 1800 圈,当切断电源后电枢均匀减速,经 20 s 停止转动,求:

(1) 在此时间内电枢转了多少圈;

(2) 切断电源后经过 10 s 时电枢的角速度以及电枢边缘上一点的线速度、切向加速度和法向加速度.

2. 如图 5－42 所示，固定在一起的两个同轴均匀圆柱体可绕其光滑的水平对称轴 O 转动，设大小圆柱的半径分别为 R_2 和 R_1，质量分别为 M_2 和 M_1，绕在两柱体上的细绳分别与物体 A 和物体 B 相连，A 和 B 则挂在圆柱体的两侧. 设 $R_2=0.20\ \text{m}$，$R_1=0.10\ \text{m}$，$M_1=4\ \text{kg}$，$M_2=10\ \text{kg}$，A 和 B 的质量都为 $m=2\ \text{kg}$，求柱体转动时的角加速度及两侧绳中的张力.

3. 如图 5－43 所示，一个质量为 m 的物体与绕在定滑轮上的绳子相连，绳子质量可以忽略，它与定滑轮之间无滑动. 假设定滑轮质量为 M、半径为 R，其转动惯量为 $\frac{1}{2}MR^2$，滑轮轴光滑，试求该物体由静止开始下落的过程中，下落速度与时间的关系.

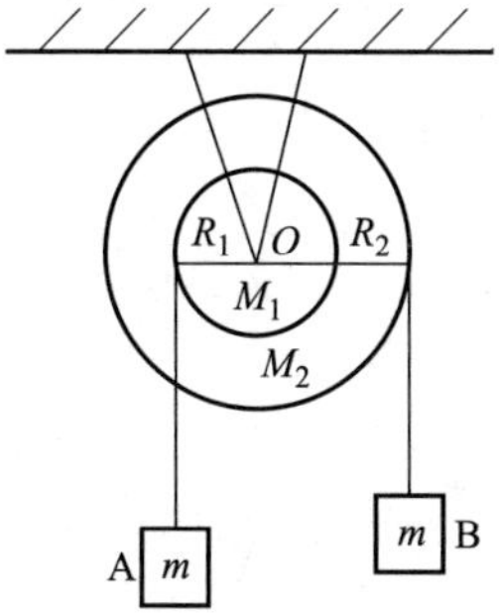

图 5－42

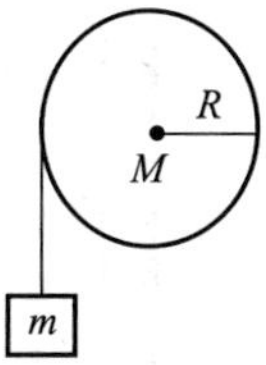

图 5－43

4. 如图 5－44 所示，一长为 $l=1\ \text{m}$ 的均匀直棒可绕过其一端且与棒垂直的水平光滑固定轴转动. 抬起另一端使棒向上与水平面成 60°角，然后无初转速地将棒释放. 已知棒对轴的转动惯量为 $\frac{1}{3}ml^2$，其中 m 和 l 分别为棒的质量和长度，求：

(1) 放手时棒的角加速度；

(2) 棒转到水平位置时的角加速度.

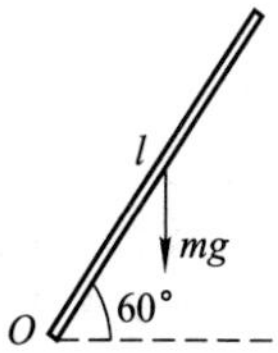

图 5－44

5. 有一半径为 R 的圆形平板平放在水平桌面上，平板与水平桌面的摩擦系数为 μ. 若平板绕通过其中心且垂直板面的固定轴以角速度 ω_0 开始旋转，它将在旋转几圈后停止？(已知圆形平板的转动惯量 $J=\frac{1}{2}mR^2$，其中 m 为圆形平板的质量)

6. 一均匀木杆，质量为 $m_1=1\ \text{kg}$，长为 $l=0.4\ \text{m}$，可绕通过它的距中点 $\frac{l}{4}$ 处且与杆身垂直的光滑水平固定轴，在竖直平面内转动. 设杆静止于竖直位置时，一质量为 $m_2=10\ \text{g}$ 的子弹在距杆中点 $l/4$ 处穿透木杆(穿透所用时间不计)，子弹初速度的大小 $v_0=200\ \text{m/s}$，方向与杆和轴均垂直. 穿出后子弹速度大小减为 $v=50\ \text{m/s}$，但方向未变，求：

(1) 子弹刚穿出的瞬时，杆的角速度的大小；

(2) 木杆能偏转的最大角度.

(木杆绕通过中点的垂直轴的转动惯量 $J=m_1l^2/12$)

7. 如图 5－45 所示，质量为 M，长为 l 的均匀直杆可绕 O 轴在竖直平面内无摩擦地转动. 开始时杆处于自由下垂位置，一质量为 m 的弹性小球水平飞来与杆下端发生完全弹性碰撞. 若 $M>3m$，且碰撞后，杆上摆的最大角度为 θ，求：

(1) 小球的初速度大小 v_0；

(2) 碰撞过程中杆给小球的冲量.

8. 如图 5-46 所示，水平面上固定着一个倾斜角为 30°的斜面，斜面上固定一个质量为 m、半径为 $R=0.1$ m 的定滑轮，滑轮可视为均质圆盘. 有一轻绳跨过定滑轮，两端分别系有质量都为 m 的物体 A 和 B，物体 A 与斜面间的滑动摩擦系数为 $\mu=0.25$. 若轻绳与滑轮间无相对滑动，且摩擦可以忽略不计，试求：

(1) 物体 A，B 的运动方向及加速度；

(2) 滑轮的角加速度；

(3) 若斜面是光滑的，(1)、(2)结果如何.

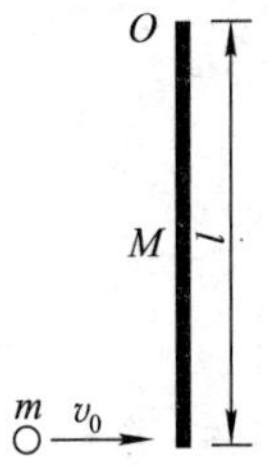

图 5-45

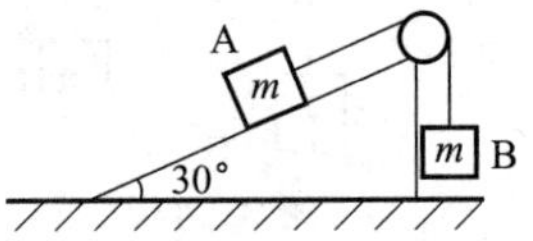

图 5-46

9. 如图 5-47 所示. 一个飞轮的质量为 $m=60$ kg，半径为 $R=0.2$ m，正在以 $\omega_0=1000\ \mathrm{r\cdot min^{-1}}$ 的转速转动. 现用制动力 F 产生的力矩使它在 5 s 时间内均匀减速至停止. 设闸瓦与飞轮间的滑动摩擦系数为 $\mu=0.8$，飞轮视为均质圆环，试求：

(1) 飞轮的角加速度；

(2) 飞轮受的摩擦力矩大小；

(3) 闸瓦施加的正压力 N 大小；

(4) 制动力 F 大小.

10. 如图 5-48 所示，一劲度系数为 $k=20\ \mathrm{N\cdot m^{-1}}$ 的轻弹簧一端固定，另一端通过一轻绳

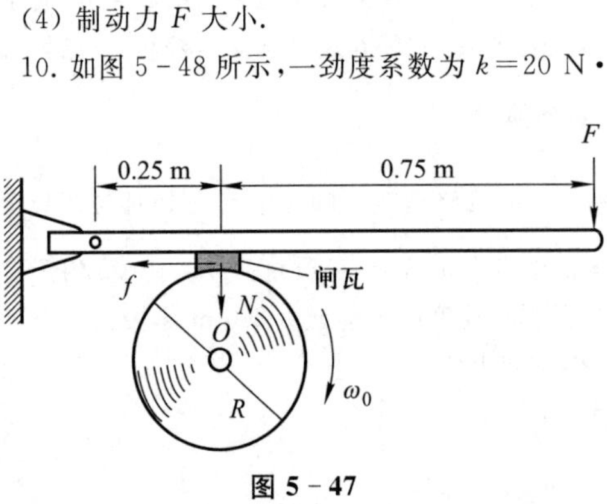

图 5-47

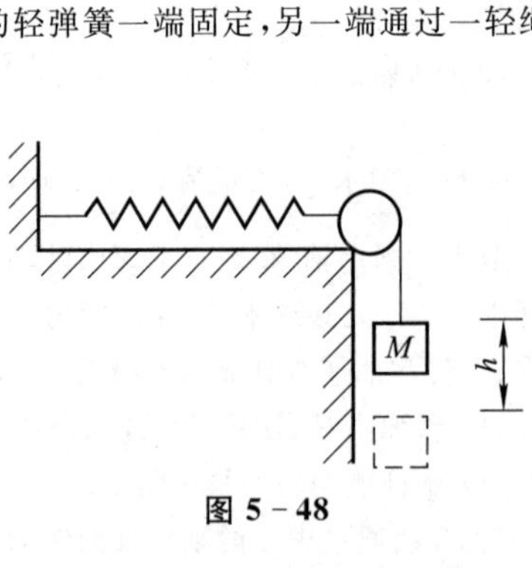

图 5-48

绕过定滑轮与质量为 $M=1$ kg 的物体相连. 滑轮质量为 $m=1$ kg，半径为 $R=0.1$ m，可视为均质圆盘. 初始用手托住物体，使弹簧处于原长. 滑轮与轴承间无摩擦且轻绳与定滑轮无相对滑动，试求物体由静止释放后下落 $h=0.5$ m 时的速率.

11. 如图 5-49 所示，一均质细棒质量为 M，长度为 l，可绕过端点 O 的轴在竖直平面内自由摆动，初始用手托住棒使其静止于水平方向. 现放手使棒自由下摆，棒摆至竖直位置时与静止于水平面的质量为 m 的物体发生碰撞，设碰撞后棒静止，试求：

(1) 物体 m 获得的速率 v_0；

(2) 若物体与平面间的摩擦系数为 μ，物体运动多远后会停下来.

12. 如图 5-50 所示，一均质细棒质量为 $M=1$ kg，长度为 $l=0.4$ m，可绕过端点 O 的轴在竖直平面内自由摆动，初始棒静止于竖直方向. 现有一质量为 $m=8$ g 的子弹以速率 $v=200\ \mathrm{m\cdot s^{-1}}$ 沿水平方向从距棒下端 0.1 m 处射入棒，并与棒一起摆动，试求：

(1) 棒获得的角速度大小；

(2) 棒的最大偏转角.

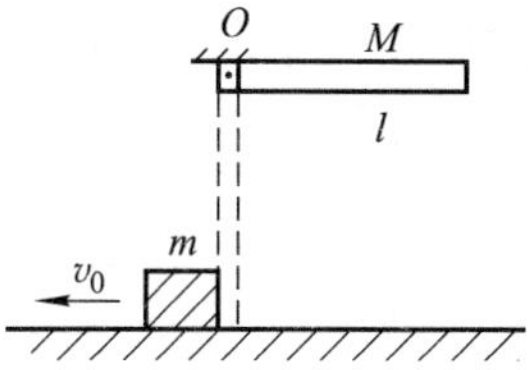

图 5-49

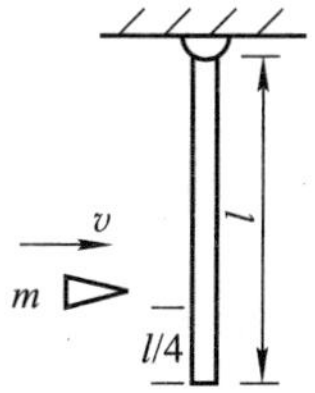

图 5-50

13. 如图 5-51 所示，用一个细线系一质量为 m 的小球，并使小球在光滑的水平面上做角速度为 ω_0、半径为 R 的匀速圆周运动. 现加大细线的拉力，使小球的运动半径变为原来的一半，试求：

(1) 小球新的角速度；

(2) 这一过程中，细线拉力做的功.

14. 如图 5-52 所示，长为 l 的轻杆，两端各固定质量分别为 m 和 $2m$ 的小球，杆可绕水平光

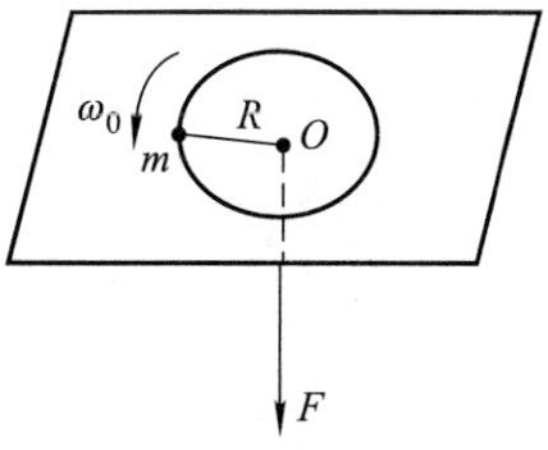

图 5-51

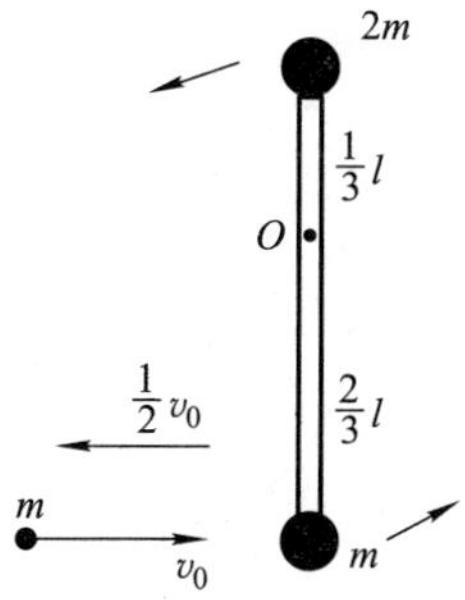

图 5-52

滑固定轴 O 在竖直面内转动，转轴 O 距两端分别为 $\frac{1}{3}l$ 和 $\frac{2}{3}l$. 轻杆原来静止在竖直位置，今有一质量为 m 的小球，以水平速度 v_0 与杆下端小球 m 做对心碰撞，碰后以 $\frac{1}{2}v_0$ 的速度弹回，试求碰撞后轻杆所获得的角速度.

15. 如图 5－53 所示，一轻绳绕过一半径为 R，质量为 $\frac{1}{4}m$ 的滑轮，均匀分布在其边缘上. 质量为 m 的人抓住了绳的一端，在绳的另一端系一个质量为 $\frac{1}{2}m$ 的重物. 当人相对于绳匀速上爬，绳与滑轮无相对滑动时，重物上升的加速度是多少？

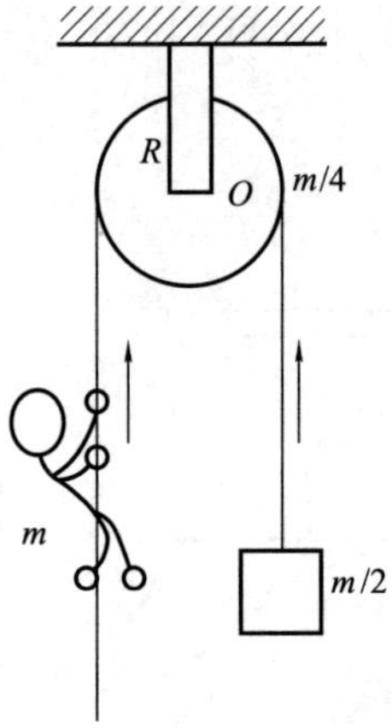

图 5－53

第 6 章

狭义相对论

学习目标

• 了解力学相对性原理、经典力学时空观及其遇到的困难.

• 理解狭义相对论的两条基本原理,掌握洛伦兹变换式.

• 理解同时的相对性,以及长度收缩和时间延缓的概念,掌握狭义相对论的时空观.

• 掌握狭义相对论中质量、动量与速度的关系,以及质量与能量的关系.

6.1 力学相对性原理 经典力学时空观

经典力学理论研究开始于 17 世纪,至 19 世纪末已经建立起完备的体系,在日常生活和生产实践中有着极其广泛的指导意义. 19 世纪末 20 世纪初,随着生产技术水平的提高,人们开始涉及高速领域问题. 这时人们发现,经典力学理论在高速领域中存在与实验事实不符的现象. 爱因斯坦(Einstein)对这一矛盾进行深入研究,于 1905 年发表了划时代的论文《论动体的电动力学》,创立了狭义相对论,开辟了物理学的新纪元.

为方便进行狭义相对论与经典力学理论的比较,本节我们介绍经典力学的相对性原理及经典力学的时空观,并在此基础上讨论经典力学在高速领域遇到的困难.

6.1.1 力学相对性原理

通过前面的学习我们知道,牛顿运动规律适用的参考系称为惯性系. 也就是说,在不同的惯性系中我们应用牛顿定律研究同一个运动时,应得出相同的结论,对于力学现象的描述,一切惯性系都是等价的. 对于一切惯性系而言,力学现象都服从同样的规律,这称为力学的相对性原理.

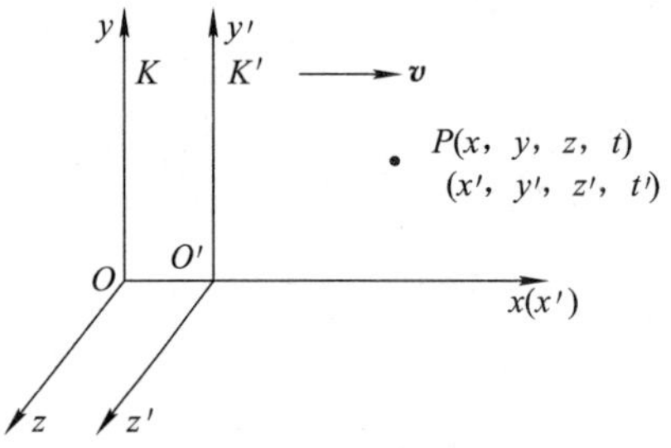

图 6-1 伽利略变换

力学的相对性原理最早是伽利略通过大量的实验事实总结出来的,因而又称为伽利略相对性原理. 为定量研究不同惯性系中观察同一运动所得结果之间的关系,伽利略给出了一套变换公式,称为伽利略变换. 伽利略变换分为坐标变换和速度变换. 我们以图 6-1 所示情况为例推导伽利略变换. 设惯性系 K'(如匀速直线运动的车厢)以速度 $\boldsymbol{v}$ 相对于惯性系 K(如地面)做匀速直线运动. 在两参考系中分别建立直角坐标系 $O'x'y'z'$ 和 $Oxyz$,初始时两坐标系完全重合,且 K' 的运动方向沿 Ox 轴正向. 在两坐标系中分别安放时钟计时,初始进行校对,使 $t'=t=0$. 任意时刻,对于空间一点 P,两参考系中的时空坐标(x,y,z,t)和(x',y',z',t')之间的关系为

$$\begin{cases} x'=x-vt, \\ y'=y, \\ z'=z, \\ t'=t, \end{cases} \quad 或 \quad \begin{cases} x=x'+vt', \\ y=y', \\ z=z', \\ t=t'. \end{cases} \tag{6-1}$$

式(6-1)称为伽利略坐标变换,其中第一组关系称为正变换,第二组关系称为逆变换.

根据式(6-1),将坐标对时间求一阶导数,可得伽利略速度变换为

$$\begin{cases} u'_x=u_x-v, \\ u'_y=u_y, \\ u'_z=u_z, \end{cases} \quad 或 \quad \begin{cases} u_x=u'_x+v, \\ u_y=u'_y, \\ u_z=u'_z, \end{cases} \tag{6-2}$$

其中第一组关系称为正变换,第二组关系称为逆变换,u_x,u_y,u_z 分别表示点 P 在参考系 K 中沿三个坐标轴方向的速度分量,u'_x,u'_y,u'_z 分别表示点 P 在参考系 K' 中沿三个坐标轴方向的速度分量.

6.1.2 经典力学时空观

根据伽利略坐标变换,我们可以总结出经典力学中对于时间和空间的认识观点,即经典力学的时空观如下:

(1) 时间和空间是彼此独立的. 由伽利略坐标变换可以看出,进行位置变换时可以不考虑时间因素,进行时间变换时与点的位置也不相关,因此,我们说二者彼此独立,互不联系.

(2) 时间间隔的绝对性. 根据坐标变换中的时间关系可知,一个事件在运动的参考

系 K'中经历的时间 τ 与该事件在静止的参考系 K 中经历的时间 τ_0 之间的关系为

$$\tau = t'_2 - t'_1 = t_2 - t_1 = \tau_0,$$

二者相等. 这说明,时间间隔的测量与参考系的选择无关,与观察者是否运动无关,这称为经典力学的绝对时间观.

(3) 空间间隔的绝对性. 根据坐标变换中的空间关系,可知一个物体在运动的参考系 K'中测量的长度 L 与该物体在静止的参考系 K 中测量的长度 L_0 之间的关系为

$$L_0 = x_2 - x_1 = (x'_2 + vt'_2) - (x'_1 + vt'_1).$$

在相对于物体运动的参考系 K'中测量物体的长度时,应保证同时测量物体两端的坐标,即有 $t'_2 = t'_1$,代入上式有

$$L_0 = x'_2 - x'_1 = L,$$

二者相等. 这说明,空间间隔的测量与参考系的选择无关,与观察者是否运动无关,这称为经典力学的绝对空间观.

【例 6-1】 有两艘宇宙飞船以相对于地面 $0.8c$ 的速度向相反的方向飞行,如图 6-2 所示. 试用经典理论求飞船 A 相对于飞船 B 的速度.

解:选择地面为静止参考系 K,飞船 B 为运动参考系 K',沿飞船 A 飞行方向建立坐标轴,K'系相对于 K 的运动速度为 $v = -0.8c$. 飞船 A 相对于地面的速度为$u = 0.8c$. 根据伽利略速度变换,飞船 A 相对于飞船 B 的速度为

$$u' = u - v = 0.8c - (-0.8c) = 1.6c.$$

由此例可以看出,物体运动速度的大小与参考系的选择有关,而且,物体的运动速度可以超过光速.(这个结果是错误的!)

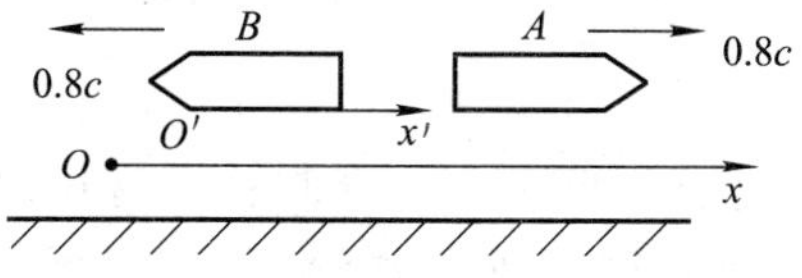

图 6-2

6.1.3 经典力学在高速领域遇到的困难

19 世纪 60 年代,英国物理学家麦克斯韦(Maxwell)在总结前人和自己的研究成果基础上,给出了一组方程——麦克斯韦方程组,统一了电磁学理论,并预言光是一种电磁波,光在真空中的传播速度为

$$c = \sqrt{\frac{1}{\varepsilon_0 \mu_0}} \approx 3 \times 10^8 \ \mathrm{m \cdot s^{-1}}.$$

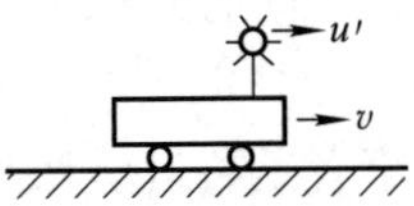

图6-3 光的传播速度

根据经典力学知识我们知道，物体运动速度具有相对性，同一个运动在不同的参考系中有不同的速度. 如图6-3所示，在一沿水平方向以速度 v 向右运动的火车上放置一个光源，现打开光源使光向右传播. 选火车为运动的惯性系，光相对于火车的速度记为 u'. 如果观察者在地面测量此光的传播速度，根据伽利略速度变换式(6-2)可知，光相对于地面的速度为

$$u=u'+v,$$

即不同的参考系中光速不同. 那么，麦克斯韦所给的光的速度 $c\approx3\times10^8\ \mathrm{m\cdot s^{-1}}$ 是相对于哪个参考系的呢?

许多物理学家对这一问题展开了深入的思考和研究，其中比较有名的为迈克耳孙-莫雷(Michelson-Morley)实验. 迈克耳孙和莫雷是两位美国物理学家，他们用长达七年的时间致力于光速的测量，最终得出了一个让许多物理学家震惊，无法用经典力学理论加以解释的结论——无论在怎样的惯性系中，无论在哪个方向上测量，光在真空中的速度都为常量 c，光速与惯性系的选择无关.

如果实验结论正确，光在任意的惯性系中速度都为 c，那么根据伽利略变换，前面所举的例6-1中会有 $c=c+v$. 显然，这是无法理解的，这引起当时许多物理学家的困惑，被物理学家开尔文(Kelvin)称为20世纪初物理学界“晴朗天空中令人不安的两朵乌云”之一. 在理论和实验事实之间如何进行取舍呢? 爱因斯坦从完全不同的角度对此加以分析，从而创立了狭义相对论.

6.2 狭义相对论基本原理 洛伦兹变换

关于光的速度问题，爱因斯坦在十几岁时就进行过思考：既然光是一种电磁波，那么，如果一个人以与光相同的速度与光一起运动时，这个人将会看到什么样的景象呢? 他能否看到静止的电磁波呢? 这就是历史上非常有名的“追光实验”. 爱因斯坦对麦克斯韦给出的光速公式 $c=\sqrt{\dfrac{1}{\varepsilon_0\mu_0}}$ 进行深入分析发现，ε_0，μ_0 是真空介质的常量，仅与介质情况相关，而与参考系的选择无关，因而，真空中的光速也应仅与介质情况相关，而与参考系选择无关，即无论在什么样的参考系中观察，光在真空中的速度永远是 $c\approx3\times10^8\ \mathrm{m\cdot s^{-1}}$. 即使人以光速与光一起运动，他应仍然看到运动的光，而不是静止的光. 爱因斯坦的这个结论与迈克耳孙-莫雷的实验结果不谋而合，于是，当经典力学理论与迈克耳孙-莫雷实验结果相矛盾时，爱因斯坦大胆地提出：相信实验结果，而修改经典力学的相关理论. 为此，他提出了两条基本假设,这两条假设即是狭义相对论的基本原理.

6.2.1 狭义相对论基本原理

(1) 相对性原理.

物理定律在一切惯性参考系中都具有相同的数学表达形式,或者说,所有的惯性系对于物理现象的描述都是等价的. 爱因斯坦的相对性原理不同于伽利略相对性原理,它是对伽利略相对性原理的一个推广. 伽利略相对性原理仅说明力学规律对于所有的惯性系是等价的,而爱因斯坦的相对性原理则把力学规律推广到所有的物理定律.

(2) 光速不变原理.

在所有的惯性参考系中,光在真空中的传播速度都为常量 c,光的速度与参考系的选择无关. 这个假设不仅被迈克耳孙-莫雷实验所证实,而且近代的天文观察和物理实验也都证实了这个假设的正确性. 另外,现代物理实验还证明,光速是所有实物运动速度的极限,现代最先进的高能粒子加速器也仅能将粒子速度加速到 $0.99975c$.

为在高速领域能进行相关的定量计算,爱因斯坦以上面两个假设为基础,推导出一套两个惯性系之间时空坐标的变换关系(推导过程在此从略),称为洛伦兹变换. 洛伦兹变换也分为坐标变换和速度变换.

6.2.2 洛伦兹坐标变换

如图 6-4 所示,运动参考系 K' 以速度 $\boldsymbol{v}$ 相对于静止参考系 K 做沿 Ox 轴正向的匀速直线运动,空间发生一事件 P,此事件在两个参考系中的时空坐标之间的关系为

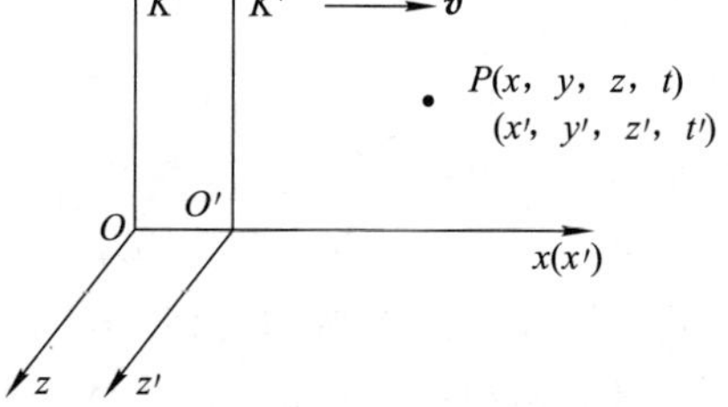

图 6-4 洛伦兹坐标变换

$$
\begin{cases}
x' = \dfrac{x - vt}{\sqrt{1 - \left(\dfrac{v}{c}\right)^2}}, \\
y' = y, \\
z' = z, \\
t' = \dfrac{t - \dfrac{vx}{c^2}}{\sqrt{1 - \left(\dfrac{v}{c}\right)^2}},
\end{cases}
\quad \text{或} \quad
\begin{cases}
x = \dfrac{x' + vt'}{\sqrt{1 - \left(\dfrac{v}{c}\right)^2}}, \\
y = y' \\
z = z' \\
t = \dfrac{t' + \dfrac{vx'}{c^2}}{\sqrt{1 - \left(\dfrac{v}{c}\right)^2}}.
\end{cases}
\tag{6-3}
$$

式(6-3)所反应的关系即称为洛伦兹坐标变换,其中第一组关系称为洛伦兹坐标变换的正变换,第二组关系称为逆变换. 式(6-3)中,x',y',z',t'分别表示所观察事件在运动参考系K'中的空间和时间坐标,x,y,z,t分别表示所观察事件在静止参考系中的空间和时间坐标,v表示运动参考系K'相对于静止参考系K的速度.

在现代相对论的文献中,常使用以下两个符号:

$$
\beta \equiv \frac{v}{c}, \quad \gamma \equiv \frac{1}{\sqrt{1 - \left(\dfrac{v}{c}\right)^2}} = \frac{1}{\sqrt{1 - \beta^2}}.
$$

这样,式(6-3)可写成

$$
\begin{cases}
x' = \gamma(x - \beta ct), \\
y' = y, \\
z' = z, \\
t' = \gamma\left(t - \dfrac{\beta}{c}x\right),
\end{cases}
\quad \text{或} \quad
\begin{cases}
x = \gamma(x' + \beta ct'), \\
y = y', \\
z = z', \\
t = \gamma\left(t' + \dfrac{\beta}{c}x'\right).
\end{cases}
\tag{6-4}
$$

关于洛伦兹变换,需注意以下两点.

(1) 在低速领域,即参考系的运动速度$v \ll c$,洛伦兹变换可以转化为伽利略变换

$$
\begin{cases}
x' = x - vt, \\
y' = y, \\
z' = z, \\
t' = t,
\end{cases}
\quad \text{或} \quad
\begin{cases}
x = x' + vt', \\
y = y', \\
z = z', \\
t = t'.
\end{cases}
$$

可见,伽利略变换是洛伦兹变换在低速领域的近似. 我们日常生活所接触的运动,如汽车、飞机等的运动速度最大不超过 $100\ \mathrm{m \cdot s^{-1}}$,即使是绕地球运行的卫星,其速度也仅为每秒几千米,与光速相比较,都是低速运动. 应用洛伦兹变换计算可知,这些运动的相对论效应不明显,因而在处理这些问题时,我们可以直接运用伽利略变换进行计算. 而如果问题中涉及速度可以与光速相比较的高速运动物体时,则必须运用洛伦兹变换进行计算.

(2) 洛伦兹变换说明了光速是极限:

$$\gamma=\frac{1}{\sqrt{1-\left(\frac{v}{c}\right)^2}}=\frac{1}{\sqrt{1-\beta^2}},$$

γ 为实数,所以,$v<c$,即任何物体的运动速度都不能超过真空中的光速.

【例 6-2】 地面参考系中,$t_1=2\times10^{-3}$ s 时,在 $x_1=2.4\times10^6$ m 处发生一个事件,$t_2=4\times10^{-3}$ s 时,在 $x_2=4.8\times10^6$ m 处发生另一个事件. 试求:(1) 在相对于地面以速度 $v=0.6c$ 沿 Ox 方向飞行的飞船中观察,两事件发生地的距离;(2) 若在飞船中观察两事件在同时发生,则飞船的速度应为多大?

解:(1) 选地面为静止的参考系 K,飞船为运动的参考系 K'. 根据洛伦兹坐标变换,可得在 K'系中两事件发生地分别为

$$x_1'=\frac{x_1-vt_1}{\sqrt{1-\left(\frac{v}{c}\right)^2}}=\frac{2.4\times10^6\ \text{m}-0.6c\times2\times10^{-3}\ \text{s}}{\sqrt{1-\left(\frac{0.6c}{c}\right)^2}}\approx2.55\times10^6\ \text{m},$$

$$x_2'=\frac{x_2-vt_2}{\sqrt{1-\left(\frac{v}{c}\right)^2}}=\frac{4.8\times10^6\ \text{m}-0.6c\times4\times10^{-3}\ \text{s}}{\sqrt{1-\left(\frac{0.6c}{c}\right)^2}}\approx5.1\times10^6\ \text{m}.$$

两事件发生地的距离为

$$\Delta x'=x_2'-x_1'\approx2.55\times10^6\ \text{m}.$$

把此值与地面参考系中两事件的距离 $\Delta x=2.4\times10^6$ m 相比较,可知在不同的参考系中,空间间隔是不同的.

(2) 设飞船的速度为 v',在飞船中观测,两事件若同时发生,应有 $t_2'=t_1'$. 根据洛伦兹变换,则有

$$\frac{t_2-\frac{v'x_2}{c^2}}{\sqrt{1-\left(\frac{v'}{c}\right)^2}}=\frac{t_1-\frac{v'x_1}{c^2}}{\sqrt{1-\left(\frac{v'}{c}\right)^2}}.$$

代入已知数据,解方程得

$$v'=\frac{c}{4}.$$

由结果可知,在地面参考系中不同时发生的两件事,在飞船参考系中观察却可能同时发生,即不同的参考系中,时间间隔是不同的,且同时只有相对意义.

6.2.3 洛伦兹速度变换

把洛伦兹坐标变换中的坐标对时间求一阶导数,可得洛伦兹速度变换(推导过

程从略)为

$$\begin{cases} u'_x=\dfrac{u_x-v}{1-\dfrac{v}{c^2}u_x}, \\ u'_y=\dfrac{u_y\sqrt{1-\left(\dfrac{v}{c}\right)^2}}{1-\dfrac{v}{c^2}u_x}, \\ u'_z=\dfrac{u_z\sqrt{1-\left(\dfrac{v}{c}\right)^2}}{1-\dfrac{v}{c^2}u_x}, \end{cases} \quad 或 \quad \begin{cases} u_x=\dfrac{u'_x+v}{1+\dfrac{v}{c^2}u'_x}, \\ u_y=\dfrac{u'_y\sqrt{1-\left(\dfrac{v}{c}\right)^2}}{1+\dfrac{v}{c^2}u'_x}, \\ u_z=\dfrac{u'_z\sqrt{1-\left(\dfrac{v}{c}\right)^2}}{1+\dfrac{v}{c^2}u'_x}. \end{cases} \tag{6-5}$$

式(6-5)中,第一组关系称为正变换,第二组关系称为逆变换,u_x,u_y,u_z分别表示物体在参考系K中沿三个坐标轴方向的速度分量,u'_x,u'_y,u'_z分别表示物体在参考系K'中沿三个坐标轴方向的速度分量.

若$v\ll c$,即参考系的运动速度v远小于光速,式(6-5)可过渡为伽利略速度变换式. 因而,可以说,伽利略速度变换式是洛伦兹速度变换式在低速情况下的近似. 在处理低速领域的问题时,我们可以直接使用伽利略速度变换,而如果处理的问题中涉及可与光速相比较的速度时,则必须使用洛伦兹速度变换.

爱因斯坦的“追光试验”可以应用洛伦兹速度变换进行解释. 选择地面为静止的参考系K,与光一起运动的人为运动的参考系K',K'相对于K的运动速度为v. 设光相对于地面参考系K的速度为$u=c$,则根据洛伦兹速度变换,光相对于K'的运动速度u'为

$$u'=\frac{u-v}{1-\dfrac{v}{c^2}u}=\frac{c-v}{1-\dfrac{v}{c^2}c}=c.$$

可见,光速与参考系的选择无关,光在任意一个惯性系中的速度都相等,都为常量c.

注意:狭义相对论研究的是两个惯性系观测结果之间的关系,如果所研究的问题中涉及了非惯性系,则是广义相对论的内容.

【例6-3】 例6-1正确的解法要用洛伦兹速度变换计算飞船A相对于飞船B的速度.

解:选择地面为静止参考系K,飞船B为运动参考系K',沿飞船A飞行方向建立坐标轴,K'相对于K的运动速度为$v=-0.8c$. 飞船A相对于地面的速度为$u_x=0.8c$. 根据洛伦兹速度变换,飞船A相对于飞船B的速度为

$$u'_x = \frac{u_x - v}{1 - \frac{v}{c^2}u_x} = \frac{0.8c - (-0.8c)}{1 - \frac{(-0.8c)}{c^2} \times 0.8c} \approx 0.976c.$$

这个结论才是正确的.

6.3 狭义相对论的时空观

前面我们根据伽利略变换分析出了经典力学的时空观,本节我们将从洛伦兹变换出发,分析讨论狭义相对论的时空观.

6.3.1 同时的相对性

在低速领域,若静止参考系中两个事件同时发生,即 $t_1 = t_2$,根据伽利略坐标变换 $t' = t$ 可得,这两个事件在运动参考系中对应的时间坐标关系为 $t'_1 = t'_2$,即这两个事件在运动参考系中观察也是同时发生的. 这称为同时的绝对性. 那么,在高速领域,一个参考系中同时发生的两个事件,在另一个参考系中观测还是不是同时发生呢?"同时"还具有绝对性吗?

如图 6-5 所示,运动参考系 K'沿 Ox 轴方向以速度 $\boldsymbol{v}$ 相对于静止参考系 K 运动. 在空间两点 A,B 分别发生一事件,这两个事件在两个参考系中对应的时空坐标如图 6-5 所示. 设这两个事件在静止参考系中观察是同时发生的,即 $t_A = t_B$. 下面我们讨论这两个事件在运动的参考系中是否同时发生. 根据洛伦兹变换,这两个事件在运动参考系中对应的时间坐标差值为

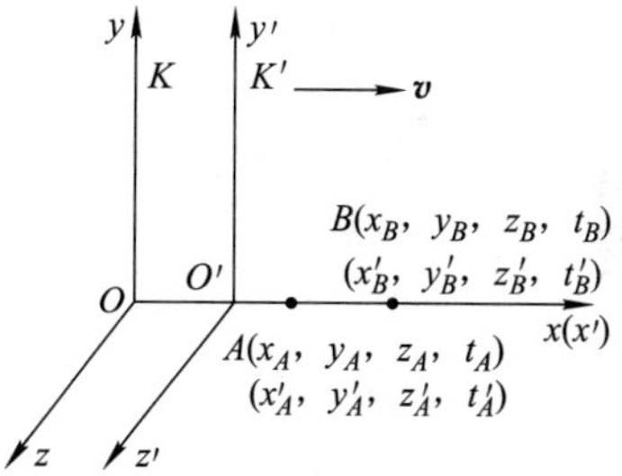

图 6-5 同时的相对性

$$\Delta t' = t'_B - t'_A = \frac{t_B - \frac{vx_B}{c^2}}{\sqrt{1-\left(\frac{v}{c}\right)^2}} - \frac{t_A - \frac{vx_A}{c^2}}{\sqrt{1-\left(\frac{v}{c}\right)^2}}$$

$$= \frac{(t_B - t_A) - \frac{v}{c^2}(x_B - x_A)}{\sqrt{1-\left(\frac{v}{c}\right)^2}} = \frac{-\frac{v}{c^2}(x_B - x_A)}{\sqrt{1-\left(\frac{v}{c}\right)^2}}.$$

上式中,若 $x_A = x_B$,则有 $t'_A = t'_B$,即在运动参考系 K'中,两个事件同时发生,若 $x_A \neq x_B$,则有 $t'_A \neq t'_B$,即在运动参考系 K'中,两个事件不同时发生. 此例说明,在

一个参考系中同时且同地发生的两个事件，在另一个参考系中观察也是同时发生的，而在一个参考系中同时但不同地发生的两个事件，在另一个参考系中观察则不是同时发生的. 这称为同时的相对性.

从上式可以看出，若在低速领域，$v \ll c$，则无论两个事件是否在同地发生，是否有 $x_A = x_B$ 关系存在，都可以认为 $t'_A = t'_B$，即在低速领域，我们仍可以认为同时具有绝对性.

6.3.2　时间间隔的相对性——时间膨胀

同时的相对性很自然地让我们思考，时间间隔是否也具有相对性. 为研究不同参考系中观察同一事件经历时间之间的关系，我们先定义两个物理量.

(1) 固有时间：在相对于事件发生地静止的参考系中观测的时间称为固有时间，用字母 τ_0 表示.

(2) 运动时间：在相对于事件发生地运动的参考系中观测的时间称为运动时间，用字母 τ 表示.

设运动参考系 K' 以速度 v 相对于静止参考系 K 沿 Ox 轴方向运动，在 K 系中某固定点 P 处发生一个事件，事件开始于 t_1 时刻，结束于 t_2 时刻. 在 K 系中观测的时间为固有时间，即

$$\tau_0 = t_2 - t_1.$$

设在 K' 系中观测此事件开始于 t'_1 时刻，结束于 t'_2 时刻，根据洛伦兹变换，可得 K' 系中观测的运动时间 τ 为

$$\tau = t'_2 - t'_1 = \frac{t_2 - \frac{v x_2}{c^2}}{\sqrt{1-\left(\frac{v}{c}\right)^2}} - \frac{t_1 - \frac{v x_1}{c^2}}{\sqrt{1-\left(\frac{v}{c}\right)^2}}.$$

P 点为 K 系中固定点，应有 $x_1 = x_2$，代入上式，则有

$$\tau = \frac{t_2 - t_1}{\sqrt{1-\left(\frac{v}{c}\right)^2}} = \frac{\tau_0}{\sqrt{1-\left(\frac{v}{c}\right)^2}}. \tag{6-6}$$

在式(6-6)中，由于$\sqrt{1-\left(\frac{v}{c}\right)^2}<1$，因而有 $\tau > \tau_0$，即在相对于事件发生地运动的参考系中观测的时间，要比相对于事件发生地静止的参考系中观测的时间长些，这称为时间膨胀效应. 时间膨胀效应说明，同一个事件所经历的时间与参考系的选择有关，不同的参考系中观测结果不同，其中，相对于事件发生地静止的参考系中观测的固有时间最短.

时间膨胀效应现已被大量的实验事实所证实，在高速领域也有着许多应用，如

航天技术中必须考虑这点，否则无法进行精确的计算.

【例 6－4】 在地面上学生上一节课的时间为 45 min. 试求：相对于地面以 $0.6c$ 运动的飞船上的人看来，这一节课的时间为多长？

解：选择地面为静止参考系 K，飞船为运动参考系 K'，K'系相对于 K 的速度为 $v=0.6c$. 地面上观测的时间为固有时间 $\tau_0=45$ min，飞船上人观测的时间为运动时间 τ，根据相对论时间膨胀效应，有

$$\tau=\frac{\tau_0}{\sqrt{1-\left(\frac{v}{c}\right)^2}}=\frac{45\ \text{min}}{\sqrt{1-\left(\frac{0.6c}{c}\right)^2}}=56.25\ \text{min}.$$

【例 6－5】 π 介子是一种不稳定的粒子，很容易衰变. 在实验室中，人们测量到带正电的 π 介子的飞行速度为 $0.91c$，飞行距离为 17.135 m. 试求 π 介子的固有寿命.

解：运动具有相对性，π 介子相对于实验室运动，反过来，实验室相对于 π 介子也是运动的，实验室测量的飞行时间为运动时间，即

$$\tau=\frac{17.135\ \text{m}}{0.91c}\approx 6.28\times10^{-8}\ \text{s}.$$

选 π 介子为静止参考系 K，实验室为运动参考系 K'，K'系相对于 K 系的速度为 $0.91c$. 根据时间膨胀效应公式

$$\tau=\frac{\tau_0}{\sqrt{1-\left(\frac{v}{c}\right)^2}},$$

可得 π 介子的固有寿命为

$$\tau_0=\tau\sqrt{1-\left(\frac{v}{c}\right)^2}\approx 6.28\times10^{-8}\ \text{s}\times\sqrt{1-\left(\frac{0.91c}{c}\right)^2}\approx 2.604\times10^{-8}\ \text{s}$$

6.3.3 空间间隔的相对性——长度收缩

在高速领域，不仅时间间隔的测量具有相对性，空间间隔的测量也具有相对性. 为方便下面讨论，我们也先定义两个物理量：

(1) 固有长度：在相对物体静止的参考系中测量的物体长度，称为固有长度，用字母 L_0 表示.

(2) 运动长度：在相对物体运动的参考系中测量的物体长度，称为运动长度，用字母 L 表示.

我们以静止于地面的一把直尺的长度测量为例，讨论固有长度和运动长度之间的关系. 如图 6－6 所示，运动的参考系 K'沿 Ox 轴正向以速度 v 相对于静止参考系 K 运动，直尺静止放置于 K 系 Ox 轴. 在 K 系中测量直尺的长度为固有长

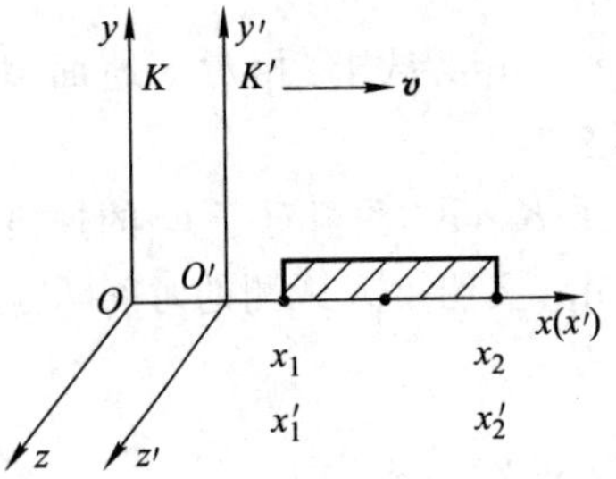

图 6-6 空间间隔的相对性

度，设直尺两端的坐标分别 x_1，x_2，则有

$$L_0=x_2-x_1.$$

注意：由于 K 相对于直尺静止，所以进行这个长度测量时，直尺两端的坐标可以同时测量，也可以先后测量，不会影响测量结果.

在 K' 系中测量直尺的长度为运动长度，设直尺两端的坐标分别为 x_1'，x_2'，则有

$$L=x_2'-x_1'.$$

注意：由于 K' 相对于直尺运动，所以进行这个长度测量时，直尺两端的坐标必须同时测量，否则会影响测量结果，即测量两端坐标对应的时间关系为 $t_2'=t_1'$. 根据洛伦兹坐标变换，有

$$L_0=x_2-x_1=\frac{x_2'+vt_2'}{\sqrt{1-\left(\frac{v}{c}\right)^2}}-\frac{x_1'+vt_1'}{\sqrt{1-\left(\frac{v}{c}\right)^2}}=\frac{(x_2'-x_1')+v(t_2'-t_1')}{\sqrt{1-\left(\frac{v}{c}\right)^2}}.$$

把 $t_2'=t_1'$ 代入上式，有

$$L_0=\frac{x_2'-x_1'}{\sqrt{1-\left(\frac{v}{c}\right)^2}}=\frac{L}{\sqrt{1-\left(\frac{v}{c}\right)^2}}. \tag{6-7}$$

在式(6-7)中，由于 $\sqrt{1-\left(\frac{v}{c}\right)^2}<1$，则有 $L_0>L$，即在相对于物体运动的参考系中观测的长度，要比相对于物体静止的参考系中观测的长度短些，这称为长度收缩效应. 长度收缩效应说明，空间间隔的测量与参考系的选择有关，不同的参考系中观测结果不同，其中，相对于物体静止的参考系中观测的固有长度最长.

关于长度收缩效应，有下面两点需要注意：

(1) 长度收缩效应仅发生在参考系的运动方向，在与运动垂直方向不会发生，即若直尺沿 Oy 轴方向放置，而 K' 系仍沿 Ox 方向运动，则在两个参考系中测量的长度应是相同的.

(2) 长度收缩效应与日常生活中我们感觉的远处物体“变小”是不同的. 长度收缩效应是由空间、时间测量特点决定的，是一种时空属性和客观实在，而我们感觉物体的“变小”，是由于我们眼睛的视角变小而产生的错觉，是一种“感觉”结果.

【例 6-6】 地面上的人测量一速度为 $0.6c$ 的飞船长度为 5 m，试求此飞船的固有长度.

解：飞船的固有长度是在飞船上测量的长度，地面测量飞船的长度应为运动长度，即 $L=5$ m. 选择飞船为静止参考系 K，地面为运动参考系 K'，以飞船飞行方向为正方向，则 K' 系相对于 K 的速度为 $v=-0.6c$. 根据长度收缩效应公式，有

$$L_0=\frac{L}{\sqrt{1-\left(\frac{v}{c}\right)^2}}=\frac{5}{\sqrt{1-\left(\frac{-0.6c}{c}\right)^2}}=6.25\ \mathrm{m}.$$

6.4 狭义相对论的动力学基础

前面几节我们讨论的是狭义相对论的运动学效应，本节我们将讨论狭义相对论的动力学效应，主要介绍高速运动领域中，物体的质量、动量、动能、能量的定义，以及它们之间的相互关系.

6.4.1 相对论动量 质量和速度的关系

根据狭义相对性原理，物理定律在所有的惯性系中应具有相同的形式. 动量守恒定律是自然界的几大守恒定律之一，因而，动量守恒定律在所有的惯性系中应具有相同的形式，在高速领域，我们应在保持动量守恒定律形式不变的基础上，重新定义动量，以保证动量守恒定律在高速领域仍然适用.

(1) 相对论动量.

物体的动量等于物体的质量与速度的乘积，即

$$\boldsymbol{p}=m\boldsymbol{v}. \tag{6-8}$$

从式(6-8)可以看出，相对论的动量在外在形式上仍与经典力学中的动量相同，但注意二者有本质的区别：经典力学中，物体的质量是常量，因而物体的动量仅随速度的变化而变化，动量与速度成正比；在狭义相对论中，物体的动量不仅随速度变化而变化，而且还随物体质量的变化而变化，动量与速度并不成正比，因为狭义相对论中，物体的质量不是常量，而是一个随物体运动速度变化的函数.

(2) 质量和速度的关系.

根据狭义相对性原理及动量守恒定律，可以推导(推导过程从略)出运动物体的质量与速度的关系为

$$m=\frac{m_0}{\sqrt{1-\left(\frac{v}{c}\right)^2}}. \tag{6-9}$$

式(6-9)称为质量速度关系，简称质速关系. 式(6-9)中，m_0 是物体静止($v=0$)时的质量，称为静止质量.

由式(6-9)可以看出，当物体运动时，由于$\sqrt{1-\left(\frac{v}{c}\right)^2}<1$，有 $m>m_0$，即物体运动时的质量大于静止质量，物体的质量不是常量，它随物体速度的增加而增加.

【例6-7】 设地球的静止质量为 m_0. 试求地球以 $3\times10^4\ \mathrm{m\cdot s^{-1}}$ 速度绕太阳公转时的质量.

解:根据质速关系,有

$$m=\frac{m_0}{\sqrt{1-\left(\frac{v}{c}\right)^2}}=\frac{m_0}{\sqrt{1-\left(\frac{3\times10^4}{c}\right)^2}}\approx1.000000005m_0.$$

由此例可以看出,在低速领域,质量随速度变化是极其微小的,因而,我们可以认为质量是常量.

【例6-8】 高能粒子加速器可以将粒子的速度加速到 $2.7\times10^8\ \mathrm{m\cdot s^{-1}}$. 设粒子的静止质量为 m_0,试求粒子达到最大速度时的质量.

解:根据质速关系,有

$$m=\frac{m_0}{\sqrt{1-\left(\frac{v}{c}\right)^2}}=\frac{m_0}{\sqrt{1-\left(\frac{2.7\times10^8}{c}\right)^2}}\approx2.3m_0.$$

可见,当物体运动速度可以与光速相比较时,质量的变化是明显的,因而,高速领域中,质量不再是常量. 质速关系现已被大量的实验事实所证明.

对于某些粒子(如光子),其运动速度与光相同,如果粒子有静止质量,则根据质速关系,可得粒子的质量为无穷大,这显然是没有实际意义的,因而,这些粒子的静止质量必然为零. 另外,如果一个物体的速度大于光速,即 $v>c$,则根据质速关系可得,物体的质量将是一个虚数,显然这也是没有实际意义的,因而,实际物体的运动速度不可能超过光速,即光速是极限速度.

6.4.2 相对论动力学基础方程

经典力学中,动力学基础方程为牛顿第二定律 $\boldsymbol{F}=\frac{\mathrm{d}}{\mathrm{d}t}(m\boldsymbol{v})$. 在狭义相对论中,此形式仍然成立,只是式中的质量不再是常量,而是随速度变化的量,即

$$\boldsymbol{F}=\frac{\mathrm{d}}{\mathrm{d}t}\left(\frac{m_0}{\sqrt{1-\left(\frac{v}{c}\right)^2}}\boldsymbol{v}\right). \tag{6-10}$$

式(6-10)称为相对论动力学基础方程. 当物体运动速度远小于光速时,此式过渡为牛顿第二定律 $\boldsymbol{F}=m_0\boldsymbol{a}$ 形式.

6.4.3 相对论动能 质能关系

(1) 相对论动能.

下面将学习著名的爱因斯坦质能关系.

设有一质量为 m_0 的质点从静止开始，在变力作用下运动，根据动能定理，当质点有元位移 $\mathrm{d}\boldsymbol{r}$ 时，有

$$\mathrm{d}E_k = \boldsymbol{F} \cdot \mathrm{d}\boldsymbol{r} = \frac{\mathrm{d}\boldsymbol{p}}{\mathrm{d}t} \cdot \mathrm{d}\boldsymbol{r} = \boldsymbol{v} \cdot \mathrm{d}\boldsymbol{p} = \frac{\boldsymbol{p}}{m} \cdot \mathrm{d}\boldsymbol{p}.$$

又知 $\mathrm{d}p^2 = \mathrm{d}(\boldsymbol{p} \cdot \boldsymbol{p}) = \boldsymbol{p} \cdot \mathrm{d}\boldsymbol{p} + \mathrm{d}\boldsymbol{p} \cdot \boldsymbol{p} = 2\boldsymbol{p} \cdot \mathrm{d}\boldsymbol{p}$，所以上式可变形为

$$\mathrm{d}E_k = \frac{\mathrm{d}p^2}{2m}.$$

而

$$m = \frac{m_0}{\sqrt{1 - \frac{v^2}{c^2}}},$$

$$m^2c^2 - p^2 = m_0^2c^2.$$

对此式两边微分，得

$$\mathrm{d}p^2 = 2mc^2\mathrm{d}m.$$

所以

$$\mathrm{d}E_k = \frac{\mathrm{d}p^2}{2m} = c^2\mathrm{d}m,$$

$$\int_0^{E_k} \mathrm{d}E_k = \int_{m_0}^{m} c^2\mathrm{d}m.$$

由此得

$$E_k = mc^2 - m_0c^2, \tag{6-11}$$

其中，m 为物体运动时的质量，m_0 为物体的静止质量，c 为光速，是常量. 由式(6－11)可以看出：

(i) 当物体的运动速度 $v \to c$ 时，其 $m \to \infty$，进而 $E_k \to \infty$. 这意味着要使物体能够获得与光相同的速度，外力所做的功将是无限大. 或者说，无论外力做多大的功，都无法使物体获得与光相同的速度. 这再次证明了光速是物体运动速度的极限.

(ii) 当物体的运动速度 $v \ll c$ 时，利用泰勒展开，并略去高次项，物体的相对论动能可变为

$$E_k = mc^2 - m_0c^2 = \frac{m_0}{\sqrt{1 - \left(\frac{v}{c}\right)^2}}c^2 - m_0c^2$$

$$= m_0c^2\left[1 + \frac{1}{2}\left(\frac{v}{c}\right)^2 + \frac{3}{8}\left(\frac{v}{c}\right)^4 + \cdots - 1\right] \approx \frac{1}{2}m_0v^2,$$

即在低速领域，相对论动能过渡为经典力学的动能表达式.

(2) 质能关系.

在相对论动能表达式(6－11)中，动能等于两项之差，这很自然地让爱因斯坦

想到，这两项也应该是一种能量. 其中 m_0c^2 为物体静止质量与光速平方的乘积，因而爱因斯坦称其为物体的静止能量，用 E_0 表示，即

$$E_0 = m_0c^2. \tag{6-12}$$

物体的静止能量是物体内能的总和，它包括分子、原子运动的动能，相互作用的势能，原子内部原子核和电子的动能、势能，以及原子核内部质子、中子之间的结合能等等. 由于 c^2 具有非常大的值，因而即使质量很小的物体，在静止的时候，其内部也蕴含着巨大的能量.

式(6-11)中，mc^2 为物体动能与静止能量的和，爱因斯坦称其为物体的总能量，用 E 表示，即

$$E = mc^2. \tag{6-13}$$

式(6-12)、(6-13)即著名的相对论质能关系. 在历史上，质量守恒和能量守恒是作为两个独立的自然规律被人们分别认识的，而质能关系则把二者统一到了一起. 由式(6-13)可以看出：物体的质量和能量之间有着密不可分的关系，有质量的物体其内部一定蕴含着巨大的能量，而有能量的物体一定具有相应的质量. 如果物体的质量发生 Δm 的变化，其能量也必然发生相应 ΔE 的变化，二者关系为

$$\Delta E = \Delta mc^2. \tag{6-14}$$

由式(6-14)可知，如果物体质量减少，必然有相应的能量由物体放出. 这是现代原子能开发和利用的理论根据，原子能时代正是随同这一关系的发现而到来的.

【例 6-9】 太阳到地球的平均距离为 1.5×10^{11} m，实验测得单位时间内太阳垂直辐射到地球大气层边缘单位面积上的能量约为 $1.4\times10^3\ \mathrm{J\cdot m^{-2}\cdot s^{-1}}$，这些辐射能是太阳自身的热核反应所释放的能量. 试求单位时间内太阳因辐射而失去的质量.

解：单位时间内太阳的总辐射能为

$$\Delta E = 1.4\times10^3\times4\pi\times(1.5\times10^{11})^2\ \mathrm{J}\approx4\times10^{26}\ \mathrm{J}.$$

根据质能关系 $\Delta E=\Delta mc^2$，太阳因辐射而失去的质量为

$$\Delta m = \frac{\Delta E}{c^2}\approx\frac{4\times10^{26}\ \mathrm{J}}{9\times10^{16}\ \mathrm{m^2/s^2}}\approx4.4\times10^9\ \mathrm{kg}.$$

此值虽然与太阳的总质量 2×10^{30} kg 相比很小，但长期如此，太阳总有一天会因为燃料消耗殆尽而不再放出热量，或者，放出的热量不足以维持地球上的生命. 那时，地球上的人类将不得不寻求其他的生存空间.

6.4.4 动量和能量的关系

根据相对论动量公式 $p=mv$ 和能量公式 $E=mc^2$，可得

$$v^2=\left(\frac{p}{m}\right)^2=\frac{c^4}{E^2}p^2.$$

把此式代回能量公式，有

$$E=\frac{m_0c^2}{\sqrt{1-\left(\frac{v}{c}\right)^2}}=\frac{m_0c^2}{\sqrt{1-\frac{c^2}{E^2}p^2}}.$$

变形得

$$E^2=p^2c^2+m_0^2c^4. \tag{6-15}$$

式(6－15)即为相对论动量和能量关系.

*6.5 广义相对论简介

狭义相对论认为，在所有惯性坐标系中，物理学定律都具有相同的表达式．那么，在非惯性系中，这些物理规律又将如何呢？爱因斯坦在创立狭义相对论理论之后，又从非惯性系入手，建立了研究引力本质和时空理论的广义相对论．广义相对论是爱因斯坦在黎曼非欧几何的基础上，于 1915 年建立的引力理论．本书将只对广义相对论做简单介绍.

我们清楚，在力学中，引力和惯性力具有等效性，即在非惯性系中，我们可以引入惯性力的概念，来分析物体的运动情况．如果一个实验者的实验室是在一个引力场内的话，他将会观察到所有他用来做实验而没有受到别的力作用的物体都受到一个共同的加速度，实验者由此可以推断出他的实验室是在一个引力场内．但是这个推论并不是对于所观察到的共同加速度这一现象的唯一可能的解释.

爱因斯坦认为，在任何物理实验中，引力和惯性力在物理效果上完全没有区别，即在一个封闭空间内的观察者，无论用什么方法也无法确定他究竟是静止于一个引力场中，还是处在没有引力场却在做加速运动的空间中，这就是广义相对论的等效原理.

下面通过一个例子来解释这个原理.

假设有一可在远离引力场的自由空间中运行的电梯，当其以加速度 $\boldsymbol{a}=-\boldsymbol{g}$ 向上运行时，处于电梯中的人受到向下的惯性力，大小为 mg，此人在电梯里称量自己的体重为 mg，其大小和在地面上称量此人体重时的结果是一样的，如图 6－7 所示．由于电梯为一封闭空间，则在电梯中的人难以判断其究竟是在地面上还是在处于远离引力场加速上升的电梯里．因此说，惯性力可以“抵消”引力，即惯性力和引力是等效的.

而当此电梯以加速度 $\boldsymbol{a}=\boldsymbol{g}$ 在引力场中加速下降时，以电梯为参考系，处于电梯中的人受到重力和向上的惯性力的作用，而这两个力大小相等、方向相反，可以互相抵消. 这种情况和其处于远离引力场的自由空间做匀速运动的电梯中的受力情况是一致的,如图 6-8 所示. 也可以看出,在这里,惯性力仍旧可以"抵消"引力. 引力和惯性看来并非物质内部的不同性质,而仅仅是一切物质的一个更基本的普遍特性的两个不同的方面.

当然,由于地球各处的重力加速度不是完全一样的,即存在多个局部惯性系,而等效于某物体引力场的加速度,其大小和方向应当是空间坐标的函数.

所以,在任何引力场中任一时空点,人们总可以建立一个自由下落的局域参考系,在这一参考系中狭义相对论所确立的物理规律全部有效.

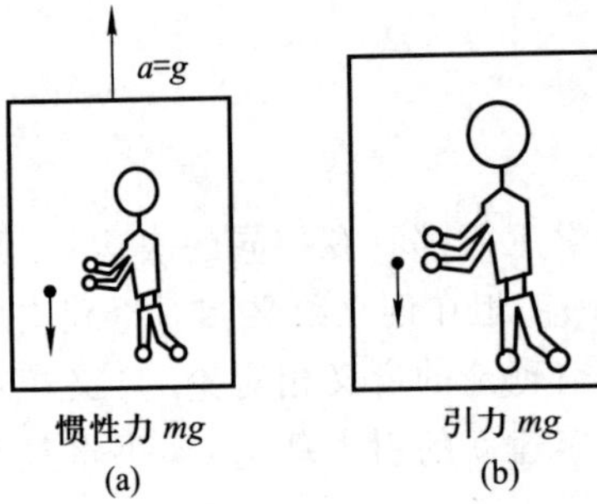

图 6-7　等效原理示意图(1)

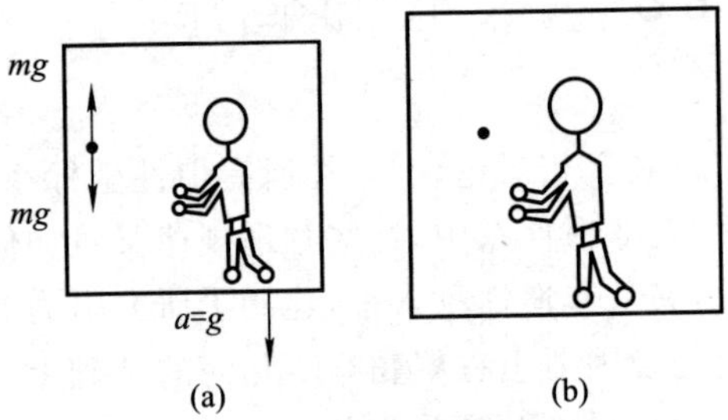

图 6-8　等效原理示意图(2)

而事实上,目前没有哪一类实验能够把匀加速运动同引力场的存在区别开来,这就是爱因斯坦提出的广义相对论的基础. 这个原理要求一切物理定律必须写成和参考系的运动状态无关的形式.

按照广义相对论,在任意参考系内都存在引力,引力的存在会导致时空扭曲,因而时空是四维弯曲的非欧黎曼空间. 爱因斯坦认为,时空的扭曲结构归因于物质能量密度以及动量密度在时空中的分布,而时空的扭曲反过来又会决定物体的运动轨道. 在引力不强、时空扭曲很小的情况下,广义相对论的预言与牛顿万有引力定律和牛顿运动定律的预言趋于一致,而在引力较强、时空扭曲较大的情况下,两者会有显著的区别.

广义相对论的提出,预言了水星近日点反常进动、光频引力红移、光线引力偏折以及雷达回波延迟,这些都被天文观测或实验所证实. 2015 年,激光干涉引力波天文台(LIGO)观测到了广义相对论预言的引力波.

广义相对论这一在创立之初,被科学家戏称为"世界上只有三个人能看懂"的理论,由于不断被令人叹服地证实其正确性,很快便得到人们的承认和赞赏. 但是由于牛顿引力理论对于绝大部分引力现象已经足够精确,广义相对论只是对其做了某些小部分的修正,在我们的日常生活中,即引力时空扭曲很不明显的情况下,人们并不太需要它，因此，广义相对论在建立以后的半个世纪中，并没有受到充分重视，也没有得到迅速发展. 直到 20 世纪 60 年代，在发现了中子星和 3 K 宇宙微波背景辐射后，才使得广义相对论的研究蓬勃发展起来. 随着中子星的形成和结构、黑洞物理和黑洞探测、引力辐射理论和引力波探测、大爆炸宇宙学、量子引力以及大尺度时空的拓扑结构等问题的研究正在深入，广义相对论也成为物理研究的重要理论基础.

习题

一、选择题

1. 有两个对准的钟，一个留在地面上，另一个带到以速度 v 做匀速直线飞行的飞船上，则下列说法正确的是：(　　).

(A) 飞船上的人看到自己的钟比地面上的钟慢

(B) 地面上的人看到自己的钟比飞船上的钟慢

(C) 飞船上的人觉得自己的钟比原来慢了

(D) 地面上的人看到自己的钟比飞船上的钟快

2. 一刚性直尺固定在惯性系 S' 系中，它与 x' 轴夹角 $\alpha=45°$，另有一惯性系 S 系，以速度 v 相对 S' 系沿 x' 轴做匀速直线运动，则在 S 系中测得该尺与 x 轴夹角(　　).

(A) $\alpha=45°$　　(B) $\alpha<45°$　　(C) $\alpha>45°$　　(D) 由相对运动速度方向确定

3. 任意两个存在相对运动的惯性系，时间坐标满足洛伦兹变换，下列表达式正确的是(　　).

(A) $t'=t-\dfrac{u}{c^2}x$　　(B) $t'=\left(t+\dfrac{u}{c^2}x\right)\Big/\sqrt{1-\dfrac{u^2}{c^2}}$

(C) $t=t'$　　(D) $t'=\left(t-\dfrac{u}{c^2}x\right)\Big/\sqrt{1+\dfrac{u^2}{c^2}}$

4. 两个惯性系存在沿 x 轴方向的相对运动速度，在 y 轴方向的洛伦兹速度变换为(　　).

(A) $v_y'=v_y\sqrt{1-\dfrac{u^2}{c^2}}\Big/\left(1-\dfrac{uv_x}{c^2}\right)$　　(B) $v_y'=v_y\sqrt{1-\dfrac{u^2}{c^2}}\Big/\left(1-\dfrac{uv_y}{c^2}\right)$

(C) $v_y'=(v_y-u)\Big/\left(1-\dfrac{uv_x}{c^2}\right)$　　(D) $v_y'=(v_y-u)\Big/\left(1-\dfrac{uv_y}{c^2}\right)$

5. 远方的一颗星以 $0.8c$ 的速度离开我们，地球惯性系的时钟测得它辐射出来的闪光按 5 昼夜的周期变化，固定在此星上的参考系测得的闪光周期为(　　).

(A) 3 昼夜　　(B) 4 昼夜　　(C) 6.5 昼夜　　(D) 8.3 昼夜

6. 设想从某一惯性系 K' 系的坐标原点 O' 沿 x' 方向发射一光波，在 K' 系中测得光速 $u_x'=c$，则光对另一个惯性系 K 系的速度 u_x 应为(　　).

(A) $\dfrac{2}{3}c$　　(B) $\dfrac{4}{5}c$　　(C) $\dfrac{1}{3}c$　　(D) c

7. 下列几种说法

(1) 所有惯性系对物理基本规律都是等价的，

(2) 在真空中，光在惯性系的速度与光的频率、光源的运动状态无关，

(3) 在任何惯性系中，光在真空中沿任何方向的传播速度都相同，

哪些说法是正确的？(　　).

(A) 只有(1)，(2)是正确的　　(B) 只有(1)，(3)是正确的

(C) 只有(2)，(3)是正确的　　(D) 三种说法都是正确的

8. 在惯性系 K 中，有两个事件同时发生在 X 轴相距 100 m 的两点，而在另一个惯性系 K'(沿 x 方向相对于 K 系运动)中测得这两个事件发生的地点相距 2000 m，则在 K'系中测得这两个事件的时间间隔是(　　).

(A) 6.7×10^{-6} s　　(B) 6.7×10^{-5} s

(C) 6.7×10^{-7} s　　(D) 6.7×10^{-8} s

9. 一宇宙飞船相对于地面以 $0.8c$ 的速度飞行，一光脉冲从船尾传到船头，飞船上的观察者测得飞船长为 90 m，地球上的观察者测得脉冲从船尾发出和到达船头两个事件的空间间隔为(　　).

(A) 90 m　　(B) 54 m　　(C) 270 m　　(D) 150 m

10. 根据相对论力学，动能为 0.25 MeV 的电子，其运动速度约等于(c 表示真空中光速，电子的静止能量 $m_0c^2=0.5$ MeV，1 eV$\approx1.6\times10^{-19}$ J)(　　).

(A) $0.1c$　　(B) $0.5c$　　(C) $0.75c$　　(D) $0.85c$

11. 粒子的动能等于它本身的静止能量，这时该粒子的速度为(　　).

(A) $\frac{\sqrt{3}}{2}c$　　(B) $\frac{3}{4}c$　　(C) $\frac{1}{2}c$　　(D) $\frac{4}{5}c$

12. 一个电子运动速度 $v=0.99c$，它的动能是(电子的静止能量是 0.51 MeV)(　　).

(A) 3.5 MeV　　(B) 4 MeV　　(C) 3.1 MeV　　(D) 2.5 MeV

13. E_k 是粒子的动能，p 是它的动量，那么粒子的静止能量 m_0c^2 等于(　　).

(A) $(p^2c^2-E_k^2)/2E_k$　　(B) $(pc-E_k)^2/2E_k$

(C) $p^2c^2-E_k^2$　　(D) $(p^2c^2+E_k^2)/2E_k$

14. 某核电站年发电量为 100 亿千瓦·时，它等于 36×10^{15} J 的能量，如果这是由核材料的全部静止能量转化产生的，则需要消耗的核材料的质量为(　　).

(A) 0.4 kg　　(B) 0.8 kg　　(C) 12×10^{-7} kg　　(D) $\frac{1}{12}\times10^{-7}$ kg

15. 粒子在加速器中被加速，当其质量为静止质量的 3 倍时，其动能相当于静止能量的(　　).

(A) 2 倍　　(B) 3 倍　　(C) 4 倍　　(D) 5 倍

16. 把一个静止质量为 m_0 的粒子，由静止加速到 $0.6c$(c 为真空中的速度) 需做的功等于(　　).

(A) $0.18\,m_0c^2$　　(B) $0.25\,m_0c^2$　　(C) $0.36m_0c^2$　　(D) $1.25m_0c^2$

二、填空题

1. 狭义相对论认为，时间和空间的测量值都是________，它们与观察者的运动密切相关.

2. 一速度为 u 的宇宙飞船沿 x 轴正方向飞行，飞船头尾各有一个脉冲光源在工作，处于船尾的观察者测得船头光源发出的光脉冲的传播速度大小为________.

3. K 系与 K' 系是坐标轴相互平行的两个惯性系，K' 系相对于 K 系沿 x 轴正方向匀速运动，一根刚性尺静止在 K' 系中，与 $O'x'$ 轴成 $30°$ 角，今在 K 系中测得该尺与 Ox 轴成 $45°$ 角，则 K' 系相对于 K 系的速度是________.

4. 在某地发生两个事件，静止位于该地的甲测得时间间隔为 4 s，若相对于甲做匀直线运动的乙测得时间间隔为 5 s，则乙相对于甲的运动速度是________.

5. 一观察者测得一沿米尺长度方向匀速运动着的米尺的长度为 0.5 m，则此米尺以 $v=$________ m/s 的速度接近观察者.

6. 一艘飞船和一颗彗星相对地面分别以 $0.60c$ 和 $0.80c$ 的速度相向而行，在飞船上测得彗星的速度是________.

7. 在狭义相对论中，根据因果律保持的要求，一切相互作用传播的速度都不能大于________.

8. 相对论能量和动量关系为________.

9. 根据狭义相对论，在惯性系中，联系力和运动的力学基本方程可表示为________.

10. 在速度 $v=$________情况下，粒子的动量等于非相对论动量的两倍.

11. 在狭义相对论中，动能的表达式为________.

12. 某加速器将电子加速到能量 $E=2\times10^6$ eV 时，该电子的动能是________.（电子的静止质量为 9.11×10^{-31} kg）

13. 设某微观粒子的总能量是它动能的 k 倍，则其速度大小为________.

14. 已知在实验室中一个质子的静止质量为 m_0，其速度是 $0.99c$，则它的总能量为________.

15. 一个电子以 $0.8c$ 的速度运动，电子静止质量为 $m_0=9.11\times10^{-31}$ kg，它的总能量为________.

16. 一个电子以 $0.99c$ 的速度运动，电子静止质量为 $m_0=9.11\times10^{-31}$ kg，按相对论力学算出其动能是________.

17. 一被加速器加速的电子，其能量为 3×10^9 eV（已知其静止能量为 0.512×10^6 eV），这个电子的运动学质量是其静止质量的________倍.

18. 一被加速器加速的电子，其能量为 3×10^9 eV（已知其静止能量为 0.512×10^6 eV），这个电子的速度是________.

19. 在狭义相对论中，著名的质能方程式可表示为________.

20. 狭义相对论中，质点的运动学质量 m 与其速度 v 的关系式为________.

三、计算题

1. 在惯性系 S 中观察到有两个事件发生在某一地点，其时间间隔为 4 s. 从另一惯性系 S' 观察到这两个事件发生的时间间隔为 6 s，那么从 S' 系测量到这两个事件的空间间隔是多少？（设 S' 系以恒定速度相对 S 系沿 $x(x')$ 轴运动）

2. 在惯性系 K 系中观察到两个事件同时发生在 x 轴上，其间距离是 1 m，在另一惯性系 K'

中观察这两个事件之间的空间距离是 2 m,求在 K'系中这两个事件的时间间隔.

3. 静止时边长为 a 的正立方体,当它以速度 u 沿与它的一个边平行的方向相对于惯性系 S' 系运动时,在 S'系中测得它的体积将是多大?

4. 设想一飞船以 $0.80c$ 的速度在地球上空飞行,如果这时从飞船上沿速度方向发射一物体,物体相对飞船的速度为 $0.90c$,从地面上看,物体速度多大?

5. 在地面上测到有两个飞船 a,b 分别以 $+0.9c$ 和 $-0.9c$ 的速度沿相反的方向飞行,飞船 a 相对于飞船 b 的速度有多大?

6. 在惯性系 S 系中观察到在同一地点发生两个事件,第二事件发生在第一事件之后 2 s. 在另一惯性系 S'系中观察到第二事件在第一事件后 3 s 发生,求在 S'系中这两个事件的空间距离.

7. 地面上有一直线跑道长 100 m,运动员跑完所用时间为 10 s. 现在以 $0.8c$ 的速度沿跑道飞行的飞船中观测,试求:

(1) 跑道的长度;

(2) 运动员跑完该跑道所用的时间;

(3) 运动员的速度.

8. π^+ 介子是不稳定粒子,平均寿命是 2.6×10^{-8} s(在它自己的参考系中测量).

(1) 如果此粒子相对于实验室以 $0.8c$ 的速度运动,那么实验室坐标系中测量的 π^+ 介子寿命是多长?

(2) π^+ 介子在衰变前运动了多长距离?

9. 已知质子速度 $v=0.8c$,静质量为 $m_0=1.67\times10^{-27}$ kg,求质子的总能、动能和动量.

10. 已知一粒子的静止质量为 m_0,其固有寿命是实验室测得寿命的 $1/n$,求此粒子的动能.

11. 有一个静止质量为 m_0,带电量为 q 的粒子的初速度为零,在均匀电场 $\boldsymbol{E}$ 中加速,在时刻 t 它所获得的速度为多少?如果不考虑相对论效应,它的速度又是多少?

12. 在北京正负电子对撞机中,电子可以被加速到动能为 $E_k=2.8\times10^9$ eV.

(1) 这种电子的速度和光速相差多少?

(2) 这样的一个电子动量多大?

(3) 这种电子在周长为 240 m 的储存环内绕行时,它受的向心力多大?需要多大的偏转磁场?

13. 一个质子的静止质量是 $m_p=1.67265\times10^{-27}$ kg,一个中子的静止质量是 $m_n=1.67495\times10^{-27}$ kg,一个质子和一个中子结合成氘核的静止质量是 $m_D=3.34365\times10^{-27}$ kg,求结合过程中放出的能量. 该能量称为氘核的结合能,它是氘核静止能量的百分之几?

14. 一个电子从静止开始加速到 $0.1c$ 的速度,需要对它做多少功?速度从 $0.9c$ 加速到 $0.99c$ 又要做多少功?

第 7 章

真空中的静电场

学习目标

• 理解和掌握描述静电场的基本物理量——电场强度和电势的概念，理解电场强度的矢量性、电势的标量性.

• 理解和掌握静电场的两条基本定理——高斯定理和环路定理，理解静电场是有源场，理解静电力为保守力、静电场为保守场.

• 熟练掌握利用场强叠加原理和高斯定理等方法求解带电系统的电场强度.

• 理解电场强度和电势之间的积分和梯度关系.

• 理解电偶极子概念，掌握电偶极矩概念.

电磁学是研究电荷产生的电场、电流产生的磁场的基本规律，电场对电荷的作用、磁场对电流的作用规律，电场和磁场相互联系的基本规律，以及电磁场对实际物体影响而引起的各种效应及应用的一门学科.

电磁现象是自然界中普遍存在的一种现象，电磁相互作用是物质世界中最普遍的相互作用之一，电磁学知识是现代许多工程技术和科学研究的基础. 对于电磁学的定量研究开始于 18 世纪，至 19 世纪中叶形成了以麦克斯韦方程组为核心的比较完备的经典电磁学理论. 电磁学是继牛顿力学之后物理学理论的又一个重要成果.

相对于观察者静止的电荷产生的电场称为静电场. 电场对位于其中的电荷有力的作用，若电荷在电场力的作用下发生移动，则电场力对电荷做功. 力和做功是电场的两个重要性质，为描述这两个性质我们引入两个重要的物理量：电场强度和电势，并且讨论电场强度和电势的关系. 本章主要内容有：描述静电场基本性质的场强叠加原理、高斯(Gauss)定理，静电场的环路定理，描述静电场的物理量电场强度、电势，静电场对电荷的作用.

7.1 电荷 库仑定律

库仑(Coulomb)定律是电学中的一个基本定律. 我们首先讨论最简单的概念——电荷.

7.1.1 电荷

物体能够产生电磁现象归因于物体所带的电荷以及电荷的运动. 2000多年前,古希腊哲学家泰勒斯(Thales)发现,用木块摩擦过的琥珀能吸引碎草等轻小物体. 后来人们又发现,许多物体经过毛皮或丝绸等摩擦后,都能够吸引轻小的物体. 这种情况,人们就称它们带了电,或者说它们有了电荷.

实验表明,无论用何种方法起电,自然界中只存在两类电荷,分别称为正电荷和负电荷,且同性电荷相互排斥、异性电荷相互吸引. 历史上,美国物理学家富兰克林(Franklin)最早对电荷正负做了规定:用丝绸摩擦过的玻璃棒所带电为正,用毛皮摩擦过的硬橡胶棒所带电为负. 这种规定也一直沿用至今.

物质由原子组成,原子由原子核和核外电子组成,原子核又由中子和质子组成. 中子不带电,质子带正电,电子带负电. 原子中质子数和电子数相等,因此整体呈电中性. 电荷是实物粒子的一种属性,它描述了实物粒子的电性质. 物体带电的本质是两种物体间发生了电子的转移,即一个物体失去电子就带正电荷,另一个物体得到电子就带负电荷.

7.1.2 电荷的量子化

1913年,密立根(Millikan)通过著名的油滴实验,测出所有电子都具有相同的电荷,而且带电体的电荷量是电子电荷的整数倍. 一个电子的电荷绝对值记作 e,则任何带电体的电量绝对值为

$$q = ne(n=1,2,\cdots). \tag{7-1}$$

电荷的这种只能取一系列离散的、不连续值的性质,称为电荷的量子化. 电子的电荷 e 为电荷的量子,式(7-1)中的 n 称为量子数.

在国际单位制中,电荷的单位为库仑,符号为"C". 按国际单位制最新定义,电子电荷绝对值为

$$e = 1.602176634 \times 10^{-19}\ \mathrm{C},$$

通常在计算中取近似值

$$e \approx 1.602 \times 10^{-19}\ \mathrm{C}.$$

我们所讨论的带电体的电量往往是基本电荷的许多倍,从总体效果上我们认

为电荷是连续地分布在带电体上的，而可以忽略电荷量子化引起的微观起伏.

值得一提的是，近代物理从理论上预言，自然界中存在电荷为分数($\pm\frac{1}{3}e$ 或 $\pm\frac{2}{3}e$)的粒子(夸克)，中子和质子等是由夸克组成的，但至今人们还没有在实验中发现单独存在的夸克. 不过，即使今后真的发现了单独存在的夸克，也不会改变电荷量子化的结论，只不过是基本电荷需要重新定义而已.

7.1.3 电荷守恒定律

实验证明，无论是摩擦起电，还是感应带电，任何物体的带电过程都是使物体中原有的正、负电荷分离或转移的过程，一个物体失去一些电子，必然有其他物体获得这些电子. 一种电荷出现时，必然有相等量值的异号电荷同时出现；一种电荷消失时，必然有相等量值的异号电荷同时消失. 据此，人们总结出电荷守恒定律：在一个孤立系统内，无论进行怎样的物理过程，系统内正、负电荷的代数和总是保持不变. 电荷守恒定律是自然界中几个基本守恒定律之一，无论是在宏观过程还是在微观过程中都适用.

近代物理研究已表明，在微观粒子的相互作用过程中，电荷是可以产生和消失的，但是电荷守恒定律仍然成立.

例如：一个高能光子与一个重原子核作用时，光子 γ 可以转化为一对正负电子(即 $\gamma\rightarrow e^{+}+e^{-}$)，称为电子对的“产生”；一对正负电子对撞会转化为两个不带电的光子(即 $e^{+}+e^{-}\rightarrow 2\gamma$)，这称为电子对的“湮灭”. 光子不带电，正、负电子又各带有等量异号电荷，所以这种电荷的产生和湮灭并不改变系统中电荷的代数和，因而电荷守恒定律仍然是成立的.

此外，实验表明，物体所带电荷与它的运动状态无关，当质子和电子处在加速器中时，随着它们运动速度的变化，其质量亦发生显著变化，但电荷却没有任何变化. 电荷的这一性质表明，系统所带电荷与参考系的选取无关，即电荷具有运动不变性或相对论不变性.

7.1.4 库仑定律

当一个带电体的线度远小于作用距离时，可看作点电荷. 点电荷是一个理想化的物理模型，如果在研究的问题中，带电体的几何形状、大小及电荷分布都可以忽略不计，即可将它看作一个几何点，则这样的带电体就是点电荷. 实际的带电体(包括电子、质子等)都有一定大小，都不是点电荷. 只有当电荷间距离大到可认为电荷大小、形状不起什么作用时，才能把电荷看成点电荷.

1785 年，法国物理学家库仑利用他发明的精巧扭秤做了一系列的精细实验，定量测量了两个带电物体之间的相互作用力，总结出真空中点电荷间相互作用的规律，即库仑定律. 库仑定律的表述如下：

在真空中，两个静止的点电荷之间的相互作用力的大小与这两个点电荷电量的乘积成正比，与它们之间距离的平方成反比，作用力的方向在两点电荷之间的连线上，同号电荷互相排斥，异号电荷互相吸引.

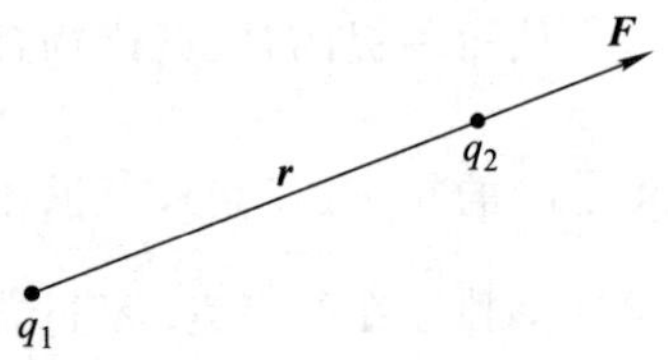

图 7-1　库仑定律

如图 7-1 所示，设两点电荷的电量分别为 q_1，q_2，由电荷 q_1 指向电荷 q_2 的矢量为 $\boldsymbol{r}$，则电荷 q_2 受到电荷 q_1 的作用力 $\boldsymbol{F}$ 为

$$\boldsymbol{F}=k\frac{q_1q_2}{r^2}\boldsymbol{e}_r, \tag{7-2}$$

其中 $\boldsymbol{e}_r$ 为由电荷 q_1 指向电荷 q_2 的单位矢量，k 为比例系数，在国际单位制中 $k\approx 8.98755\times10^9\ \mathrm{N\cdot m^2\cdot C^{-2}}$，通常取作 $9\times10^9\ \mathrm{N\cdot m^2\cdot C^{-2}}$.

为使电磁学方程简洁，将 k 改写为

$$k=\frac{1}{4\pi\varepsilon_0},$$

其中 ε_0 是真空中的介电常数(也称真空电容率)，国际单位制中

$$\varepsilon_0\approx 8.8542\times10^{-12}\ \mathrm{C^2\cdot N^{-1}\cdot m^{-2}}.$$

于是，真空中的库仑定律可表示为

$$\boldsymbol{F}=\frac{q_1q_2}{4\pi\varepsilon_0r^2}\boldsymbol{e}_r=\frac{q_1q_2}{4\pi\varepsilon_0r^3}\boldsymbol{r}. \tag{7-3}$$

关于库仑定律的几点说明如下：

(1) 库仑定律是真空中点电荷间作用力的规律. 如果带电体不能抽象为点电荷，就不能直接用库仑定律求相互作用力.

(2) 两静止点电荷之间的库仑力满足牛顿第三定律，即 $\boldsymbol{F}_{12}=-\boldsymbol{F}_{21}$.

(3) 库仑定律是一条实验定律，是静电学的基础. 库仑定律的距离平方反比律精度非常高. 若 $F\propto r^{-2\pm\delta}$，则实验测出 $\delta\leqslant2\times10^{-16}$.

(4) 在 $r=10^{-15}\sim10^7\,\mathrm{m}$ 的范围内，库仑定律非常精确地与实验相符合.

(5) 式(7-2)和(7-3)中 $\boldsymbol{e}_r$ 是由源电荷(源点)到场电荷(场点)的单位矢量.

库仑定律仅适用于两个点电荷之间的作用. 当空间同时存在几个点电荷时，某一个点电荷所受的库仑力等于其他各点电荷单独存在时作用在该点电荷上的库仑力的矢量和. 这称为静电力的叠加原理.

设空间中有 N 个点电荷 $q_1,q_2,q_3,\cdots,q_N$，令 $q_2,q_3,\cdots,q_N$ 作用在 q_1 上的力分别为 $\boldsymbol{F}_2,\boldsymbol{F}_3,\cdots,\boldsymbol{F}_N$，则电荷 q_1 受到的库仑力为

$$\boldsymbol{F}_1=\boldsymbol{F}_2+\boldsymbol{F}_3+\cdots+\boldsymbol{F}_N=\sum_{i=2}^{N}\boldsymbol{F}_i. \tag{7-4}$$

利用库仑定律和静电力的叠加原理,可以求解任意带电体之间的静电场力.

7.2 电场 电场强度

电荷之间存在相互作用力,这种作用力是依靠电场施加到彼此上面的.

7.2.1 电场

库仑定律给出了两个点电荷之间的相互作用力,但并未说明作用力的传递途径,那么电荷之间的作用力是通过什么传递的呢? 历史上曾有过两种观点:一种是超距作用观点,认为电荷之间的作用力是不需要中介物质传递的,也不存在中间的传递过程,作用力是瞬间传到对方的;另一种是近距作用观点,认为电荷之间的力是需要中介物质传递的,也存在着传递的过程,作用力的传递具有相应的速度.

近代物理学的发展证明,近距作用观点是正确的. 但是,这个传递电荷作用力的中间媒介不是"以太",而是电荷周围存在的一种"特殊"物质——电场.

只要有电荷存在,在电荷的周围就存在电场. 电场的基本特性是对位于其内的电荷有力的作用,这个力我们称为电场力. A,B 两个电荷相互作用时,A 电荷受到 B 电荷的作用力,实际上是 B 电荷在其周围激发电场,这个电场再对 A 电荷施加力的作用. 同样,B 电荷受到 A 电荷的作用力,也是通过 A 电荷所激发的电场给 B 电荷作用力. 这种电荷间的相互作用过程可以表示为

$$\text{电荷} \leftrightarrow \text{电场} \leftrightarrow \text{电荷}.$$

电磁场也是物质存在的一种形式,与其他一切物质一样,电磁场也具有能量、动量等属性. 但电磁场与其他普通的物质有着明显的区别,那就是:几个场可以同时占有同一空间,其他实物物质也可以置于电磁场中,电磁场具有可入性. 所以说电磁场是一种特殊的物质.

7.2.2 电场强度

在静电荷周围存在静电场,静电场对处于其中的电荷有电场力的作用,这是电场的一个重要的性质. 这里,我们从电场对电荷的作用力入手,来研究电场的性质和规律,引入描述电场性质的物理量——电场强度.

如图 7-2 所示,在相对静止的电荷 Q 周围的静电场中,放入试验电荷 q_0,讨论试验电荷的受力情况. 试验电荷应满足以下两个条件:一是试验电荷的电量 q_0 要足够小,当把它引入被测电场中时,在实验精度范围内,不会影响原有电场的分

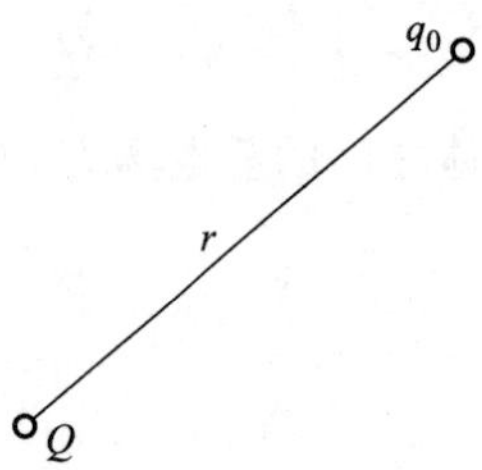

图7-2　点电荷的场强

布；二是试验电荷的线度要足够小，可以把它视为点电荷，这样我们说试验电荷位于场中某点才有意义，才能利用它来确定场中某点的性质. 实验发现，试验电荷放在不同位置处受到的电场力的大小和方向都不同，但是试验电荷受力与其电量的比值 $\boldsymbol{F}/q_0$ 是确定的矢量，这个矢量只与电场中各点的位置有关，而与试验电荷的大小、带电正负无关. 因此，这个矢量反映了电场本身的性质. 我们把这个矢量定义为电场强度，简称场强，用 $\boldsymbol{E}$ 表示，

$$\boldsymbol{E}=\frac{\boldsymbol{F}}{q_0}. \tag{7-5}$$

式(7-5)表明，电场中某点的电场强度在数值上等于位于该点的单位正试验电荷所受的电场力，电场强度的方向与正电荷在该点所受的电场力的方向一致.

电场强度既有大小，又有方向，在电场中各点的 $\boldsymbol{E}$ 一般不同. 所以，电场强度是空间坐标的矢量函数，即 $\boldsymbol{E}=\boldsymbol{E}(x,y,z)$.

在国际单位制中，电场强度的单位是 N/C 或 V/m.

当电场强度分布已知时，电荷 q 在场强为 $\boldsymbol{E}$ 的电场中受的电场力为

$$\boldsymbol{F}=q\boldsymbol{E}.$$

当 $q>0$(正电荷)时，电场力方向与电场强度方向相同；当 $q<0$(负电荷)时，电场力方向与电场强度方向相反.

7.2.3　电场强度叠加原理

若电场由一个电荷 Q 产生，电荷 Q 位于坐标原点，在距电荷 Q 为 r 处任取一点 P，设想把一个试验电荷 q_0 放在 P 点，由库仑定律可知试验电荷受到的电场力为

$$\boldsymbol{F}=\frac{1}{4\pi\varepsilon_0}\frac{Qq_0}{r^2}\boldsymbol{e}_r,$$

其中 $\boldsymbol{e}_r$ 是 Q 到场点的单位矢量. 根据电场强度的定义式(7-5)，得到 P 点处的电场强度为

$$\boldsymbol{E}=\frac{\boldsymbol{F}}{q_0}=\frac{1}{4\pi\varepsilon_0}\frac{Q}{r^2}\boldsymbol{e}_r. \tag{7-6}$$

式(7-6)为点电荷产生的电场强度公式. Q 为正电荷时，$\boldsymbol{E}$ 的方向与 $\boldsymbol{e}_r$ 相同；Q 为负电荷时，$\boldsymbol{E}$ 的方向与 $\boldsymbol{e}_r$ 相反. 场强 $\boldsymbol{E}$ 的大小与点电荷所带电量成正比，与距离 r 的平方成反比，在以 Q 为中心的各个球面上相等，所以点电荷的电场具有球对称性.

若电场由点电荷系 $Q_1,Q_2,\cdots,Q_N$ 产生，在 P 点放一个试验电荷 q_0，根据力的

叠加原理,可知试验电荷受到的作用力为 $\boldsymbol{F}=\sum_{i=1}^{N}\boldsymbol{F}_i$,所以点电荷系在 P 点产生的电场强度为

$$\boldsymbol{E}=\frac{\boldsymbol{F}}{q_0}=\frac{\sum_{i=1}^{N}\boldsymbol{F}_i}{q_0}=\sum_{i=1}^{N}\frac{\boldsymbol{F}_i}{q_0}=\sum_{i=1}^{N}\boldsymbol{E}_i=\sum_{i=1}^{N}\frac{Q_i\boldsymbol{r}_i}{4\pi\varepsilon_0 r_i^3},\tag{7-7}$$

即点电荷系电场中某点的电场强度等于各个点电荷单独存在时在该点的电场强度的矢量和,这就是电场强度的叠加原理.

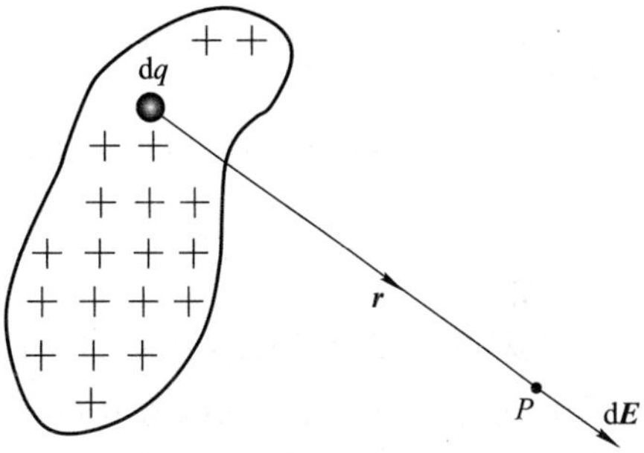

图 7-3 带电体的场强

若电场由电荷连续分布的带电体产生,整个带电体不能看作点电荷,于是此时不能用式(7-7)来计算电场强度的分布.但是,可以将带电体分成许多电荷元 $\mathrm{d}q$,每个电荷元可看作点电荷,如图 7-3 所示.电荷元在 P 点处产生的电场强度为

$$\mathrm{d}\boldsymbol{E}=\frac{1}{4\pi\varepsilon_0}\frac{\mathrm{d}q}{r^2}\boldsymbol{e}_r,$$

整个带电体在 P 点处产生的电场强度为各个电荷元在 P 点处产生的电场强度的矢量和.由于电荷是连续分布的,需采用积分求解:

$$\boldsymbol{E}=\int\mathrm{d}\boldsymbol{E}=\int\frac{1}{4\pi\varepsilon_0}\frac{\mathrm{d}q}{r^2}\boldsymbol{e}_r.\tag{7-8}$$

这是一个矢量积分,在具体计算时,对于各分场强方向不在同一条直线上的情况,一般需要先建立坐标系,分别计算场强在坐标轴上的分量之和,再求总场强.例如在笛卡儿坐标系下,总的电场强度可以分解为

$$\boldsymbol{E}=E_x\boldsymbol{i}+E_y\boldsymbol{j}+E_z\boldsymbol{k},$$

其中

$$E_x=\int\mathrm{d}E_x,\quad E_y=\int\mathrm{d}E_y,\quad E_z=\int\mathrm{d}E_z.$$

(7-8)式中的微元电荷 $\mathrm{d}q$,根据电荷分布的不同,可以分为下面几种情况:

(1) 如果电荷分布在某一体积内,可用 ρ 表示单位体积上的电荷,称为电荷体密度,$\rho=\frac{\mathrm{d}q}{\mathrm{d}V}$,则电荷元 $\mathrm{d}q$ 为 $\mathrm{d}q=\rho\mathrm{d}V$,体电荷产生的电场强度为 $\boldsymbol{E}=\int\mathrm{d}\boldsymbol{E}=\int\frac{1}{4\pi\varepsilon_0}\frac{\rho\mathrm{d}V}{r^2}\boldsymbol{e}_r$.

(2) 当电荷分布在平面或者曲面形状的带电体上时,可用 σ 表示单位面积上

的电荷,称为电荷面密度,$\sigma=\dfrac{dq}{dS}$,则电荷元 dq 为 $dq=\sigma dS$,面电荷产生的电场强度为 $\boldsymbol{E}=\int d\boldsymbol{E}=\int \dfrac{1}{4\pi\varepsilon_0}\dfrac{\sigma dS}{r^2}\boldsymbol{e}_r$.

(3) 当电荷分布在细长线状的带电体上时,可用 λ 表示单位长度上的电荷,称为电荷线密度,$\lambda=\dfrac{dq}{dl}$,则电荷元 dq 为 $dq=\lambda dl$,线电荷产生的电场强度为 $\boldsymbol{E}=\int d\boldsymbol{E}=\int \dfrac{1}{4\pi\varepsilon_0}\dfrac{\lambda dl}{r^2}\boldsymbol{e}_r$.

在实际运算时我们可以根据不同的问题,选择适当的电荷分布进行计算.

7.2.4 电场强度的计算

电场强度是反映电场性质的物理量,空间各点的电场强度完全取决于电荷在空间的分布情况. 若已知电荷分布,则可计算出任意点的电场强度,计算的方法是利用点电荷在其周围激发场强的表达式与电场强度叠加原理.

下面通过几个例子来说明电场强度的计算方法.

【例 7-1】 两个电量相等、符号相反、相距为 l 的点电荷 $+q$ 和 $-q$,若场点到这两个电荷的距离比 l 大得多时,这两个点电荷系称为电偶极子. 从 $-q$ 指向 $+q$ 的矢量记为 $\boldsymbol{l}$,定义 $\boldsymbol{p}=q\boldsymbol{l}$ 为电偶极子的电偶极矩. 求电偶极子 $\boldsymbol{p}=q\boldsymbol{l}$ 的电场.

解:(1) 电偶极子轴线延长线上一点的电场强度.

如图 7-4 所示,取电偶极子轴线的中点为坐标原点 O,沿轴线的延长线为 Ox

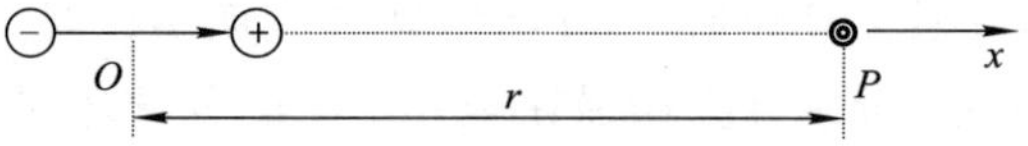

图 7-4

轴,轴上任意点 P 距原点的距离为 r,则正负电荷在场点 P 产生的场强为

$$\boldsymbol{E}=\boldsymbol{E}_{+}+\boldsymbol{E}_{-}=\frac{q}{4\pi\varepsilon_0}\left[\frac{1}{\left(r-\frac{l}{2}\right)^2}-\frac{1}{\left(r+\frac{l}{2}\right)^2}\right]\boldsymbol{l}=\frac{q}{4\pi\varepsilon_0}\frac{2rl}{\left(r^2-\frac{l^2}{4}\right)^2}\boldsymbol{l}.$$

当场点到电偶极子的距离 $r\gg l$ 时,有 $r^2-l^2/4\approx r^2$,于是上式可以写为

$$\boldsymbol{E}=\frac{2ql}{4\pi\varepsilon_0 r^3}\boldsymbol{i}=\frac{1}{4\pi\varepsilon_0}\frac{2\boldsymbol{p}}{r^3},$$

其中 $\boldsymbol{p}=q\boldsymbol{l}$ 定义为电偶极子的电偶极矩. l 的方向为负电荷指向正电荷. 上式表明,在电偶极子轴线的延长线上任意点的电场强度的大小,与电偶极子的电偶极矩

大小成正比，与电偶极子中心到该点的距离的三次方成反比，电场强度的方向与电偶极矩的方向相同.

(2) 电偶极子轴线的中垂线上一点的电场强度.

如图 7-5 所示，取电偶极子轴线中点为坐标原点，因而中垂线上任意点 P 的场强为 $+q$ 和 $-q$ 在 P 点产生的电场的电场强度的矢量和.

由式(7-6)可得 $+q$ 和 $-q$ 在 P 点产生的电场强度分别为

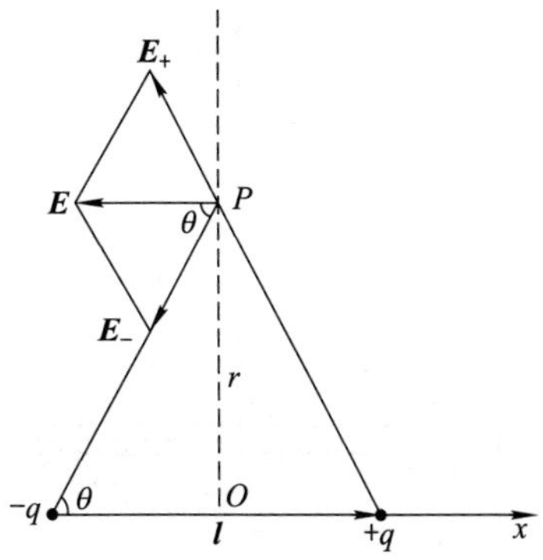

图 7-5　电偶极子

$$\boldsymbol{E}_{+}=\frac{q}{4\pi\varepsilon_0\left(r^2+\frac{l^2}{4}\right)}\boldsymbol{e}_{+},$$

$$\boldsymbol{E}_{-}=\frac{q}{4\pi\varepsilon_0\left(r^2+\frac{l^2}{4}\right)}\boldsymbol{e}_{-},$$

其中 $\boldsymbol{e}_{+}$ 和 $\boldsymbol{e}_{-}$ 分别为从 $+q$ 和 $-q$ 指向 P 点的单位矢量. 根据电场强度叠加原理，P 点的合电场强度 $\boldsymbol{E}=\boldsymbol{E}_{+}+\boldsymbol{E}_{-}$，方向如图 7-5 所示，大小为

$$\boldsymbol{E}=-2E_{+}\cos\theta\boldsymbol{i}=-2\frac{\frac{ql}{2}}{4\pi\varepsilon_0\left(r^2+\frac{l^2}{4}\right)^{3/2}}\boldsymbol{i}=-\frac{\boldsymbol{p}}{4\pi\varepsilon_0\left(r^2+\frac{l^2}{4}\right)^{3/2}},$$

其中

$$\cos\theta=\frac{l/2}{\sqrt{r^2+\frac{l^2}{4}}}.$$

$r\gg l$ 时，$r^2+l^2/4\approx r^2$，有

$$\boldsymbol{E}=-\frac{\boldsymbol{p}}{4\pi\varepsilon_0 r^3}.$$

从上式可知，电偶极子中垂线上任意点的电场强度的大小，与电偶极子的电偶极矩大小成正比，与电偶极子中心到该点的距离的三次方成反比，电场强度的方向与电偶极矩的方向相反.

【例 7-2】 一长度为 L 的均匀带电直线段，电荷线密度为 λ，线段外一点 P 到线段的垂直距离为 d，P 点同线段的两个端点的连线与线段之间的夹角分别为 θ_1，θ_2，如图 7-6 所示. 试求 P 点处的电场强度.

解：以 P 点到线段的垂足为原点，建立直角坐标系，如图 7-6 所示. 在带电线

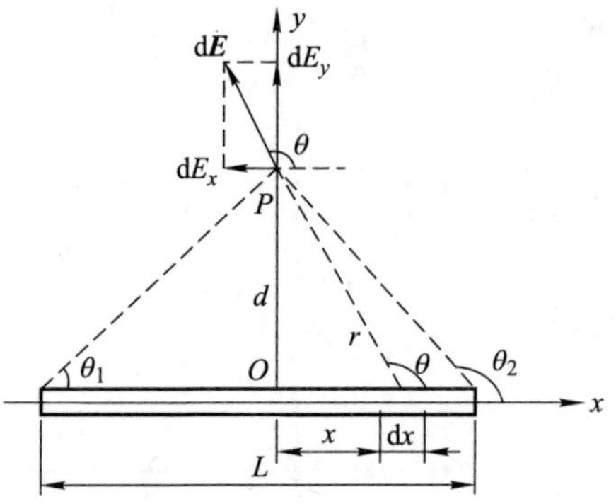

图 7－6

段上取微元，其电荷元可表示为 $dq=\lambda dx$，dq 在 P 点产生场强的大小为

$$dE=\frac{1}{4\pi\varepsilon_0}\frac{dq}{r^2}=\frac{1}{4\pi\varepsilon_0}\frac{\lambda dx}{r^2}.$$

设 r 与 x 轴正向的夹角为 θ，则 $d\boldsymbol{E}$ 在各坐标轴上的分量为

$$dE_x=dE\cos\theta=\frac{1}{4\pi\varepsilon_0}\frac{\lambda dx}{r^2}\cos\theta,$$

$$dE_y=dE\sin\theta=\frac{1}{4\pi\varepsilon_0}\frac{\lambda dx}{r^2}\sin\theta.$$

根据图 7－6 中的几何关系，统一积分变量，有

$$x=d\cot(\pi-\theta)=-d\cot\theta,$$

则

$$dx=d\csc^2\theta d\theta.$$

又

$$r=d^2\csc^2\theta,$$

代入 $d\boldsymbol{E}$ 分量式中，统一积分变量，有

$$dE_x=\frac{1}{4\pi\varepsilon_0}\frac{\lambda}{d}\cos\theta d\theta,$$

$$dE_y=\frac{1}{4\pi\varepsilon_0}\frac{\lambda}{d}\sin\theta d\theta.$$

积分运算，得 P 点场强在坐标轴上的分量分别为

$$E_x=\int dE_x=\int_{\theta_1}^{\theta_2}\frac{1}{4\pi\varepsilon_0}\frac{\lambda}{d}\cos\theta d\theta=\frac{1}{4\pi\varepsilon_0}\frac{\lambda}{d}(\sin\theta_2-\sin\theta_1),$$

$$E_y=\int dE_y=\int_{\theta_1}^{\theta_2}\frac{1}{4\pi\varepsilon_0}\frac{\lambda}{d}\sin\theta d\theta=\frac{1}{4\pi\varepsilon_0}\frac{\lambda}{d}(\cos\theta_1-\cos\theta_2).$$

根据矢量加法，得 P 点场强的矢量形式

$$\boldsymbol{E}=E_x\boldsymbol{i}+E_y\boldsymbol{j}=\frac{\lambda}{4\pi\varepsilon_0 d}(\sin\theta_2-\sin\theta_1)\boldsymbol{i}+\frac{\lambda}{4\pi\varepsilon_0 d}(\cos\theta_1-\cos\theta_2)\boldsymbol{j}.$$

如果带电体为无限长均匀带电直线，有 $\theta_1\to 0$，$\theta_2\to\pi$，则有

$$\boldsymbol{E}=\frac{\lambda}{2\pi\varepsilon_0 d}\boldsymbol{j},$$

即场强的大小与电荷的线密度成正比，与该点到直线的距离成反比，场强的方向垂直于带电直线，且当电荷为正电荷时，P 点场强指向外侧，当电荷为负电荷时，P 点场强指向带电直线.

【例 7－3】 真空中一均匀带电圆环，半径为 R，带电量为 q. 试求轴线上任意一点 P 处的场强.

解：以环心为原点，轴线方向为坐标轴正向，建立坐标轴，如图 7－7 所示. 在圆环上取电荷元 $\mathrm{d}q=\lambda\mathrm{d}l$，电荷元在场点 P 处激发的电场 $\mathrm{d}E$ 的大小为

$$\mathrm{d}E=\frac{1}{4\pi\varepsilon_0}\frac{\mathrm{d}q}{r^2}.$$

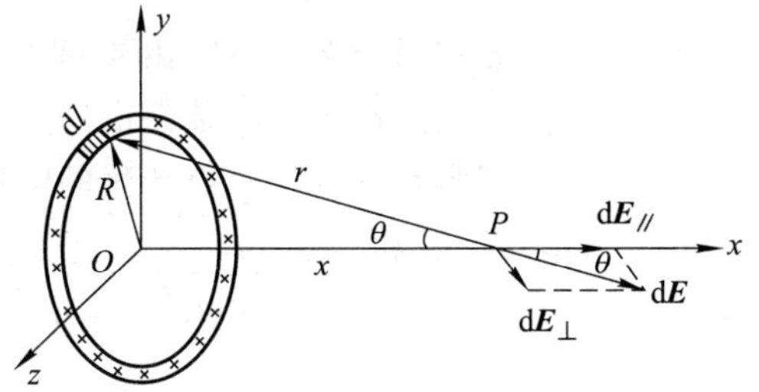

图 7－7

由于电荷分布对 P 点有轴对称性，故将 $\mathrm{d}\boldsymbol{E}$ 沿平行、垂直于 Ox 轴两个方向进行分解，得 $\mathrm{d}\boldsymbol{E}_{//}$ 和 $\mathrm{d}\boldsymbol{E}_{\perp}$.

各电荷元在 P 点的垂直于 Ox 轴的分量由于对称性而相互抵消，可得

$$E_{\perp}=\int\mathrm{d}E_{\perp}=0.$$

因此 P 点场强的大小为

$$E=E_{//}=\int\frac{\lambda\mathrm{d}l}{4\pi\varepsilon_0 r^2}\cos\theta=\frac{\lambda\cos\theta}{4\pi\varepsilon_0 r^2}\int_0^{2\pi R}\mathrm{d}l=\frac{q\cos\theta}{4\pi\varepsilon_0 r^2}=\frac{qx}{4\pi\varepsilon_0(x^2+R^2)^{\frac{3}{2}}}.$$

讨论：

(1) 当 $x\gg R$ 时，$(R^2+x^2)^{\frac{3}{2}}\approx x^3$，于是有 $E\approx\dfrac{q}{4\pi\varepsilon_0 x^2}$. 这是容易理解的，因为此时带电体的尺度相对于研究的距离而言足够小，带电体可以认为是电荷集中于环心的点电荷.

(2) $x=0$ 时，$E=0$，即圆环中心处的电场强度为零. 这也容易理解，电荷关于环心对称分布，因此它们在环心处场强互相抵消.

(3) 由 $\dfrac{\mathrm{d}E}{\mathrm{d}x}=0$，可以得到电场强度极大值在 $x=\pm\dfrac{R}{\sqrt{2}}$ 处.

【例 7－4】 设有一个内半径为 R_1、外半径为 R_2 的均匀带电的薄圆盘，电荷面密度为 σ. 求通过盘心、垂直于盘面的轴线上任一点的场强.

解：本题可以直接利用均匀带电圆环在中垂线上电场的结果. 首先把均匀带电

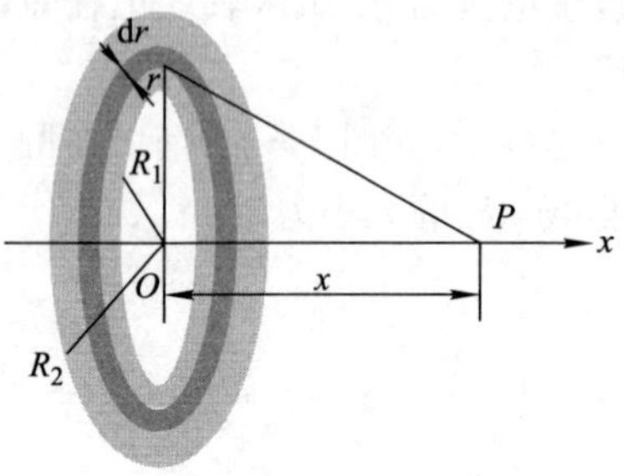

图 7－8

圆盘分成许多半径不同的同心细圆环，如图 7－8 所示，取一半径为 r、宽度为 $\mathrm{d}r$ 的圆环，其圆环的电量为

$$\mathrm{d}q=\sigma\mathrm{d}s=\sigma 2\pi r\mathrm{d}r.$$

此圆环在轴线上 x 处产生的场强大小为

$$\mathrm{d}E=\frac{x\mathrm{d}q}{4\pi\varepsilon_0(x^2+r^2)^{3/2}}=\frac{\sigma}{2\varepsilon_0}\frac{xr\mathrm{d}r}{(x^2+r^2)^{3/2}},$$

方向沿 x 轴方向. 由于圆盘上所有的带电圆环在场点产生的场强都沿同一方向，所以整个带电圆盘在轴线上一点产生的电场强度为

$$E=\int_{R_1}^{R_2}\frac{\sigma}{2\varepsilon_0}\frac{xr\mathrm{d}r}{(x^2+r^2)^{3/2}}=\frac{\sigma x}{2\varepsilon_0}\left(\frac{1}{\sqrt{x^2+R_1^2}}-\frac{1}{\sqrt{x^2+R_2^2}}\right),$$

其方向沿 x 轴方向.

讨论：

(1) 当 $R_1\to 0$ 时，即为半径 R_2 的均匀带电圆盘在轴线上的电场强度，

$$E=\frac{\sigma}{2\varepsilon_0}\left(1-\frac{x}{\sqrt{x^2+R_2^2}}\right).$$

(2) 当 $R_1\to 0, x\gg R_2$ 时，由二项式定理，有

$$\left(1+\frac{R_2^2}{x^2}\right)^{-1/2}=1-\frac{1}{2}\frac{R_2^2}{x^2}+\frac{3}{8}\left(\frac{R_2^2}{x^2}\right)^2-\cdots.$$

由于 $\frac{R_2}{x}\ll 1$，略去 $\frac{R_2}{x}$ 的高次项，只保留前两项，则在离圆盘很远处的电场强度就可以表示为

$$E=\frac{\sigma}{2\varepsilon_0}\left[1-\left(1-\frac{R_2^2}{2x^2}\right)\right]=\frac{q}{4\pi\varepsilon_0 x^2},$$

与点电荷产生的电场强度一样.

(3) 当 $R_1\to 0, x\ll R_2$ 时，圆盘可视为无穷大的均匀带电平板，其电场强度的大小为

$$E=\frac{\sigma}{2\varepsilon_0},$$

方向与带电平面垂直. 可见，无限大均匀带电平板在两侧将分别产生均匀电场.

【例 7－5】 环形薄片由细绳悬吊着，环的外半径为 R，内半径为 $R/2$，并有电荷 Q 均匀分布在环面上. 细绳长 $3R$，也有电荷 Q 均匀分布在绳上，如图 7－9 所示. 试求圆环中心 O 处的电场强度(圆环中心 O 在细绳延长线上).

解：根据场强叠加原理，圆环中心处的电场由细绳上的电荷以及圆盘上的电荷激发叠加而成. 首先计算细绳上的电荷在圆环中心处激发的电场.

如图 7－9 所示,先在绳上取微元 $\mathrm{d}x$,该微元电量可以表示为

$$\mathrm{d}q=\lambda\mathrm{d}x=\frac{Q}{3R}\mathrm{d}x.$$

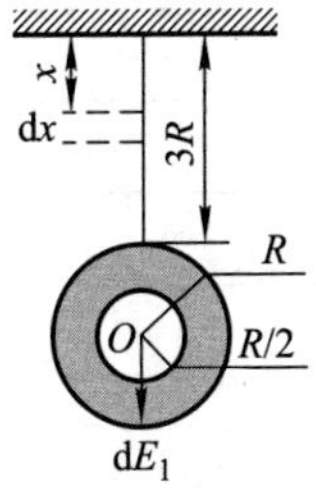

图 7－9

它在环心 O 处激发的电场为

$$\mathrm{d}E_1=\frac{\mathrm{d}q}{4\pi\varepsilon_0(4R-x)^2}=\frac{Q\mathrm{d}x}{12\pi\varepsilon_0R(4R-x)^2}.$$

对上式积分,得到绳上电荷在环心处激发的总电场

$$E_1=\frac{Q}{12\pi\varepsilon_0R}\int_0^{3R}\frac{\mathrm{d}x}{(4R-x)^2}=\frac{Q}{16\pi\varepsilon_0R^2}.$$

接下来计算圆环上的电荷在环心处激发的电场.由于圆环上的电荷相对于环心对称分布,根据例 7－4 的计算结果可知,均匀带电圆环在环心处激发的电场为 0,因此环心处电场为细绳上的电荷在圆环中心处激发的电场:

$$\boldsymbol{E}=E_1\boldsymbol{i}=\frac{Q}{16\pi\varepsilon_0R^2}\boldsymbol{i}.$$

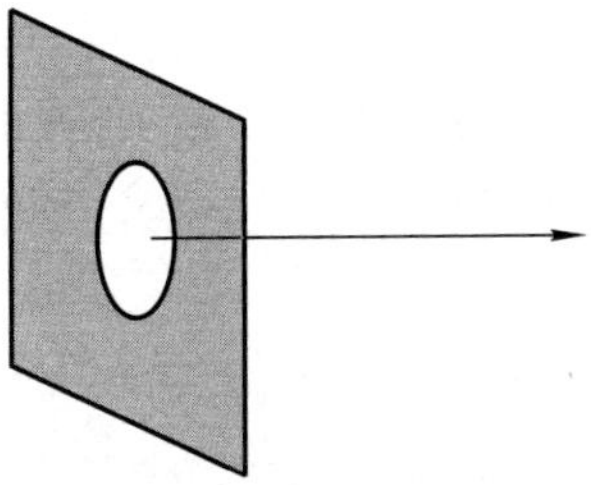
图 7－10 带圆孔无限大均匀带电平板的场强

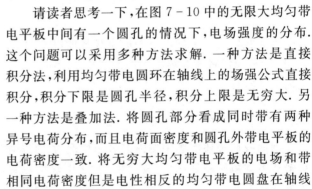

请读者思考一下,在图 7－10 中的无限大均匀带电平板中间有一个圆孔的情况下,电场强度的分布. 这个问题可以采用多种方法求解. 一种方法是直接积分法,利用均匀带电圆环在轴线上的场强公式直接积分,积分下限是圆孔半径,积分上限是无穷大. 另一种方法是叠加法. 将圆孔部分看成同时带有两种异号电荷分布,而且电荷面密度和圆孔外带电平板的电荷密度一致. 将无穷大均匀带电平板的电场和带相同电荷密度但是电性相反的均匀带电圆盘在轴线上的电场叠加,也可以得到相同的结果.

7.2.5 电偶极子在均匀电场中的力矩

这里,我们只讨论在匀强电场中电偶极子的受力和受力矩情况,首先讨论受力情况.

在场强为 $\boldsymbol{E}$ 的匀强电场中,放置一电偶极矩为 $\boldsymbol{p}=q\boldsymbol{l}$ 的电偶极子,如图 7－11 所示. 电场作用在 $+q$ 和 $-q$ 上的力分别为 $\boldsymbol{F}_+=q\boldsymbol{E}$ 和 $\boldsymbol{F}_-=-q\boldsymbol{E}$,它们的大小相等、方向相反,于是作用在电偶极子上的合力为

$$\boldsymbol{F}=\boldsymbol{F}_++\boldsymbol{F}_-=q\boldsymbol{E}-q\boldsymbol{E}=\boldsymbol{0},$$

即在匀强电场中,电偶极子不受电场力的作用,没有平动.

下面讨论电偶极子在匀强电场中所受的力矩情况. 由于 $\boldsymbol{F}_+$ 和 $\boldsymbol{F}_-$ 不在同一直

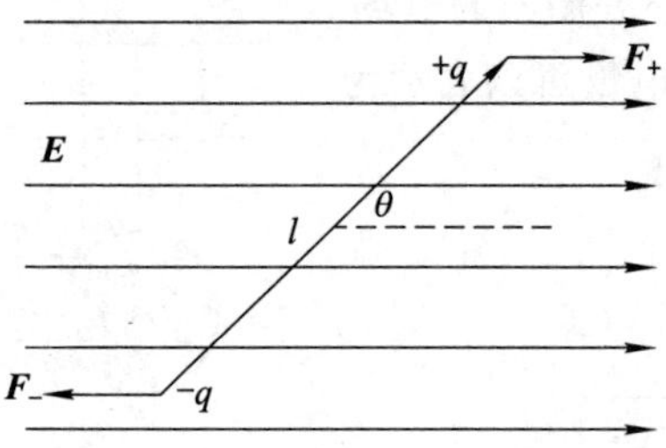

图 7-11　电偶极子所受的力矩

线上，所以电偶极子要受到力矩的作用. 由力矩的定义，可知电偶极子所受力矩的大小为

$$M = qlE\sin\theta = pE\sin\theta,$$

写成矢量形式为

$$\boldsymbol{M} = \boldsymbol{p} \times \boldsymbol{E}.$$

在这个力矩的作用下，电偶极子将在平面内转动，转向电场 $\boldsymbol{E}$ 的方向. 当 $\theta=0$ 时，电偶极子的电偶极矩方向与电场强度的方向相同，电偶极子所受的力矩为零，这个位置是电偶极子的稳定平衡位置. 当 $\theta=\pi$ 时，电偶极子的电偶极矩方向与电场强度方向相反，电偶极子所受的力矩为零，但是电偶极子处于非稳定平衡位置. 只要电偶极子稍微偏离这个位置，它将在力矩的作用下转动，使电偶极子的电偶极矩方向最终与电场强度的方向一致.

7.3　电场强度通量 高斯定理

前面我们讨论了静电场中的电场强度以及确定电场中各点的电场强度的计算方法. 本节我们将在介绍电场线的基础上，引入电场强度通量的概念，并给出静电场的高斯定理.

7.3.1　电场线

前面我们描述电场中场强的分布情况时，都是通过场强的函数式来描述的，这种描述方案虽然精确，但比较抽象. 对于电场中场强的分布情况，还有一套比较形象的描述方案，即通过在电场中作出一些假想的线——电场线(又称 $\boldsymbol{E}$ 线)来描述场强的分布. 为了使电场线能够描述出电场中各点场强 $\boldsymbol{E}$ 的大小和方向，对电场线做如下规定：

(1) 电场线上每一点的切线方向与该点场强 $\boldsymbol{E}$ 的方向一致.

(2) 在任意一个场点，电场线的密度正比于该处场强 $\boldsymbol{E}$ 的大小. 设通过电场中某点且垂直于该点场强方向的无限小面积元 $\mathrm{d}S$ 的电场线条数为 $\mathrm{d}\Phi_e$，按上述规定，应有

$$E \propto \frac{\mathrm{d}\Phi_e}{\mathrm{d}S}.$$

如果此式中各量都采用国际单位制中的单位，我们规定

$$E = \frac{\mathrm{d}\Phi_e}{\mathrm{d}S},$$

即场强 $\boldsymbol{E}$ 的大小在量值上等于该处垂直于场强线的单位面积上的电场线条数. 可见,电场中,电场线越密集的地方场强越大.

电场线是为了形象描述场强分布而人为引入的,在实际中并不存在. 电场线具有如下性质:

(1) 电场线不闭合,也不会在无电荷处中断,只有三种情况:电场线起自正电荷,止于负电荷;电场线从正电荷起,伸向无穷远;电场线来自无穷远,而止于负电荷.

(2) 任何两条电场线都不相交. 这一点可以用反证法给予说明:若两条电场线可以相交,则相交处会有两个电场线的切线方向,即该处有两个场强方向,此结论与电场中任意一点场强方向是唯一的这一客观事实相矛盾,因此电场线不能相交.

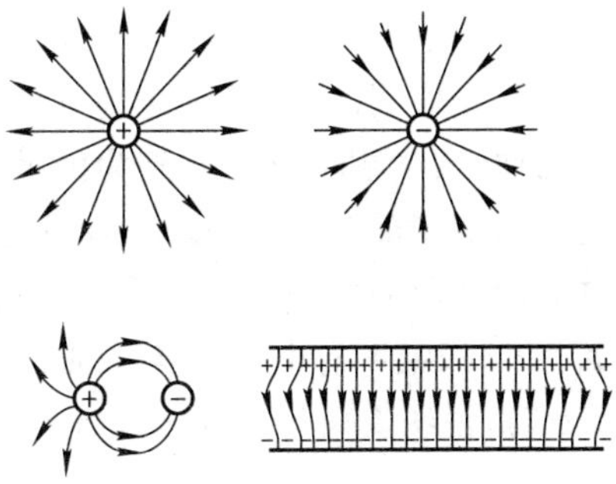

图 7-12 几种常见电场的电场线

图 7-12 是几种典型的电场线分布.

7.3.2 电场强度通量

通过电场中任意曲面的电场线的数目 Φ_e,叫作通过该面积的电场强度通量,简称电通量.

下面我们讨论几种情况:均匀电场、非均匀电场,以及闭合曲面、非闭合曲面.

在匀强电场中,取一平面 S,若平面与电场强度 $\boldsymbol{E}$ 垂直,即平面单位法矢量 $\boldsymbol{n}$ 与 $\boldsymbol{E}$ 平行,如图 7-13(a)所示,由于均匀电场中电场线是一系列均匀分布的平行直线,根据前面关于电场线疏密的规定,场强 $\boldsymbol{E}$ 的大小在量值上等于该处垂直于场强线的单位面积上的电场线条数,因此该平面的电场强度通量 Φ_e 可以表示为

$$\Phi_e = ES. \tag{7-9}$$

若平面的单位法矢量 $\boldsymbol{n}$ 与 $\boldsymbol{E}$ 有夹角 θ,记 $\boldsymbol{S}=S\boldsymbol{n}$,如图 7-13(b)所示,则

$$\Phi_e = ES\cos\theta = \boldsymbol{E}\cdot\boldsymbol{S}. \tag{7-10}$$

对非均匀电场的情形,设 S 是任意光滑曲面,如图 7-13(c)所示,曲面 S 的电通量可以分解为若干个微元面积元 $\mathrm{d}S$ 来计算. 因为 $\mathrm{d}S$ 无限小,所以可视为平面,而且通过其面上的 $\boldsymbol{E}$ 可以认为是均匀的,于是通过该面积元 $\mathrm{d}S$ 的电通量为

$$\mathrm{d}\Phi_e = E\mathrm{d}S\cos\theta = \boldsymbol{E}\cdot\mathrm{d}\boldsymbol{S}, \tag{7-11}$$

式中,$\mathrm{d}\boldsymbol{S}=\mathrm{d}S\cdot\boldsymbol{n}$. 通过任意曲面 S 的电通量 Φ_e 为通过所有面积元 $\mathrm{d}S$ 的电通量的总和,即

$$\Phi_e = \int d\Phi_e = \iint_S \boldsymbol{E} \cdot d\boldsymbol{S}. \tag{7-12}$$

若 S 为闭合曲面,曲面积分为闭合曲面的积分,通过闭合曲面 S 的电通量 Φ_e 为

$$\Phi_e = \oiint_S \boldsymbol{E} \cdot d\boldsymbol{S}. \tag{7-13}$$

需要说明的是,对于非闭合曲面,面的法向可以取曲面的任意一侧,但对于闭合曲面,通常规定自内向外为面的法向正方向:当电场线从曲面之内向外穿出时,对应的 $0° \leqslant \theta < 90°$,则 $\Phi_e > 0$;当电场线与曲面平行时,对应的 $\theta = 90°$,则 $\Phi_e = 0$;当电场线从曲面之外向内穿入时,对应的 $90° < \theta \leqslant 180°$,则 $\Phi_e < 0$. 或者反过来说:当 $\Phi_e > 0$ 时,说明有电场线穿出曲面;当 $\Phi_e = 0$ 时,说明没有电场线穿过曲面;当 $\Phi_e < 0$ 时,说明有电场线穿入曲面.

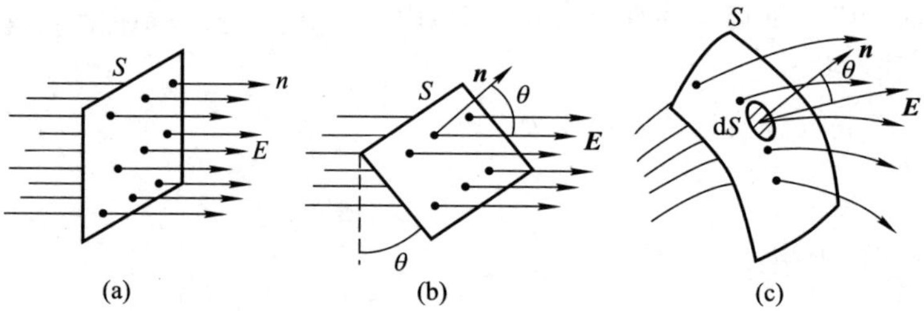

图 7-13 电场强度的通量

注意:电通量是标量,只有正、负,为代数叠加.

7.3.3 高斯定理

高斯是德国数学家、天文学家和物理学家,在数学上的建树颇丰,有"数学王子"美称. 他导出的高斯定理是电磁学的基本定理之一. 高斯定理给出了穿过任意闭合曲面的电通量与曲面所包围的所有电荷之间在量值上的关系.

(1) 电量为 q 的点电荷电场中,通过以 q 为球心、半径为 R 的球面的电通量.

如图 7-14(a)所示,设场源电荷 q 为正电荷,根据点电荷电场场强分布特点可知,球面上各点场强的大小均为

$$E = \frac{q}{4\pi\varepsilon_0 R^2}.$$

场强方向与该处面积元 dS 的法向相同,即二者的夹角 θ 为零,则通过整个球面的电通量为

$$\Phi_e = \oiint_S \boldsymbol{E} \cdot d\boldsymbol{S} = \oiint_S \frac{q}{4\pi\varepsilon_0 R^2} dS = \frac{q}{4\pi\varepsilon_0 R^2} \oiint_S dS = \frac{q}{\varepsilon_0}. \qquad (7-14)$$

若场源电荷为负电荷，如图 7－14(b)所示，则闭合曲面上场强大小仍然为

$$E = \frac{q}{4\pi\varepsilon_0 R^2},$$

场强方向与该处面积元 dS 的法向相反，即二者的夹角 θ 为 π，则通过整个球面的电通量为

$$\Phi_e = \oiint_S \boldsymbol{E} \cdot d\boldsymbol{S} = \oiint_S \frac{-q}{4\pi\varepsilon_0 R^2} dS = \frac{-q}{4\pi\varepsilon_0 R^2} \oiint_S dS = -\frac{q}{\varepsilon_0}.$$

可见，穿过球面的电通量只与曲面内电荷有关，而且电通量与球面的半径无关.

(2) 电量为 q 的点电荷电场中，通过任意包围点电荷的闭合面的电通量.

对于任意包围电荷 q 的闭合曲面 S'，我们都可以作一个包围此曲面的、以点电荷为球心的球面 S，因为电场线不会在无电荷处中断，所以穿过 S'面的电场线条数应与穿过 S 面的电场线条数相同，如图 7－14(c)所示，即通过 S'面的电通量应与式(7－14)结果相同.

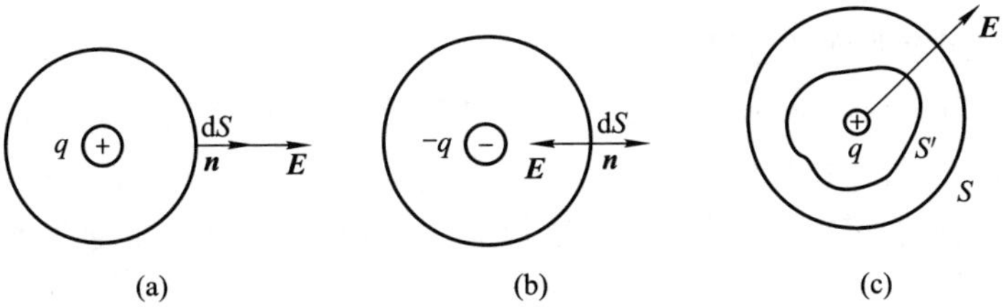

图 7－14 高斯定理推导用图

(3) 任意不包围电荷的闭合面的电通量.

若点电荷在闭合曲面外，由电场线的连续性可知，穿入该曲面的电场线条数应与穿出该曲面的电场线条数相等，又因电场线穿入曲面时，电通量为负，穿出曲面时，电通量为正，则通过整个闭合曲面的电通量为零，即

$$\Phi_e = \oiint_S \boldsymbol{E} \cdot d\boldsymbol{S} = 0.$$

可见，如果式(7－14)的结果中 q 理解为闭合曲面内的电荷，则式(7－14)可以概括以上三种情况.

下面进一步讨论点电荷系情况. 在点电荷 $q_1, q_2, q_3, \cdots, q_n$ 组成的点电荷系的电场中，根据场强叠加原理，任一点电场强度为

$$\boldsymbol{E} = \boldsymbol{E}_1 + \boldsymbol{E}_2 + \boldsymbol{E}_3 + \cdots + \boldsymbol{E}_n,$$

通过任意闭合曲面电场强度通量为

$$\Phi_e = \oiint_S \boldsymbol{E} \cdot \mathrm{d}\boldsymbol{S} = \oiint_S (\boldsymbol{E}_1 + \boldsymbol{E}_2 + \boldsymbol{E}_3 + \cdots + \boldsymbol{E}_N) \cdot \mathrm{d}\boldsymbol{S}$$

$$= \oiint_S \boldsymbol{E}_1 \cdot \mathrm{d}\boldsymbol{S} + \oiint_S \boldsymbol{E}_2 \cdot \mathrm{d}\boldsymbol{S} + \oiint_S \boldsymbol{E}_3 \cdot \mathrm{d}\boldsymbol{S} + \cdots + \oiint_S \boldsymbol{E}_N \cdot \mathrm{d}\boldsymbol{S} = \frac{\sum_i q_i}{\varepsilon_0},$$

即

$$\Phi_e = \oiint_S \boldsymbol{E} \cdot \mathrm{d}\boldsymbol{S} = \frac{\sum_i q_i}{\varepsilon_0}. \tag{7-15}$$

式(7－15)表示：在真空中，通过任一闭合曲面的电场强度的通量，等于该曲面所包围的所有电荷的代数和除以 ε_0，与闭合曲面外的电荷无关. 这就是真空中的高斯定理. 高斯定理中的闭合曲面称为高斯面.

高斯定理是在库仑定律基础上得到的，但是高斯定理适用范围比库仑定律更广泛. 库仑定律只适用于真空中的静电场，而高斯定理适用于静电场和随时间变化的场，是电磁理论的基本方程之一. 若闭合曲面内存在正(负)电荷，则通过闭合曲面的电通量为正(负)，表明有电场线从面内(面外)穿出(穿入)；若闭合曲面内没有电荷，则通过闭合曲面的电通量为零，意味着有多少电场线穿入就有多少电场线穿出，说明在没有电荷的区域内电场线不会中断；若闭合曲面内电荷的代数和为零，则有多少电场线进入面内终止于负电荷，就会有相同数目的电场线从正电荷穿出面外. 高斯定理说明正电荷是发出电通量的源，负电荷是吸收电通量的源，静电场是有源场.

*7.3.4 高斯定理的微分形式

式(7－15)给出了静电场高斯定理的积分形式，然而，矢量场的奥-高公式又把矢量场的闭合面通量与矢量场的散度的体积分联系起来，即

$$\oiint_S \boldsymbol{E} \cdot \mathrm{d}\boldsymbol{S} = \iiint_V \nabla \cdot \boldsymbol{E} \mathrm{d}V. \tag{7-16}$$

当电荷连续分布时，有

$$\sum_i q_i = \iiint_V \rho \mathrm{d}V,$$

因而高斯定理可以写成

$$\oiint_S \boldsymbol{E} \cdot \mathrm{d}\boldsymbol{S} = \frac{1}{\varepsilon_0} \sum_i q_i = \frac{1}{\varepsilon_0} \iiint_V \rho \mathrm{d}V = \iiint_V \nabla \cdot \boldsymbol{E} \mathrm{d}V,$$

其中 V 是由闭合曲面所包围的体积. 所以有

$$\iiint_V \nabla \cdot \boldsymbol{E} \mathrm{d}V = \frac{1}{\varepsilon_0}\iiint_V \rho \mathrm{d}V,$$

或

$$\nabla \cdot \boldsymbol{E} = \frac{\rho}{\varepsilon_0}. \tag{7-17}$$

式(7-17)便是静电场高斯定理的微分形式.由式(7-17)可知,当场强 $\boldsymbol{E}$ 在某空间区域的散度$\nabla \cdot \boldsymbol{E}=0$ 时,必有 $\rho=0$,所以我们称此区域“无源”. 若$\nabla \cdot \boldsymbol{E}\neq 0$,则那些区域必然有电荷分布,此区域对电场来说就有“源”.所以说静电场是有源场,静电场的源头就是那些电荷体密度不为零的那些点.

7.3.5 高斯定理的应用

一般情况下,由高斯定理并不能把电场中各点的场强确定下来. 但是,当电荷分布具有某些特殊的对称性时,用高斯定理来计算场强,往往要比用点电荷场强公式和场强叠加原理简便. 求解的方法一般为:由电荷分布的对称性,分析电场强度分布的对称性,然后根据电场强度分布的特点,选取合适的高斯面. 高斯面的选择满足以下要求:

(1) 高斯面所在处场强大小处处相等;

(2) 高斯面所在处场强处处与面元法向平行(即场强处处垂直于高斯面).

如果不能完全做到上面的要求,则将高斯面分解为若干部分,其中一些部分满足上面的要求,而另外一些部分则没有电场强度通量.

【例 7-6】 试求均匀带电球面的场强分布. 设球面半径为 R,带有正电 Q.

解:如图 7-15 所示,考虑一点 P,在球面上任取一电荷元 $\mathrm{d}q$,都可以找到一个与它关于 OP 对称的电荷元 $\mathrm{d}q'$,这一对电荷元在 P 点产生的场强分别为 $\mathrm{d}\boldsymbol{E}$ 和 $\mathrm{d}\boldsymbol{E}'$. 由图 7-15 可知,$\mathrm{d}\boldsymbol{E}$ 和 $\mathrm{d}\boldsymbol{E}'$垂直于$OP$ 的分量由于方向相反而相互抵消,因此它们的合场强方向应沿径向. 由于整个带电球面都可以取成如 $\mathrm{d}q$ 和 $\mathrm{d}q'$的成对电荷元,因此整个带电球面在 P 点的场强应沿径向. 另外,对于过 P 点以 O 为球心的球面上的点,场源电荷的分布情况是相同的,所以在以 O 为球心,$r=|OP|$为半径的球面上各点的场强大小都相等.

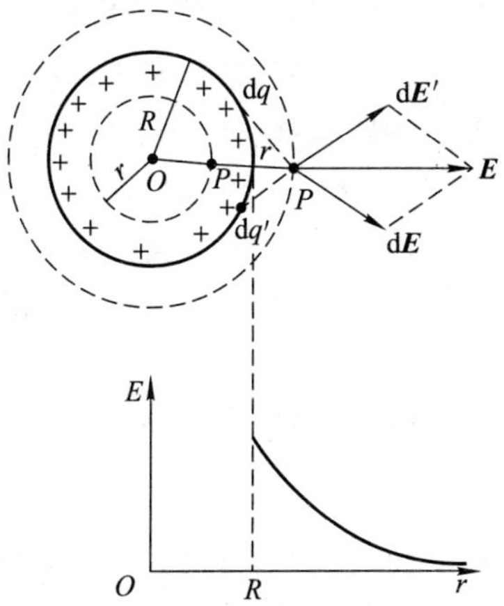

图 7-15 均匀带电球面的场强

根据以上分析,我们选取通过 P 点,以 O 为球心的球面为高斯面,则通过此高斯面的电通量表达式为

$$\Phi_e = \oiint_S \boldsymbol{E} \cdot d\boldsymbol{S} = \oiint_S E\cos\theta dS = E\oiint_S dS = 4\pi r^2 E.$$

当 P 点在带电球面内，即 $r<R$ 时，高斯面内包围电荷的代数和为零；当 P 点在带电球面外时，高斯面内包围电荷的代数和为 Q.

根据高斯定理 $\Phi_e = \oiint_S \boldsymbol{E} \cdot d\boldsymbol{S} = \frac{\sum_i q_i}{\varepsilon_0}$，代入上面各结果，有

$$4\pi r^2 E = 0 \quad (r < R),$$

$$4\pi r^2 E = \frac{Q}{\varepsilon_0} \quad (r > R).$$

解方程得均匀带电球面内外场强的分布为

$$E = 0 \quad (r < R),$$

$$E = \frac{Q}{4\pi\varepsilon_0 r^2} \quad (r > R).$$

在本例中，场源电荷呈球对称分布，电场也呈球对称分布，在这样的场中利用高斯定理求场强，高斯面一般选取同心的球面.

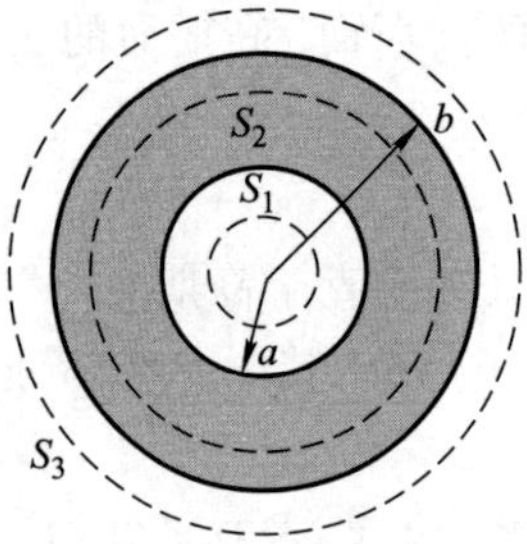

图 7-16 均匀带电球壳

【例 7-7】 如图 7-16 所示，球壳的内半径为 a，外半径为 b，壳体内均匀带电，电荷体密度为 ρ，试求空间电场分布.

解：由题意可知，均匀带电的球壳可以分解为若干个均匀带电的球面，由例 7-6 分析可知，每个均匀带电的球面激发的电场具有球对称性，根据场强叠加原理，均匀带电的球壳激发的电场也具有球对称性，即空间中任意点的场强方向为该点与球心连线的方向，而且在任意球面上各点的 $\boldsymbol{E}$ 的大小相同. 因此，将全空间划分为三个区域，$r<a$，$a<r<b$，$r>b$，采用同心球面为高斯面，利用高斯定理求解.

(1) $r<a$，球内电场.

作半径为 r_1 的同心球面为高斯面 S_1，穿过高斯面 S_1 的电通量为

$$\oiint_{S_1} \boldsymbol{E} \cdot d\boldsymbol{S} = \oiint_{S_1} E dS = E\oiint_{S_1} dS = 4\pi r_1^2 E.$$

高斯面 S_1 内的电荷为

$$\sum_{S_1内} q = 0.$$

由上面两式可以得到当 $r<a$ 时，

$$E = 0.$$

从上面结果可知，球壳内，即半径 a 以内空间没有电场.

（2）$a<r<b$ 处的电场 $\boldsymbol{E}$.

以 O 为球心，作半径为 r_2 的同心球面为高斯面 S_2，由高斯定理可得

$$\oiint_{S_2}\boldsymbol{E}\cdot\mathrm{d}\boldsymbol{S}=\oiint_{S_2}E\mathrm{d}S=E\oiint_{S_2}\mathrm{d}S=4\pi r_2^2E.$$

高斯面 S_2 内的电荷为

$$\sum_{S_2内}q=\rho\frac{4\pi}{3}(r_2^3-a^3).$$

由上面两式可以得到当 $a<r<b$ 时，

$$E=\frac{\rho}{3\varepsilon_0}\frac{(r^3-a^3)}{r^2}.$$

（3）$r>b$，球外电场.

以 O 为球心，作半径为 r_3 的同心球面为高斯面 S_3，由高斯定理可得

$$\oiint_{S_3}\boldsymbol{E}\cdot\mathrm{d}\boldsymbol{S}=\oiint_{S_3}E\mathrm{d}S=E\oiint_{S_3}\mathrm{d}S=4\pi r_3^2E.$$

高斯面 S_3 内的电荷为

$$\sum_{S_3内}q=\rho\frac{4\pi}{3}(b^3-a^3).$$

由上面两式得到当 $r>b$ 时，

$$E=\frac{\rho}{3\varepsilon_0}\frac{(b^3-a^3)}{r^2}.$$

【例 7－8】 试求无限长均匀带电直线的场强分布，设直线上电荷线密度为 λ.

解：首先进行场的对称性分析. 由待求场点 P 向带电直线作垂线，垂足为 O，O 点和 P 点连线将带电直线分成对称的两部分，取一对关于 O 对称的电荷元 $\mathrm{d}q$ 和 $\mathrm{d}q'$，这一对电荷元在 P 点产生的场强分别为 $\mathrm{d}\boldsymbol{E}$ 和 $\mathrm{d}\boldsymbol{E}'$. 由图 7－17 可知，$\mathrm{d}\boldsymbol{E}$ 和 $\mathrm{d}\boldsymbol{E}'$ 垂直于 OP 的分量由于方向相反而相互抵消，因此它们的合场强方向应沿 OP 方向向外. 由于整个直线上电荷都可以取成如 $\mathrm{d}q$ 和 $\mathrm{d}q'$ 的成对电荷元，因此，整个带电直线在 P 点的场强也沿 OP 方向. 另外，对于过 P 点的以带电直线为轴的圆柱面的侧面上各点，场源电荷分布情况是相同的，所以建立以带电直线为轴线，$r=|OP|$ 为底面半径，高为 h 的圆柱面为高斯面，该高斯面上下底面上无电场强度通量，而侧面上各点的场强大小都相等，而且场强与侧面的法向方向处处平行. 由高斯定理可得

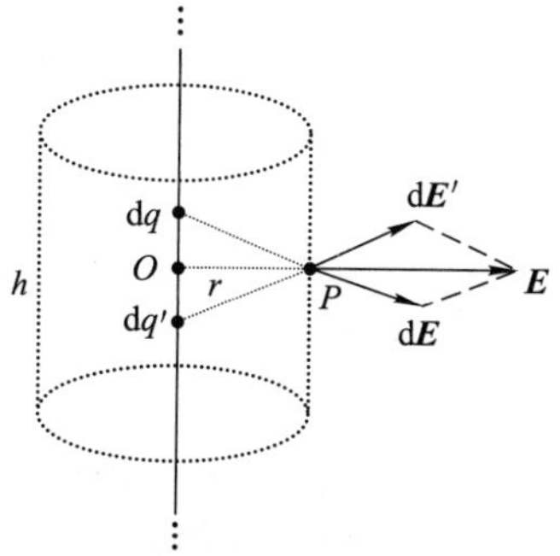

图 7－17　无限长均匀带电直线的场强

$$\oiint_S \boldsymbol{E}\cdot d\boldsymbol{S}=\iint_{上底}E\cos\theta dS+\iint_{下底}E\cos\theta dS+\iint_{侧面}E\cos\theta dS=0+0+2\pi rhE=2\pi rhE.$$

高斯面内包围电荷的代数和为

$$\sum_{S内}q=\lambda h.$$

根据高斯定理,有

$$2\pi rhE=\frac{\lambda h}{\varepsilon_0}.$$

解方程得均匀带电直线电场中场强的分布为

$$E=\frac{\lambda}{2\pi r\varepsilon_0}.$$

此结论与利用场强叠加原理求得的结果是一致的.

【例7-9】 无限大均匀带电平面,电荷面密度为σ,求平面外任一点的场强.

解:由题意知,由于平面是无限大均匀带电平面,其产生的电场分布是关于平面对称的,场强方向垂直平面,距平面两侧等距离处$\boldsymbol{E}$的大小相等.设P为场点,过P点作一底面平行于平面的关于平面对称的圆柱形高斯面,如图7-18所示.由高斯定理可得

$$\oiint_S \boldsymbol{E}\cdot d\boldsymbol{S}=\iint_{S左底面}\boldsymbol{E}\cdot d\boldsymbol{S}+\iint_{S右底面}\boldsymbol{E}\cdot d\boldsymbol{S}+\iint_{S侧面}\boldsymbol{E}\cdot d\boldsymbol{S}$$

$$=E\iint_{S左底面}dS+E\iint_{S右底面}dS=2ES.$$

由于$\sum_{S内}q=\sigma S$,所以由高斯定理得

$$E\cdot 2S=\frac{1}{\varepsilon_0}\cdot\sigma S,$$

从而

$$E=\frac{\sigma}{2\varepsilon_0}.$$

本题结果说明,无限大均匀带电平面产生的电场是均匀电场,$\boldsymbol{E}$的方向垂直平面,指向考察点(若$\sigma<0$,则$\boldsymbol{E}$由考察点指向平面).

利用本题结果可以得到两个带等量异号电荷的无限大平面的电场强度.如图7-19所示,设两无限大平面的电荷面密度分别为$+\sigma$和$-\sigma$.

设P_1为两板内任一点,根据电场强度叠加原理可得

$$\boldsymbol{E}=\boldsymbol{E}_A+\boldsymbol{E}_B,$$

即

$$E=E_A+E_B=\frac{\sigma}{2\varepsilon_0}+\frac{\sigma}{2\varepsilon_0}=\frac{\sigma}{\varepsilon_0}.$$

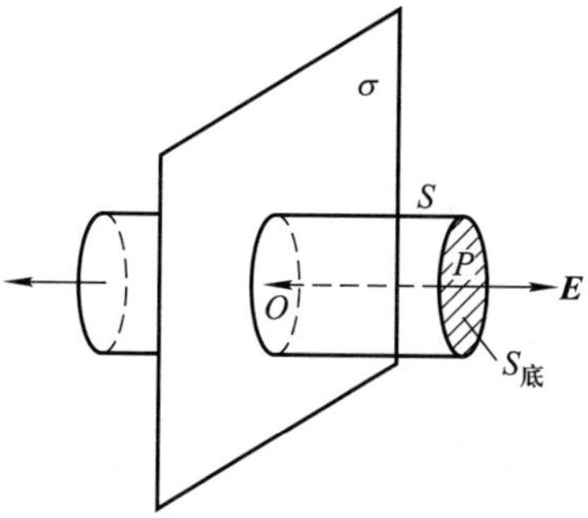

图 7-18 无限大带电平面的电场

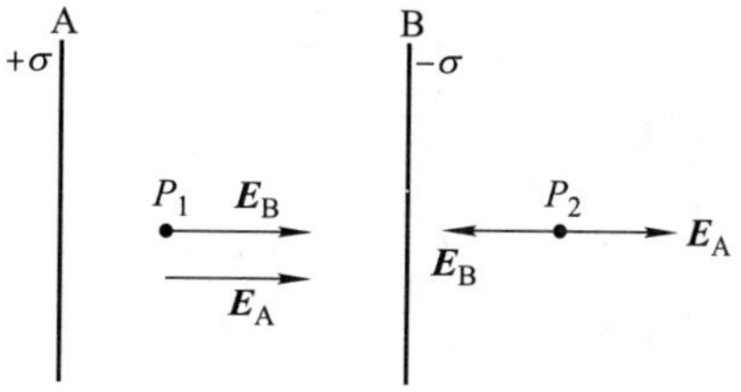

图 7-19 两无限大带电平面的电场

设 P_2 为 B 右侧任一点(也可取在 A 左侧),有

$$E = E_A - E_B = \frac{\sigma}{2\varepsilon_0} - \frac{\sigma}{2\varepsilon_0} = 0.$$

上面我们应用高斯定理求出了几种情况产生的场强. 从这几个例子看出,用高斯定理求解场强是比较简单的. 但是在用高斯定理求场强时,要求带电体必须具有一定的对称性,使高斯面上的电场分布具有一定的对称性,只有在具有某种对称性时,才能选择合适的高斯面,从而很方便地计算出电场强度.

7.4 静电场的环路定理 电势

前面我们从电荷在电场中受力作用出发,研究了静电场的性质,并引入电场强度作为描述电场特性的物理量,且知道静电场是有源场. 本节我们以点电荷电场为例,研究静电场力做功的特点,引入电势、电势能的概念,并进一步分析几种场中电势的分布特点.

7.4.1 静电场力的功

首先讨论点电荷产生电场的情况. 设真空中 O 点有一点电荷 q 在其周围激发电场,如图 7-20 所示. 现将试验电荷 q_0 从场点 a 沿任意路径移至 b 点. 在路径上任一处取位移元 $\mathrm{d}\boldsymbol{l}$,此位移元足够小,在此位移元处,电场力可视为恒力,根据功的定义,点电荷对试验电荷所做的元功为

$$\mathrm{d}A = \boldsymbol{F} \cdot \mathrm{d}\boldsymbol{l} = q_0 \boldsymbol{E} \cdot \mathrm{d}\boldsymbol{l} = q_0 E \cos\theta \mathrm{d}l,$$

其中 θ 是 $\boldsymbol{E}$ 与 $\mathrm{d}\boldsymbol{l}$ 之间的夹角,由图 7-20 可知 $\mathrm{d}l\cos\theta = \mathrm{d}r$,于是得到

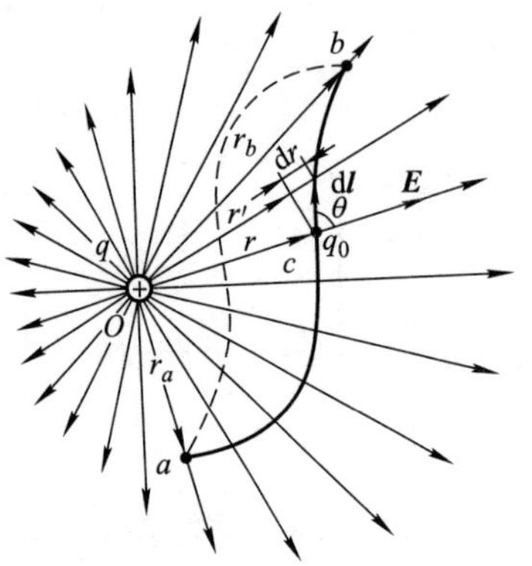

图 7-20 点电荷电场中电场力做功

$$dA=\frac{qq_0}{4\pi\varepsilon_0 r^2}\cos\theta dl=\frac{qq_0}{4\pi\varepsilon_0 r^2}dr.$$

当试验电荷 q_0 沿任意路径从点 a 移动到点 b，电场力所做的功为

$$A=\int_a^b dA=\frac{qq_0}{4\pi\varepsilon_0}\int_{r_a}^{r_b}\frac{1}{r^2}dr=\frac{qq_0}{4\pi\varepsilon_0}\left[\frac{1}{r_a}-\frac{1}{r_b}\right], \tag{7-18}$$

其中 r_a 和 r_b 分别为起点 a 和终点 b 的位矢的模. 可见，在点电荷的电场中，电场力对试验电荷所做的功只与试验电荷 q_0 的始末两位置有关，而与其路径无关.

再来看任意带电体系产生的电场的情况.

电场一般是由点电荷系或任意带电体激发的，而任意带电体可以分割成无限多个点电荷，根据电场的叠加原理可知，点电荷系的场强为各点电荷单独存在时，在该点产生的场强的矢量和，即

$$\boldsymbol{E}=\boldsymbol{E}_1+\boldsymbol{E}_2+\cdots.$$

当试验电荷 q_0 沿任意路径从点 a 移动到点 b 时，任意点电荷系的电场力所做的功为

$$W=\int_l \boldsymbol{F}\cdot d\boldsymbol{l}=q_0\int_l \boldsymbol{E}\cdot d\boldsymbol{l}=q_0\int_l \boldsymbol{E}_1\cdot d\boldsymbol{l}+q_0\int_l \boldsymbol{E}_2\cdot d\boldsymbol{l}+\cdots.$$

上式中每一项均与路径无关，故它们的代数和也必然与路径无关. 由此得出结论，在真空中，当试验电荷在静电场中移动时，静电场力对它所做的功，只与试验电荷的电量及起点和终点的位置有关，而与试验电荷所经过的路径无关. 因而，静电场力也是保守力，静电场是保守场.

7.4.2 静电场的环路定理

静电场力所做的功与路径无关这一结论还可以表述成另一种形式. 如图 7-21 所示，当试验电荷 q_0 从电场中的 a 点沿路径 acb 移动到 b 点，再沿路径 bda 返回 a 点，作用在试验电荷 q_0 上的静电场力在整个闭合路径上所做的功为

$$A=q_0\oint \boldsymbol{E}\cdot d\boldsymbol{l}=q_0\int_{acb}\boldsymbol{E}\cdot d\boldsymbol{l}+q_0\int_{bda}\boldsymbol{E}\cdot d\boldsymbol{l}.$$

由于

$$\int_{bda}\boldsymbol{E}\cdot d\boldsymbol{l}=-\int_{adb}\boldsymbol{E}\cdot d\boldsymbol{l},$$

且电场力做功与路径无关，即

$$q_0\int_{acb}\boldsymbol{E}\cdot\mathrm{d}\boldsymbol{l}=q_0\int_{adb}\boldsymbol{E}\cdot\mathrm{d}\boldsymbol{l},\tag{7-19}$$

所以

$$A=q_0\oint\boldsymbol{E}\cdot\mathrm{d}\boldsymbol{l}=0.$$

又因为 $q_0\neq0$，所以

$$\oint\boldsymbol{E}\cdot\mathrm{d}\boldsymbol{l}=0.\tag{7-20}$$

根据矢量场的斯托克斯(Stokes)公式

$$\oint\boldsymbol{E}\cdot\mathrm{d}\boldsymbol{l}=\iint_S(\nabla\times\boldsymbol{E})\cdot\mathrm{d}\boldsymbol{S}$$

可见，场强沿任意闭合路径 L 的线积分，可以与该闭合环路 L 所包围的曲面 S 上场强的旋度 $\nabla\times\boldsymbol{E}$ 的通量联系起来，因此由式(7-20)可得

$$\iint_S(\nabla\times\boldsymbol{E})\cdot\mathrm{d}\boldsymbol{S}=0\quad 或\quad \nabla\times\boldsymbol{E}=\boldsymbol{0}.\tag{7-20a}$$

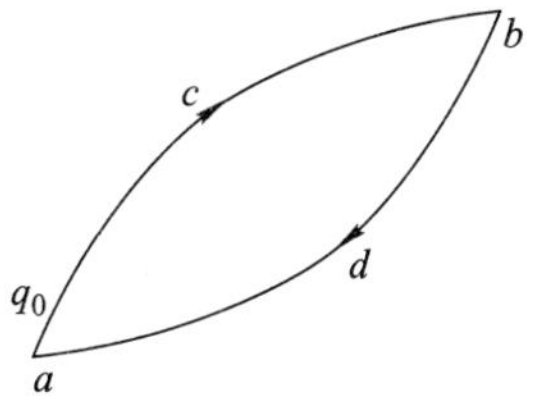

图 7-21 静电场的环路定理

式(7-20a)是式(7-20)的微分形式. 任何矢量沿闭合路径的线积分称为该矢量的环流，式(7-20a)和式(7-20)表明，静电场中的环流等于零. 这一结论称为静电场的环路定律.

环路定理说明静电场是保守场，其场强线不闭合，是无旋场. 这一性质决定了在静电场中可以引入电势的概念.

7.4.3 电势能 电势 电势差

在力学部分我们知道重力是保守力，在重力场中我们可以引入重力势能. 同样，在静电场这一保守力场中我们也可以引入一个相应的物理量，称为电势能，即电荷在电场中某一位置所具有的能量，用 W 表示.

在静电场中，电荷位于场中某点时具有的电势能来自移动电荷从电势能零点到该处的过程中外力克服静电场力所做的功，或者说，电场中某点的电势能等于移动电荷从该点到电势能零点过程中静电场力做的功. 静电场中，一般选择无穷远处为电势能零点，因此电量为 q_0 的电荷位于电场中 a 点时具有的电势能 W_p 为

$$W_\mathrm{p}=\int_a^\infty q_0\boldsymbol{E}\cdot\mathrm{d}\boldsymbol{l}.\tag{7-21}$$

用 $W_{\mathrm{p}a}$ 和 $W_{\mathrm{p}b}$ 表示试验电荷在 a 点和 b 点的电势能，则试验电荷从 a 点移动到 b 点，静电场力做功为

$$A=\int_a^b q_0\boldsymbol{E}\cdot \mathrm{d}\boldsymbol{l}=-(W_{pb}-W_{pa})=W_{pa}-W_{pb}.$$

上式表明：在静电场中移动电荷 q_0 从 a 点到 b 点，电场力做功等于电势能增量的负值，这点与重力场中重力做功等于重力势能增量的负值是一致的. 在任何保守力场中，保守力做功都等于对应势能增量的负值.

在电势能的表达式中，既有反映电场的物理量 $\boldsymbol{E}$，又有试验电荷的因素 q_0，因此，电势能是电场和试验电荷共有的，它不能单纯地反映场的特性. 若要单纯地反映场的特性，则需去除试验电荷 q_0 的因素. 将电势能的表达式除以 q_0，可得

$$U_p=\frac{W_p}{q_0}=\int_a^\infty \boldsymbol{E}\cdot \mathrm{d}\boldsymbol{l},$$

它只与场强分布及场点有关，而与试验电荷 q_0 无关，因此，此物理量能够反映场的性质，我们定义它为电势，用 U 表示，即电场中 a 点的电势为

$$U_p=\int_a^\infty \boldsymbol{E}\cdot \mathrm{d}\boldsymbol{l}. \tag{7-22}$$

电场中某点的电势在量值上等于单位正电荷在该点所具有的电势能，即等于移动单位正电荷从该点到无穷远处(电势能零点也是电势零点)电场力做的功.

根据电势的定义，电场中两点的电势差可以表示为

$$U_{ab}=U_a-U_b=\int_a^b \boldsymbol{E}\cdot \mathrm{d}\boldsymbol{l}, \tag{7-23}$$

即静电场中，a，b 两点的电势差在量值上等于移动单位正电荷从 a 点到 b 点静电场力做的功.

电势能和电势是静电场中两个重要的物理量，理解这两个物理量时，需要注意以下几点：

(1) 电势能和电势都是相对量. 电荷在电场中某点具有的电势能及电场中某点的电势都是相对于电势能零点和电势零点而言的，零点选择不同，电势能和电势的值也就不同. 实际工作中，常选择无穷远处、大地或者电器的外壳为电势能和电势零点.

(2) 电势能差和电势差都是绝对量. 无论电势能及电势的零点选择在哪里，两点间的电势能差和电势差是绝对的，电势能的增量负值等于静电场力做的功.

7.4.4　电势叠加原理 电势的计算

设空间中存在由 n 个点电荷 $q_1,q_2,\cdots,q_n$ 组成的点电荷系，根据场强叠加原理，总场强为每个点电荷单独存在时产生的电场的矢量和，即

$$\boldsymbol{E}=\sum_{i=1}^n \boldsymbol{E}_i.$$

由电势的定义，点电荷系电场中某点 a 的电势为

$$U_a=\int_a^{\infty}\boldsymbol{E}\cdot\mathrm{d}\boldsymbol{l}=\int_a^{\infty}\sum_{i=1}^{n}\boldsymbol{E}_i\cdot\mathrm{d}\boldsymbol{l}=\sum_{i=1}^{n}\int_a^{\infty}\boldsymbol{E}_i\cdot\mathrm{d}\boldsymbol{l}=\sum_{i=1}^{n}U_i. \qquad (7-24)$$

上式表明:点电荷系电场中某点 a 的电势,等于各点电荷单独存在时在该点的电势的代数和. 这个结论称为静电场的电势叠加原理.

点电荷的电势是计算电荷系电势的基础. 为此,应该首先给出点电荷的电势表达式. 根据点电荷场强表达式,点电荷所激发的电场中任一点 a 的电势为

$$U_a=\int_a^{\infty}\boldsymbol{E}\cdot\mathrm{d}\boldsymbol{l}=\int_r^{\infty}\frac{q}{4\pi\varepsilon_0 r^2}\mathrm{d}r=\frac{q}{4\pi\varepsilon_0 r}. \qquad (7-25)$$

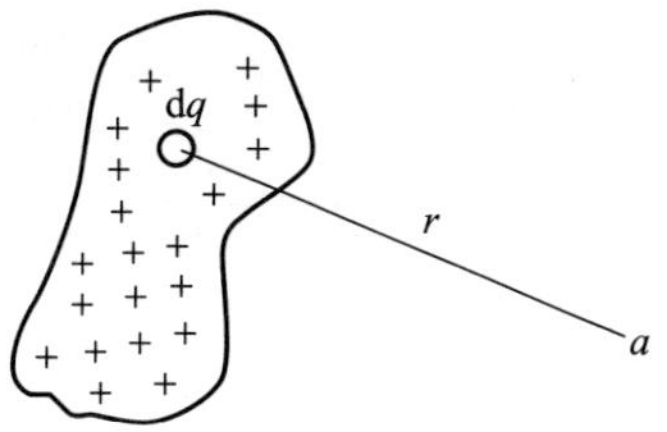

图 7-22 连续带电体的电势

对连续分布带电体,如图 7-22 所示,可以把它分割为无穷多个电荷元 $\mathrm{d}q$,每个电荷元都可以看成点电荷,电荷元 $\mathrm{d}q$ 在电场中某点产生的电势为

$$\mathrm{d}U=\frac{\mathrm{d}q}{4\pi\varepsilon_0 r}.$$

总电势为电荷元激发电势的积分,即

$$U=\int\frac{\mathrm{d}q}{4\pi\varepsilon_0 r}, \qquad (7-26)$$

积分区域遍及带电体所在的区域.

另外,电势的计算还可以通过场强的积分来进行. 在源电荷的分布具有某种对称性时,选择合适的高斯面,利用高斯定理计算出空间电场分布,然后利用电势和场强的积分关系,计算电势.

总结,通常计算电势的方法有以下两种:

(1) 已知场强分布,由电势与电场强度的积分关系 $U_a=\int_a^{\infty}\boldsymbol{E}\cdot\mathrm{d}\boldsymbol{l}$ 来计算.

(2) 已知电荷分布,由电势的定义和电势叠加原理,利用公式 $U=\int\frac{\mathrm{d}q}{4\pi\varepsilon_0 r}$ 来计算.

由于电势是标量,积分是标量积分,所以电势计算要比电场强度计算简单得多. 下面通过几个例子来说明电势的计算方法.

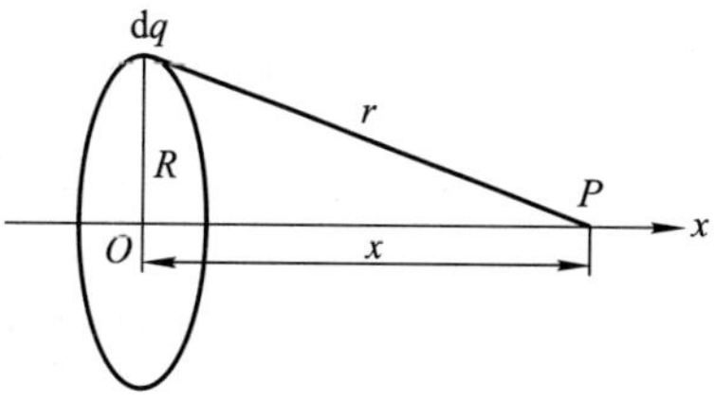

图 7-23

【例 7-10】 求均匀带电圆环轴线上任一点电势,设圆环半径为 R,所带电荷为 q.

解:如图 7-23 所示,以圆心 O 为原点,圆环轴线方向为 x 轴,在轴线上任取一点 P,其坐

标为 x. 在圆环上任意取一个电荷元 $\mathrm{d}q$，其所带电量为 $\mathrm{d}q=\lambda\mathrm{d}l$，其中 $\lambda=q/(2\pi R)$ 为电荷线密度，该电荷元在 P 点处激发的电势表达式为

$$\mathrm{d}U_P=\frac{\mathrm{d}q}{4\pi\varepsilon_0 r}=\frac{\mathrm{d}q}{4\pi\varepsilon_0\sqrt{R^2+x^2}}.$$

由于圆环上所有电荷元到场点 P 的距离均相等，因此 P 点电势为

$$U_P=\int\mathrm{d}U_P=\oint\frac{\mathrm{d}q}{4\pi\varepsilon_0\sqrt{R^2+x^2}}=\frac{1}{4\pi\varepsilon_0\sqrt{R^2+x^2}}\oint\mathrm{d}q=\frac{q}{4\pi\varepsilon_0\sqrt{R^2+x^2}}.$$

当 $x=0$，即在圆环中心处时，电势为

$$U_0=\frac{q}{4\pi\varepsilon_0 R}.$$

当 $x\gg R$，即考虑远离圆环的轴线上的点时，因为 $(R^2+x^2)^{1/2}\approx x$，电势为

$$U_P=\frac{q}{4\pi\varepsilon_0 x},$$

与环心处拥有整个圆环电量的点电荷激发的电势相等.

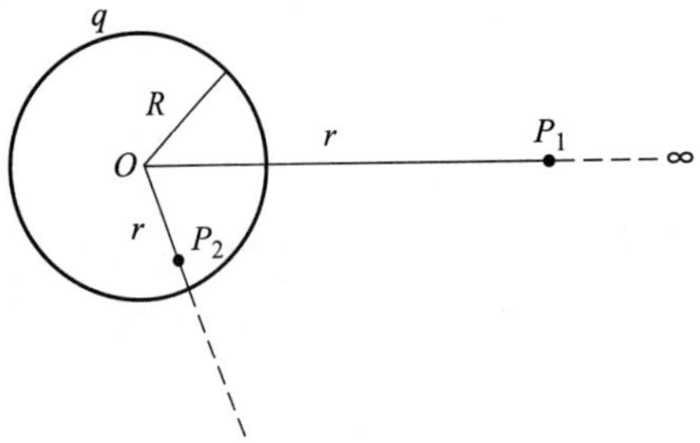

图 7-24　带电球面电势分布

【例 7-11】　求均匀带电球面内外的电势，设球半径为 R，所带电荷为 q.

解：由于电荷分布具有球对称性，在球面内外建立同心球面的高斯面，由高斯定理可得球内外的电场强度为

$$\begin{cases}\boldsymbol{E}=\boldsymbol{0} & (r<R),\\ \boldsymbol{E}=\dfrac{q}{4\pi\varepsilon_0 r^3}\boldsymbol{r} & (r>R).\end{cases}$$

如图 7-24 所示，由电势定义，球面外任一点 P_1 处电势为

$$U=\int_r^\infty\boldsymbol{E}\cdot\mathrm{d}\boldsymbol{r}=\int_r^\infty E\mathrm{d}r=\int_r^\infty\frac{q}{4\pi\varepsilon_0 r^2}\mathrm{d}r=\frac{q}{4\pi\varepsilon_0 r}.$$

结果表明均匀带电球面外任一点的电势，同全部电荷都集中在球心的点电荷一样.

根据电势定义式(7-25)，球面内任一点电势为

$$U=\int_r^\infty\boldsymbol{E}\cdot\mathrm{d}\boldsymbol{r}=\int_r^R\boldsymbol{E}\cdot\mathrm{d}\boldsymbol{r}+\int_R^\infty\boldsymbol{E}\cdot\mathrm{d}\boldsymbol{r}$$

$$=\int_R^\infty\boldsymbol{E}\cdot\mathrm{d}\boldsymbol{r}=\int_R^\infty\frac{q}{4\pi\varepsilon_0 r^2}\mathrm{d}r=\frac{q}{4\pi\varepsilon_0 R}.$$

可见，球面内任一点电势与球面上电势相等，即球面以内区域为等势区.

【例 7-12】　球壳的内半径为 a，外半径为 b，壳体均匀带电，电荷体密度为 ρ，

试求空间电势分布.

解:本题可以采用先求场强,再对场强积分的方法求解电势. 根据例 7−7 的求解结论,空间电场为

$$E=\begin{cases}0, & r<a,\\ \dfrac{\rho}{3\varepsilon_0}\dfrac{(r^3-a^3)}{r^2}, & a<r<b,\\ \dfrac{\rho}{3\varepsilon_0}\dfrac{(b^3-a^3)}{r^2}, & r>b.\end{cases}$$

(1) 根据电势和场强的积分关系,$r<a$ 区域中任意点的电势为

$$U=\int_r^a \mathbf{0}\cdot \mathrm{d}\boldsymbol{l}+\int_a^b \frac{\rho}{3\varepsilon_0}\frac{(r^3-a^3)}{r^2}\boldsymbol{e}_r\cdot \mathrm{d}\boldsymbol{l}+\int_b^\infty \frac{\rho}{3\varepsilon_0}\frac{(b^3-a^3)}{r^2}\boldsymbol{e}_r\cdot \mathrm{d}\boldsymbol{l}$$

$$=\frac{\rho}{2\varepsilon_0}(b^2-a^2).$$

(2) $a<r<b$ 区域中任意点的电势为

$$U=\int_r^b \frac{\rho}{3\varepsilon_0}\frac{(r^3-a^3)}{r^2}\boldsymbol{e}_r\cdot \mathrm{d}\boldsymbol{l}+\int_b^\infty \frac{\rho}{3\varepsilon_0}\frac{(b^3-a^3)}{r^2}\boldsymbol{e}_r\cdot \mathrm{d}\boldsymbol{l}=\frac{\rho}{3\varepsilon_0}\left(\frac{3}{2}b^2-\frac{r^2}{2}-\frac{a^3}{r}\right).$$

(3) $r>b$ 区域中任意点的电势为

$$U=\int_r^\infty \frac{\rho}{3\varepsilon_0}\frac{(b^3-a^3)}{r^2}\boldsymbol{e}_r\cdot \mathrm{d}\boldsymbol{l}=\frac{\rho(b^3-a^3)}{3\varepsilon_0 r}.$$

【例 7-13】 如图 7-25 所示,一半径为 R 的“无限长”圆柱形带电体,其电荷体密度为 $\rho=Ar(r<R)$,其中 A 为常数,试求:

(1) 圆柱体内、外各点场强大小分布;

(2) 选距离轴线的距离为 $R_0(R_0>R)$ 处为电势零点,计算圆柱体内、外各点的电势分布.

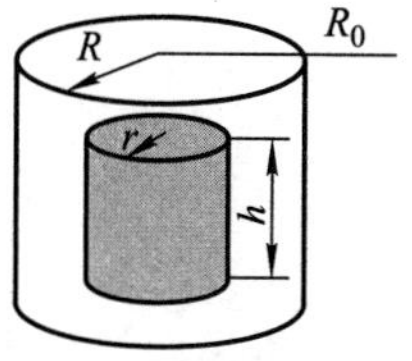

图 7-25 无限长非均匀带电圆柱体的电势

解:本题给出的电荷在圆柱体内为非均匀分布,但是电荷体密度只是 r 的函数. 我们可以将圆柱形带电体分解为若干个圆柱形带电薄面,由于每个圆柱形带电薄面的电荷为均匀分布,根据均匀带电球面的场强分布以及场强叠加原理,可以知道本题非均匀带电的圆柱体在周围空间激发的电场具有方向与圆柱中心轴线垂直、在离开圆柱中心轴线距离相等处场强相等的特点.

(1) 首先求解电场,在柱体内外建立同心圆柱面为高斯面.

作一半径为 r、高为 h 的同轴圆柱面为高斯面,有

$$\oint\!\!\!\oint_S \boldsymbol{E}\cdot \mathrm{d}\boldsymbol{S}=\iint_{\text{上底}} \boldsymbol{E}\cdot \mathrm{d}\boldsymbol{S}+\iint_{\text{下底}} \boldsymbol{E}\cdot \mathrm{d}\boldsymbol{S}+\iint_{\text{侧面}} \boldsymbol{E}\cdot \mathrm{d}\boldsymbol{S}$$

$$=\iint_{侧面}\boldsymbol{E}\cdot d\boldsymbol{S}=\iint_{侧面}E\,dS=2\pi rhE=\frac{\sum_i q_i}{\varepsilon_0},$$

其中,当 $r<R$ 时,高斯面内包含的电荷为

$$\sum_i q_i=\iiint_V \rho dV=\iiint_V \rho dV=\int_0^r \rho h 2\pi r\,dr=\int_0^r 2\pi hAr^2\,dr=\frac{2}{3}\pi hAr^3.$$

当 $r>R$ 时,高斯面内包含的电荷为

$$\sum_i q_i=\iiint_V \rho dV=\iiint_V \rho dV=\int_0^R \rho h 2\pi r\,dr=\int_0^R 2\pi hAr^2\,dr=\frac{2}{3}\pi hAR^3.$$

由此得到,柱面内外的电场为

$$E=\begin{cases}\dfrac{Ar^2}{3\varepsilon_0}, & r<R,\\[2ex] \dfrac{AR^3}{3\varepsilon_0 r}, & r>R.\end{cases}$$

(2)再利用电势和场强的积分关系求解电势分布.

柱体内部距离柱体轴心 r 的任意一点的电势为

$$U_1=\int_r^R \frac{Ar^2}{3\varepsilon_0}dr+\int_R^{R_0}\frac{AR^3}{3\varepsilon_0 r}dr=\frac{A}{9\varepsilon_0}(R^3-r^3)+\frac{AR^3}{3\varepsilon_0}\ln\frac{R_0}{R},$$

柱体外部距离柱体轴心 r 的任意一点电势为

$$U_1=\int_r^{R_0}\frac{AR^3}{3\varepsilon_0 r}dr=\frac{AR^3}{3\varepsilon_0}\ln\frac{R_0}{r}.$$

7.5 等势面 电场强度与电势梯度的关系

下面我们讨论电场强度与电势之间的关系.

7.5.1 等势面

前面我们通过电场线形象地描绘了电场强度的分布情况,现在我们用另一种形象方法描绘电势分布.

在电场中,电势相等的点连接起来构成的曲面称为等势面.

例如,在与点电荷距离相等的点处电势是相等的,这些点构成的曲面是以点电荷为球心的球面. 可见点电荷电场中的等势面是一系列同心的球面,如图 7-26(a)所示.

由前面的内容可知,电场线的疏密程度可用来表示电场的强弱,这里我们也可

以用等势面的疏密程度来表示电场强度的强弱. 为此,对等势面的疏密做这样的规定:电场中任意两个相邻等势面之间的电势差相等. 根据这个规定,图 7-26 中画出了一些典型带电系统电场的等势面和电场线,图中实线表示电场线,虚线表示等势面. 从图中可以看出,等势面越密的地方,电场强度越大.

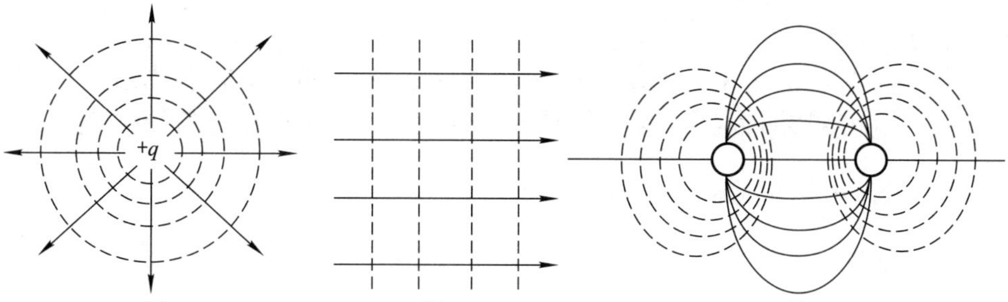

图 7-26 几种电场线与等势面

现在我们来讨论电场中等势面的性质.

如图 7-27 所示,点电荷 q_0 沿等势面从 a 点运动到 b 点电场力做功为

$$A_{ab}=-(E_{pb}-E_{pa})=-q_0(U_b-U_a)=0.$$

由此得到结论:在静电场中,沿等势面上移动电荷时,电场力不做功.

还可以证明在静电场中,电场线总是与等势面正交.

如图 7-28 所示,设点电荷 q_0 自 a 沿等势面发生以位移 d$\boldsymbol{l}$,电场力做功为

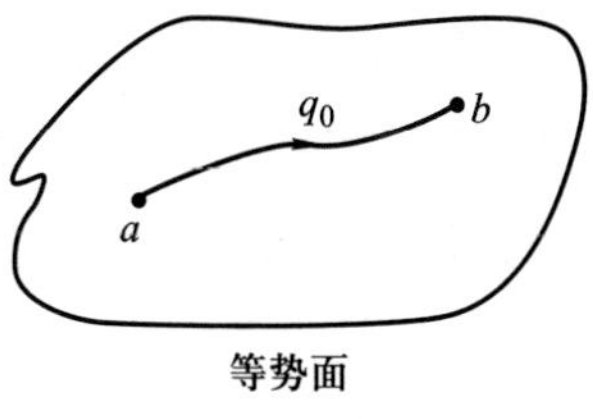

图 7-27 沿等势面电场力做功为零

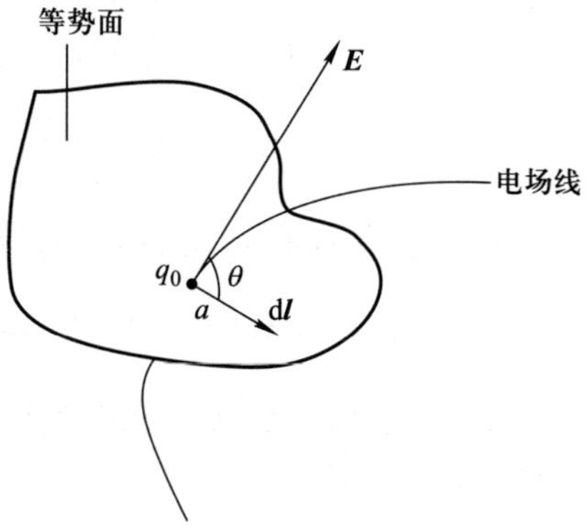

图 7-28 电场线与等势面正交

$$dA = q_0 \boldsymbol{E} \cdot d\boldsymbol{l} = q_0 E dl \cos\theta.$$

因为是在等势面上运动,所以 $dA=0$,由此得到

$$q_0 E dl \cos\theta = 0.$$

又因为 $q_0 \neq 0, E \neq 0, dl \neq 0$,所以有 $\cos\theta=0$,即 $\theta=\frac{\pi}{2}$,所以电场线与等势面正交,$\boldsymbol{E}$ 垂直于等势面.

在实际应用中,由于电势差容易测量,可先测量电势分布,得到等势面,再根据等势面与电场线垂直的关系,画出电场线,从而对电场有一个定性的、直观的了解.

7.5.2 电场强度与电势的关系

电场强度和电势是描述电场性质的两个物理量,它们之间应有一定的关系. 前面已学过,电场强度 $\boldsymbol{E}$ 与电势 U 之间有一种积分关系

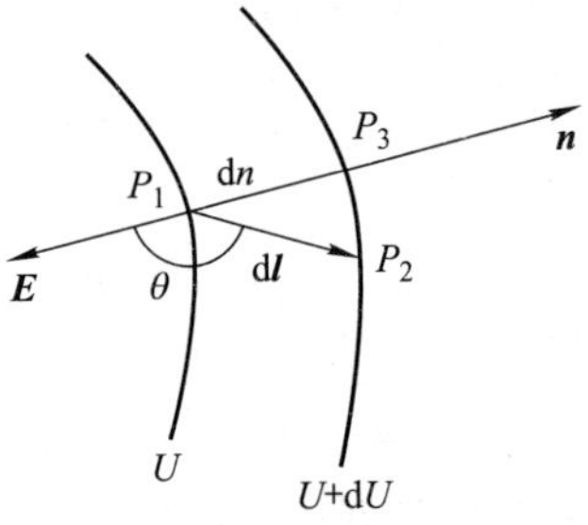

图 7-29 电场强度和电势的关系

$$U_a - U_b = \int_a^b \boldsymbol{E} \cdot d\boldsymbol{l}.$$

那么,$\boldsymbol{E}$ 和 U 之间是否还存在微分关系呢? 这正是下面要研究的问题. 如图 7-29 所示,设电场中有邻近的两等势面 U 和 $U+dU(dU>0)$. P_1 和 P_2 分别为两等势面上的点. 从 P_1 作等势面 U 的法线 $\boldsymbol{n}$,规定其指向电势增加方向,法线与等势面 $U+dU$ 相交于 P_3 点,场强 $\boldsymbol{E}$ 的方向与法线 $\boldsymbol{n}$ 的方向相反. 从 P_1 向 P_2 引一位移矢量 $d\boldsymbol{l}$,根据电势差的定义,并考虑到两个等势面非常接近,因此有

$$U-(U+dU) = \boldsymbol{E} \cdot d\boldsymbol{l} = E\cos\theta dl,$$

即

$$-dU = E\cos\theta dl.$$

设 $E_l = E\cos\theta$ 为场强在 $d\boldsymbol{l}$ 方向上的投影,则有

$$E_l = -\frac{dU}{dl}. \tag{7-27}$$

式(7-27)说明:电场中某点的场强沿任意 $d\boldsymbol{l}$ 方向的投影,等于沿该方向电势函数的空间变化率的负值.

由于 $dl \geqslant dn$,所以有

$$\frac{dU}{dl} \leqslant \frac{dU}{dn},$$

即电势沿等势面法线方向的变化率最大.

这里引入电势梯度矢量的概念,令电势梯度

$$\mathrm{grad}\,U = \nabla U = \frac{\mathrm{d}U}{\mathrm{d}n}\boldsymbol{n},$$

其大小等于电势在该点的最大空间变化率. 电势梯度的方向沿等势面法向，指向电势增加的方向.

引入电势梯度概念后，有

$$\boldsymbol{E} = -\frac{\mathrm{d}U}{\mathrm{d}n}\boldsymbol{n} = -\mathrm{grad}\,U = -\nabla U. \tag{7-28}$$

式(7-28)表明，电场中任一点的场强 $\boldsymbol{E}$，数值上等于该点电势梯度的大小，即电势的最大空间变化率，$\boldsymbol{E}$ 的方向与电势梯度的方向相反，即指向电势降低的方向. 在直角坐标系中，有

$$E_x = -\frac{\partial U}{\partial x},\quad E_y = -\frac{\partial U}{\partial y},\quad E_z = -\frac{\partial U}{\partial z},$$

所以电场强度可表示为

$$\boldsymbol{E} = -\left(\frac{\partial U}{\partial x}\boldsymbol{i} + \frac{\partial U}{\partial y}\boldsymbol{j} + \frac{\partial U}{\partial z}\boldsymbol{k}\right). \tag{7-29}$$

如果给定电荷分布，我们可先求出电势 U，然后再利用 $\boldsymbol{E} = -\nabla U$ 求出电场强度 $\boldsymbol{E}$. 需要注意的是，电场强度 $\boldsymbol{E}$ 取决于 U 的空间变化率，与 U 本身的值无关. 在电势不变的空间内电场强度必为零. 但在电势为零处，电场强度不一定为零，反之，在电场强度为零处，电势也不一定为零.

【例 7-14】 一根无限长均匀带电直线沿 z 轴放置，线外某区域的电势表达式为 $U = A\ln(x^2+y^2)$，式中 A 为常数，求该区域的电场强度.

解：已知电势表达式，对电势直接求解负梯度即可得到场强：

$$\boldsymbol{E} = -\nabla U = -\left(\frac{\partial U}{\partial x}\boldsymbol{i} + \frac{\partial U}{\partial y}\boldsymbol{j} + \frac{\partial U}{\partial z}\boldsymbol{k}\right).$$

由于电势只是坐标 x 和坐标 y 的函数，因此

$$E_x = -\frac{\partial U}{\partial x} = \frac{-2Ax}{x^2+y^2},$$

$$E_y = -\frac{\partial U}{\partial y} = \frac{-2Ay}{x^2+y^2},$$

$$E_z = 0.$$

这与利用积分方法算出的结果完全相同.

【例 7-15】 如图 7-30 所示，一均匀带电圆盘，内半径为 R_1，外半径为 R_2，电荷面密度为 σ. 试求：

(1) 圆盘轴线上任一点电势；

(2) 由场强与电势关系求轴线上任一点的

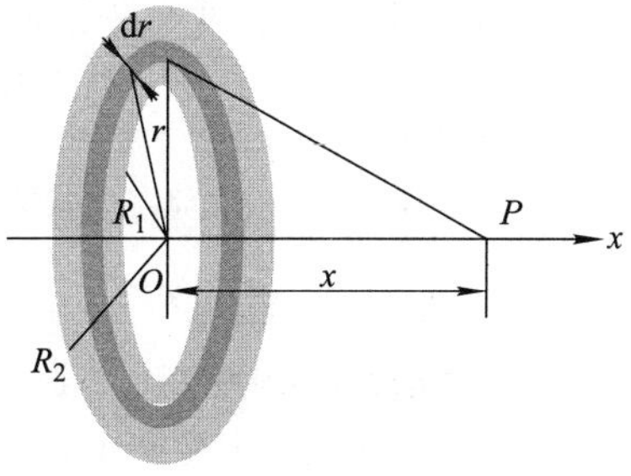

图 7-30

场强.

解:(1)设 x 轴与圆盘轴线重合,原点在圆盘上. 在圆盘上取以 O 为中心,半径为 r、宽为 $\mathrm{d}r$ 的圆环,圆环上所带电荷为

$$\mathrm{d}q=\sigma 2\pi r\,\mathrm{d}r,$$

则圆环在 P 点处产生的电势为

$$\mathrm{d}U_P=\frac{\mathrm{d}q}{4\pi\varepsilon_0\sqrt{x^2+r^2}}=\frac{\sigma r\,\mathrm{d}r}{2\varepsilon_0\sqrt{x^2+r^2}}.$$

整个圆盘在 P 点产生的电势则为

$$\begin{aligned}U_P&=\int\mathrm{d}U_P=\int_{R_1}^{R_2}\frac{\sigma r\,\mathrm{d}r}{2\varepsilon_0\sqrt{x^2+r^2}}\\&=\frac{\sigma}{4\varepsilon_0}\int_{R_1}^{R_2}\frac{\mathrm{d}r^2}{\sqrt{x^2+r^2}}=\frac{\sigma}{2\varepsilon_0}\sqrt{x^2+r^2}\,\Big|_{R_1}^{R_2}\\&=\frac{\sigma}{2\varepsilon_0}\left[\sqrt{x^2+R_2^2}-\sqrt{x^2+R_1^2}\right].\end{aligned}$$

(2) U_P 是 x 的函数,利用电势和场强的微分关系可求出场点 P 的电场强度为

$$\begin{aligned}E_x&=-\frac{\partial U}{\partial x}=-\frac{\sigma}{2\varepsilon_0}\left[\frac{2x}{2\sqrt{x^2+R_2^2}}-\frac{2x}{2\sqrt{x^2+R_1^2}}\right]\\&=\frac{\sigma x}{2\varepsilon_0}\left(\frac{1}{\sqrt{x^2+R_1^2}}-\frac{1}{\sqrt{x^2+R_2^2}}\right),\end{aligned}$$

$$E_y=E_z=0.$$

这一结果与例 7-4 中求得的结果一样.

习题

一、思考题

1. 电量都是 q 的 3 个点电荷,分别放在正三角形的 3 个顶点. 试问:

(1) 在这个三角形的中心放一个什么样的电荷,就可以使这 4 个电荷都达到平衡(即每个电荷受其他 3 个电荷的库仑力之和都为零)?

(2) 这种平衡与三角形的边长有无关系?

2. 根据点电荷场强公式 $E=\dfrac{q}{4\pi\varepsilon_0 r^2}$,当被考察的场点距源点电荷很近($r\to 0$)时,场强趋近于无穷,这是没有物理意义的,对此应如何理解?

3. 在真空中有 A,B 两平行板,相对距离为 d,板面积为 S,其带电量分别为 $+q$ 和 $-q$,则这两板之间有相互作用力 f. 有人说,$f=\dfrac{q^2}{4\pi\varepsilon_0 d^2}$,又有人说,因为 $f=qE$,$E=\dfrac{q}{\varepsilon_0 S}$,所以 $f=\dfrac{q^2}{\varepsilon_0 S}$.

这两种说法对吗？为什么？f 到底应等于多少？

4. 高斯定理和库仑定律的关系如何？

5. 如果在封闭面 S 上，E 处处为零，能否肯定此封闭面一定没有包围静电荷？

6. 电场线能相交吗？为什么？

7. 如果通过闭合曲面 S 的电通量 Φ_e 为零，能否肯定面 S 上每一点的场强都等于零？

8. 在电场中，电场强度为零的点，电势是否一定为零？电势为零的点，电场强度是否一定为零？试举例说明.

9. 同一条电场线上的任意两点的电势是否相等？为什么？

二、计算与证明题

1. 两小球的质量都是 m，都用长为 l 的细绳挂在同一点，它们带有相同电量，静止时两线夹角为 2θ，如图 7-31 所示. 小球的半径和线的质量都可以忽略不计，求每个小球所带的电量.

2. 一电偶极子的电偶极矩为 $\boldsymbol{p}=q\boldsymbol{l}$，场点 P 到偶极子中心 O 点的距离为 r，矢量 $\boldsymbol{r}$ 与 $\boldsymbol{l}$ 的夹角为 θ，如图 7-32 所示，且 $r\gg l$，试证 P 点的场强 E 在 $\boldsymbol{r}$ 方向上的分量 E_r 和垂直于 $\boldsymbol{r}$ 的分量 E_θ 分别为

$$E_r=\frac{p\cos\theta}{2\pi\varepsilon_0 r^3},\quad E_\theta=\frac{p\sin\theta}{4\pi\varepsilon_0 r^3}.$$

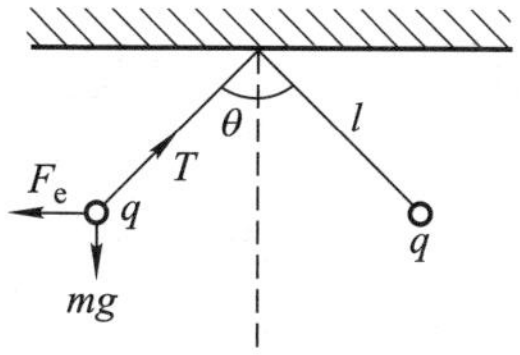

图 7-31

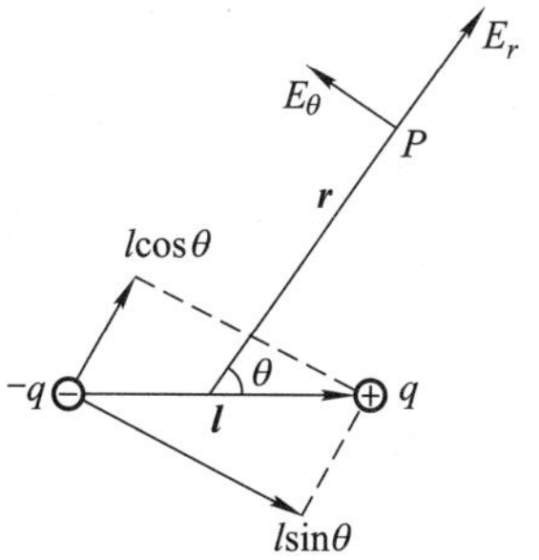

图 7-32

3. 如图 7-33 所示，$l=15$ cm 的直导线 ab 均匀地分布着线密度 $\lambda=5\times10^{-19}$ C·m^{-1} 的正电荷，试求：

(1) 在导线的延长线上与导线 b 端相距 $d_1-2.5$ cm 处的 P 点的场强；

(2) 在导线的垂直平分线上与导线中点相距 $d_2=5$ cm 处的 Q 点的场强.

4. 如图 7-34 所示，一个半径为 R 的均匀带电半圆环，电荷线密度为 λ，求环心 O 点处的场强.

5. 如图 7-35 所示，均匀带电的细线弯成正方形，边长为 l，总电量为 q.

(1) 求正方形轴线上离中心为 r 处的 P 点场强 E.

(2) 证明：在 $r\gg l$ 处，它相当于位于正方形中心的点电荷 q 产生的场强 E.

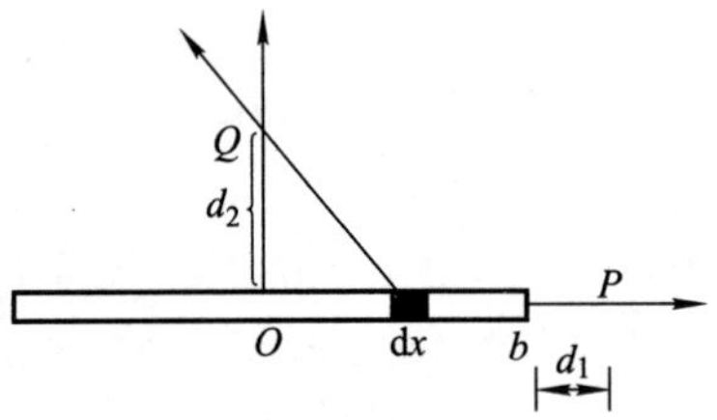

图 7-33

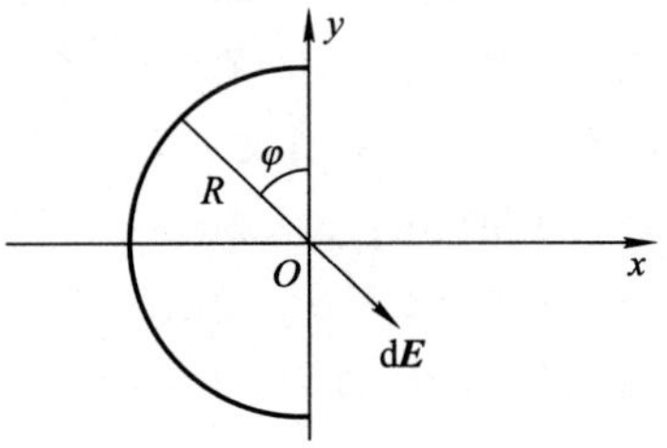

图 7-34

6.(1) 点电荷 q 位于一边长为 $2a$ 的立方体中心,如图 7-36(a)所示,试求在该点电荷电场中穿过立方体的一个面的电通量.

(2) 如果该场源点电荷移动到该立方体的一个顶点上,这时穿过立方体各面的电通量是多少?

*(3) 如图 7-36(b)所示,在点电荷 q 的电场中取半径为 R 的圆平面,q 在该平面轴线上的 P 点处,求通过圆平面的电通量($\alpha=\arctan\dfrac{R}{x}$).

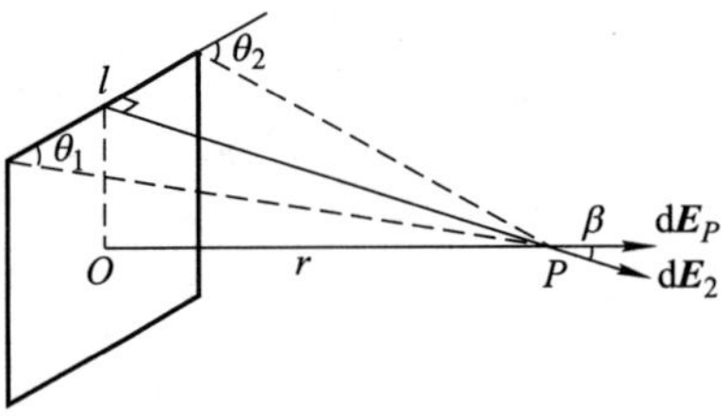

图 7-35

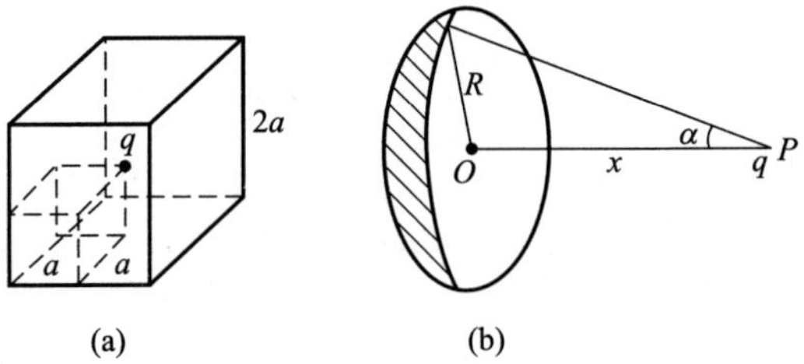

图 7-36

7. 均匀带电球壳内半径为 6 cm,外半径为 10 cm,电荷体密度为 $2\times10^{-5}\ \mathrm{C\cdot m^{-3}}$,求距球心 5 cm,8 cm 及 12 cm 各点的场强.

8. 半径为 R_1 和 $R_2(R_2>R_1)$的两无限长同轴圆柱面,单位长度上分别带有电量 λ 和 $-\lambda$,试求 $r<R_1$,$R_1<r<R_2$,$r>R_2$ 处各点的场强.

9. 两个无限大的平行平面都均匀带电,电荷的面密度分别为 σ_1 和 σ_2,试求空间各处的场强.

10. 半径为 R 的均匀带电球体内的电荷体密度为 ρ,若在球内挖去一块半径为 $r<R$ 的小球体,如图 7-37 所示,试求两球心 O 与 O'点的场强,并证明小球空腔内的电场是均匀的.

11. 一电偶极子由 $q=1\times10^{-6}$ C 的两个异号点电荷组成,两电荷距离 $d=0.2$ cm,把这电偶极子放在 $1\times10^5\ \mathrm{N\cdot C^{-1}}$的外电场中,求外电场作用于电偶极子上的最大力矩.

12. 两点电荷 $q_1=1.5\times10^{-8}$ C,$q_2=3\times10^{-8}$ C,相距 $r_1=42$ cm,要把它们之间的距离变为 $r_2=25$ cm 需做多少功?

13. 如图 7-38 所示，在 a，b 两点处放有电量分别为 $+q$，$-q$ 的点电荷，ab 间距离为 $2R$，现将另一正试验点电荷 q_0 从 O 点经过半圆弧移到 c 点，求移动过程中电场力做的功.

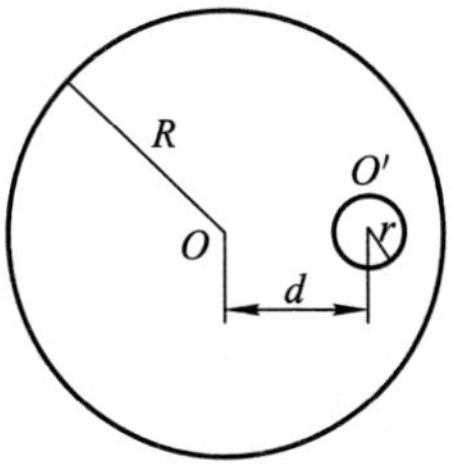

图 7-37

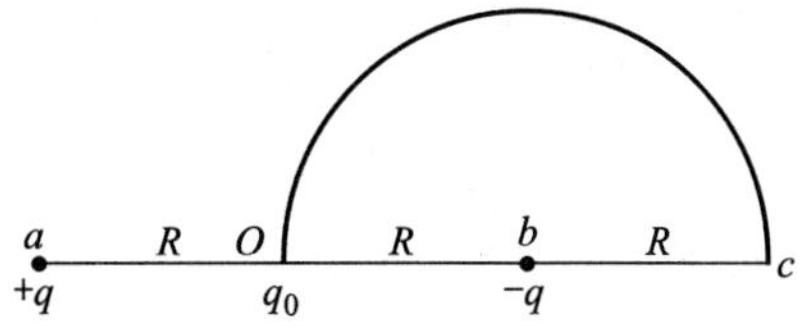

图 7-38

14. 一电子绕一带均匀电荷的长直导线以 $2\times10^{4}\ \mathrm{m\cdot s^{-1}}$ 的匀速率做圆周运动，求带电直线上的线电荷密度（电子质量 $m_0=9.1\times10^{-31}$ kg，电子电量 $e=1.60\times10^{-19}$ C）.

15. 根据场强 $\boldsymbol{E}$ 与电势 U 的关系 $\boldsymbol{E}=-\nabla U$，求下列电场的场强：

(1) 点电荷 q 的电场；

(2) 总电量为 q，半径为 R 的均匀带电圆环轴上一点的电场；

(3) 电偶极子 $p=ql$ 的 $r\gg l$ 处（如图 7-39 所示）的电场.

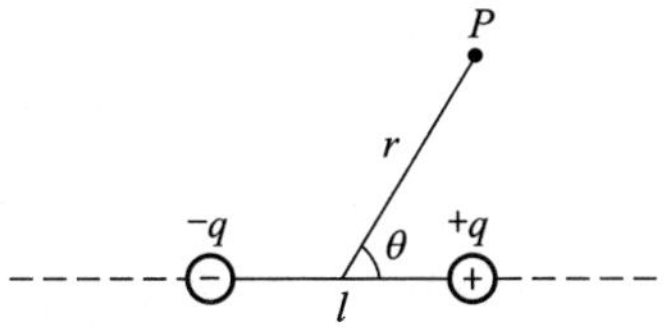

图 7-39

第 8 章

静电场中的导体与电介质

学习目标

- 掌握静电平衡的条件,以及导体处于静电平衡时的基本特点.
- 了解电介质的极化机理,掌握电位移矢量和电场强度的关系.
- 掌握电介质中的高斯定理,并能利用其计算电介质中对称电场的电场强度.
- 掌握电容和电容器的概念,能计算常见电容器的电容.
- 理解电场能量和能量密度的概念,掌握电场能量的计算.

上一章我们研究的都是真空中的电场,即电场中除了电荷之外再没有其他物质. 然而,真空中的电场只是一种理想情况,实际总是存在这样或那样的物质,这些物质按导电能力的强弱分为两大类,即导电能力强的导体和导电能力弱的电介质. 置于电场中的导体或电介质,其上的电荷分布将发生变化,这种变化了的电荷分布反过来又会影响静电场的分布. 本章研究的是静电场中的导体和电介质,主要内容有:静电场中导体的性质、电介质的极化、有介质时的高斯定理、电容及电容器,以及静电场的能量等.

8.1 静电场中的导体

导体处于静电场中时,将发生静电感应现象,导体将很快达到静电平衡状态.

8.1.1 静电感应 导体的静电平衡

金属导体由大量带负电的自由电子和带正电的晶格点阵组成. 在不受外电场作用时,自由电子的负电荷与晶格点阵的正电荷处处等量分布,互相中和,导体内部的自由电子只做无规则的热运动,而没有宏观的定向移动,整个导体或其中任意一部分对外不显电性.

如果将导体放在外电场中，导体中的自由电子在电场力的作用下将做宏观的运动，从而引起导体中电荷的重新分布，导体的一端带上负电荷，另一端带上正电荷. 在外电场的作用下，导体内部或表面电荷重新分布的现象称为静电感应现象，由于静电感应现象而使导体两端所带的电荷称为感应电荷.

静电感应过程是非平衡态问题. 在静电学中，我们只讨论静电场与导体之间通过相互作用达到静电平衡状态以后，电荷与电场的分布问题.

如图 8-1 所示，在匀强电场中放入一个金属导体块，在电场力的作用下，导体内部的自由电子将逆着电场的方向运动，使得导体的两个侧面出现等量异号的电荷. 这些电荷将在导体的内部建立起一个附加电场，其场强 $\boldsymbol{E}'$ 与原来的场强 $\boldsymbol{E}_0$ 的方向相反. 这样导体内部的总场强 $\boldsymbol{E}$ 便是 $\boldsymbol{E}_0$ 和 $\boldsymbol{E}'$ 的叠加. 开始时，$E'<E_0$，导体内部的场强不为零，自由电子不断向左侧运动，使得 E' 增大. 这个过程一直延续到 $E'=E_0$，即导体内部的合场强为零时为止. 此时导体内的自由电子不再做定向运动，导体处于静电平衡状态，电场的分布也不随时间变化.

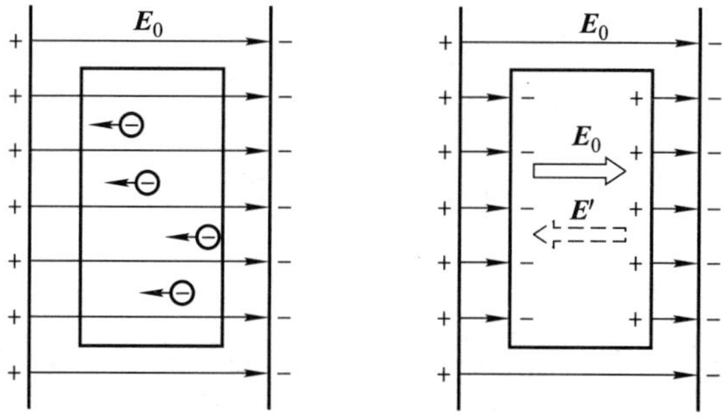

图 8-1 导体的静电平衡

导体达到静电平衡状态时，必须满足以下两个条件：

(1) 导体内部任一点的场强处处为零(若不为零，则自由电子将做定向运动，即没有达到静电平衡状态).

(2) 导体表面附近处的场强方向，都与导体的表面垂直. 此点可以用反证法给予说明：若导体表面场强不与导体表面垂直，则电场存在平行于导体表面的分量，那么电荷就会在此分量电场的作用下沿导体表面移动，这与静电平衡时导体内部及表面都没有电荷的定向运动的结论相矛盾. 因此，静电平衡时导体表面场强必与导体表面垂直.

由上述导体静电平衡的条件可以得出导体的电势分布特点，对应以下两点：

(1) 导体是等势体. 这是由于导体内部任一点的场强为零，导体中的任何两点

P,Q 间的电势差为

$$U_{PQ}=\int_P^Q \boldsymbol{E}\cdot \mathrm{d}\boldsymbol{l}=0.$$

所以，在静电平衡时，导体内任意两点间的电势是相等的.

(2) 导体表面是等势面. 证明方法类似，由于导体处于静电平衡状态时，导体表面附近处的场强方向，都与导体表面垂直，导体表面任意两点 P,Q 之间的电势差为

$$U_{PQ}=\int_P^Q \boldsymbol{E}\cdot \mathrm{d}\boldsymbol{l}=\int_P^Q E\cos\frac{\pi}{2}\mathrm{d}l=0.$$

上述结论也可以采用反证法证明. 如果导体表面电势不相等，则电子将会沿着表面运动，这与静电平衡时导体内部及表面都没有电荷的定向运动的结论相矛盾，由此可知，导体表面上所有点的电势都相等.

导体的静电平衡状态是由导体的电结构特征和静电平衡的要求决定的，与导体的形状无关.

8.1.2　静电平衡时导体上的电荷分布

导体处于静电平衡时，电荷分布在导体表面，其内部没有未抵消的净电荷. 上述带电导体的电荷分布的特点可以运用高斯定理来进行证明. 下面分几种情形讨论.

(1) 实心导体.

如图 8-2(a)所示，在一处于静电平衡的实心导体内部作任意闭合高斯面 S，由于导体内部的场强处处为零，所以通过导体内部任意闭合高斯面的电场强度通量必为零，即

$$\oint_S \boldsymbol{E}\cdot \mathrm{d}\boldsymbol{S}=\frac{1}{\varepsilon_0}\sum_i q_i=0.$$

因为高斯面是任意作出的，所以可得如下结论：在静电平衡时，实心导体所带的电荷只能分布在导体的表面上，导体内部没有净电荷.

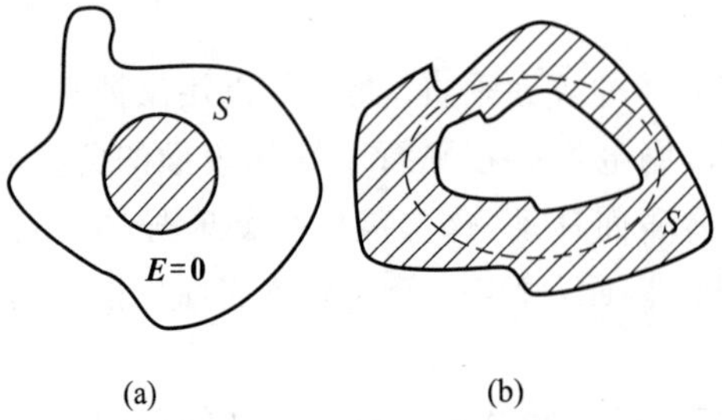

图 8-2　导体内无电荷

(2) 空腔导体.

如果是空腔导体，需要分为两种情况讨论. 一种是空腔导体内部无电荷，如图 8-2(b)所示，这种情况可以证明：静电平衡时，空腔内表面不带任何电荷.

上述性质可用高斯定律证明. 在导体内作一高斯面 S，根据静电平衡时，导体内部场强处处为零，所以导体内表面

电荷的代数和为零. 如果导体的内表面某处存在面电荷密度 $\sigma>0$,则必有另一处的面电荷密度 $\sigma<0$,而正负面电荷之间必有电场线相连,即有电势差存在,这与导体是一个等势体的结论相矛盾. 所以空腔导体空腔内没有电荷分布时,导体的内表面不存在电荷分布.

若空腔内部存在电荷分布,例如有一电荷 $+q$,根据高斯定理,在导体内取一高斯面,则由静电平衡时,导体内部的场强为零,可知通过此高斯面的电场强度通量为零,因而高斯面所包围的电荷的代数和为零. 由电荷守恒可得空腔的内表面必有感应电荷 $-q$,而空腔的外表面有感应电荷 $+q$. 上述分析是针对导体为电中性的情况做出的结论,如果导体自身带净电荷,则空腔导体外表面带的电量应为内表面所带电量的等值异号和导体自身所带的净电荷之和.

静电平衡导体表面的电荷分布密度和导体表面的曲率以及诱导电荷的分布有关. 例如对于一个金属球壳,内部有一电荷,则内表面电荷分布一般不均匀(如果内部电荷与金属球壳同心放置则电荷均匀分布),但外表面的电荷分布是均匀的.

下面讨论导体表面的电荷面密度与导体表面附近处场强的关系. 如图 8-3 所示,在导体表面取面积元 ΔS,当 ΔS 很小时,其上的电荷可视为均匀分布,设其电荷面密度为 σ,则此面元上的电荷为 $\Delta q=\sigma\Delta S$. 作截面等于 ΔS 的扁圆柱形高斯面,使高斯面的上底面在导体表面外,下底面在导体内部,两底面与导体表面平行,且上、下底面无限地靠近导体表面,高斯面的侧面与导体表面垂直. 设上底面处场强为 $\boldsymbol{E}$,$\boldsymbol{E}$ 方向与导体表面垂直,由于面元 ΔS 很小,可以认为在此面元上各点 $\boldsymbol{E}$ 的大小相同. 根据静电平衡时导体内部场强特点,可知此高斯面的下底面所在处场强处处为零,因此通过此高斯面的电通量为

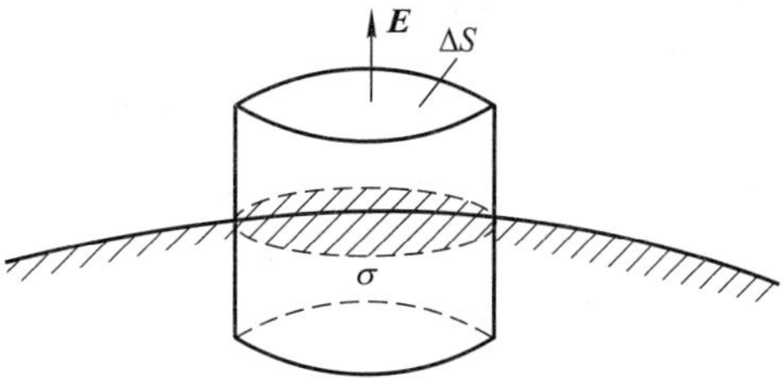

图 8-3 导体表面电荷与场强的关系

$$\Phi_e=\oiint_S \boldsymbol{E}\cdot d\boldsymbol{S}=\iint_{上底}\boldsymbol{E}\cdot d\boldsymbol{S}+\iint_{侧面}\boldsymbol{E}\cdot d\boldsymbol{S}+\iint_{下底}\boldsymbol{E}\cdot d\boldsymbol{S}=E\Delta S.$$

高斯面内包围的电荷代数和为

$$\sum_i q_i=\sigma\Delta S.$$

根据高斯定理

$$\Phi_e=\oiint_S \boldsymbol{E}\cdot d\boldsymbol{S}=\frac{1}{\varepsilon_0}\sum_i q_i,$$

有

$$E\Delta S=\frac{1}{\varepsilon_0}\sigma\Delta S,$$

即

$$E=\frac{\sigma}{\varepsilon_0}. \tag{8-1}$$

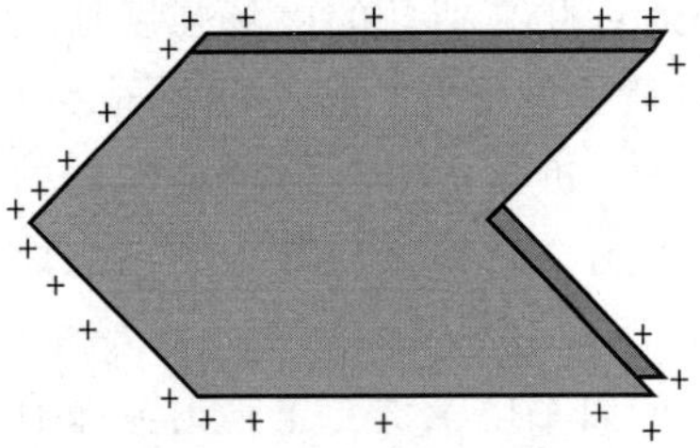

图 8-4　导体尖端放电

式(8-1)表明,导体表面凸而尖的地方曲率大,电荷面密度也大,因而此处场强也大. 如果一个导体有一个尖端,则尖端的地方将是场强最大的地方,如果场强大到足以使其周围的空气发生电离,就会引起放电,这种现象称为尖端放电现象,如图 8-4 所示. 一般我们要在建筑物的顶端安放避雷针(长而尖的金属),避雷针的尖端伸向空中,下端则与大地保持良好的接触,当有积雨云接近建筑物时,避雷针为地面电荷和云中电荷的流动开辟了一条通路,从而保护了建筑物.

尖端放电现象也是高压输电技术中需要考虑的问题. 由于高压或超高压输电线的截面半径小,曲率大,因此导线的表面场强很大,也容易出现尖端放电现象. 在黑夜时经常能看到有的输电线被一层蓝色的光晕笼罩着(俗称电晕现象),即是尖端放电现象导致的.

8.1.3　空腔导体内外的静电场与静电屏蔽

静电平衡状态下,导体上的感应电荷产生的附加电场能够抵消原电场,因此,此时空腔导体能够隔绝内场和外场的相互影响,这种现象称为静电屏蔽现象. 根据静电屏蔽现象做成的装置按其功能分为两类.

(1) 屏蔽外电场.

把一个有空腔的导体置于电场中,导体发生静电感应现象,最终达到静电平衡状态,此时感应电荷产生的附加电场与导体外的电场相互抵消,从而使导体内部及空腔内总场强为零,在这一区域的物体不受导体外电场的影响,即屏蔽了外场,如图 8-5(a)所示.

屏蔽外电场应用很广泛,例如,为了使精密的仪器或电子元件不受外界电场的影响,通常在其外部加上金属罩,甚至把它们放在专用的屏蔽室里. 实际中,如果要求不是特别高,金属罩不一定要求都严格封闭,适当紧密的金属网就能起到很好的屏蔽作用,有的设备甚至用金属丝编制的外罩做屏蔽装置. 比如传输信号的线路,为了避免所传输的电信号受外界电场的影响,就在导线外面包装金属丝套(屏蔽线). 还有,在高压输电线路上的工作人员穿的屏蔽服也是用铜丝和纤维编织在一

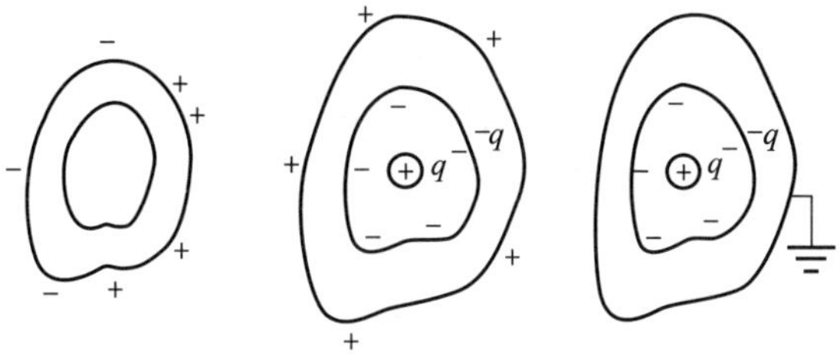

图 8-5 静电屏蔽

起做成的.

(2) 屏蔽内电场.

如果把一带电体放置在空心导体的空腔内,根据感应现象及静电平衡时导体表面电荷的分布特点可知,导体的内表面带有与带电体等量异号的电荷,其余电荷分布于导体外表面,如图 8-5(b)所示. 如果空腔导体原来不带电,则其外表面分布有与带电体等量同号的电荷. 如果导体原来带有电荷,则导体外表面的电荷是原来电荷与空腔内带电体电荷的代数和. 无论怎样,如图 8-5(b)所示,导体外表面有电荷,此电荷激发的电场也会影响导体外的其他物体. 要想消除这种影响,可以把导体接地,如图 8-5(c)所示,从而使外表面的感应电荷和从大地上来的电荷中和,导体外面的电场就消失了. 可见,用接地的带空腔的导体可以屏蔽空腔内电荷的电场.

这一点在实际中应用也很广泛. 比如在高压设备的外面经常要罩上金属网栅,就是为了防止高压设备的电场对外界的影响.

总之,空腔导体(无论接地与否)将使腔内空间不受外电场的影响,而接地空腔导体将使外部空间不受空腔内的电场的影响,这就是静电屏蔽的原理. 例如,屏蔽服、屏蔽线、金属网等都是用作静电屏蔽的.

【例 8-1】 如图 8-6 所示,半径为 R_1 的导体球带正电 Q_1,球外有一同心导体球壳,其内外半径分别为 R_2 和 R_3,球壳带正电 Q_2,求:

(1) 此带电系统的场强分布;

(2) 球的电势 U_1 和球壳的电势 U_2;

(3) 若用导线将球和球壳相连,U_1 和 U_2 分别为多少?

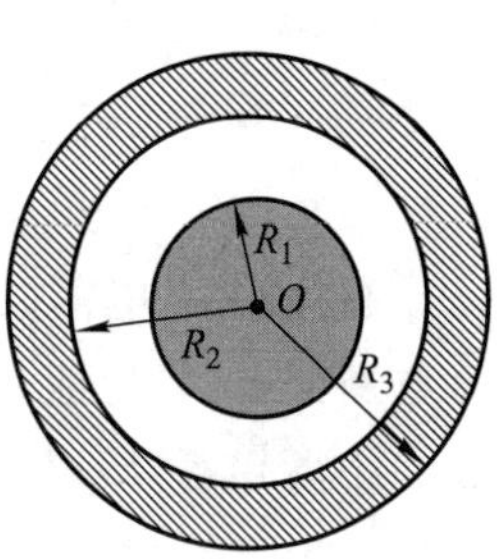

图 8-6

解:(1) 由于静电感应,电量均匀分布在球面上,即 R_1 球面电量为 Q_1,R_2 球面电量为 $-Q_1$,R_3 球面电量为 Q_1+Q_2. 由真空中的高斯定理,作同心球面为高斯面,可求得场强分布如下：

当 $r<R_1$ 时，

$$E_1=0,$$

当 $R_1<r<R_2$ 时，

$$E_2=\frac{Q_1}{4\pi\varepsilon_0 r^2},$$

当 $R_2<r<R_3$ 时，

$$E_3=0,$$

当 $r>R_3$ 时，

$$E_4=\frac{Q_1+Q_2}{4\pi\varepsilon_0 r^2}.$$

(2) 由电势定义，球壳电势为

$$U_2=\int_{R_3}^{\infty}E_4\mathrm{d}r=\frac{Q_1+Q_2}{4\pi\varepsilon_0 R_3},$$

导体球的电势为

$$U_1=\int_{R_1}^{R_2}E_2\mathrm{d}r+\int_{R_2}^{R_3}E_3\mathrm{d}r+\int_{R_3}^{\infty}E_4\mathrm{d}r=\frac{Q_1}{4\pi\varepsilon_0}\left(\frac{1}{R_1}-\frac{1}{R_2}\right)+\frac{Q_1+Q_2}{4\pi\varepsilon_0 R_3}.$$

(3) 若用导线将球和球壳相连，二者电势相等，则球的电荷与球壳内表面的电荷中和，球和球壳的电势相等：

$$U_1=U_2=\frac{Q_1+Q_2}{4\pi\varepsilon_0 R_3}.$$

【例8-2】 如图8-7所示，在半径为 R 的导体球壳薄壁附近与球心相距为 $d(d>R)$ 的 P 点处，放一点电荷 q，求：

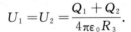

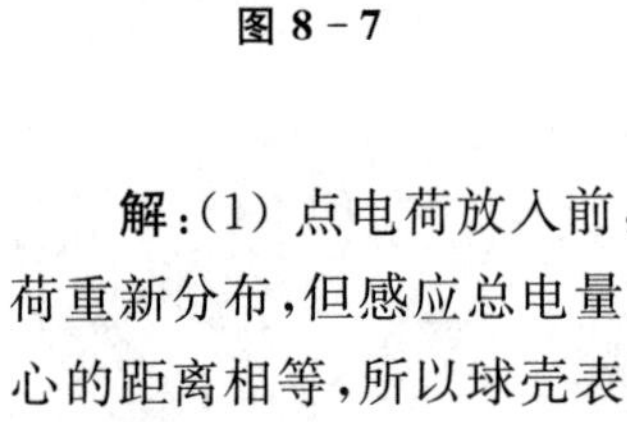

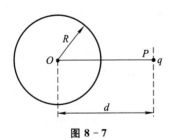

图8-7

(1) 球壳表面感应电荷在球心 O 处产生的电势和场强大小；

(2) 空腔内任一点的电势和场强；

(3) 若将球壳接地，计算球壳表面感应电荷的总电量.

解：(1) 点电荷放入前，导体球壳的带电量为零，点电荷放入后，导体球壳的电荷重新分布，但感应总电量为零. 由于感应电荷分布在球面上，所有感应电荷到球心的距离相等，所以球壳表面感应电荷在球心处激发的电势为零，即

$$U_{感}=0.$$

因球心处总场强为零，所以感应电荷在球心处的场强与点电荷 q 在球心处产生的场强大小相等、方向相反，其大小为

$$E=\frac{q}{4\pi\varepsilon_0 d^2}.$$

(2) 由静电平衡可知，导体球内部场强处处为零，导体球的内部空间为等势体区，因此球内空腔内任意点的电势和球心处的电势相等，而球心处的电势等于球外点电荷激发的电势和导体球表面感应电荷激发电势的叠加，由于球表面感应电荷在球心处激发电势为零，所以球心处的电势等于球外点电荷激发的电势，即

$$U_0=\frac{q}{4\pi\varepsilon_0 d},\quad E_0=0.$$

(3) 设球壳接地后，球表面的感应电荷总电量为 q'. 由于接地，此时球壳为等势体，且电势为零. 由球心处的电势可得球表面的感应电荷总量：

$$U_0=\frac{q'}{4\pi\varepsilon_0 R}+\frac{q}{4\pi\varepsilon_0 d}=0,\quad q'=-\frac{Rq}{d}.$$

【例 8-3】 半径分别 R 和 r 的两个导体球($R>r$)相距很远，今用细导线把它们连接起来，使两导体带电，电势为 U_0，求两球表面的电荷面密度之比 σ_R/σ_r.

解：设两球的带电量分别为 Q 和 q. 由于两球相距很远，两球电荷激发的电场对对方没有影响，电荷在两个球表面为均匀分布. 两球的电势分别为

$$U_1=\frac{Q}{4\pi\varepsilon_0 R}=\frac{\sigma_R 4\pi R^2}{4\pi\varepsilon_0 R}=\frac{\sigma_R R}{\varepsilon_0},\quad U_2=\frac{q}{4\pi\varepsilon_0 r}=\frac{\sigma_r 4\pi r^2}{4\pi\varepsilon_0 r}=\frac{\sigma_r r}{\varepsilon_0}.$$

由于导体间采用导线相连，两导体的电势相等，可得到

$$\sigma_R/\sigma_r=r/R.$$

导体表面的电荷面密度与半径成反比.

【例 8-4】 如图 8-8 所示，一个内半径为 a，外半径为 b 的金属球壳，带有电量 Q，在球壳空腔内距离球心为 r 处有一点电荷 q，设无限远处为电势零点. 试求：

(1) 球壳外表面上的电荷；

(2) 球心 O 点处由球壳内表面上电荷产生的电势；

(3) 球心 O 点处的总电势.

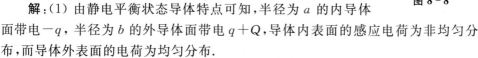

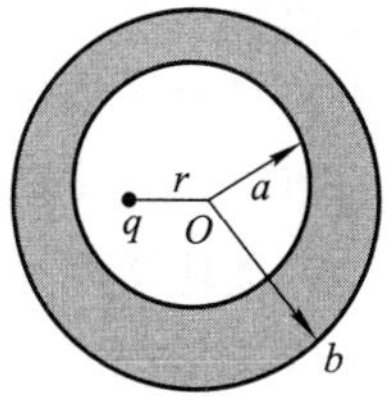

图 8-8

解：(1) 由静电平衡状态导体特点可知，半径为 a 的内导体面带电 $-q$，半径为 b 的外导体面带电 $q+Q$，导体内表面的感应电荷为非均匀分布，而导体外表面的电荷为均匀分布.

(2) 由于球壳内表面到球心 O 处的距离相等，因此球心 O 处由球壳内表面上电荷产生的电势为

$$U_0'=\frac{-q}{4\pi\varepsilon_0 a}.$$

(3) 球心 O 点处的总电势由点电荷 q、球壳内表面感应电荷以及球壳外表面的

感应电荷激发的电势叠加而成：

$$U_{总}=\frac{q}{4\pi\varepsilon_0 r}-\frac{q}{4\pi\varepsilon_0 a}+\frac{q+Q}{4\pi\varepsilon_0 b}.$$

8.2 电容与电容器

电容器是组成电路的基本元件之一，它能储存电荷和电能，在电工和电气设备中有广泛的应用. 本节讨论电容、电容器以及电容器的连接.

8.2.1 孤立导体的电容

在真空中，一个带电量为 Q 的孤立导体(所谓孤立导体是指其他导体或带电体都离它足够远，以至其他导体或带电体对它的影响可以忽略不计)，其电势与其所带的电量、形状和尺寸有关. 例如，真空中的一个半径为 R、带电量为 Q 的孤立球形导体的电势为(可用高斯定理证明)

$$U=\frac{Q}{4\pi\varepsilon_0 R}.$$

可见，孤立导体球的电势与所带电量成正比，即电量越大，电势越大. 如果我们从导体带电量的角度加以讨论，这个表达式可以改写为 $Q=4\pi\varepsilon_0 RU$，可见，孤立导体球的带电量与球的电势成正比，二者间的比例系数为 $4\pi\varepsilon_0 R$. 令 $C=\frac{Q}{U}=4\pi\varepsilon_0 R$，则导体电势一定时，比例系数 C 越大，导体所容纳的电量越大，因此可以说，这个比例系数反映了导体容纳电荷的本领. 我们把这个反映导体容纳电荷本领的物理量称为电容，用 C 表示.

上述结果是由球形孤立导体得出的，但对非球形孤立导体也成立. 我们把孤立导体所带的电量与其电势的比值叫作孤立导体的电容，用 C 表示. 由上面分析可知，其大小为

$$C=\frac{Q}{U}=4\pi\varepsilon_0 R. \tag{8-2}$$

由式(8-2)可以得出，真空中的孤立球形导体的电容正比于球的半径，而与导体球带电与否无关.

在国际单位制中，电容的单位为法拉，符号为“F”，

$$1\ \mathrm{F}=\frac{1\ \mathrm{C}}{1\ \mathrm{V}}.$$

在实用中，法拉(F)是非常大的单位，常用微法(μF)、皮法(pF)等作为电容的单位，

它们之间的关系为

$$1\ \mu F = 10^{-6}\ F,$$
$$1\ pF = 10^{-12}\ F.$$

8.2.2 电容器的电容

实际上,孤立导体是不存在的,导体的周围总是存在其他导体,当有其他导体存在时,必然会因静电感应而带电,从而改变原来的电场,当然也要影响导体的电容. 现在我们来讨论导体系统的电容.

两个带有等值异号电荷的导体所组成的系统,叫作电容器. 电容器可以用来储存电荷和能量.

如图 8-9 所示,两个导体 A,B 放在真空中,它们所带的电量为 $+Q$, $-Q$,若它们的电势分别为 U_1, U_2. 实验和理论都证明,带电量 Q 与电势差 U_1-U_2 的比值对给定的电容器来说是一个常数,用 C 表示,即

$$C=\frac{Q}{U_1-U_2}. \tag{8-3}$$

电容器电容的大小取决于组成电容器的极板形状、大小、两极板的相对位置以及其间所充电介质的种类,而与电容器是否带电无关.

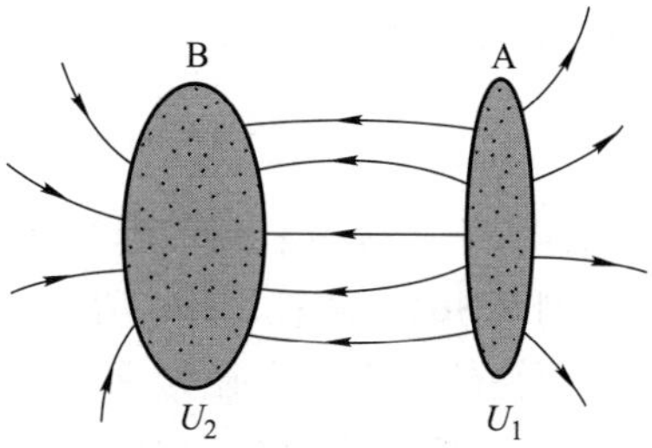

图 8-9 两个具有等值异号电荷的系统

电容器是一个重要的电器元件,按形状分,有平行板电容器、圆柱形电容器、球形电容器等,按介质分,有空气电容器、云母电容器、陶瓷电容器、纸质电容器、电解电容器等. 在生产和科研中使用的各种电容器种类繁多,外形各不相同,但它们的基本结构是一致的.

在电子电路中,电容器起着通交流、隔直流的作用. 电容器与其他元器件还可组成振荡器、时间延迟电路等.

8.2.3 电容器电容的计算

电容器的电容不仅与两极板的形状有关. 下面通过几个例子来讨论几种典型电容器电容的计算.

【例 8-5】 如图 8-10(a)所示,A,B 是两块平行放置、面积都为 S 的金属平板,两板间距为 d,且板间距远小于板面的线度,板间为真空. 试求平行板电容器的电容.

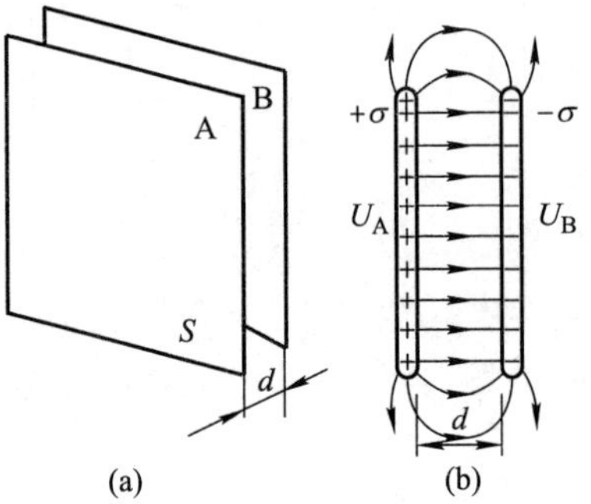

图 8-10

解:设A板带有正电荷 q,B板带有负电荷 $-q$. 当两个极板间的距离远小于极板的线度时,可以忽略边缘效应,此时两极板之间的电场可视为两块无穷大均匀带电平板所激发电场的叠加. 两极板之间区域产生的场强方向如图8-10(b)所示,根据无限大带电平面的电场特点以及场强叠加原理,可得两板间场强大小为

$$E=E_A+E_B=2\frac{\sigma}{2\varepsilon_0}=\frac{\sigma}{\varepsilon_0}.$$

板上电荷面密度 $\sigma=q/S$,代入上式,有

$$E=\frac{\sigma}{\varepsilon_0}=\frac{q}{S\varepsilon_0}.$$

两极板之间的电场场强大小处处相同,方向从A板垂直指向B板. 两板间电势差为

$$U_{AB}=Ed=\frac{qd}{S\varepsilon_0}.$$

根据电容器电容的定义式,可得平行板电容器的电容为

$$C=\frac{q}{U_{AB}}=\varepsilon_0\frac{S}{d}.$$

上式表明,平行板电容器的电容与极板的面积成正比,与极板之间的距离成反比.

【例8-6】 圆柱形电容器是由两个同轴圆柱导体组成的,圆柱体的内外半径为 R_A 和 R_B,长度为 l,$l\gg R_B-R_A$,内外柱面间为真空,如图8-11所示. 求此圆柱形电容器的电容.

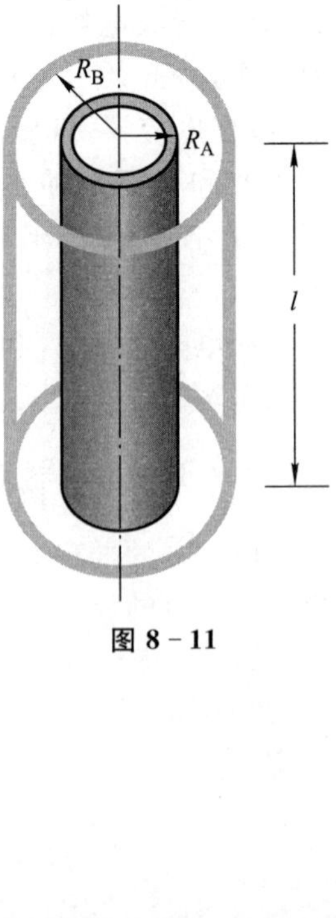

图 8-11

解:设内、外圆柱面分别带有 $+Q$,$-Q$ 的电荷,由于 $l\gg R_B-R_A$,因而可以忽略边缘效应,两圆柱面之间的电场可以看成无限长圆柱面的电场,则柱面单位长度上的电荷线密度为 $\lambda=Q/l$. 在内外圆柱面之间作半径为 r、高度为 h 的同心圆柱面为高斯面,由真空中的高斯定理可得,在两圆柱面之间距圆柱轴线为 r 处的电场强度大小为

$$E=\frac{\lambda}{2\pi\varepsilon_0 r}=\frac{Q}{2\pi\varepsilon_0 rl},$$

场强方向垂直于圆柱轴线. 将电场在内外圆柱面之间积分,可得两圆柱面之间的电势差

$$U_A - U_B = \int_{R_A}^{R_B} \boldsymbol{E} \cdot d\boldsymbol{l} = \int_{R_A}^{R_B} \frac{Q}{2\pi\varepsilon_0 l} \frac{dr}{r} = \frac{Q}{2\pi\varepsilon_0 l} \ln \frac{R_B}{R_A}.$$

由电容定义可得圆柱形电容器的电容为

$$C = \frac{q}{U_A - U_B} = \frac{2\pi\varepsilon_0 l}{\ln \frac{R_B}{R_A}}.$$

【例 8-7】 球形电容器是由 A,B 两个同心导体球壳组成,如图 8-12 所示. 设两球壳半径分别为 R_1 和 R_2,两球壳间充满电容率为 ε_0 的电介质,求此球形电容器的电容.

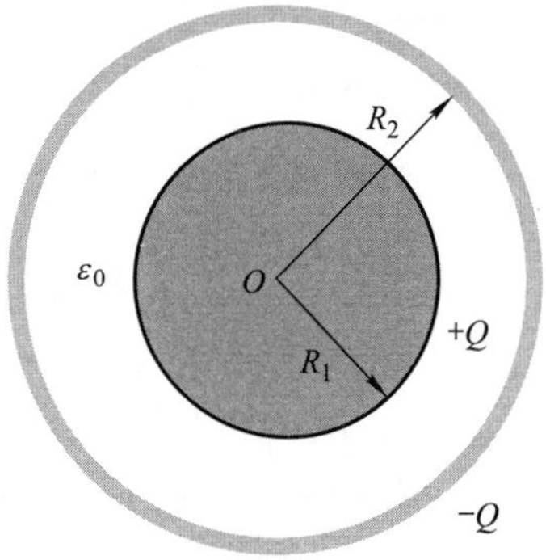

图 8-12

解:设内、外球壳分别带有 $+Q$,$-Q$ 的电荷,由高斯定理,在内外球壳之间作同心球面为高斯面,可求得两导体球壳之间的电场强度为

$$E = \frac{Q}{4\pi\varepsilon_0 r^2}.$$

场强方向沿径向,所以两球壳之间的电势差为

$$U_{R_1} - U_{R_2} = \int_{R_1}^{R_2} \boldsymbol{E} \cdot d\boldsymbol{r} = \int_{R_1}^{R_2} \frac{Q}{4\pi\varepsilon_0 r^2} dr = \frac{Q}{4\pi\varepsilon_0}\left(\frac{1}{R_1} - \frac{1}{R_2}\right).$$

上述两球壳之间的电势差也可以采用下面的方法计算.

由于内外导体球壳同心放置,两球壳表面的电荷均为均匀分布. 根据均匀带电球面的电势以及电势叠加原理,可得内外球壳的电势分别为

$$U_{R_2} = \frac{Q}{4\pi\varepsilon_0 R_2} + \frac{-Q}{4\pi\varepsilon_0 R_2},$$

$$U_{R_1} = \frac{Q}{4\pi\varepsilon_0 R_1} + \frac{-Q}{4\pi\varepsilon_0 R_2}.$$

两球壳的电势差为

$$U_{12} = U_{R_1} - U_{R_2} = \frac{Q}{4\pi\varepsilon_0}\left(\frac{1}{R_1} - \frac{1}{R_2}\right).$$

该结果与上述采用电场积分所得的结果相同.

最后由电容定义可得球形电容器的电容为

$$C = \frac{Q}{U_{R_1} - U_{R_2}} = 4\pi\varepsilon_0\left(\frac{R_1 R_2}{R_2 - R_1}\right).$$

当 $R_2 \to \infty$,即 $R_2 \gg R_1$ 时,有

$$C = 4\pi\varepsilon_0 R_1,$$

上式即为处于自由空间半径为 R_1 的孤立导体球的电容.

综合以上例题中电容的计算方法可以看出,电容器的电容仅与电容器两极板

的形状、大小、相对位置以及极板间的介质情况有关，而与极板带有多少电荷无关. 因此，即使一个电容器没有带电，我们讨论其电容值也是有意义的，这就像我们谈论一个容器的容积与容器内是否盛装物质无关一样.

一般计算电容器的电容时有以下 4 个步骤：

(1) 先假设电容器的两极板带有等量异号电荷；

(2) 根据电荷分布求出两极板之间的电场强度的分布；

(3) 计算出两极板之间的电势差；

(4) 再根据电容器电容的定义求得电容.

8.2.4　电容器存储的电场能

电容器充电的过程，其实质是在电容器中把一个电场从无到有地建立起来的过程，在电场的建立过程中，电源需要克服电容器电场力的作用而做功，电源所做的功即转化为电容器的能量而储存起来. 接下来我们以平行板电容器为例，通过电场建立过程中外力(电源力)做功来研究平行板电容器的电场储能.

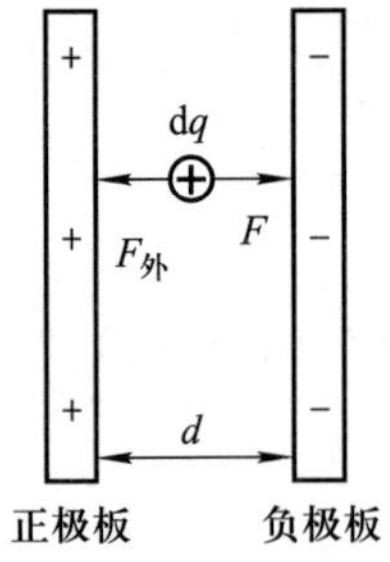

图 8－13　平行板电容器的能量

电源力把电容器负极板的正电荷一点点地移到电容器的正极板，这样电容器正极板多余的正电荷越来越多，负极板所剩的负电荷越来越多，两极板间的电场越来越强，如图 8－13 所示. 设电容器的电容为 C，设某时刻两个极板上分别带有电荷 $+q$ 和 $-q$ 时，两极板间电势差为 $U(t)$，则 $U(t)=\dfrac{q(t)}{C}$. 如果将电荷元 $\mathrm{d}q(\mathrm{d}q>0)$ 匀速地从负极板移到正极板上，由图 8－13 可知，外力需做功的大小为

$$\mathrm{d}A=Fd=E\mathrm{d}qd=U\mathrm{d}q=\frac{q}{C}\mathrm{d}q.$$

若充电结束时，两极板上电荷分别为 $+Q$ 和 $-Q$，则整个充电过程中电源力做功

$$A=\int\mathrm{d}A=\int_0^Q\frac{q}{C}\mathrm{d}q=\frac{1}{2}\frac{Q^2}{C}.$$

位移与力的方向一致，外力做正功，根据功能原理，电容器中储存的静电能量应等于充电过程中电源力做的功，即电容器电场的能量公式为

$$W=\frac{1}{2}\frac{Q^2}{C}. \tag{8-4}$$

考虑 $Q=CU$，平行板电容器还有两个常用的储能公式：

$$W=\frac{1}{2}CU^2=\frac{1}{2}QU. \tag{8-5}$$

在实际电路中，极板间的电势差常被称为两极板的电压. 从式(8－4)及式

(8－5)可知，在电压一定时，电容值大的电容器储存的能量也多，这也说明电容是电容器储存能量本领大小的量度，这正是电容这个物理量的物理意义.

8.2.5 电容器的串联和并联

在实际应用中，现有的电容器不一定能适合实际的要求，如电容大小不合适，或者电容器的耐压能力不够等，因此常根据需要把几个电容器串联或并联起来使用.

(1) 电容器的串联.

如图 8－14 所示，根据静电平衡原理，电容器串联时，串联的每一个电容器的极板都有相同的电量 Q，总电压为各电容器电压之和，即

$$U=U_1+U_2=\frac{Q}{C_1}+\frac{Q}{C_2}=\left(\frac{1}{C_1}+\frac{1}{C_2}\right)Q,$$

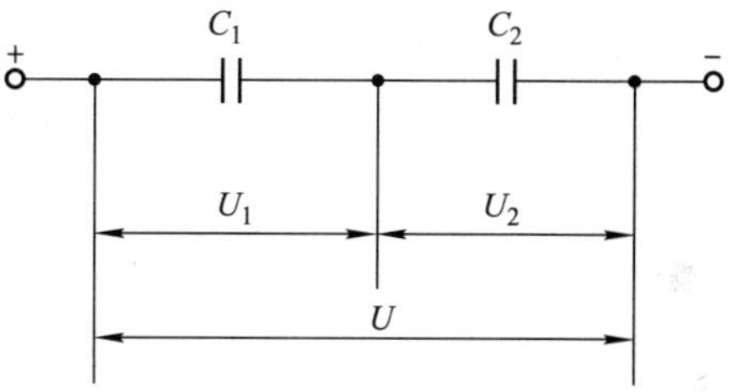

图 8－14 电容器的串联

所以，电容器组的等效电容为

$$C=\frac{Q}{U}=\frac{1}{\dfrac{1}{C_1}+\dfrac{1}{C_2}},$$

即

$$\frac{1}{C}=\frac{1}{C_1}+\frac{1}{C_2}.$$

以上结果可推广到任意多个电容器的串联. 当多个电容器串联时，其等效电容的倒数等于几个电容器电容的倒数之和：

$$\frac{1}{C}=\frac{U}{Q}=\frac{U_1+U_2+\cdots+U_n}{Q}=\frac{1}{C_1}+\frac{1}{C_2}+\cdots+\frac{1}{C_n}=\sum_{i=1}^{n}\frac{1}{C_i}. \quad (8-6)$$

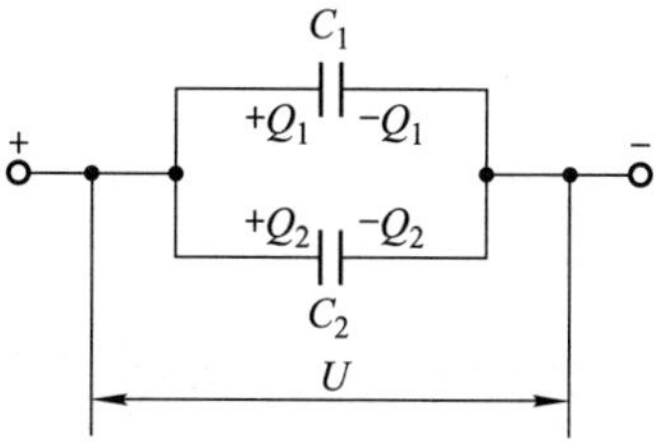

图 8－15 电容器的并联

电容器串联后的等效电容小于任何一个电容器的电容，但由于总电压分配到了各个电容器上，所以可以提高电容的耐压能力.

(2) 电容器的并联.

如图 8－15 所示，当电容器并联时，每个电容器两端的电势差相等，电容器组的总电荷为各电容器所带电荷之和，即

$$Q=Q_1+Q_2=C_1U+C_2U=(C_1+C_2)U.$$

由电容的定义，两个电容器并联的等效电容为

$$C=\frac{Q}{U}=C_1+C_2.$$

以上结果推广到任意多个电容器的并联时，为

$$C=\frac{Q}{U}=\frac{Q_1+Q_2+\cdots+Q_n}{U}=C_1+C_2+\cdots+C_n=\sum_{i=1}^{n}C_i. \tag{8-7}$$

当几个电容器并联时，其等效电容等于几个电容器电容之和. 并联使总电容增大，但是每个电容器承受的电压与单独使用时相同.

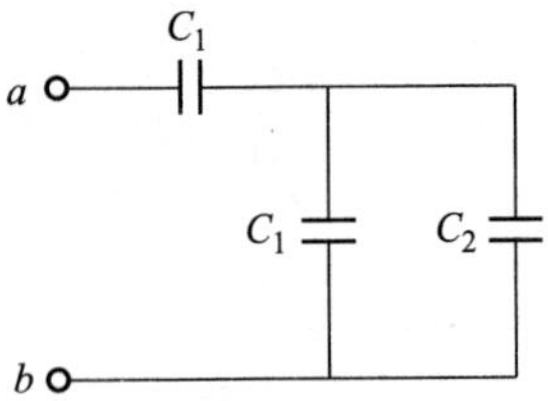

图 8-16

【例 8-8】 如图 8-16 所示，证明 a，b 间的总电容等于 C_2 的条件为 $C_2\approx0.618C_1$.

解：由题意知，a，b 间的等效电容为

$$\frac{1}{C_{ab}}=\frac{1}{C_1}+\frac{1}{C_1+C_2}=\frac{2C_1+C_2}{C_1(C_1+C_2)}.$$

由此得到

$$C_{ab}=\frac{C_1(C_1+C_2)}{2C_1+C_2}=C_2,$$

$$C_2^2+C_1C_2-C_1^2=0,$$

$$C_2=\frac{(\sqrt{5}-1)C_1}{2}\approx0.618C_1.$$

【例 8-9】 两个同心球壳组成的球形电容器，半径为 R_1 和 $R_2(R_2>R_1)$，通过其中心的平面把它一分为二，其中一半是空气，另一半充满相对电容率为 ε_r 的电介质(此时电容变为原来的 ε_r 倍). 试证明其电容等于用相对电容率为$(1+\varepsilon_r)/2$的电介质充满全部电容器时的电容.

解：由球形电容器的电容以及结构的对称性可知，填充空气的半球形电容器的电容为

$$C_0=2\pi\varepsilon_0\left(\frac{R_1R_2}{R_2-R_1}\right).$$

填充相对电容率 ε_r 的电介质后，半球形电容器的电容变为

$$C_r=2\pi\varepsilon_0\varepsilon_r\left(\frac{R_1R_2}{R_2-R_1}\right).$$

填充空气的半球形电容器和填充相对电容率 ε_r 电介质的半球形电容器并联的等效电容为

$$C=C_0+C_r=2\pi\varepsilon_0\varepsilon_r\left(\frac{R_1R_2}{R_2-R_1}\right)+2\pi\varepsilon_0\left(\frac{R_1R_2}{R_2-R_1}\right)$$

$$=2\pi\varepsilon_0(1+\varepsilon_r)\left(\frac{R_1R_2}{R_2-R_1}\right)=4\pi\varepsilon_0\left(\frac{1+\varepsilon_r}{2}\right)\left(\frac{R_1R_2}{R_2-R_1}\right).$$

根据球形电容器的电容公式，上述电容器等效于用相对电容率为$(1+\varepsilon_r)/2$的电介质充满全部电容器的电容.

8.3 静电场中的电介质

上一节讨论了静电场中的导体对电场的影响，本节将讨论电介质对电场的影响. 除导体外，电场中其他一切能与电场发生相互影响的物质都可以称为电介质. 电介质与导体相比较，突出的特点是电介质中没有可以自由移动的电荷. 电介质的这一特点是由其微观分子结构决定的，在电介质内，原子核对核外电子的束缚力很强，原子中的电子、分子中的离子只能在原子的范围内移动，因此电介质不具备导电能力. 本节主要研究电场对电介质的影响及存在电介质时静电场的特点.

本节主要内容有：电介质的极化、电极化强度矢量、介质中的静电场、有电介质时的高斯定理、电容与电容器，以及静电场的能量等.

8.3.1 电介质的种类

电介质的分子内部有两类电荷，即正电荷和负电荷.从分子中电荷在外电场中受力的角度来看，可以将所有正电荷(分子一般由多个原子组成，每个原子核内都有正电荷)看作集中在一点上，将所有的负电荷(所有的电子都带有负电荷)看作集中在另一点上，这两个点分别称为正、负电荷的中心，这样，一个分子在外电场中可以等效为一个电偶极子.

实验表明，电介质分子有两类：一类分子的正、负电荷的中心相互重合，即电偶极子的偶极矩为零，这类分子称为无极分子；另一类分子的正、负电荷的中心不重合，称为有极分子. 相应地，按照组成电介质分子的特点把电介质分为两大类：一类是由无极分子构成的电介质，称为无极分子电介质，如 He，O_2 等；另一类是由有极分子构成的电介质，称为有极分子电介质，如 HCl，SO_2 等.

在没有外电场时，有极分子电介质虽然有固有偶极矩，但是由于分子的无规则热运动，每个分子固有偶极矩的方向各不相同，因而无极分子电介质与有极分子电介质在没有外电场时对外都不表现出电性.

8.3.2 电介质的极化

如果把电介质放入电场中，分子中正、负电荷的中心会在外电场的作用下产生新的分布，从而使电介质表面呈现出电性，这种现象称为电介质的极化现象. 由于电介质极化而使表面带的电荷称为极化电荷. 因极化电荷被束缚在分子范围内,所以极化电荷也称束缚电荷.

有极分子和无极分子在极化时,微观机制并不相同. 对无极分子来说,由于分子中的正、负电荷受到相反方向的电场力,因而正负电荷中心将沿着相反方向发生微小位移,形成一个电偶极子,其电偶极矩排列方向大致与外电场方向相同,因而在电介质与外电场垂直的两个表面上分别出现正电荷和负电荷,与外电场方向相同的一面出现正电荷,相反的一面出现负电荷,如图 8-17(a)所示. 无极分子电介质的极化是正负电荷中心发生位移形成的,称为位移极化.

有极分子电介质处在电场中时,介质中各分子的电偶极子都将受到外电场力矩的作用. 在此力矩的作用下,电介质中的电偶极子将转向外电场的方向,如图 8-17(b)所示. 由于分子的热运动,各分子电偶极子的排列不可能十分整齐. 但是,对于整个电介质来说,这种转向排列的结果,使电介质在垂直于电场方向的两个表面上也将产生极化电荷. 有极分子电介质的极化称为取向极化.

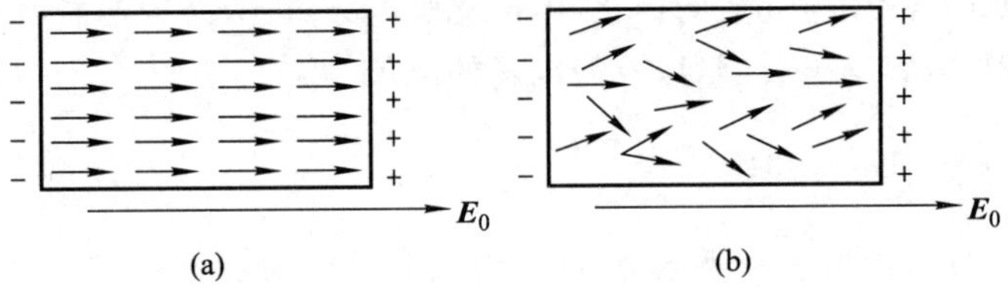

图 8-17 介质的极化

需要注意的是,有极分子电介质也存在位移极化,但取向极化是主要的,它比位移极化约大一个数量级. 电场频率很高时,分子惯性较大,取向极化跟不上外电场的变化,只有惯性很小的电子才能紧跟高频电场的变化而产生位移极化,此时只有电子位移极化机制起主要作用.

虽然无极分子电介质和有极分子电介质受外电场影响的极化机理不相同,但是宏观效果是一样的,都表现为电介质的表面出现极化电荷. 一般说来,外电场越强,极化现象越显著,电介质表面产生的极化电荷越多.

8.3.3 电极化强度矢量 电极化强度与极化电荷的关系

介质极化后,在介质内任一体积元的分子电偶极矩的矢量和将不等于零,它反映了介质的极化程度.

在电介质内取一体积元 $\mathrm{d}V$,$\mathrm{d}V$ 内分子的电偶极矩的矢量和 $\sum_i \boldsymbol{p}_i$ 与该体积元的比值就是电极化强度矢量 $\boldsymbol{P}$:

$$P=\frac{\sum_i p_i}{\mathrm{d}V}. \tag{8-8}$$

可以证明,电极化强度 $\boldsymbol{P}$ 通过介质内任意闭合曲面 S 的通量等于 S 面内所有极化电荷的总和的负值,即

$$\oint\!\!\!\oint_S \boldsymbol{P}\cdot \mathrm{d}\boldsymbol{S}=-\sum_i q'_i, \tag{8-9}$$

且介质极化后,在介质表面产生的极化电荷面密度 σ' 等于该处电极化强度矢量在表面法线方向上的分量 P_n,即

$$\sigma'=\frac{\mathrm{d}q'}{\mathrm{d}S}=\boldsymbol{P}\cdot\boldsymbol{n}=P_n. \tag{8-10}$$

当外电场不太强时,只是引起电介质的极化. 在强电场中,电介质中的极化电荷在强电场力的作用下变成可以自由移动的电荷,电介质的绝缘性受到破坏,这种过程称为电介质的击穿. 某种电介质所能承受的最大电场强度称为这种电介质的介电强度,也叫击穿电场强度.

8.3.4 介质中的静电场

电介质极化后产生极化电荷,极化电荷同样能够激发电场,称为附加电场,电介质中的电场是原电场和附加电场的叠加. 下面以充满各向同性均匀电介质的平行板电容器为例来讨论. 设平行板电容器的极板面积为 S、极板间距为 d、自由电荷面密度为 σ_0,放入电介质之前,极板间的电场强度的大小为 $\boldsymbol{E}_0=\frac{\sigma_0}{\varepsilon_0}$. 当极板间充满各向同性的均匀电介质时,由于电介质的极化,在它的两个垂直于 $\boldsymbol{E}_0$ 的表面上分别出现正、负极化电荷,其极化电荷面密度为 σ',极化电荷产生的电场强度为 $\boldsymbol{E}'$,大小为

$$E'=\frac{\sigma'}{\varepsilon_0}.$$

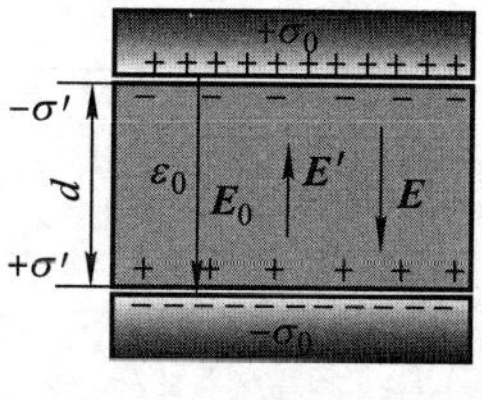

图 8-18 电介质中的电场

由图 8-18 可知,电介质中的总电场强度 $\boldsymbol{E}$ 为自由电荷产生的电场强度 $\boldsymbol{E}_0$ 和极化电荷产生的电场强度 $\boldsymbol{E}'$ 的矢量和,其中 $\boldsymbol{E}_0$ 称为原电场,$\boldsymbol{E}'$ 称为附加电场,即

$$\boldsymbol{E}=\boldsymbol{E}_0+\boldsymbol{E}'. \tag{8-11}$$

由于 $\boldsymbol{E}_0$ 的方向与 $\boldsymbol{E}'$ 的方向相反,所以电介质中电场强度 $\boldsymbol{E}$ 的大小为

$$E=\frac{\sigma_0}{\varepsilon_0}-\frac{\sigma'}{\varepsilon_0}=\frac{1}{\varepsilon_0}(\sigma_0-\sigma'). \tag{8-12}$$

式(8-12)表明,电介质中的总电场强度 E 总是小于自由电荷产生的电场强度 E_0.

实验结果表明，对各向同性的电介质，电极化强度矢量 $\boldsymbol{P}$ 与 $\boldsymbol{E}$ 方向相同，$\boldsymbol{P}$ 与 $\boldsymbol{E}$ 在数值上成正比，即

$$\boldsymbol{P}=\chi_e\varepsilon_0\boldsymbol{E}, \tag{8-13}$$

其中比例系数 χ_e 是与电介质有关的常数，称为电介质的电极化率.

由极化电荷面密度和极化强度的关系 $\sigma'=P_n=P=\chi_e\varepsilon_0 E$，式(8-12)变为

$$E=\frac{\sigma_0}{\varepsilon_0}-\frac{\sigma'}{\varepsilon_0}=\frac{1}{\varepsilon_0}(\sigma_0-\chi_e\varepsilon_0 E).$$

整理上式，得到

$$E=\frac{\sigma_0}{\varepsilon_0(1+\chi_e)}=\frac{E_0}{1+\chi_e}.$$

令 $\varepsilon_r=1+\chi_e$，则

$$E=\frac{E_0}{\varepsilon_r}. \tag{8-14}$$

式(8-14)中的 ε_r 称为相对电容率，是反映电介质特性的物理量. 式(8-14)表明，在电场中充满各向同性均匀电介质时任意一点的电场强度为自由电荷产生的电场强度的 $1/\varepsilon_r$ 倍. 由于普通电介质的相对电容率 ε_r 总是大于 1，因此电介质中的总电场强度 E 总是小于自由电荷产生的电场强度 E_0.

8.3.5 电位移矢量 有电介质时的高斯定理

前面讨论过静电场的高斯定理，在满足对称性的条件下，利用高斯定理可以快速求解电场和电势等物理量. 然而，我们发现，静电场的高斯定理在求解存在电介质区域的电场时存在不足，其原因在于真空中的高斯定理的高斯面包围的电荷是所有电荷的代数和，对于存在电介质的区域，至少存在两种电荷，一种是自由电荷，一种是介质极化后的极化电荷，由于极化电荷不能预先确定，使得真空中的高斯定理在分析此类问题时存在困难. 因此，有必要将真空中的高斯定理推广到有电介质存在时的静电场中去，得到有介质时的高斯定理.

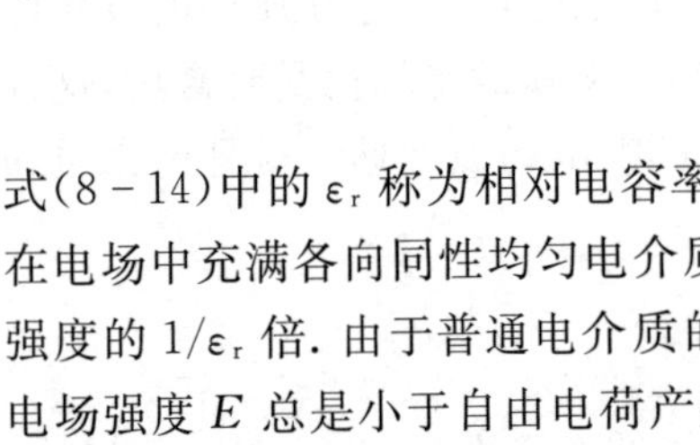

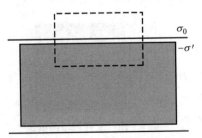

图 8-19 电介质中的高斯定理

为简单起见，还是以平行板电容器中充满各向同性的均匀电介质为例来讨论. 如图 8-19 所示，取一闭合的圆柱面作为高斯面，高斯面的两底面与极板平行，其中一个底面在电介质内，底面的面积为 S. 设极板上的自由电荷的面密度为 σ_0，电介质表面上极化电荷面密度为 σ'，根据高斯定理得

$$\oint\!\!\!\oint_S \boldsymbol{E}\cdot d\boldsymbol{S}=\frac{1}{\varepsilon_0}(Q_0+Q'). \tag{8-15}$$

式(8－15)中 Q_0 和 Q'分别为高斯面内所包围的自由电荷和极化电荷，$Q_0=\sigma_0 S$，$Q'=\sigma' S$.

考虑式(8－9)，极化电荷可用电极化强度来表示，于是式(8－15)变为

$$\oint\!\!\!\oint_S \boldsymbol{E}\cdot \mathrm{d}\boldsymbol{S}=\frac{Q_0}{\varepsilon_0}-\oint\!\!\!\oint_S \frac{1}{\varepsilon_0}\boldsymbol{P}\cdot \mathrm{d}\boldsymbol{S}.$$

移项后得

$$\oint\!\!\!\oint_S \left(\boldsymbol{E}+\frac{1}{\varepsilon_0}\boldsymbol{P}\right)\cdot \mathrm{d}\boldsymbol{S}=\frac{Q_0}{\varepsilon_0},$$

即

$$\oint\!\!\!\oint_S (\varepsilon_0\boldsymbol{E}+\boldsymbol{P})\cdot \mathrm{d}\boldsymbol{S}=Q_0.$$

令

$$\boldsymbol{D}=\varepsilon_0\boldsymbol{E}+\boldsymbol{P}=\varepsilon_0\boldsymbol{E}+\chi_e\varepsilon_0\boldsymbol{E}=\varepsilon_0(1+\chi_e)\boldsymbol{E}=\varepsilon_0\varepsilon_r\boldsymbol{E}=\varepsilon\boldsymbol{E}, \tag{8-16}$$

$\boldsymbol{D}$ 称为电位移矢量，ε 称为电容率，则可得到

$$\oint\!\!\!\oint_S \boldsymbol{D}\cdot \mathrm{d}\boldsymbol{S}=Q_0, \tag{8-17}$$

其中 $\oint\!\!\!\oint_S \boldsymbol{D}\cdot \mathrm{d}\boldsymbol{S}$ 为通过任意闭合曲面的电位移矢量通量. 式(8－17)虽然是从平行板电容器这一特例中得出的，但可以证明其对一般情况也是成立的.

有电介质时的高斯定理表述如下：在静电场中，通过任意闭合曲面的电位移矢量通量等于该闭合曲面所包围的自由电荷的代数和，与极化电荷无关. 其数学表达式为

$$\oint\!\!\!\oint_S \boldsymbol{D}\cdot \mathrm{d}\boldsymbol{S}=\sum_i Q_{0i}. \tag{8-18}$$

在国际单位制中，电位移的单位为 $\mathrm{C\cdot m^{-2}}$.

求解电介质中的电场场强问题时，可先直接用式(8－18)求出 $\boldsymbol{D}$，然后根据式(8－16)的关系式，求出 $\boldsymbol{E}$ 的分布. 当然，只有对那些自由电荷和电介质的分布都具有对称性的情形，才可用有介质时的高斯定理方便地求出电场强度分布.

对比真空中的高斯定理和电介质中的高斯定理，可以发现电场线和电位移线的区别. 以平行板电容器为例，电场线可以从正的自由电荷或者正的极化电荷发出，终止于负的自由电荷或者负的极化电荷，而电位移线只能从正的自由电荷发出，终止于负的自由电荷，与极化电荷无关. 如图 8－20 所示.

【例 8－10】 一个平行板电容器充满两层厚度各为 d_1 和 d_2 的电介质，它们的电容率分别为 ε_1 和 ε_2，极板面积为 S，当极板上的自由电荷面密度的值为 σ_0 时，求：

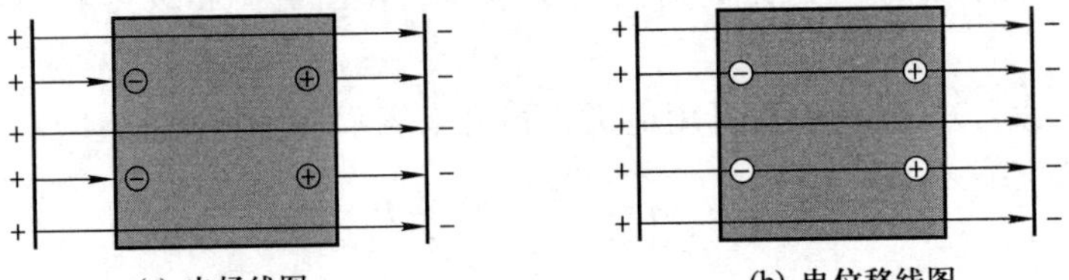

图 8-20 电场线和电位移线

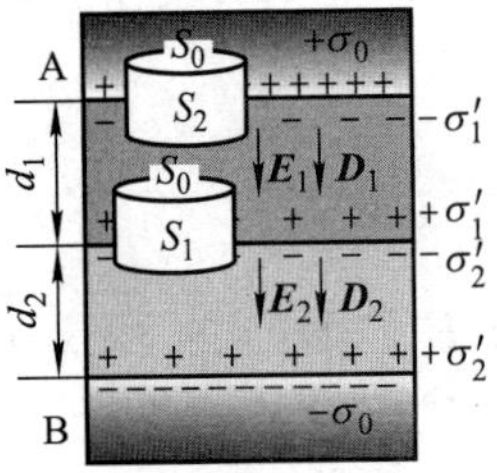

图 8-21

(1) 各电介质内的电位移和场强；

(2) 电容器的电容.

解：(1) 由题意知，电介质极化后表面将产生极化电荷. 由结构对称性可知，金属板表面的自由电荷以及介质层表面的极化电荷都是均匀分布的，因此电介质中的电场是均匀场. 如图 8-21 所示，设这两种电介质中的场强和电位移矢量分别为 $\boldsymbol{E}_1, \boldsymbol{E}_2, \boldsymbol{D}_1, \boldsymbol{D}_2$. 在介质 1 和介质 2 交界处作上下底面积为 S_0 的圆柱形高斯面 S_1. 由于介质 1 和介质 2 中电位移的方向与高斯面 S_1 的侧面平行，由电介质中的高斯定理，有

$$\oiint_{S_1} \boldsymbol{D} \cdot \mathrm{d}\boldsymbol{S} = D_2 S_0 - D_1 S_0 = 0, \quad D_2 = D_1.$$

在介质 1 和上金属平板交界处作圆柱形高斯面 S_2，由于 S_2 的上表面在金属板内部，其电位移为 0，S_2 侧面的电位移通量也为 0，由电介质中的高斯定理，有

$$\oiint_{S_2} \boldsymbol{D} \cdot \mathrm{d}\boldsymbol{S} = D_1 S_0 = \sigma_0 S_0, \quad D_1 = \sigma_0.$$

由电位移和电场的关系，得到电介质的电场为

$$E_1 = \frac{D_1}{\varepsilon_1} = \frac{\sigma_0}{\varepsilon_1}, \quad E_2 = \frac{D_2}{\varepsilon_2} = \frac{\sigma_0}{\varepsilon_2}.$$

(2) 两板间的电势差为

$$\begin{aligned} U_{\mathrm{A}} - U_{\mathrm{B}} &= E_1 d_1 + E_2 d_2 \\ &= \sigma_0 \left(\frac{d_1}{\varepsilon_1} + \frac{d_2}{\varepsilon_2} \right) = \frac{q}{S} \left(\frac{d_1}{\varepsilon_1} + \frac{d_2}{\varepsilon_2} \right), \end{aligned}$$

电容器电容为

$$C = \frac{q}{U_{\mathrm{AB}}} = \frac{S}{\left(\dfrac{d_1}{\varepsilon_1} + \dfrac{d_2}{\varepsilon_2} \right)} = \frac{\varepsilon_1 \varepsilon_2 S}{\varepsilon_1 d_2 + \varepsilon_2 d_1}.$$

本例也可以采用电容器的串并联知识求解，将电容器视为上下两个平行板电容器

串联而成，其中上平行板电容器的电容为

$$C_1=\varepsilon_1\frac{S}{d_1},$$

下平行板电容器的电容为

$$C_2=\varepsilon_2\frac{S}{d_2}.$$

设电容器 C_1 和电容器 C_2 串联后的等效电容为 C，有

$$\frac{1}{C}=\frac{1}{C_1}+\frac{1}{C_2}.$$

整理得到

$$C=\frac{C_1C_2}{C_1+C_2}=\frac{\varepsilon_1\frac{S}{d_1}\varepsilon_2\frac{S}{d_2}}{\varepsilon_1\frac{S}{d_1}+\varepsilon_2\frac{S}{d_2}}=\frac{\varepsilon_1\varepsilon_2S}{\varepsilon_1d_2+\varepsilon_2d_1}.$$

【例 8-11】 半径为 R_0 的导体球带有电荷 Q，球外有一层均匀电介质的同心球壳，其内外半径分别为 R_1 和 R_2，相对电容率为 ε_r（见图 8-22），求：

(1) 介质内外的电场强度 E 和电位移 D；

(2) 介质的极化强度 P 和表面上的极化电荷面密度 σ'.

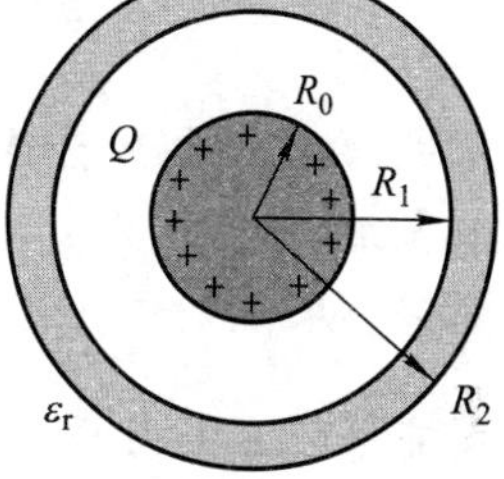

图 8-22

解：(1) 由于导体球和电介质球壳同心放置，因此导体球表面的自由电荷，以及介质球壳内外表面的极化电荷均为均匀分布. 利用电介质中的高斯定理，在导体球外作半径为 r 的同心球面为高斯面，得到导体球外的电位移为

$$\oiint_S \boldsymbol{D}\cdot \mathrm{d}\boldsymbol{S}=Q,\quad D=\frac{Q}{4\pi r^2}.$$

电介质内部和电介质以外区域的电场强度为

$$E_{内}=\frac{D}{\varepsilon_0\varepsilon_r}=\frac{Q}{4\pi\varepsilon_0\varepsilon_r r^2},$$

$$E_{外}=\frac{D}{\varepsilon_0}=\frac{Q}{4\pi\varepsilon_0 r^2}.$$

(2)电介质的极化强度为

$$P=D-\varepsilon_0E=\frac{Q}{4\pi r^2}\left(\frac{\varepsilon_r-1}{\varepsilon_r}\right).$$

介质层内表面极化电荷面密度为

$$\sigma'_{R_1}=-\frac{Q}{4\pi R_1^2}\left(\frac{\varepsilon_r-1}{\varepsilon_r}\right),$$

半径 R_2 处介质层表面极化电荷面密度为

$$\sigma'_{R_2}=\frac{Q}{4\pi R_2^2}\left(\frac{\varepsilon_r-1}{\varepsilon_r}\right).$$

8.4　静电场的能量密度

接下来,我们以平行板电容器为例对其存储的电场能量进行分析. 假设平行板电容器内部充满介电常数为 ε 的电介质,根据电容器电容的定义,其电容为

$$C=\frac{q}{U}=\frac{\sigma S}{Ed},$$

其中 σ 为电容器极板所带自由电荷面密度,S 为两极板的正对面积,d 为两极板之间的距离. 根据 $E=\frac{E_0}{\varepsilon_r}$ 及 $E_0=\frac{\sigma}{\varepsilon_0}$,代入上式化简得

$$C=\varepsilon\frac{S}{d}. \tag{8-19}$$

可见,在电容器中充入电介质,电容增加. 这就是电介质的介电常数 ε 有时也称为电容率的原因. 电介质不仅能够改变电容器的电容值,还可以改变电容器内储存的能量. 例如,对于两板之间充满介电常数为 ε 的电介质的平行板电容器,储存的电场能量公式仍为 $W=\frac{1}{2}CU^2$,但式中的 $C=\varepsilon\frac{S}{d}$,同时考虑 $U=Ed$,则有

$$W=\frac{1}{2}\varepsilon\frac{S}{d}(Ed)^2=\frac{1}{2}\varepsilon SdE^2. \tag{8-20}$$

平行板电容器的体积为 $V=Sd$,结合式(8-20),可得单位体积中的电场能,即电场能量密度,用 w_e 表示,为

$$w_e=\frac{W}{V}=\frac{1}{2}\varepsilon E^2. \tag{8-21}$$

电场能量密度与电场强度的平方成正比. 式(8-21)虽然是从平行板电容器这个特例得到的,但可以证明,对于任意电场,这个结论也是成立的.

把 $D=\varepsilon E$ 代入上式,可得电场能量密度的另一种形式

$$w_e=\frac{W}{V}=\frac{1}{2}DE. \tag{8-22}$$

式(8-21)和式(8-22)都是电场能量密度的计算式,其中式(8-21)仅在各向同性的静电场中适用,而式(8-22)是计算电场能量密度的普遍公式,不论电场均匀与否,也不论电场是静电场还是变化电场,都适用. 对于任意电场计算其能量时,可以先根据式(8-22)计算电场能量密度,然后再在整个电场中对电场能量密度积

分，即

$$W_e=\iiint_V w_e \mathrm{d}V=\frac{1}{2}\iiint_V DE\mathrm{d}V. \qquad (8-23)$$

【例 8-12】 如图 8-23 所示，一个球形电容器，内球壳半径为 R_1，外球壳半径为 R_2，两球壳间充满了相对电容率为 ε_r 的各向同性均匀电介质，设两球壳间电势差为 U_{12}，求电容器储存的能量.

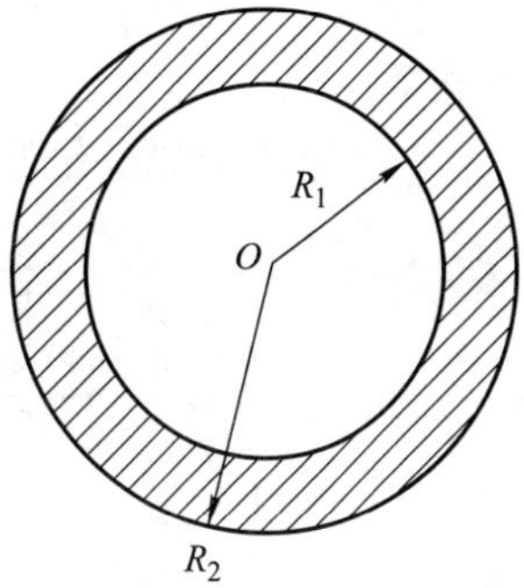

图 8-23

解：在内外球壳之间作同心球面为高斯面，假设球形电容器内外球壳带电量分别为 $+Q$ 和 $-Q$，由电介质中的高斯定理

$$\oiint_S \boldsymbol{D}\cdot \mathrm{d}\boldsymbol{S}=D\cdot 4\pi r^2=Q,$$

得

$$D=\frac{Q}{4\pi r^2},$$

因此内外球壳之间的电场为

$$E=\frac{D}{\varepsilon_0\varepsilon_r}=\frac{Q}{4\pi\varepsilon_0\varepsilon_r r^2}.$$

内外球壳之间的电势差为

$$U_{12}=\int_{R_1}^{R_2} E\cdot \mathrm{d}r=\frac{Q(R_2-R_1)}{4\pi\varepsilon_0\varepsilon_r R_1R_2},$$

由此得到

$$Q=\frac{4\pi\varepsilon_0\varepsilon_r R_1R_2U_{12}}{R_2-R_1}.$$

电容器存储的能量为

$$W=\frac{1}{2}QU_{12}=\frac{2\pi\varepsilon_0\varepsilon_r R_1R_2U_{12}^2}{R_2-R_1}.$$

本题还可以利用电场能量密度对电场存在区域进行积分的方法求解. 由上面可知，电场的能量密度为

$$w_e=\frac{1}{2}\varepsilon_0\varepsilon_r E^2=\frac{Q^2}{32\pi^2\varepsilon_0\varepsilon_r r^4}.$$

电容器的电场存在于内外球壳之间，积分得到电容器储存的总电场能量为

$$W_e=\int w_e\mathrm{d}V=\int_{R_1}^{R_2}\frac{Q^2}{32\pi^2\varepsilon_0\varepsilon_r r^4}4\pi r^2\mathrm{d}r=\frac{Q^2}{8\pi\varepsilon_0\varepsilon_r}\left(\frac{1}{R_1}-\frac{1}{R_2}\right)$$

$$=2\pi\varepsilon_0\varepsilon_r\frac{R_1R_2}{R_2-R_1}U_{12}^2.$$

【例 8-13】 如图 8-24(a)所示，圆柱形电容器是由半径为 R_1 的导体圆柱和同轴的半径为 R_2 的导体圆筒组成的，圆柱面长度为 L，两个圆柱面之间充满了相对电容率为 ε_r 的电介质.

(1) 求当这两个圆柱面上所带电量分别为 $+Q$ 和 $-Q$ 时，电容器上具有的电场能量；

(2) 介质中的极化强度以及介质表面的极化电荷密度.

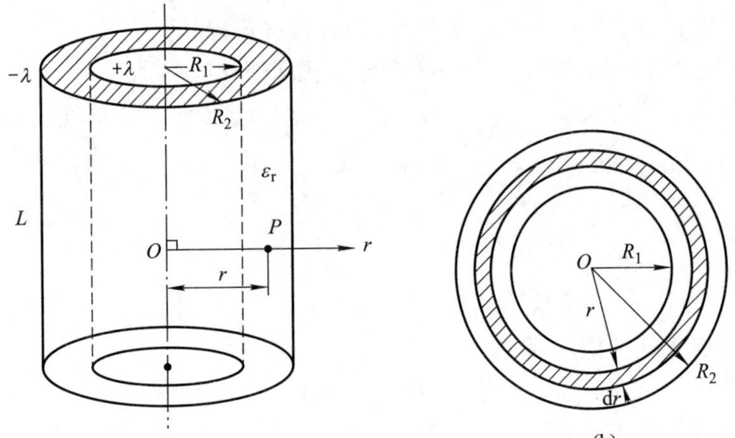

图 8-24

解：(1) 由已知条件，知其电场分布是轴对称的，圆柱面沿着轴线方向单位长度的电量为 $\lambda=Q/L$. 在内外圆柱之间作同心圆柱面为高斯面，由电介质中的高斯定理，

$$\oiint_S \boldsymbol{D}\cdot \mathrm{d}\boldsymbol{S}=2\pi rLD=\lambda L,$$

介质内任一点 P 的电位移矢量和电场强度的大小分别为

$$D=\frac{\lambda}{2\pi r},$$

$$E=\frac{D}{\varepsilon}=\frac{\lambda}{2\pi\varepsilon_0\varepsilon_r r},\quad R_1<r<R_2.$$

如图 8-24(b)所示，取半径为 r，厚度为 $\mathrm{d}r$，长度为 L 的薄圆筒为体积元，其体积为 $\mathrm{d}V=2\pi rL\,\mathrm{d}r$，在薄圆筒内的电场能量为

$$\begin{aligned}\mathrm{d}W_e&=w_e\mathrm{d}V=\frac{1}{2}\varepsilon_0\varepsilon_r E^2\cdot 2\pi rL\,\mathrm{d}r\\&=\frac{1}{2}\varepsilon_0\varepsilon_r\frac{\lambda^2}{4\pi^2(\varepsilon_0\varepsilon_r)^2r^2}\cdot 2\pi rL\,\mathrm{d}r=\frac{\lambda^2L}{4\pi\varepsilon_0\varepsilon_r r}\mathrm{d}r,\end{aligned}$$

所以电容器上具有的电场能量为

$$W_e=\int w_e\mathrm{d}V=\int_{R_1}^{R_2}\frac{\lambda^2L}{4\pi\varepsilon_0\varepsilon_r r}\mathrm{d}r=\frac{\lambda^2L}{4\pi\varepsilon_0\varepsilon_r}\ln\frac{R_2}{R_1}=\frac{Q^2}{4\pi\varepsilon_0\varepsilon_r L}\ln\frac{R_2}{R_1}.$$

(2) 由极化强度定义可得

$$P=D-\varepsilon_0E=\frac{\lambda}{2\pi r}\left(\frac{\varepsilon_r-1}{\varepsilon_r}\right).$$

半径 R_1 处的极化电荷面密度为

$$\sigma'_{R_1}=\boldsymbol{P}\cdot\boldsymbol{e}_n\big|_{R_1}=-\frac{(\varepsilon_r-1)\lambda}{2\pi\varepsilon_r R_1}.$$

半径 R_2 处的极化电荷面密度为

$$\sigma'_{R_2}=\boldsymbol{P}\cdot\boldsymbol{e}_n\big|_{R_2}=\frac{(\varepsilon_r-1)\lambda}{2\pi\varepsilon_r R_2}.$$

*8.5 电容器的充放电

本节将讨论电容器在充电和放电过程中的基本规律.

8.5.1 电容器充电

在如图 8-25 所示的电路中,电源电动势为 E,电容为 C,电阻为 R. $t=0$ 时,电容器上的电量为 $q=0$. 开关 K 闭合,电源开始对电容器充电. 开始时,电容器极板上无电荷,电容器两极板间电势差为零. 随后,电荷在电容器极板上积累,极板间电势差增加,电阻两端电压随时间减小,充电电流相应逐渐减小. 充电过程中,电容器极板电量 q,电势差 u 和电路中的电流 i 都是时间的函数. 设顺时针方向为回路的正方向,沿回路绕行一周,回路上各电压降之和为零,得

$$iR+u-E=0.$$

由于 $i=\mathrm{d}q/\mathrm{d}t$,$u=q/C$,上式可写为

$$R\frac{\mathrm{d}q}{\mathrm{d}t}+\frac{q}{C}-E=0,$$

初始条件为 $q=0$. 利用分离变量法并积分,可得

$$\int_0^q\frac{\mathrm{d}q}{q-CE}=\int_0^t-\frac{\mathrm{d}t}{RC}.$$

解得

$$q=CE\left(1-\mathrm{e}^{-\frac{t}{RC}}\right).$$

上式对时间求导,可得电路中充电电流与时间的关系为

$$i=\frac{\mathrm{d}q}{\mathrm{d}t}=\frac{E}{R}\mathrm{e}^{-\frac{t}{RC}}.$$

RC 反映充电过程的特征时间,称为该电路的时间常数.

充电时,电容器上电荷和电路中的电流随时间的变化曲线如图 8-26 所示.

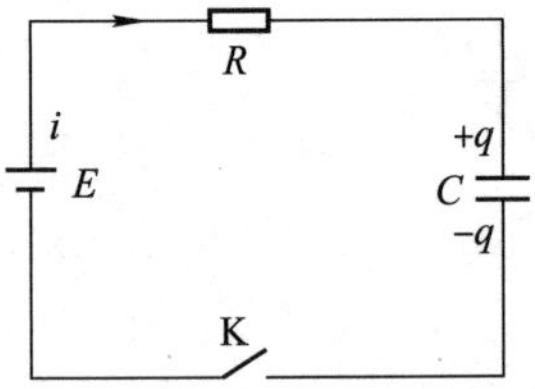

图 8-25　电容器的充电电路

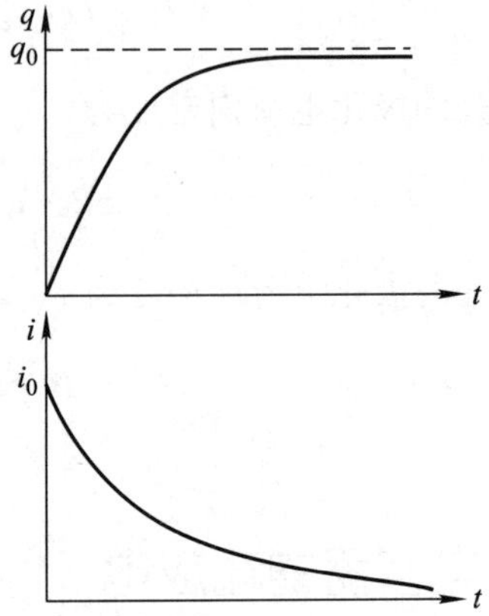

图 8-26　电容器充电时电荷和电流随时间的变化曲线

8.5.2　电容器放电

在如图 8-27 所示的电路中,$t=0$ 时,电容器上的电量为 q_0. 开关 K 闭合,电容器开始放电. 放电过程中,电容器极板电量 q,电势差 u 和电路中的电流 i 都是时间的函数. 设顺时针方向为回路的正方向,沿回路绕行一周,回路上各电压降之和为零,得

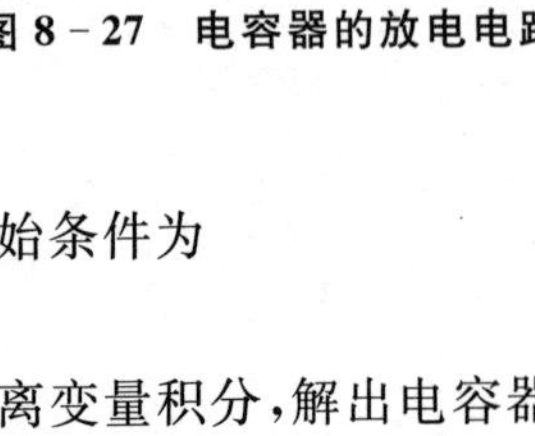

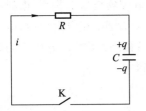

图 8-27　电容器的放电电路

$$iR+u=0.$$

由 $i=\mathrm{d}q/\mathrm{d}t$,$u=q/C$,得

$$R\frac{\mathrm{d}q}{\mathrm{d}t}=-\frac{q}{C},$$

初始条件为

$$q=q_0,\quad i=i_0.$$

分离变量积分,解出电容器上的电荷与时间的关系为

$$q=q_0\mathrm{e}^{-\frac{t}{RC}}.$$

对上式求导,得电路中电流与时间的关系为

$$i=-\frac{q_0}{RC}e^{-\frac{t}{RC}}.$$

上式中的负号表示放电电流的方向与设定的正方向相反.

习题

一、思考题

1. 各种形状的带电导体中,是否只有球形导体其内部场强为零?为什么?

2. 在一孤立导体球壳的中心放一点电荷,球壳内、外表面上的电荷分布是否均匀?如果点电荷偏离球心,情况如何?

3. 把一个带电物体移近一个导体壳,带电体单独在导体壳的腔内产生的电场是否为零?静电屏蔽效应是如何发生的?

4. 无限大均匀带电平面(面电荷密度为 σ)两侧场强为 $E=\frac{\sigma}{2\varepsilon_0}$,而在静电平衡状态下,导体表面(面电荷密度为 σ)附近场强为 $E=\frac{\sigma}{\varepsilon_0}$,为什么前者比后者小一半?

5. 有人说:"由于 $C=Q/U$,所以电容器的电容与其所带电荷成正比."请指出这句话的错误. 如电容器两极的电势差增加一倍,Q/U 将如何变化?

6. 如果考虑平行板电容器的边缘场,那么其电容比不考虑边缘场时的电容大还是小?

7. 为何高压电器设备的金属部件的表面要尽量不带棱角?

8. 自由电荷与极化电荷有哪些异同点?

二、计算与证明题

1. 证明:对于两个无限大的平行平面带电导体板(见图 8-28)来说,

(1) 相向的两面上,电荷的面密度总是大小相等而符号相反,

(2) 相背的两面上,电荷的面密度总是大小相等而符号相同.

2. 3 个平行金属板 A,B 和 C 的面积都是 200 cm^2,A 与 B 相距 4 mm,A 与 C 相距 2mm,B,C 都接地,如图 8-29 所示. 如果使 A 板带正电 3×10^{-7} C,略去边缘效应,问 B 板和 C 板上的感应电荷各是多少?以地的电势为零,则 A 板的电势是多少?

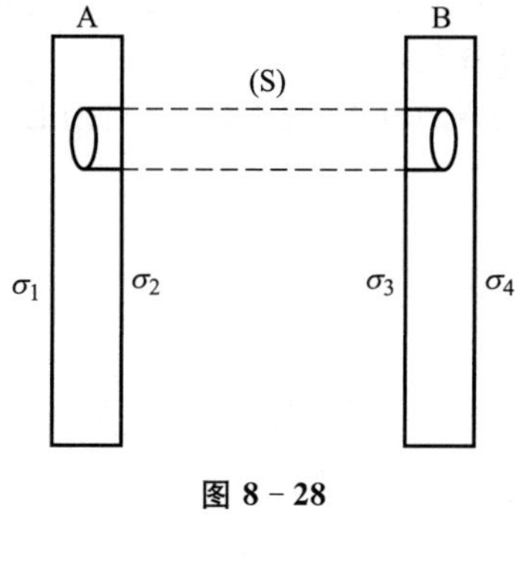

图 8-28

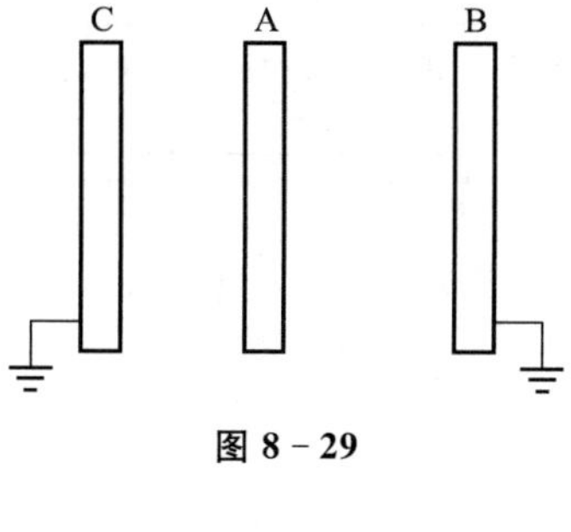

图 8-29

3. 在一个无限大接地导体平板附近有一点电荷 Q，它与板面的距离为 d，求导体表面上各点的感应电荷面密度 σ.

4. 考虑两个半径分别为 R_1 和 $R_2(R_1<R_2)$ 的同心薄金属球壳，现给内球壳带电 $+q$，试计算：

(1) 外球壳上的电荷分布及电势大小；

(2) 先把外球壳接地，然后断开接地线重新绝缘，此时外球壳的电荷分布及电势；

*(3) 再使内球壳接地，此时内球壳上的电荷以及外球壳上的电势的改变量.

5. 半径为 R 的金属球离地面很远，并用导线与地相连，在与球心相距为 $d=3R$ 处有一点电荷 $+q$，试求金属球上的感应电荷的电量.

6. 有3个大小相同的金属小球，小球1、小球2带有等量同号电荷，相距甚远，其间的库仑力为 F_0，试求：

(1) 用带绝缘柄的不带电小球3先后分别接触小球1、小球2后移去，小球1与小球2之间的库仑力；

(2) 小球3依次交替接触小球1、小球2很多次后移去，小球1与小球2之间的库仑力.

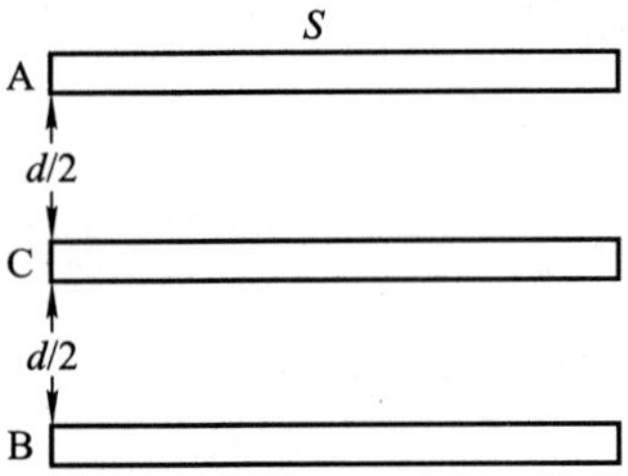

图 8-30

*7. 如图8-30所示，一平行板电容器两极板面积都是 S，相距为 d，分别维持电势 $U_A=U$，$U_B=0$ 不变. 现把一块带有电量 q 的导体薄片C平行地放在两极板正中间，片的面积也是 S，片的厚度略去不计，求导体薄片的电势.

8. 在半径为 R_1 的金属球之外包有一层外半径为 R_2 的均匀电介质球壳，介质相对介电常数为 ε_r，金属球带电 Q，试求：

(1) 电介质内、外的场强；

(2) 电介质层内、外的电势；

(3) 金属球的电势.

9. 圆柱形电容器由半径为 R_1 的导线和与它同轴的导体圆筒构成，圆筒内半径为 R_2，长为 L，其间充满了相对电容率为 ε_r 的电介质. 设导线沿轴线单位长度上的电荷为 λ_0，圆筒上单位长度上的电荷为 $-\lambda_0$，忽略边缘效应，求：

(1) 介质中的电场强度 E、电位移 D 和极化强度 P；

(2) 介质表面的极化电荷面密度 σ'.

10. 如图8-31所示，在平行板电容器的一半容积内充入相对介电常数为 ε_r 的电介质，试求在有电介质部分和无电介质部分极板上自由电荷面密度 σ_2 和 σ_1 的比值.

11. 如图8-32所示，将两个电容器 C_1 和 C_2 充电到相等的电压 U 以后切断电源，再将每一电容器的正极板与另一电容器的负极板相连，试求：

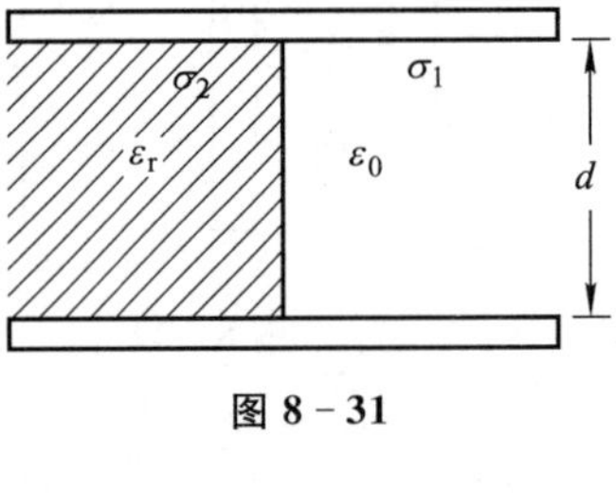

图 8-31

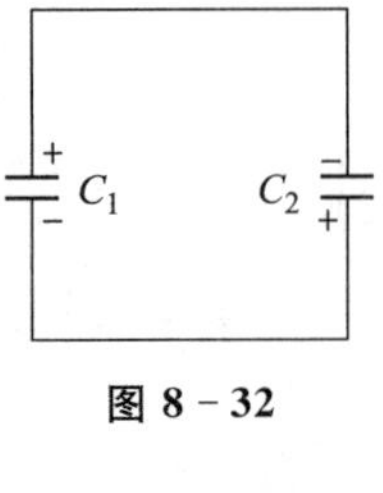

图 8-32

(1) 每个电容器的最终电荷；

(2) 电场能量的损失.

12. 半径为 $R_1=2$ cm 的导体球外面套有一同心的导体球壳，壳的内、外半径分别为 $R_2=4$ cm 和 $R_3=5$ cm，当内球带电荷 $Q=3\times10^{-8}$ C 时，试求：

(1) 整个电场储存的能量；

(2) 如果将导体壳接地，计算储存的能量；

(3) 此电容器的电容值.

13. 电容 $C_1=4$ μF 的电容器在 800 V 的电势差下充电，然后切断电源，并将此电容器的两个极板分别与原来不带电、电容为 $C_2=6$ μF 的电容器的两极板相连，试求：

(1) 每个电容器极板所带的电量；

(2) 连接前后的静电场能.

第 9 章

恒定电流的磁场

学习目标

- 了解基本磁现象,了解磁的电本质,了解介质的磁化过程及其原理.
- 掌握毕奥-萨伐尔定律、磁场的高斯定理、磁场的安培环路定理.
- 掌握磁感应强度的计算、带电粒子在电磁场中的运动规律、磁场对带电导线的作用力计算.
- 掌握电磁场对带电粒子运动的基本控制方法.

前面两章讨论了静止电荷产生的静电场的性质和规律,以及静电场中导体和电介质的性质. 其实,运动电荷在其周围不仅会产生电场,而且会产生磁场. 稳恒电流产生的不随时间变化的磁场称为稳恒磁场.

本章将讨论稳恒电流产生的磁场的性质和规律. 稳恒磁场虽然与静电场的性质、规律不同,但在研究方法上类似,因此,学习时注意和静电场对比,有助于理解和掌握有关概念.

9.1 磁感应强度

前面学习静电场的内容时,引入了电场强度的概念,与之对应,稳恒磁场中有磁感应强度的概念.

9.1.1 基本磁现象

早在公元前,人们就已观测到天然磁石吸铁的现象. 我国是最早认识并应用磁现象的国家,在春秋和战国时期就有了“慈石”“司南”等的记载. 北宋时期,我国的科学家沈括发明了航海用的指南针,并发现了地磁偏角. 1820 年,丹麦科学家奥斯特(Oersted)发现放在载流导线附近的磁针会偏转. 这个实验表明,在通电导线的周围和磁铁周围一样，存在磁场. 1821 年，英国物理学家法拉第(Faraday)开始研究如何“把磁变成电”. 经过十年的努力，他在 1831 年发现了电磁感应现象.

20 世纪初，人们认识到磁场也是物质存在的一种形式，磁力是运动电荷之间的一种作用力，而且人们进一步认识到磁场现象起源于电荷的运动，磁力就是运动电荷之间的一种相互作用力，磁现象与电现象之间有密切联系. 从磁场的观点看，电流与电流、磁铁与磁铁、运动电荷与运动电荷之间的相互作用都是通过磁场来传递的，如图 9-1 所示.

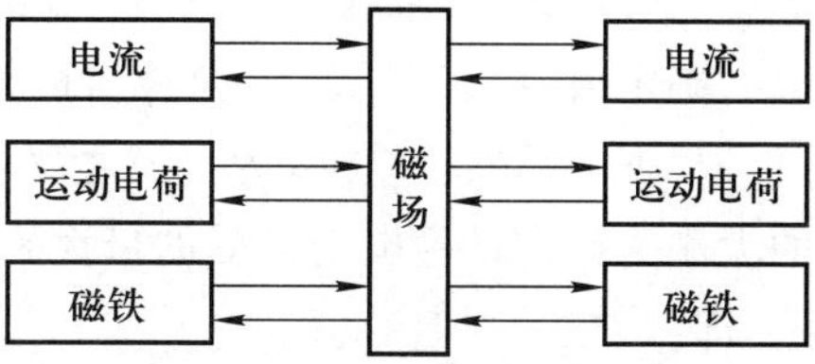

图 9-1 磁相互作用

1821 年，安培提出了分子电流的假说，解释了物质磁性的起因. 安培认为一切磁现象都起源于电流. 在磁性物质的分子中，存在着小的回路电流，称为分子电流，它相当于最小的基元磁体. 物质的磁性就是这些分子电流对外磁效应的总和. 如果这些分子电流毫无规则地取各种方向，它们对外界引起的磁效应就会互相抵消，整个物质就不会显出磁性. 当这些分子电流的取向出现某种有规则的排列时，就会对外界产生一定的磁效应，显示出物质的磁化状态. 用近代观点看，安培假说中的分子电流，可以看成由分子中电子绕原子核的运动和电子与核本身的自旋运动产生的.

9.1.2 磁感应强度矢量

在静电场中，根据试验电荷在电场中的受力情况引入了电场强度 $\boldsymbol{E}$ 来描述电场的性质. 运动电荷在磁场中要受到磁场力的作用，这个力的大小和方向与磁场中各点的性质有关. 在运动电荷的周围空间除了产生电场外，还要产生磁场. 运动电荷之间的相互作用是通过磁场进行的. 与引入电场强度类似，通过研究磁场对运动试验电荷的作用力，人们引入描述磁场性质的物理量——磁感应强度 $\boldsymbol{B}$.

如图 9-2 所示，一电荷 q 以速度 $\boldsymbol{v}$ 通过磁场中某点，实验表明了以下结果：

(1) 运动电荷所受的磁场力不仅与其电量 q 和速度大小有关，而且还与其速度方向有关，且磁场力总是垂直于速度方向.

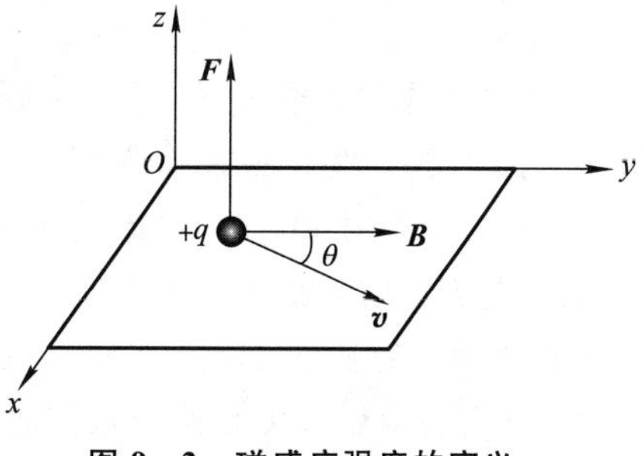

图 9-2 磁感应强度的定义

在磁场中的任一点存在一个特殊的方向，当电荷沿此方向或其反方向运动时所受的磁场力为零，与电荷本身的性质无关，而且这个方向就是自由小磁针在该点平衡时北极的指向.

(2) 在磁场中的任一点，当电荷沿与上述方向垂直的方向运动时，电荷所受到的磁场力最大，并且最大磁场力 F_{max} 与电荷 q 和速度 v 的乘积的比值是与 q，v 无关的确定值，比值 F_{max}/qv 是位置的函数.

根据上述实验结果，为了描述磁场的性质，定义磁感应强度 $\boldsymbol{B}$：磁感应强度 $\boldsymbol{B}$ 的大小为运动试验电荷所受的最大磁场力 F_{max} 与运动电荷 q 和速度 v 的乘积的比值，即

$$B=\frac{F_{max}}{qv}, \tag{9-1}$$

磁感应强度 $\boldsymbol{B}$ 的方向为放在该点的小磁针平衡时 N 极的指向.

国际单位制中，磁感应强度的单位为特斯拉，符号为"T"，$1\ \mathrm{T}=1\ \mathrm{N}\cdot\mathrm{A}^{-1}\cdot\mathrm{m}^{-1}$.

在工程中，磁感应强度的单位有时还用高斯，符号为"G"，它和 T 的关系为

$$1\ \mathrm{T}=10^4\ \mathrm{G}.$$

9.2 电流的磁场 毕奥-萨伐尔定律

下面介绍载流导线电流产生的磁场.

9.2.1 毕奥-萨伐尔定律

在静电场中，计算任意带电体在空间某点的电场强度 $\boldsymbol{E}$ 时，可把带电体分成无限多个电荷元 $\mathrm{d}q$，求出每个电荷元在该点产生的电场强度 $\mathrm{d}\boldsymbol{E}$，按场强叠加原理就可以计算出带电体在该点产生的电场强度 $\boldsymbol{E}$. 与此类似，对于载流导线产生磁场的计算问题，也可把载流导线看成由无限多个电流元 $I\mathrm{d}\boldsymbol{l}$ 组成的，先求出每个电流元在该点产生的磁感应强度 $\mathrm{d}\boldsymbol{B}$，再按场强叠加原理就可以计算出带电体在该点产生的磁感应强度 $\boldsymbol{B}$.

法国物理学家毕奥(Biot)和萨伐尔(Savart)等人在大量实验的基础上，总结出电流元 $I\mathrm{d}\boldsymbol{l}$ 所产生的磁感应强度 $\mathrm{d}\boldsymbol{B}$ 所遵循的规律，称为毕奥-萨伐尔定律.

如图 9-3 所示，任一电流元 $I\mathrm{d}\boldsymbol{l}$ 在真空中任一点 P 产生的磁感应强度 $\mathrm{d}\boldsymbol{B}$ 的大小与电流元的大小 $I\mathrm{d}l$ 成正比，与电流元 $I\mathrm{d}\boldsymbol{l}$ 的方向和由电流元到点 P 的矢径 $\boldsymbol{r}$ 之间的夹角 θ 的正弦成正比，与电流元到点 P 的距离 r 的平方成反比，方向为 $I\mathrm{d}\boldsymbol{l}\times\boldsymbol{r}$ 的方向(由右手螺旋关系确定)，其数值为

$$\mathrm{d}B=k\,\frac{I\mathrm{d}l\sin\theta}{r^2}.$$

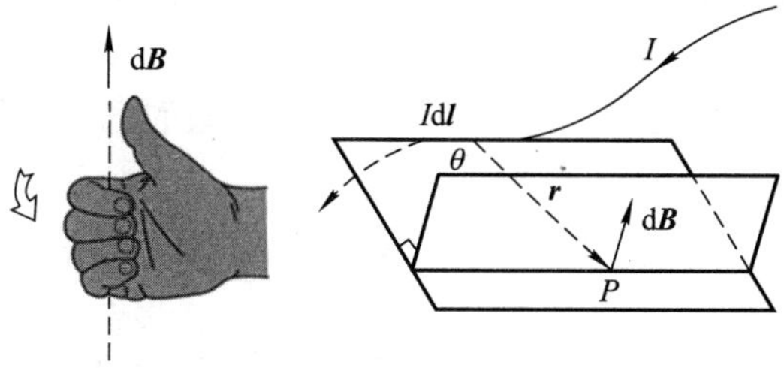

图 9-3　电流元的磁场

在国际单位制中 $k=\dfrac{\mu_0}{4\pi}$，其中 $\mu_0=4\pi\times10^{-7}\,\mathrm{N\cdot A^{-2}}$，叫作真空磁导率. 故

$$\mathrm{d}B=\frac{\mu_0}{4\pi}\frac{I\mathrm{d}l\sin\theta}{r^2}.\tag{9-2}$$

式(9-2)写成矢量形式为

$$\mathrm{d}\boldsymbol{B}=\frac{\mu_0}{4\pi}\frac{I\mathrm{d}\boldsymbol{l}\times\boldsymbol{r}}{r^3}$$

或

$$\mathrm{d}\boldsymbol{B}=\frac{\mu_0}{4\pi}\frac{I\mathrm{d}\boldsymbol{l}\times\boldsymbol{e}_r}{r^2}.\tag{9-3}$$

这就是毕奥-萨伐尔定律，其中 $\boldsymbol{e}_r=\boldsymbol{r}/r$ 为矢径 $\boldsymbol{r}$ 方向上的单位矢量. 任意载流导线在 P 点产生的磁感应强度 $\boldsymbol{B}$ 为

$$\boldsymbol{B}=\int\mathrm{d}\boldsymbol{B}=\int\frac{\mu_0}{4\pi}\frac{I\mathrm{d}\boldsymbol{l}\times\boldsymbol{r}}{r^3}.\tag{9-4}$$

需要说明的是，毕奥-萨伐尔定律是在实验的基础上抽象出来的，不能由实验直接加以证明，但是由该定律出发得出的一些结果，却能很好地与实验符合，这就间接地证明了其正确性.

9.2.2　毕奥-萨伐尔定律的应用

应用毕奥-萨伐尔定律可以计算不同电流分布所产生磁场的磁感应强度. 解题一般步骤如下：

(1) 根据已知电流的分布与待求场点的位置，选取合适的电流元 $I\mathrm{d}\boldsymbol{l}$；

(2) 根据电流的分布与磁场分布的特点来选取合适的坐标系；

(3) 根据所选择的坐标系，按照毕奥-萨伐尔定律写出电流元产生的磁感应强度 d$\boldsymbol{B}$；

(4) 由叠加原理求出整个载流导线在场点的磁感应强度 $\boldsymbol{B}$ 的分布；

(5) 一般说来,需要将磁感应强度的矢量积分变为标量积分,并选取合适的积分变量.

下面用毕奥-萨伐尔定律计算几个基本而又典型的载流导线电流产生的磁感应强度.

【例 9-1】 在长为 L 的载流导线中通有电流 I,求导线附近任一点的磁感应强度.

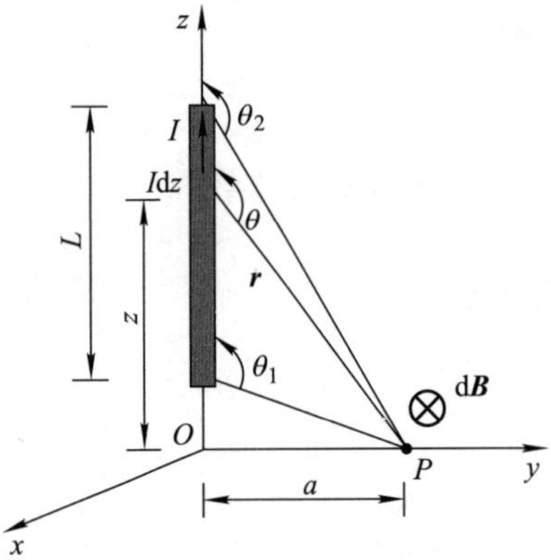

图 9-4 长直导线的磁场

解:建立如图 9-4 所示的坐标系,在载流直导线上,任取一电流元 $I\mathrm{d}z$,由毕奥-萨伐尔定律得电流元在 P 点产生的磁感应强度大小为

$$\mathrm{d}B=\frac{\mu_0}{4\pi}\frac{I\,\mathrm{d}z\sin\theta}{r^2},$$

$\mathrm{d}\boldsymbol{B}$ 的方向为垂直于电流元与矢径所决定的平面向里,用⊗表示. 由于直导线上所有电流元在 P 点产生的磁感应强度 $\mathrm{d}\boldsymbol{B}$ 方向相同,所以计算总磁感强度的矢量积分就可归结为标量积分,即

$$B=\int\mathrm{d}B=\int\frac{\mu_0}{4\pi}\frac{I\,\mathrm{d}z\sin\theta}{r^2}, \tag{9-5}$$

其中 z,r,θ 都是变量,必须统一到同一变量才能积分. 由图 9-4 可知,

$$z=a\cot(\pi-\theta)=-a\cot\theta,\quad r=\frac{a}{\sin(\pi-\theta)}=\frac{a}{\sin\theta},$$

所以

$$\mathrm{d}z=a\csc^2\theta\,\mathrm{d}\theta=\frac{a\,\mathrm{d}\theta}{\sin^2\theta},\quad \frac{\mathrm{d}z}{r^2}=\frac{\mathrm{d}\theta}{a}.$$

代入式(9-5),可得

$$B=\int\mathrm{d}B=\frac{\mu_0 I}{4\pi a}\int_{\theta_1}^{\theta_2}\sin\theta\,\mathrm{d}\theta=\frac{\mu_0 I}{4\pi a}(\cos\theta_1-\cos\theta_2).$$

讨论:

(1) 如果载流导线为无限长,则 $\theta_1=0,\theta_2=\pi$,有

$$B=\frac{\mu_0 I}{2\pi a}.$$

由此可见,无限长载流直导线周围各点的磁感应强度的大小与各点到导线的距离成反比.

(2) 若 P 点处于距半无限长载流直导线一端为 a 处的垂面上,则因 $\theta_1=\dfrac{\pi}{2},\theta_2$

$=\pi$，有

$$B=\frac{\mu_0 I}{4\pi a}.$$

解题的关键：确定电流起点的 θ_1 和电流终点的 θ_2.

【例 9-2】 半径为 R 的载流圆线圈，电流为 I，求轴线上任一点 P 的磁感应强度 $\boldsymbol{B}$.

解：如图 9-5 所示，取 x 轴为线圈轴线，O 在线圈中心，电流元 $I\mathrm{d}\boldsymbol{l}$ 在 P 点产生的 $\mathrm{d}\boldsymbol{B}$ 大小为

$$\mathrm{d}B=\frac{\mu_0}{4\pi}\frac{I\mathrm{d}l\sin\theta}{r^2}=\frac{\mu_0 I\mathrm{d}l}{4\pi r^2},$$

其中用到了 $I\mathrm{d}\boldsymbol{l}$ 与 $\boldsymbol{r}$ 的夹角为 $\frac{\pi}{2}$. 设 $\mathrm{d}\boldsymbol{l}$ 垂直于纸面，则 $\mathrm{d}\boldsymbol{B}$ 在纸面内. 将 $\mathrm{d}\boldsymbol{B}$ 分成平行 x 轴的分量 $\mathrm{d}\boldsymbol{B}_{//}$ 与垂直于 x 轴的分量 $\mathrm{d}\boldsymbol{B}_{\perp}$. 考虑与 $I\mathrm{d}\boldsymbol{l}$ 在同一直径上的电流元 $I\mathrm{d}\boldsymbol{l}'$ 在 P 点产生的磁场，其平行 x 轴的分量为 $\mathrm{d}\boldsymbol{B}'_{//}$，垂直 x 轴的分量为 $\mathrm{d}\boldsymbol{B}'_{\perp}$. 由对称性可知，$\mathrm{d}\boldsymbol{B}'_{\perp}$ 与 $\mathrm{d}\boldsymbol{B}_{\perp}$ 相抵消. 可见，线圈在 P 点产生的垂直 x 轴的分量由于两两抵消而为零，故只有平行于 x 轴的分量，即有

$$B_{\perp}=0,$$

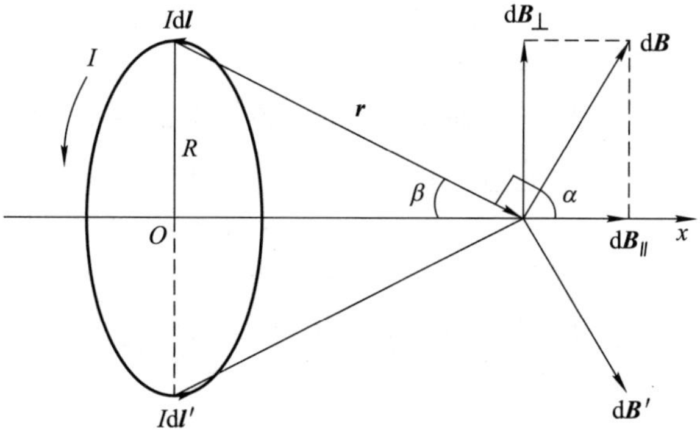

图 9-5 载流圆线圈的磁场

$$B=B_{//}=\int_l \mathrm{d}B\cos\alpha=\int_0^{2\pi R}\frac{\mu_0 I\mathrm{d}l}{4\pi r^2}\cos\alpha$$

$$=\frac{\mu_0 I}{4\pi}\int_0^{2\pi R}\frac{\mathrm{d}l}{r^2}\sin\beta=\frac{\mu_0 IR^2}{2r^3}=\frac{\mu_0 IR^2}{2(x^2+R^2)^{3/2}}, \tag{9-6}$$

$\boldsymbol{B}$ 的方向沿 x 轴正向.

从式(9-6)可以得出在两种特殊位置时的磁感应强度：

(1) 在圆心处，$x=0$，圆电流的磁感应强度为

$$B=\frac{\mu_0 I}{2R}.$$

(2) 当 $x\gg R$ 时，$x^2+R^2\approx x^2$，则在轴线上远离圆心处的磁感应强度为

$$B=\frac{\mu_0 R^2 I}{2x^3}.$$

(3) 线圈左侧轴线上任一点 $\boldsymbol{B}$ 方向仍向右. 如果线圈是 N 匝紧靠在一起的，则

$$B=\frac{\mu_0 R^2 NI}{2(x^2+R^2)^{\frac{3}{2}}}.$$

【例 9-3】 载流密绕直螺线管的磁场. 如图 9-6 所示，已知管的长度为 L，导线中电流为 I，螺线管单位长度上有 n 匝线圈，求螺线管轴线上任一点的 $\boldsymbol{B}$.

解：由于螺线管上线圈是密绕的，每匝线圈可近似当作闭合的圆形电流，于是轴线上任意一点 P 的磁感应强度 $\boldsymbol{B}$ 可以认为是 n 个圆电流在该点各自产生的磁感应强度的矢量和. 现取轴线上点 P 为坐标原点，并以轴线为 x 轴. 在距 P 点为 x 处取长为 $\mathrm{d}x$ 的一段，$\mathrm{d}x$ 上有线圈 $n\mathrm{d}x$ 匝，$\mathrm{d}x$ 段相当于一个圆电流，电流强度为 $In\mathrm{d}x$. 因此，宽为 $\mathrm{d}x$ 的圆线圈产生的 $\mathrm{d}\boldsymbol{B}$ 的大小为

$$\mathrm{d}B=\frac{\mu_0}{2}\frac{R^2\mathrm{d}I}{(R^2+x^2)^{3/2}}=\frac{\mu_0}{2}\frac{R^2 In\mathrm{d}x}{(R^2+x^2)^{3/2}}.$$

由于各线圈在 P 点产生的 $\mathrm{d}\boldsymbol{B}$ 均向右，所以 P 点的总的磁感应强度 $\boldsymbol{B}$ 的大小为

$$B=\int\mathrm{d}B=\int_{ab}\frac{\mu_0 R^2 In}{2}\cdot\frac{\mathrm{d}x}{(x^2+R^2)^{\frac{3}{2}}}$$

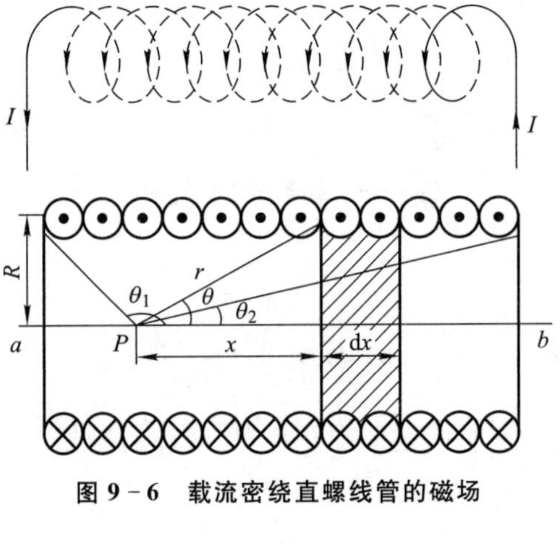

图 9-6　载流密绕直螺线管的磁场

$$=\frac{\mu_0 R^2 In}{2}\int_{ab}\frac{\mathrm{d}x}{(x^2+R^2)^{\frac{3}{2}}}.$$

为了便于积分,引入新变量 θ,由图 9-6 可知

$$x=R\cdot\cot\theta,\mathrm{d}x=-R\csc^2\theta\mathrm{d}\theta,$$

$$r^2=R^2+x^2=R^2\cdot\csc^2\theta.$$

代入 B 的表达式,得

$$B=\frac{\mu_0 nI}{2}\int_{\theta_1}^{\theta_2}-\frac{R^2\cdot R\csc^2\theta\mathrm{d}\theta}{R^3\csc^3\theta}=-\frac{\mu_0 nI}{2}\int_{\theta_1}^{\theta_2}\sin\theta\mathrm{d}\theta$$

$$=\frac{\mu_0 nI}{2}(\cos\theta_2-\cos\theta_1).$$

讨论:

(1) 如果螺线管为“无限长”,即当 $L\gg R$ 时,$\theta_1=\pi$,$\theta_2=0$,则有

$$B=\mu_0 nI.$$

结果表明,在无限长直螺线管内,轴线上的磁场是均匀的.

(2) 如果在“半无限长载流螺线管”轴线上的端点处,$\theta_1=\pi/2$,$\theta_2=0$,则有

$$B=\frac{1}{2}\mu_0 nI,$$

即在半无限长直螺线管的端点处的磁感应强度恰好为内部磁感应强度的一半.

长直螺线管内轴线上磁感应强度分布如图 9-7 所示.从图中可以看出,长直螺线管内中部的磁场可以看成均匀的.

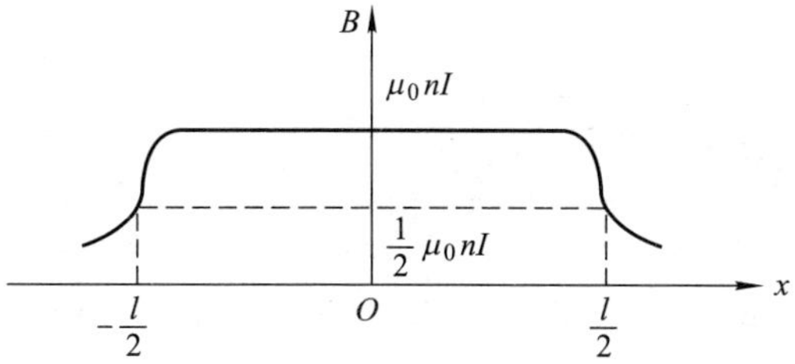

图 9-7 长直螺线管轴线上的磁感应强度分布

9.2.3 运动电荷的磁场

我们知道,电流是一切磁现象的根源,而电流是由大量电荷做定向移动形成的,可见,电流的磁场本质上是运动电荷产生的.因此,我们可以从电流元所产生的磁场公式入手,推导出运动电荷所产生的磁场公式.

设导体中单位体积内有 n 个带电粒子,导体截面积为 S,为简单起见,设每个

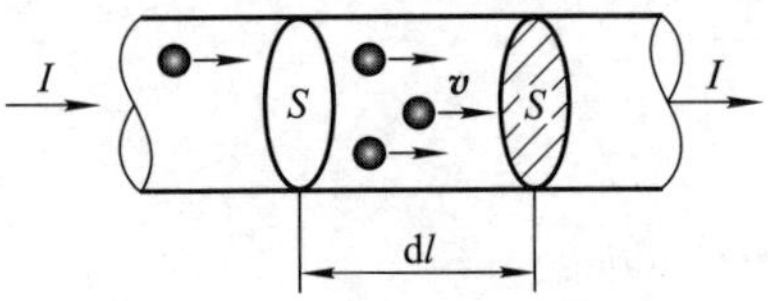

图 9-8 运动电荷的磁场

带电粒子带有电荷 q,以平均速度 $\boldsymbol{v}$ 沿电流方向运动,如图 9-8 所示. 因而单位时间内通过截面积 S 的电荷为

$$I = qnvS. \tag{9-7}$$

在导体上取一电流元 $I\mathrm{d}\boldsymbol{l}$,由毕奥-萨伐尔定律可知,此电流元在空间某一点产生的磁感应强度 $\mathrm{d}\boldsymbol{B}$ 为

$$\mathrm{d}\boldsymbol{B} = \frac{\mu_0}{4\pi}\frac{I\mathrm{d}\boldsymbol{l}\times\boldsymbol{r}}{r^3} = \frac{\mu_0}{4\pi}\frac{(qnvS)\mathrm{d}\boldsymbol{l}\times\boldsymbol{r}}{r^3}. \tag{9-8}$$

由于在电流元 $I\mathrm{d}\boldsymbol{l}$ 内的带电粒子数为 $\mathrm{d}N = n\mathrm{d}V = nS\mathrm{d}l$,电流元 $I\mathrm{d}\boldsymbol{l}$ 产生的磁感应强度 $\mathrm{d}\boldsymbol{B}$ 就可看成是由这 $\mathrm{d}N$ 个运动电荷产生的,又因为 $I\mathrm{d}\boldsymbol{l}$ 的方向与正电荷运动方向相同,于是 $\mathrm{d}\boldsymbol{B}$ 可以写为

$$\mathrm{d}\boldsymbol{B} = \frac{\mu_0}{4\pi}\frac{q\mathrm{d}N\boldsymbol{v}\times\boldsymbol{r}}{r^3}.$$

于是,单个运动电荷产生的磁场为

$$\boldsymbol{B} = \frac{\mathrm{d}\boldsymbol{B}}{\mathrm{d}N} = \frac{\mu_0}{4\pi}\frac{q\boldsymbol{v}\times\boldsymbol{r}}{r^3}. \tag{9-9}$$

$\boldsymbol{B}$ 的方向垂直于 $\boldsymbol{v}$ 与 $\boldsymbol{r}$ 所确定的平面,如图 9-9 所示:当 $q>0$(正电荷)时,$\boldsymbol{B}$ 的方向为 $\boldsymbol{v}\times\boldsymbol{r}$ 的方向;当 $q<0$(负电荷)时,$\boldsymbol{B}$ 的方向为 $\boldsymbol{v}\times\boldsymbol{r}$ 的反方向.

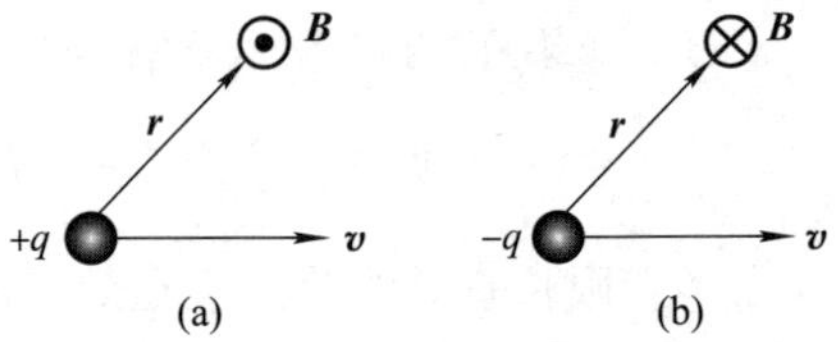

图 9-9 运动电荷磁场的方向

9.3 磁通量 磁场的高斯定理

与电场中的电通量对应,在磁场中人们引入了磁通量的概念.

9.3.1 磁感应线和磁通量

在静电场中,可以用电场线来形象描述电场的分布情况. 与此类似,在稳恒磁场中也可以用磁场线来形象描述磁场的分布情况,磁场线也称磁感应线. 规定:(1) 磁感应线上任一点切线的方向即为磁感应强度 $\boldsymbol{B}$ 的方向;(2) 磁感应强度 $\boldsymbol{B}$ 的大小可用磁感应线的疏密程度表示.

图 9-10(a),(b),(c)所示分别是载流长直导线、圆电流、载流长螺线管等典型电流的磁感应线的分布. 从图中可以看出,磁感应线的绕行方向与电流流向都遵守右手螺旋关系,磁感应线有以下特性:

(1) 磁感应线是环绕电流的无头尾的闭合曲线,没有起点和终点,这与静电场的电场线不同,原因在于正负电荷可以分离,而磁铁的两极不可分离,即没有磁单极子存在.

(2) 任意两条磁感应线不相交,这一性质与电场线相同.

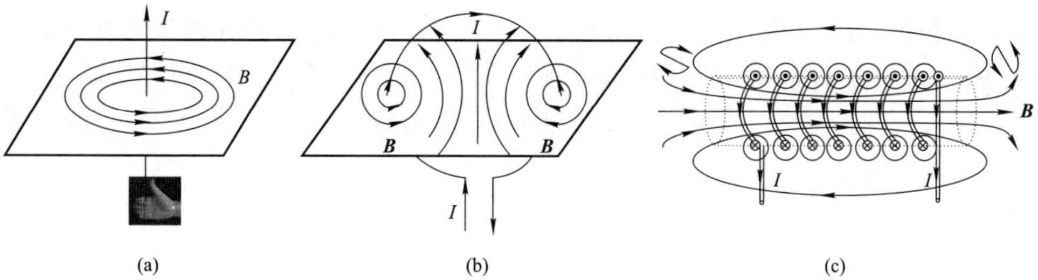

图 9-10 几种磁感应线示意图

与电通量类似,磁通量表示磁场中通过某一曲面的磁感应线的数目,用 Φ_m 表示. 如图 9-11 所示,在曲面上取面元 d$\boldsymbol{S}$,其单位法矢量 $\boldsymbol{n}$ 与磁感应强度 $\boldsymbol{B}$ 的夹角为 θ,通过面积元 dS 的磁通量为

$$\mathrm{d}\Phi_m = B\mathrm{d}S\cos\theta,$$

通过有限曲面 S 的磁通量为

$$\Phi_m = \iint_S \mathrm{d}\Phi_m = \iint_S B\mathrm{d}S\cos\theta,$$

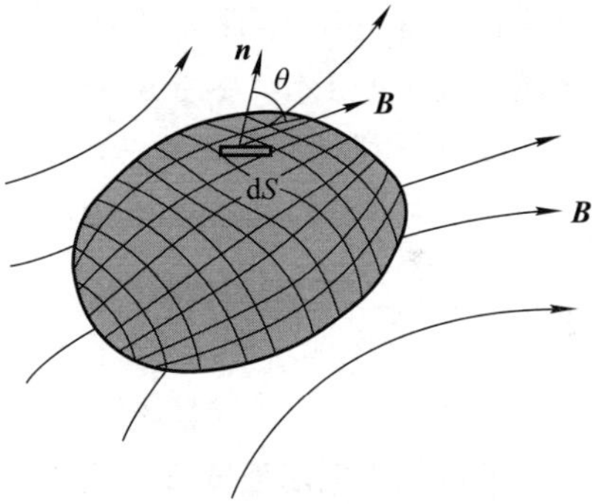

图 9-11 磁通量

或写为

$$\Phi_m = \iint_S \boldsymbol{B}\cdot\mathrm{d}\boldsymbol{S}. \tag{9-10}$$

与电通量一样,对闭合曲面,规定单位法矢量 $\boldsymbol{n}$ 的方向垂直于曲面向外. 磁感应线从曲面内穿出时,磁通量为正($\theta<\frac{\pi}{2}$,$\cos\theta>0$);磁感应线从曲面外穿入时,磁通量为负($\theta>\frac{\pi}{2}$,$\cos\theta<0$).

在国际单位制中,磁通量 Φ_m 的单位为韦伯,符号为"Wb",1 Wb=1 T·m^2.

9.3.2 磁场的高斯定理

由于磁感应线是闭合的,因此对任意一闭合曲面来说,有多少条磁感应线进入闭合曲面,就一定有多少条磁感应线穿出该曲面,也就是说通过任意闭合曲面的磁

通量必等于零，即

$$\oint\!\!\!\oint_S \boldsymbol{B}\cdot \mathrm{d}\boldsymbol{S}=0. \tag{9-11}$$

这就是磁场中的高斯定理，与静电场的高斯定理相类似，但本质上不同. 在静电场中，有单独存在的正负电荷存在，因此通过任意闭合曲面的电通量可以不等于零. 而在磁场中，由于不存在单独的磁单极子，所以通过任意闭合曲面的磁通量一定等于零. 和静电场的分析一样，由矢量分析中的奥-高公式，式(9-11)可以写成

$$\oint\!\!\!\oint_S \boldsymbol{B}\cdot \mathrm{d}\boldsymbol{S}=\iiint_V (\nabla\cdot\boldsymbol{B})\mathrm{d}V=0,$$

即

$$\nabla\cdot\boldsymbol{B}=0. \tag{9-12}$$

式(9-12)就是磁场中高斯定理的微分形式，它说明稳恒磁场是无源场. 这是稳恒磁场的基本性质之一.

1931年，狄拉克在理论上探讨了磁单极子. 当时他认为既然带有基本电荷的电子在宇宙中存在，那么理应有带基本"磁荷"的粒子存在. 许多物理学家进行了寻找磁单极子的工作. 尽管在1975年和1982年曾有实验室宣称探测到了磁单极子，但都没有得到科学界的确认.

9.4 安培环路定理

静电场中电场强度 $\boldsymbol{E}$ 的环流(沿任一闭合回路的线积分)恒等于零，即 $\oint_L \boldsymbol{E}\cdot\mathrm{d}\boldsymbol{l}=0$，它反映了静电场是保守场的性质. 对于稳恒磁场，磁感应强度矢量 $\boldsymbol{B}$ 沿任一闭合回路的线积分 $\oint_L \boldsymbol{B}\cdot\mathrm{d}\boldsymbol{l}$($\boldsymbol{B}$ 的环流)是否等于零？稳恒磁场是否为保守场呢？

9.4.1 安培环路定理

以长直载流导线的磁场为例，通过计算 $\oint_L \boldsymbol{B}\cdot\mathrm{d}\boldsymbol{l}$，我们将看到它一般不为零.

如图9-12(a)所示，对长直载流导线，其周围的磁感应线是一系列圆心在导线上且垂直于导线平面内的同心圆. 磁感应强度 $\boldsymbol{B}$ 的大小为

$$B=\frac{\mu_0 I}{2\pi r}.$$

式中，I 为长直载流导线的电流，r 为场点到导线的垂直距离.

在垂直于导线的平面内，过场点取一回路 L，绕行方向为逆时针方向. 如图

9－12(b)所示，在场点处取一线元 d$\boldsymbol{l}$，d$\boldsymbol{l}$ 与 $\boldsymbol{B}$ 之间的夹角为 θ，由于 $\mathrm{d}l\cos\theta\approx r\mathrm{d}\varphi$，则沿回路 L 磁感应强度 $\boldsymbol{B}$ 的环流为

$$\oint_L \boldsymbol{B}\cdot\mathrm{d}\boldsymbol{l}=\oint_L B\cos\theta\mathrm{d}l=\oint_L \frac{\mu_0 I}{2\pi r}\cos\theta\mathrm{d}l$$
$$=\frac{\mu_0 I}{2\pi}\int_0^{2\pi}\mathrm{d}\varphi=\mu_0 I. \tag{9-13}$$

式(9－13)表明：磁感应强度 $\boldsymbol{B}$ 沿任一闭合路径的线积分，等于该闭合路径所包围的电流的 μ_0 倍.这就是磁场的安培环路定理.

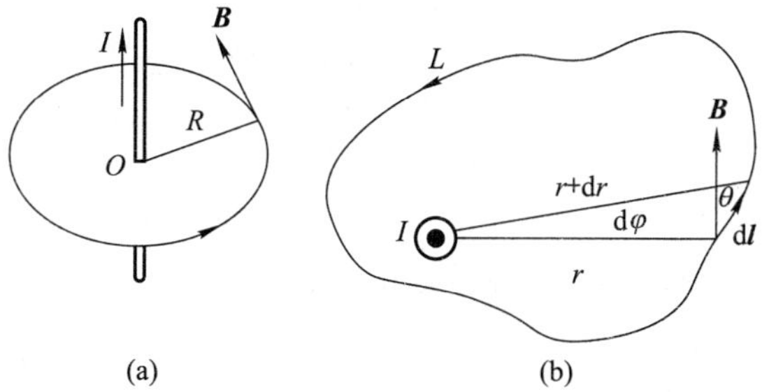

图 9－12 安培环路定理

若闭合路径反向绕行，积分方向反向，d$\boldsymbol{l}$ 与 $\boldsymbol{B}$ 间的夹角为 $\pi-\theta$，$\mathrm{d}l\cos(\pi-\theta)\approx -r\mathrm{d}\varphi$，于是有

$$\oint_L \boldsymbol{B}\cdot\mathrm{d}\boldsymbol{l}=-\mu_0 I=\mu_0(-I). \tag{9-14}$$

当积分绕向与 I 的流向遵从右手螺旋关系时，式(9－13)中的电流 I 取正值；当积分绕向与 I 的流向遵守左手螺旋关系时，式(9－13)中的电流 I 取负值.

如果闭合路径不包围电流，可以证明

$$\oint_L \boldsymbol{B}\cdot\mathrm{d}\boldsymbol{l}=0. \tag{9-15}$$

式(9－13)虽然是从无限长载流导线这一特例的磁场中导出的，但是对闭合回路为任意形状，且回路包围有任意电流情况，都是成立的.

如果闭合路径包围多个电流，则有

$$\oint_L \boldsymbol{B}\cdot\mathrm{d}\boldsymbol{l}=\mu_0\sum_i I_i, \tag{9-16}$$

其中 $\sum\limits_i I_i$ 为闭合回路包围的电流的代数和，如图 9－13 所示.

利用矢量分析中的斯托克斯公式，若 S 是闭合路径 L 所包围的面积，则有

$$\oint_L \boldsymbol{B} \cdot \mathrm{d}\boldsymbol{l} = \iint_S (\nabla \times \boldsymbol{B}) \cdot \mathrm{d}\boldsymbol{S} = \mu_0 \sum_{L内} I_i = \iint_S \boldsymbol{J} \cdot \mathrm{d}\boldsymbol{S},$$

即

$$\nabla \times \boldsymbol{B} = \mu_0 \boldsymbol{J}. \tag{9-17}$$

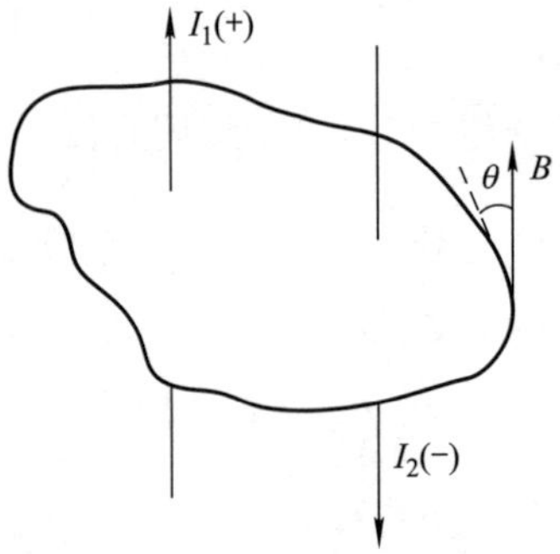

图 9-13　回路包围多个电流

式(9-17)就是恒定磁场的安培环路定理的微分形式，其中 $\boldsymbol{J}$ 是电流密度矢量. 式(9-16)和式(9-17)说明恒定磁场是涡旋场(或有旋场).

为了更好地理解安培环路定理，有以下几点需要说明：

(1) 安培环路定理对于稳恒电流的任一形状的闭合回路均成立，反映了稳恒电流产生磁场的规律. 稳恒电流本身是闭合的，故安培环路定理仅适用于闭合的载流导线，而对于任意设想的一段载流导线则不成立.

(2) 电流的正负规定：若电流流向与积分回路的绕向方向满足右手螺旋关系，则式中的电流取正值，反之取负值.

(3) $\oint_L \boldsymbol{B} \cdot \mathrm{d}\boldsymbol{l}$ 只与闭合回路所包围的电流有关，但路径上磁感应强度 $\boldsymbol{B}$ 是闭合路径内外电流分别产生的磁感应强度的矢量和.

(4) 磁场中 $\boldsymbol{B}$ 的环流一般不等于零，说明稳恒磁场与静电场不同，稳恒磁场是非保守场，不能引入与静电场中与电势相应的物理量.

9.4.2　安培环路定理的应用

【例 9-4】　求无限长均匀载流圆柱导体的磁场. 设圆柱导体的半径为 R，电流大小为 I，方向沿轴线方向，如图 9-14(a)所示.

解：由于电流分布有轴对称性，而且圆柱体很长，所以磁场对圆柱导体轴线同样是有对称性的. 磁场线是垂直于轴线的平面内的以该平面与轴线交点为圆心的一系列同心圆，如图 9-14(b)所示，因此可以选取通过场点 P 的圆作为积分回路. 圆的半径为 r，使电流方向与积分回路绕行方向满足右手螺旋关系，在每一个圆周上 $\boldsymbol{B}$ 的大小是相同的，方向与每点的 $\mathrm{d}\boldsymbol{l}$ 的方向相同，这时有 $\boldsymbol{B} \cdot \mathrm{d}\boldsymbol{l} = B\mathrm{d}l$. 利用安培环路定理，对半径为 r 的环路有

$$\oint_L \boldsymbol{B} \cdot \mathrm{d}\boldsymbol{l} = B \cdot 2\pi r = \mu_0 \sum_i I_i.$$

对于圆柱体外部一点，闭合积分路径包围的电流为 $\sum_i I_i = I$，可得

$$B = \frac{\mu_0 I}{2\pi r} \quad (r > R).$$

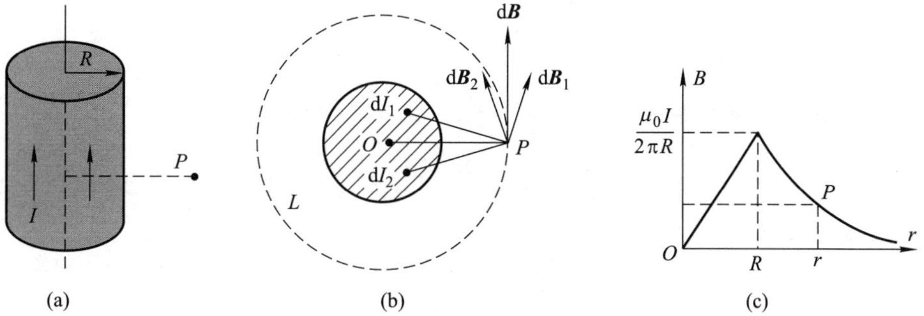

图 9－14　无限长均匀载流圆柱导体的磁场

结果表明，在圆柱体外部，磁场分布与全部电流集中在圆柱导体轴线上的无限长直载流导线的磁场分布相同.

对于圆柱体内部一点，闭合积分路径包围的电流为总电流 I 的一部分. 由于电流均匀分布，所以有

$$I' = \sum_i I_i = \frac{I}{\pi R^2}\pi r^2 = \frac{r^2}{R^2} I,$$

于是有

$$B = \frac{\mu_0}{2\pi r} \cdot \frac{r^2}{R^2} I = \frac{\mu_0 r I}{2\pi R^2} \quad (r < R).$$

结果表明，在圆柱体内部，磁感应强度 $\boldsymbol{B}$ 的大小与 r 成正比. B-r 曲线如图 9－14(c)所示.

【例 9－5】 求载流无限长直螺线管内的磁场分布. 设此螺线管线圈中通有电流 I，单位长度密绕 n 匝线圈.

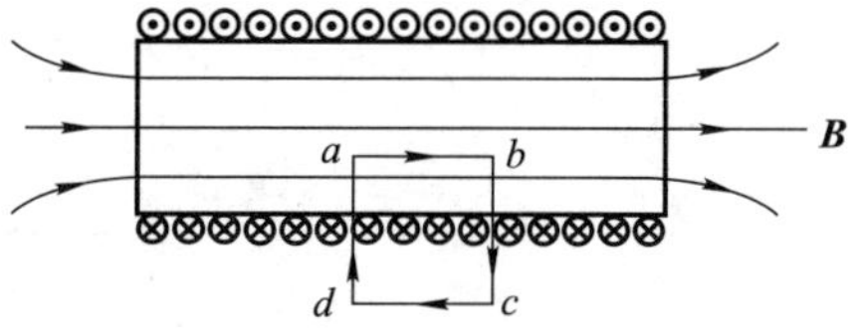

图 9－15　长直螺线管内的磁场

解： 图 9－15 所示为一个密绕长直螺线管的一段，其单位长度线圈匝数为 n，通过的电流为 I，管内的磁感应强度为 $\boldsymbol{B}$，方向与轴线平行，大小相等，管内的磁场可视为均匀磁场. 管外靠近管壁处磁感应强度为零. 过管内一点作矩形闭合回路 $abcd$，则磁感应强度 $\boldsymbol{B}$ 沿此回路积分为

$$\oint_{abcd} \boldsymbol{B} \cdot \mathrm{d}\boldsymbol{l} = \int_{ab} \boldsymbol{B} \cdot \mathrm{d}\boldsymbol{l} + \int_{bc} \boldsymbol{B} \cdot \mathrm{d}\boldsymbol{l} + \int_{cd} \boldsymbol{B} \cdot \mathrm{d}\boldsymbol{l} + \int_{da} \boldsymbol{B} \cdot \mathrm{d}\boldsymbol{l}.$$

在 cd 段，由于管外磁感应强度为零，所以 $\int_{cd} \boldsymbol{B} \cdot \mathrm{d}\boldsymbol{l} = 0$. 在 bc 和 da 段，一部分在管外，一部分在管内，虽然管内部分 $B \neq 0$，但 $\boldsymbol{B}$ 与 $\mathrm{d}\boldsymbol{l}$ 垂直，管外部分 $B=0$，所以有

$$\int_{bc} \boldsymbol{B} \cdot \mathrm{d}\boldsymbol{l} = \int_{da} \boldsymbol{B} \cdot \mathrm{d}\boldsymbol{l} = 0.$$

在 ab 段，磁感应强度为 $\boldsymbol{B}$，方向与轴线平行，大小相等，所以

$$\oint_{abcd} \boldsymbol{B} \cdot \mathrm{d}\boldsymbol{l} = \int_{ab} \boldsymbol{B} \cdot \mathrm{d}\boldsymbol{l} = B\,\overline{ab}.$$

再根据安培环路定理可得

$$\oint_{abcd} \boldsymbol{B} \cdot \mathrm{d}\boldsymbol{l} = \mu_0 \overline{ab} n I.$$

比较两式可得

$$B = \mu_0 n I.$$

上式表明，无限长直螺线管内任一点的磁感应强度的大小，与通过螺线管的电流和单位长度线圈的匝数成正比. 这一结论与用毕奥-萨伐尔定律计算的结果相同，但计算过程却简单多了.

【例 9-6】 求螺绕环内的磁感应强度. 如图 9-16(a)所示，设环上密绕 N 匝线圈，线圈中通有电流 I.

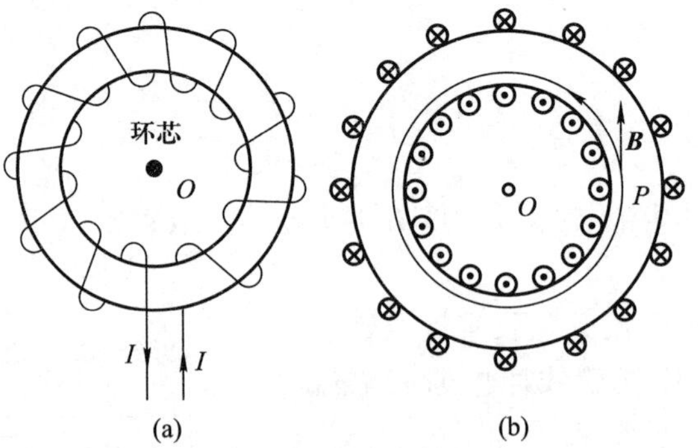

图 9-16　螺绕环内的磁场

解：如果螺绕环上导线绕得很密，则全部磁场都集中在环内，环内的磁感应线是同心圆，圆心都在螺绕环的对称轴上. 由于对称性，在同一磁感应线上各点 $\boldsymbol{B}$ 的大小相同，方向沿圆的切线方向，如图 9-16(b)所示. 为求出环内离环心为 r 的场点 P 的磁感应强度，取过 P 点的半径为 r 的圆为积分路径 L，由安培环路定理，有

$$\oint_L \boldsymbol{B} \cdot \mathrm{d}\boldsymbol{l} = B \oint_L \mathrm{d}l = B \cdot 2\pi r = \mu_0 \sum_i I_i.$$

回路所包围的电流的代数和 $\sum_i I_i = NI$，所以得到

$$B = \frac{\mu_0 NI}{2\pi r}.$$

$\boldsymbol{B}$ 的方向在纸面内垂直 OP. 从上面结果看出，不同半径 r 处 $\boldsymbol{B}$ 的大小不同，这一点与无限长直螺线管的情况是不同的.

用 l 表示螺绕环中心线的周长，则在此圆周上各点 $\boldsymbol{B}$ 的大小为 $B = \frac{\mu_0 NI}{l} = \mu_0 nI$，$n = \frac{N}{l}$ 为单位长度上的匝数.

如果环外半径与内半径之差远小于环中心线的半径时，则可认为环内部各点 $\boldsymbol{B}$ 的大小是相等的，即磁场是均匀的.

与应用高斯定理可以求电场强度类似，应用安培环路定律可以求出某些有对称分布的电流的磁感应强度分布. 计算的一般步骤如下：

(1) 根据电流分布的对称性分析磁场分布是否具有对称性；

(2) 过场点选取合适的闭合积分路径，即在此闭合路径的各点磁感应强度 $\boldsymbol{B}$ 的大小应相等，使得 $\boldsymbol{B}$ 的环流容易计算；

(3) 利用 $\oint_L \boldsymbol{B} \cdot \mathrm{d}\boldsymbol{l} = \mu_0 \sum_{L内} I_i$，求出磁感应强度 $\boldsymbol{B}$ 的值.

9.5　带电粒子在电场和磁场中的运动

带电粒子在磁场中运动时要受到洛伦兹力的作用.

9.5.1　洛伦兹力

在均匀磁场 $\boldsymbol{B}$ 中，运动电荷 $+q$ 的速度为 $\boldsymbol{v}$，由磁感应强度 $\boldsymbol{B}$ 的定义式可知 $\boldsymbol{v}$ 与 $\boldsymbol{B}$ 的关系式为

$$\boldsymbol{F} = q\boldsymbol{v} \times \boldsymbol{B}. \tag{9-18}$$

这个力称为洛伦兹力. 洛伦兹力的大小为

$$F = qvB\sin\theta,$$

其中 θ 为 $\boldsymbol{v}$ 与 $\boldsymbol{B}$ 的夹角. $\boldsymbol{F}$ 的方向垂直于 $\boldsymbol{v}$ 和 $\boldsymbol{B}$ 组成的平面，$\boldsymbol{v}$，$\boldsymbol{B}$ 和 $\boldsymbol{F}$ 满足右手螺旋关系，即右手四指由 $\boldsymbol{v}$ 经小于 180°的角度弯向 $\boldsymbol{B}$，此时大拇指指向的就是正电荷受力的方向，如图 9－17 所示.

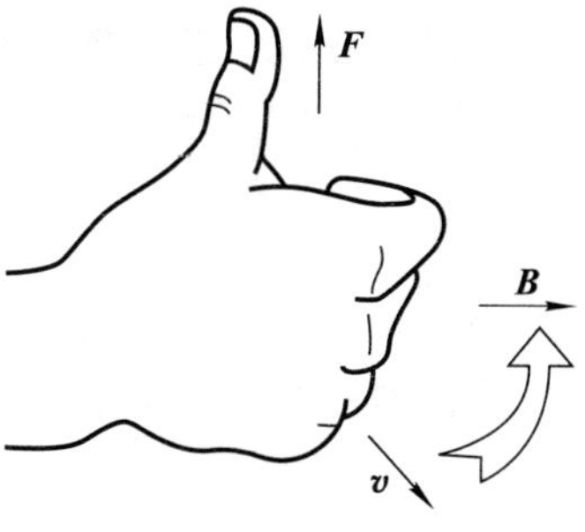

图 9－17　右手螺旋

磁场只对运动电荷有作用力. 洛伦兹力与电荷

正负有关，当 $q>0$ 时，洛伦兹力的方向与 $\boldsymbol{v}\times\boldsymbol{B}$ 的方向相同，当 $q<0$ 时，洛伦兹力的方向与 $\boldsymbol{v}\times\boldsymbol{B}$ 的方向相反.

由于洛伦兹力的方向总是与运动电荷的方向垂直，即 $\boldsymbol{F}\perp\boldsymbol{v}$，因而洛伦兹力只改变带电粒子运动的方向，而不改变其运动速度的大小，故洛伦兹力对带电粒子不做功.

9.5.2 带电粒子在电磁场中的运动及其应用

一个电荷为 q、质量为 m 的粒子，在电场强度为 $\boldsymbol{E}$ 的电场中所受到的电场力为 $\boldsymbol{F}_e=q\boldsymbol{E}$.

一个电荷为 q、质量为 m 的粒子，以速度 $\boldsymbol{v}$ 进入磁感应强度为 $\boldsymbol{B}$ 的均匀磁场中，它所受到的洛伦兹力为 $\boldsymbol{F}_m=q\boldsymbol{v}\times\boldsymbol{B}$.

一般情况下，带电粒子如果既在电场又在磁场中运动，则在电场和磁场中所受的力应为电场力和洛伦兹力的合力，即

$$\boldsymbol{F}=\boldsymbol{F}_e+\boldsymbol{F}_m=q\boldsymbol{E}+q\boldsymbol{v}\times\boldsymbol{B}. \tag{9-19}$$

下面讨论带电粒子在均匀磁场中的运动情形.

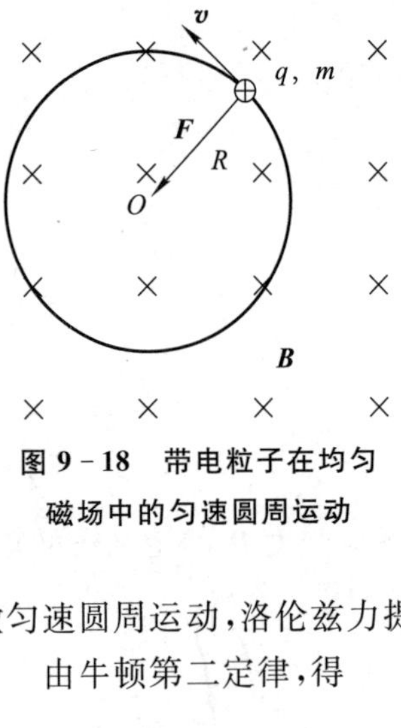

图 9-18 带电粒子在均匀磁场中的匀速圆周运动

如果有一个带电粒子电荷为 q，质量为 m，以初速度 $\boldsymbol{v}$ 进入磁感应强度为 $\boldsymbol{B}$ 的均匀磁场中，根据 $\boldsymbol{v}$ 与 $\boldsymbol{B}$ 之间的方向关系，我们分三种情况讨论带电粒子在磁场中的运动.

(1) 粒子的初速度 $\boldsymbol{v}$ 与磁场平行或反平行，则磁场对运动粒子的作用力 $\boldsymbol{F}=\boldsymbol{0}$，带电粒子做速度为 $\boldsymbol{v}$ 的匀速直线运动，不受磁场的影响.

(2) 粒子的初速度 $\boldsymbol{v}$ 与磁场垂直，如图 9-18 所示，则带电粒子所受的洛伦兹力的大小为 $F=qvB$，方向与速度 $\boldsymbol{v}$ 垂直，所以洛伦兹力只能改变速度的方向，不改变速度的大小. 带电粒子进入磁场后，将做匀速圆周运动，洛伦兹力提供了向心力.

由牛顿第二定律，得

$$qvB=m\frac{v^2}{R},$$

所以圆轨道半径为

$$R=\frac{mv}{qB}. \tag{9-20}$$

从式(9-20)可以看出，粒子运动半径 R 与带电粒子的速度成正比，与磁感应强度 $\boldsymbol{B}$ 的大小成反比.

粒子运动一周所需的时间,即回旋周期为

$$T=\frac{2\pi R}{v}=\frac{2\pi}{v}\frac{mv}{qB}=\frac{2\pi m}{qB}. \tag{9-21}$$

带电粒子在单位时间内运行的周数,即频率为

$$f=\frac{1}{T}=\frac{qB}{2\pi m}. \tag{9-22}$$

从式(9-21)和式(9-22)可以看出,回旋周期 T、频率 f 与带电粒子的速度和回旋半径无关.

(3) 带电粒子的速度 $\boldsymbol{v}$ 与磁场 $\boldsymbol{B}$ 之间的夹角为 θ 时,则可以把速度 $\boldsymbol{v}$ 分解为平行于磁感应强度 $\boldsymbol{B}$ 的分量 $\boldsymbol{v}_{/\!/}$ 和垂直于磁感应强度 $\boldsymbol{B}$ 的分量 $\boldsymbol{v}_{\perp}$,如图 9-19(a)所示,它们的大小分别为

$$v_{/\!/}=v\cos\theta,$$
$$v_{\perp}=v\sin\theta.$$

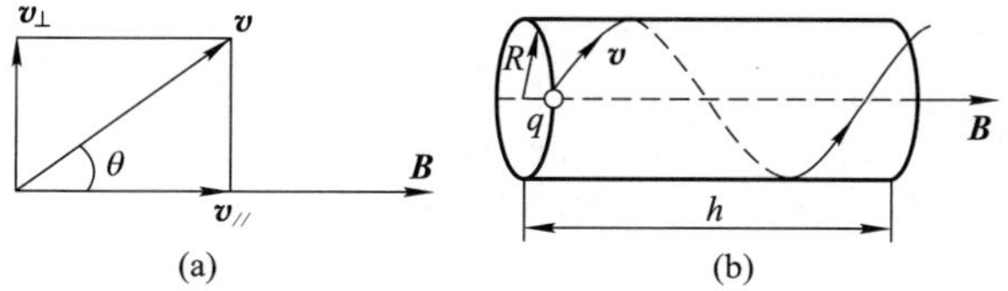

图 9-19 螺旋运动

若带电粒子在平行于磁场 $\boldsymbol{B}$ 的方向或其反方向运动,有 $F_{/\!/}=0$,则带电粒子做匀速直线运动;若带电粒子在垂直于磁场 $\boldsymbol{B}$ 的方向运动,有 $F_{\perp}=qvB\sin\theta$,则带电粒子在垂直于 $\boldsymbol{B}$ 的平面内做匀速圆周运动. 当两个分量同时存在时,带电粒子同时参与两个运动,导致粒子做沿螺旋线向前的运动,即轨迹是螺旋线,如图 9-19(b)所示. 粒子的回旋半径为

$$R=\frac{mv_{\perp}}{qB}, \tag{9-23}$$

回旋周期为

$$T=\frac{2\pi R}{v_{\perp}}=\frac{2\pi m}{qB}. \tag{9-24}$$

粒子回转一周前进的距离称为螺距,为

$$h=v_{/\!/}T=\frac{2\pi m v_{/\!/}}{qB}. \tag{9-25}$$

式(9-25)表明,螺距 h 与 $v_{\perp}$ 无关,只与 $v_{/\!/}$ 成正比. 从磁场中某点发射一束很窄的带电粒子流时,如果它们的速度大小相近,则这些粒子沿磁场方向的 $v_{/\!/}$ 近似相等,

尽管它们在做不同半径的螺旋线运动，但其螺距是近似相等的，因而每转一周，粒子又会重新会聚在一起，这种现象称为磁聚焦，如图 9-20 所示. 在实际中用得更多的是短线圈产生的非均匀磁场的磁聚焦作用，这种线圈称为磁透镜，它在电子显微镜中起了与透镜相类似的作用.

如果带电粒子是在非均匀磁场中运动，则带电粒子进入磁场，由于磁场不均匀，洛伦兹力的大小有变化，但带电粒子同样要做螺旋运动，只是回旋半径和螺距是不断变化的. 当带电粒子向磁场较强的方向运动时，回旋半径较小. 如图 9-21 所示，若粒子在非均匀磁场中所受洛伦兹力恒有一指向磁场较弱方向的分量阻碍其继续前进，可能使粒子前进的速度减小到零，并沿反方向运动，就像遇到反射镜一样，这种磁场称为磁镜.

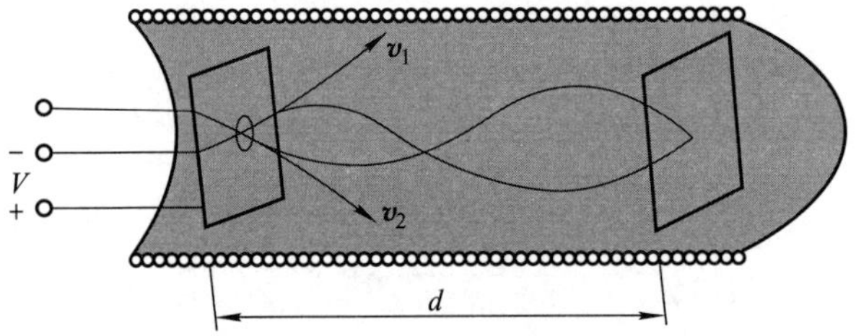

图 9-20 磁聚焦

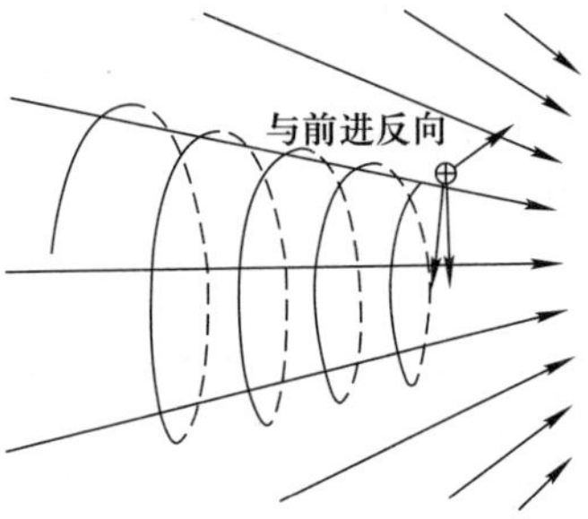

图 9-21 磁镜

9.5.3 霍尔效应

霍尔(Hall)效应是 1879 年由霍尔首先观察到的. 把一块宽为 d，厚为 b 的导体板，放在磁感应强度为 $\boldsymbol{B}$ 的均匀磁场中，导体板通有电流 I. 若使磁场方向与电流方向垂直，则在导体板的横向两侧就会出现一定的电势差(如图 9-22 所示). 这种现象即霍尔效应，产生的电势差称为霍尔电势差.

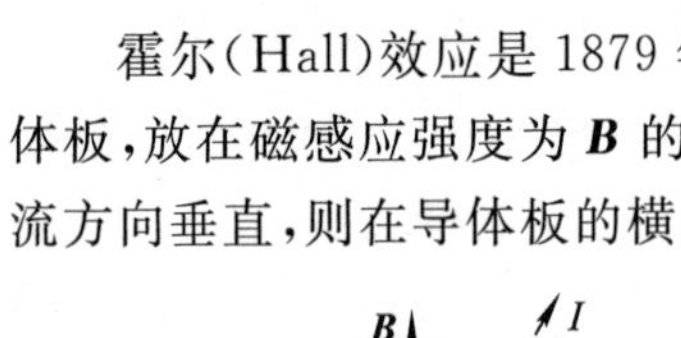

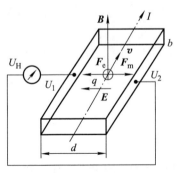

图 9-22 霍尔效应

实验表明，在磁场不太强时，霍尔电势差 U_H 与电流 I 和磁感应强度 B 成正比，而与导电板的厚度 b 成反比，即

$$U_H = R_H \frac{BI}{b}, \tag{9-26}$$

其中比例系数 R_H 称为霍尔系数.

霍尔效应产生的原因是导体中的载流子(做定向运动的带电粒子)在磁场中受到洛伦兹力而发生横向漂移. 设载流子是正电荷，其定向运动方向与电流方向相同，载流子以平均速度 $\boldsymbol{v}$ 运动，则在磁场中载流子所受的洛伦兹力的大小为 $F_{\mathrm{m}}=qvB$，洛伦兹力的方向向右，载流子在洛伦兹力的作用下，电荷产生横向漂移，使图 9－22 中的右端面积累正电荷，左端面积累负电荷，在两端面之间产生一个由右指向左的电场 $\boldsymbol{E}$. 这样载流子还将受到电场力 $\boldsymbol{F}_{\mathrm{e}}$ 的作用. 电场力 $\boldsymbol{F}_{\mathrm{e}}$ 的方向与洛伦兹力方向相反，阻碍载流子向右端面积累. 当两端面电荷积累到一定的程度，使得 $\boldsymbol{F}_{\mathrm{m}}+\boldsymbol{F}_{\mathrm{e}}=\boldsymbol{0}$，就达到了平衡，此时两端面载流子停止积累，两端面上的电荷不发生变化，于是，两端面间产生了一个恒定的电势差，端面间的电场达到稳定. 我们把这个电场叫霍尔电场，用 $\boldsymbol{E}_{\mathrm{H}}$ 表示.

设载流子的电荷为 q，载流子的定向运动平均速度为 v，磁感应强度为 B，于是在平衡时有

$$qE_{\mathrm{H}}=qvB,$$

所以有

$$E_{\mathrm{H}}=Bv.$$

用霍尔电压 U_{H} 表示，有

$$\frac{U_{\mathrm{H}}}{d}=Bv. \tag{9-27}$$

设单位体积内载流子数为 n，则根据电流的定义有

$$I=nqvbd,$$

则可得

$$v=\frac{I}{nqbd}.$$

代入式(9－27)，得霍尔电势差为

$$U_{\mathrm{H}}=\frac{BI}{nqb}. \tag{9-28}$$

将式(9－28)与式(9－26)比较，可得霍尔系数为

$$R_{\mathrm{H}}=\frac{1}{nq}. \tag{9-29}$$

由式(9－29)可知，霍尔系数的正负取决于载流子的正负. 利用霍尔电势差(或霍尔系数)的正负，可以判断半导体中载流子的正负. 由于式(9－29)中各个量都可以由实验测定，从而可以确定霍尔系数，就可计算出载流子的浓度.

讨论：

(1) 若霍尔元件为导体，由于载流子浓度 n 很大，则由式(9－29)可见，霍尔系数 R_{H} 很小，霍尔效应不明显.

(2) 若霍尔元件为电介质，由于载流子浓度 n 很小，则由式(9－29)可见，霍尔系数 R_{H} 很大，但由式(9－26)，$I=0$，则没有霍尔效应.

(3) 只有霍尔元件为半导体的情况,载流子浓度 n 适当,我们可以在实验中观察到明显的霍尔效应.

由以上的讨论,我们可以得出结论:霍尔元件只能用半导体材料制造.

霍尔效应在工业生产中也有许多应用.根据霍尔效应,利用半导体材料制成多种霍尔元件,可以用来测量磁感应强度、电流和功率等.在半导体中,载流子浓度要小于金属电子的浓度,且容易受温度、杂质的影响,所以霍尔系数是研究半导体的重要方法之一.

1980年,德国物理学家克利青(Klitzing)在研究低温和强磁场下半导体的霍尔效应时,发现 U_H-B 的曲线出现台阶,而不为线性关系,这就是量子霍尔效应.克利青因此于1985年获得诺贝尔物理学奖.崔琦和施特默(Störmer)等在对强磁场和超低温实验条件下的电子进行研究时,发现了分数量子霍尔效应,他们也因此和美国科学家劳夫林(Laughlin)共同获得了1998年诺贝尔物理学奖.

9.6 磁场对载流导线的作用

导线中的电流是电子做定向运动形成的.当把载流导线置于磁场中时,运动的载流子要受到洛伦兹力的作用,所以载流导线在磁场中受到的磁力本质上是在洛伦兹力作用下,导体中做定向运动的电子与金属导体中晶格上的正离子不断地碰撞,把动量传给了导体,从而使整个载流导体在磁场中受到磁力的作用.

9.6.1 磁场对载流导线的作用力——安培力

如图9-23(a)所示,在载流导线上取一电流元 $I\mathrm{d}\boldsymbol{l}$,此电流元与磁感应强度 $\boldsymbol{B}$ 之间的夹角为 φ,假设电流元中自由电子的定向漂移速度为 $\boldsymbol{v}$,且 $\boldsymbol{v}$ 与磁感应强度 $\boldsymbol{B}$ 之间的夹角为 θ,则 $\theta=\pi-\varphi$.

电流元中的每一个自由电子受到的洛伦兹力的大小均为 $f=evB\sin\theta$.由于电子带负电,这个力的方向为垂直纸面向里.若电流元的截面积为 S,单位体积内的自由电子数为 n,则电流元中共有的电子数为 $nS\mathrm{d}l$.所以,电流元所受的力为这些电子所受洛伦兹力的总和.由于作用在每个电子上的力的大小及方向都相同,所以,磁场作用于电流元上的力为

$$\mathrm{d}F=nS\mathrm{d}l\cdot f=nS\mathrm{d}l\cdot evB\sin\theta.$$

又因为 $I=neSv$,所以得到

$$\mathrm{d}F=I\mathrm{d}lB\sin\theta.$$

由于 $\theta=\pi-\varphi$,则

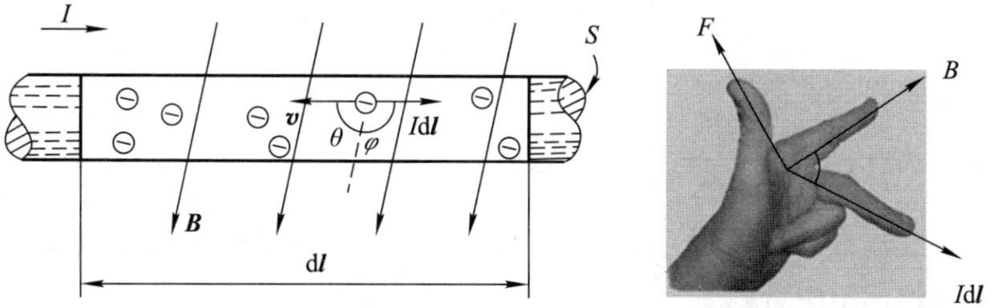

(a) (b)

图 9-23 安培力

$$\sin\theta = \sin(\pi - \varphi) = \sin\varphi,$$

因此

$$\mathrm{d}F = I\mathrm{d}lB\sin\varphi.$$

把上式写成矢量形式,为

$$\mathrm{d}\boldsymbol{F} = I\mathrm{d}\boldsymbol{l} \times \boldsymbol{B}. \tag{9-30}$$

力的方向由右手螺旋法则来确定,如图 9-23(b)所示. 这就是磁场对电流元的作用力,称为安培力,式(9-30)为安培定律的数学表达形式.

利用安培定律可以计算任一段载流导线在磁场中受到的安培力. 有限长载流导线在磁场中受的安培力是磁场作用在各电流元上的安培力的矢量和,即

$$\boldsymbol{F} = \int \mathrm{d}\boldsymbol{F} = \int_L I\mathrm{d}\boldsymbol{l} \times \boldsymbol{B}, \tag{9-31}$$

其中 $\boldsymbol{B}$ 为各电流元所在处的磁感应强度.

下面看几个例子.

【例 9-7】 如图 9-24 所示,一段长为 L 的载流直导线,置于磁感应强度为 $\boldsymbol{B}$ 的均匀磁场中,$\boldsymbol{B}$ 的方向在纸面内,电流流向与 $\boldsymbol{B}$ 夹角为 θ,求导线受力 $\boldsymbol{F}$.

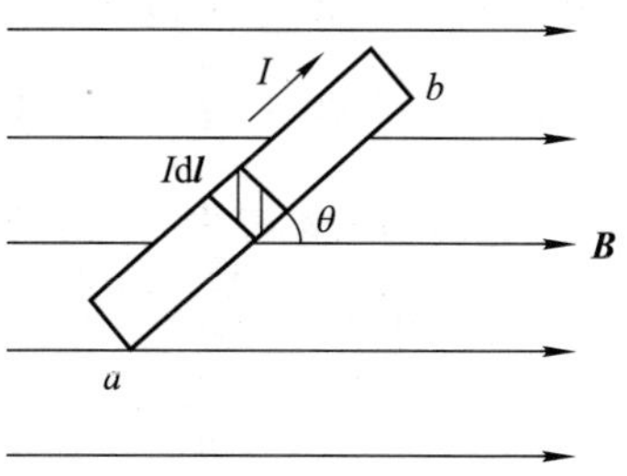

图 9-24

解:取电流元 $I\mathrm{d}\boldsymbol{l}$,则电流元受到的安培力为

$$\mathrm{d}\boldsymbol{F} = I\mathrm{d}\boldsymbol{l} \times \boldsymbol{B},$$

方向为垂直指向纸面,且导线上所有电流元受力方向相同. 整段导线受到安培力为

$$\boldsymbol{F} = \int \mathrm{d}\boldsymbol{F} = \int_L I\mathrm{d}\boldsymbol{l} \times \boldsymbol{B}.$$

化为标量积分,力 $\boldsymbol{F}$ 的大小为

$$F=\int_{ab} IB\sin\theta \mathrm{d}l=\int_0^L IB\sin\theta \mathrm{d}l=IBL\sin\theta.$$

$\boldsymbol{F}$ 的方向垂直指向纸面.

当 $\theta=0$ 时,$F=0$. 当 $\theta=\dfrac{\pi}{2}$时,$F=F_{\max}=BIL$.

以上是载流直导线在均匀磁场中的受力情况,一般情况下,磁场是不均匀的,这可从下面的例子中看到.

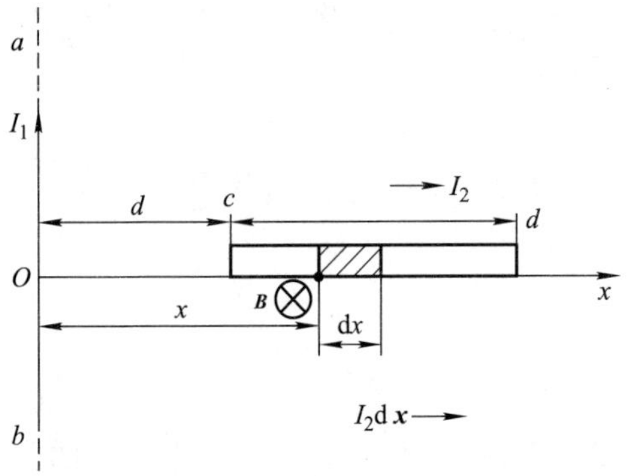

图 9-25

【例 9-8】 一无限长载流直导线 ab 载电流为 I_1,在它的一侧有一长为 l 的有限长载流导线 cd,其电流为 I_2,ab 与 cd 共面,且 $cd\perp ab$,c 端距 ab 为 d. 求直导线 cd 受到的安培力.

解:如图 9-25 所示,取 x 轴与 cd 重合,原点在 ab 上. 由题意可知,载流导线 cd 处于一个非均匀场中,磁感应强度随位置变化,在 x 处 $\boldsymbol{B}$ 方向垂直纸面向里,大小为

$$B=\frac{\mu_0 I_1}{2\pi x}.$$

在 cd 上距离 ab 为 x 处取电流元 $I_2\mathrm{d}x$,则其所受到的安培力为

$$\mathrm{d}\boldsymbol{F}=I_2\mathrm{d}\boldsymbol{x}\times\boldsymbol{B}.$$

由于 cd 上各电流元受到的安培力方向相同,所以 cd 段受到的安培力 $\boldsymbol{F}=\int\mathrm{d}\boldsymbol{F}$ 可简化为标量积分,cd 段所受安培力的大小为

$$F=\int\mathrm{d}F=\int_d^{d+l}\frac{\mu_0 I_1}{2\pi x}I_2\mathrm{d}x=\frac{\mu_0 I_1 I_2}{2\pi}\ln\frac{d+l}{d}.$$

$\boldsymbol{F}$ 的方向为沿纸面向上,即沿$\overrightarrow{ba}$方向.

上面结果用矢量表示为

$$\boldsymbol{F}=\frac{\mu_0 I_1 I_2}{2\pi}\ln\frac{d+l}{d}\boldsymbol{j}.$$

【例 9-9】 一根形状不规则的载流导线,两端点的距离为 L,通有电流 I,导线置于磁感应强度为 $\boldsymbol{B}$ 的均匀磁场中,磁感应强度 $\boldsymbol{B}$ 的方向垂直于导线所在平面,求作用在此导线上的磁场力.

解:建立坐标如图 9-26 所示,在导线上取电流元 $I\mathrm{d}\boldsymbol{l}$,其所受安培力为

$$\mathrm{d}\boldsymbol{F}=I\mathrm{d}\boldsymbol{l}\times\boldsymbol{B}.$$

$\mathrm{d}\boldsymbol{F}$ 的大小为 $\mathrm{d}F = IB\mathrm{d}l$，方向如图 9-26 所示. 设 $\mathrm{d}\boldsymbol{F}$ 与 y 轴的夹角为 θ，因而 $\mathrm{d}\boldsymbol{F}$ 在 x 方向和 y 方向的分力的大小分别为

$$\mathrm{d}F_x = \mathrm{d}F\sin\theta = BI\mathrm{d}l\sin\theta,$$
$$\mathrm{d}F_y = \mathrm{d}F\cos\theta = BI\mathrm{d}l\cos\theta.$$

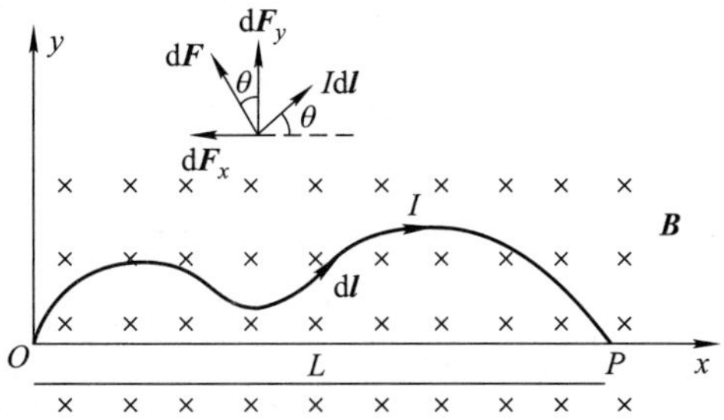

图 9-26

因为

$$\mathrm{d}l\sin\theta = \mathrm{d}y,$$
$$\mathrm{d}l\cos\theta = \mathrm{d}x,$$

所以有

$$\mathrm{d}F_x = BI\mathrm{d}y,$$
$$\mathrm{d}F_y = BI\mathrm{d}x.$$

积分可得

$$F_x = \int_0^0 BI\mathrm{d}y = 0,$$
$$F_y = \int_0^L BI\mathrm{d}x = BIL.$$

故载流导线所受的磁力的大小为 $F = BIL$，方向沿 y 轴方向. 用矢量表示为

$$\boldsymbol{F} = BIL\boldsymbol{j}.$$

结果表明，在均匀磁场中，任意形状的载流导线所受的磁力，与始点和终点相连的载流直导线所受的磁力相等.

【例 9-10】 如图 9-27 所示，半径为 R、电流为 I 的平面载流线圈，放在均匀磁场中，磁感应强度为 $\boldsymbol{B}$，$\boldsymbol{B}$ 的方向垂直纸面向外，求半圆周 $\overline{abc}$ 和 $\overline{cda}$ 受到的安培力.

解：如图 9-27 所示取坐标系，原点在圆心，y 轴过 a 点，x 轴在线圈平面内.

(1) 首先求 $\overline{abc}$ 受到的安培力 $\boldsymbol{F}_{abc}$.

电流元 $I\mathrm{d}\boldsymbol{l}$ 受到安培力

$$\mathrm{d}\boldsymbol{F} = I\mathrm{d}\boldsymbol{l}\times\boldsymbol{B},$$

$\mathrm{d}\boldsymbol{F}$ 的大小为

$$\mathrm{d}F = I\mathrm{d}lB\sin\frac{\pi}{2},$$

方向为沿半径向外. 因为 $\overline{abc}$ 各处电流元受力方向不同（均沿各自半径向外），将 $\mathrm{d}\boldsymbol{F}$ 分解成 $\mathrm{d}\boldsymbol{F}_x$ 及 $\mathrm{d}\boldsymbol{F}_y$ 来进行叠加：

$$\mathrm{d}F_x = \mathrm{d}F\cos\theta = BI\mathrm{d}l\cos\theta,$$
$$F_x = \int\mathrm{d}F_x = \int_{abc} BI\mathrm{d}l\cos\theta = \int_{-\pi/2}^{\pi/2} BI(R\mathrm{d}\theta)\cos\theta = 2BIR,$$

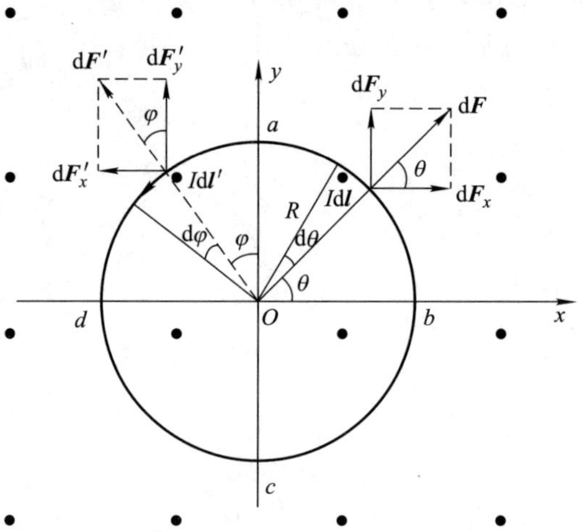

图 9-27

$$dF_y = dF\sin\theta = BIdl\sin\theta.$$

积分得

$$F_y = \int dF_y = \int_{abc} BIdl\sin\theta = \int_{-\pi/2}^{\pi/2} BI(Rd\theta)\sin\theta = 0.$$

实际上，由受力的对称性也可直接得知 $F_y=0$，$\boldsymbol{F}_{abc}=2BIR\boldsymbol{i}$.

(2) 求 $\boldsymbol{F}_{cda}$.

电流元 $Id\boldsymbol{l}'$受到的安培力为 $d\boldsymbol{F}'=Id\boldsymbol{l}'\times\boldsymbol{B}$，大小为 $dF'=Idl'B\sin\frac{\pi}{2}$，方向为沿半径向外. 与$\overline{abc}$求解方法相同，由于$\overline{cda}$上各电流元受力方向不同，也将 $d\boldsymbol{F}'$ 分解成 $d\boldsymbol{F}'_x$，$d\boldsymbol{F}'_y$：

$$dF'_x = -dF'\sin\varphi = -BIdl'\sin\varphi,$$

$$F'_x = \int dF'_x = \int_{cda} -BIdl'\sin\varphi = \int_0^{\pi} -BI(Rd\varphi)\sin\varphi = -2BIR,$$

$$dF'_y = dF'\cos\varphi = BIdl'\cos\varphi,$$

$$F'_y = \int dF'_y = \int_{cda} BIdl'\cos\varphi = \int_0^{\pi} BI(Rd\varphi)\cos\varphi = 0,$$

所以

$$\boldsymbol{F}_{cda} = -2BIR\boldsymbol{i}.$$

对本题讨论如下：

(1) 各电流元受力方向不同时，应先求出 dF_x 及 dF_y，之后再求 $\boldsymbol{F}_x$ 及 $\boldsymbol{F}_y$.

(2) 分析导线受力的对称性. 如本题中，不用计算 F_y 和 F'_y 就能知道它们为 0.

(3) 由于 $\boldsymbol{F}_{abc}+\boldsymbol{F}_{cda}=\mathbf{0}$,所以圆形平面载流线圈在均匀磁场中受力为 0.

推广上面结果:任意平面闭合线圈在均匀磁场中受安培力为 0,这样,对某些问题的计算得到简化.

9.6.2 载流线圈的磁矩 磁场对载流线圈的作用

在磁电式电流计和直流电动机内,一般都有处在磁场中的线圈. 当线圈中有电流通过时,它们将在磁场的作用下发生转动,因而讨论磁场对载流线圈的作用有重要的实际意义.

如图 9-28 所示,在磁感应强度为 $\boldsymbol{B}$ 的均匀强磁场中,有一刚性矩形载流线圈 $abcd$,边长分别为 l_1 和 l_2,线圈通过的电流为 I,方向如图所示,磁感应强度 $\boldsymbol{B}$ 的方向沿水平方向,与线圈平面成 φ 角. 现分别求磁场对 4 个载流导线边的作用力. 由式(9-31),作用于导线 ab,cd 两边的磁场力大小为

$$F_2=BIl_2,$$
$$F_2'=BIl_2.$$

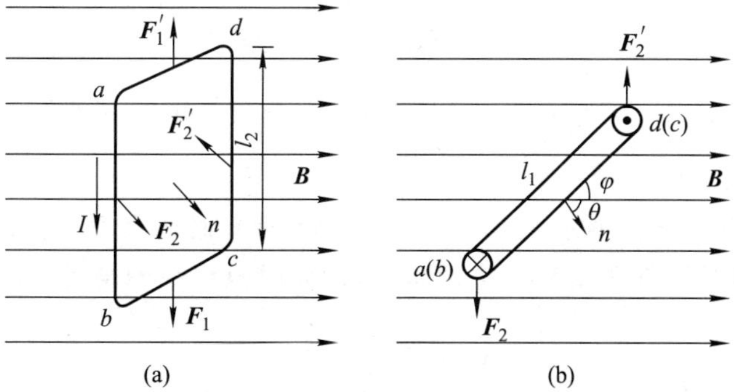

图 9-28 矩形载流线圈在磁场中所受的磁力矩

两者大小相等,方向相反,但作用线不在一条线上. 作用在导线 bc,ad 两边的磁场力大小为

$$F_1=BIl_1\sin\varphi,$$
$$F_1'=BIl_1\sin(\pi-\varphi)=BIl_1\sin\varphi.$$

两者大小相等,方向相反,且在同一直线上,相互抵消,故对于线圈来说,它们合力矩为零. 而 F_2 与 F_2'形成一个力偶,其力偶臂为 $l_1\cos\varphi$. 所以线圈所受磁力矩为

$$M=F_2l_1\cos\varphi.$$

又因为 $\theta=\frac{\pi}{2}-\varphi$,所以 $\cos\varphi=\sin\theta$,因此线圈所受磁力矩为

$$M=F_2l_1\cos\varphi=BIl_2l_1\sin\theta=BIS\sin\theta, \tag{9-32}$$

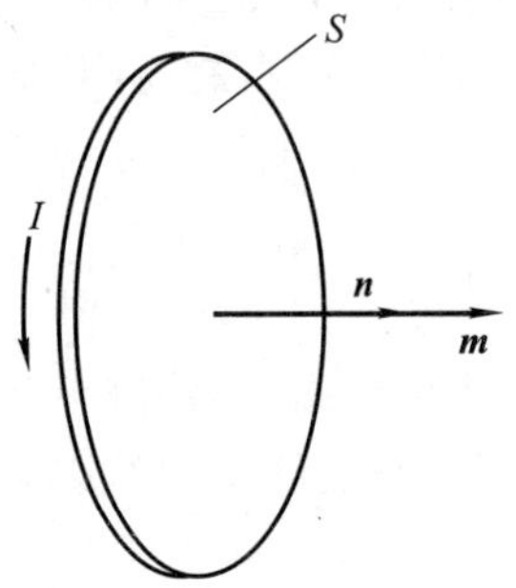

图 9-29 载流线圈的正法线

其中 $S=l_1l_2$ 是矩形线圈的面积，θ 是线圈法线 $\boldsymbol{n}$（规定 $\boldsymbol{n}$ 的方向与线圈电流的方向之间满足右手螺旋关系，即若右手四指与电流方向相同，拇指方向即为法线方向，如图 9-29 所示）与磁感应强度 $\boldsymbol{B}$ 之间的夹角. 当线圈有 N 匝时，则线圈所受的磁力矩为

$$M=NBIS\sin\theta.$$

这里引入磁矩 $\boldsymbol{m}$ 概念，定义线圈磁矩 $\boldsymbol{m}=I\boldsymbol{S}=NIS\boldsymbol{n}$，因此，引入磁矩后磁力矩可以写成矢量形式

$$\boldsymbol{M}=\boldsymbol{m}\times\boldsymbol{B}. \tag{9-33}$$

力矩 $\boldsymbol{M}$ 的大小为 $M=mB\sin\theta$，方向由磁矩 $\boldsymbol{m}$ 与 $\boldsymbol{B}$ 的矢量积确定.

式(9-33)虽然是从矩形线圈推导出来的，但可以证明对任意形状的平面载流线圈都成立.

下面分几种情况讨论：

(1) 如图 9-30(a)所示，当 $\theta=0$ 时，线圈平面与磁场 $\boldsymbol{B}$ 垂直，线圈所受的磁力矩 $M=0$，此时线圈处于稳定平衡状态.

(2) 如图 9-30(b)所示，当 $\theta=\dfrac{\pi}{2}$ 时，线圈平面与磁场 $\boldsymbol{B}$ 平行，线圈所受的磁力矩最大，$M_{\max}=BIS$.

(3) 如图 9-30(c)所示，当 $\theta=\pi$ 时，线圈平面与磁场 $\boldsymbol{B}$ 垂直，线圈所受的磁力矩 $M=0$，这时线圈处于不稳定平衡状态，即此时只要线圈稍受扰动，就不再回到原平衡位置.

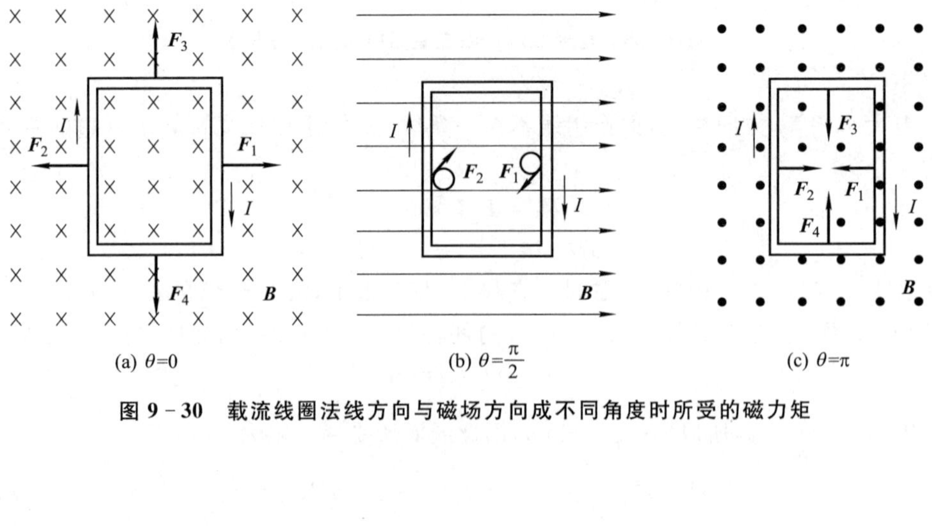

图 9-30 载流线圈法线方向与磁场方向成不同角度时所受的磁力矩

如果载流线圈处于非匀强磁场中，线圈除受磁力矩作用外，还要受到安培力的作用，因此，线圈除了转动外，还有平动，向磁场强的地方移动.

磁电式电流计就是通过载流线圈在磁场中受磁力矩的作用发生偏转而制作的. 磁电式电流计的结构如图 9－31(a)所示. 在永久磁铁的两极和圆柱体铁芯之间的空气隙内，放一可绕固定转轴转动的铝制框架，框架上绕有线圈，转轴的两端各有一个旋丝，且在一端上固定一针. 当电流通过线圈时，由于磁场对载流线圈的磁力矩作用，使指针跟随线圈一起发生偏转，从偏转角的大小，就可以测出通过线圈的电流.

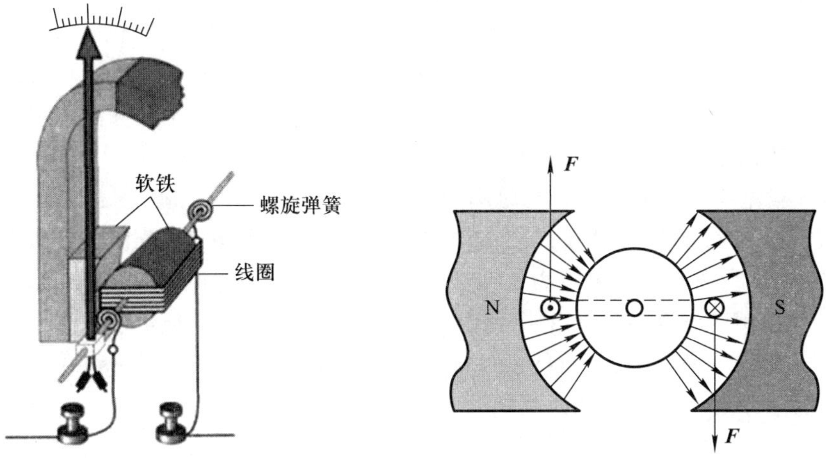

(a) (b)

图 9－31 磁电式电流计

如图 9－31(b)所示，在永久磁铁与圆柱之间空隙内的磁场是径向的，所以线圈平面的法线方向总是与线圈所在处的磁场垂直，因而线圈所受的磁力矩为

$$M = NBIS.$$

当线圈转动时，旋丝卷紧，产生一个反抗力矩

$$M' = \alpha\theta,$$

其中 α 为游丝的扭转常数，θ 为线圈转过的角度. 平衡时有

$$M = NBIS = \alpha\theta,$$

所以

$$I = \frac{\alpha}{NBS}\theta = k\theta,$$

其中 $k = \frac{\alpha}{NBS}$ 为常量. 因而根据线圈偏转角度 θ，就可以测出通过线圈的电流 I.

9.6.3 磁力的功

载流导线或载流线圈在磁力和磁力矩的作用下运动时，磁力就要做功. 下面从两个特例出发，导出磁力做功的一般公式.

(1) 载流导线在磁场中运动时磁力所做的功.

设在磁感应强度为 $\boldsymbol{B}$ 的均匀磁场中，有一载流闭合回路 $abcd$，其中 ab 长度为 l，可以沿 da 和 cb 滑动，如图 9-32 所示. 设 ab 滑动时，回路中电流不变，则载流导线 ab 在磁场中所受的安培力 $\boldsymbol{F}$ 的大小为 $F=IBl$，方向向右，在 $\boldsymbol{F}$ 的作用下将向右运动. 当由初始位置 ab 移动到位置 $a'b'$ 时，磁力 $\boldsymbol{F}$ 所做的功为

$$W=F(\overline{aa'})=IBl(\overline{aa'})=BI\Delta S=I\Delta\Phi.$$

上式说明，当载流导线在磁场中运动时，若电流保持不变，磁力所做的功等于电流乘以通过回路所包围面积内磁通量的增量，即磁力所做的功等于电流乘以载流导线在移动中所切割的磁感应线数.

(2) 载流线圈在磁场内转动时磁力所做的功.

如图 9-33 所示，设载流线圈在均匀磁场中做顺时针转动，若设法使线圈中电流维持不变，线圈所受磁力矩为 $M=BIS\sin\varphi$，当线圈转过小角度 $\mathrm{d}\varphi$ 时，使线圈法向 $\boldsymbol{n}$ 与磁感应强度 $\boldsymbol{B}$ 之间的夹角由 φ 变为 $\varphi+\mathrm{d}\varphi$，磁力矩所做的元功为

$$\mathrm{d}W=-M\mathrm{d}\varphi=-BIS\sin\varphi\mathrm{d}\varphi=BIS\mathrm{d}(\cos\varphi)=I\mathrm{d}(BS\cos\varphi),$$

其中负号表示磁力矩做正功时将使 φ 减小，$\mathrm{d}\varphi$ 为负值.

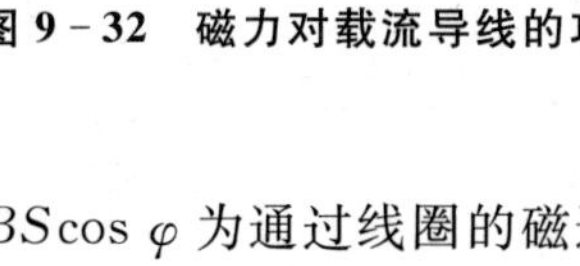

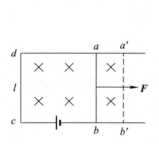

图 9-32 磁力对载流导线的功

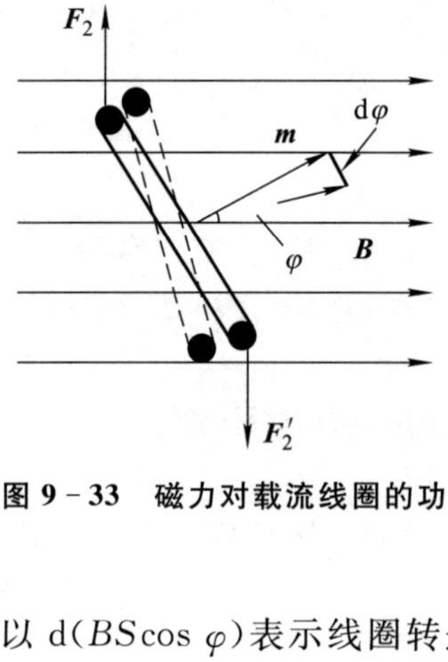

图 9-33 磁力对载流线圈的功

由于 $BS\cos\varphi$ 为通过线圈的磁通量，所以 $\mathrm{d}(BS\cos\varphi)$ 表示线圈转过 $\mathrm{d}\varphi$ 后磁通量的增量，有 $\mathrm{d}W=I\mathrm{d}\Phi$.

当线圈从 φ_1 转到 φ_2 时，磁力矩所做的总功为

$$W=\int_{\Phi_1}^{\Phi_2}I\mathrm{d}\Phi=I(\Phi_2-\Phi_1)=I\Delta\Phi,$$

其中 Φ_1 和 Φ_2 分别为线圈在 φ_1 和 φ_2 时通过线圈的磁通量.

9.7 磁场中的磁介质

前面我们讨论的都是真空中运动电荷及电流所产生的磁场，而在实际磁场中，一般都存在着各种各样的磁介质. 与电场中的电介质由于极化而影响电场类似，磁场与磁介质之间也有相互作用. 处于磁场中的磁介质产生磁化，磁化的磁介质也会产生附加磁场，从而对原磁场产生影响.

9.7.1 磁介质

在磁场中与磁场发生相互作用，反过来影响原来磁场的物质称为磁介质. 实验表明，不同磁介质对磁场的影响是不同的. 设真空中某点的磁感应强度为 $\boldsymbol{B}_0$，磁介质由于磁化而产生的附加磁感应强度为 $\boldsymbol{B}'$，则磁介质中磁感应强度 $\boldsymbol{B}$ 为 $\boldsymbol{B}_0$ 和 $\boldsymbol{B}'$ 的矢量和，即

$$\boldsymbol{B}=\boldsymbol{B}_0+\boldsymbol{B}'. \tag{9-34}$$

附加磁感应强度 $\boldsymbol{B}'$ 的方向和大小随磁介质的不同而不同. 根据 $\boldsymbol{B}'$ 与 $\boldsymbol{B}_0$ 方向之间的关系，磁介质可分为以下三类：

(1) 顺磁质.

顺磁质的附加磁感应强度 $\boldsymbol{B}'$ 与 $\boldsymbol{B}_0$ 同向，使得 $B>B_0$，如氧、铝、铂、铬等.

(2) 抗磁质.

抗磁质的附加磁感应强度 $\boldsymbol{B}'$ 与 $\boldsymbol{B}_0$ 反向，使得 $B<B_0$，如铜、铋、氢等.

实验发现，无论是顺磁质还是抗磁质，附加磁感应强度 $\boldsymbol{B}'$ 的值要比 $\boldsymbol{B}_0$ 的值小得多(通常只有 $\boldsymbol{B}_0$ 的十万分之几)，它对原来磁场的影响比较微弱，所以，顺磁质和抗磁质统称为弱磁性物质.

(3) 铁磁质.

铁磁质的附加磁感应强度 $\boldsymbol{B}'$ 与 $\boldsymbol{B}_0$ 同向，附加磁感应强度 $\boldsymbol{B}'$ 的值要比 $\boldsymbol{B}_0$ 的值大得多，即 $B'\gg B_0$. 这类磁介质能够显著地增强磁场，称为铁磁质. 如铁、钴、镍及其合金等.

通常定义 B 与 B_0 的比值为该磁介质的相对磁导率，用 μ_r 表示，即

$$\mu_r=\frac{B}{B_0}. \tag{9-35}$$

所以，对于顺磁质，$B>B_0$，$\mu_r>1$，对于抗磁质，$B<B_0$，$\mu_r<1$，对于铁磁质，$B\gg B_0$，$\mu_r\gg 1$.

9.7.2 磁介质的磁化 磁化强度

顺磁质和抗磁质的磁化特性取决于物质的微观结构. 物质分子中任何一个电子都同时参与两种运动,即环绕原子核的轨道运动和电子本身的自旋运动. 这两种运动都能够产生磁效应. 电子轨道运动相当于一个圆电流,具有一定的轨道磁矩. 电子自旋运动也有自旋磁矩. 一个分子中所有的电子轨道磁矩和自旋磁矩的矢量和称为分子的固有磁矩,可以看成由一个等效的圆形分子电流产生.

研究表明,当没有外磁场时,抗磁质的分子磁矩为零,顺磁质的分子磁矩不为零(称为分子固有磁矩). 但是,由于分子的热运动,这些分子电流的流向是杂乱无章的,在磁介质中的任一宏观体积中,分子磁矩相互抵消,如图 9－34(a)所示. 因此,在无外磁场时,不论是抗磁质还是顺磁质对外都不显磁性.

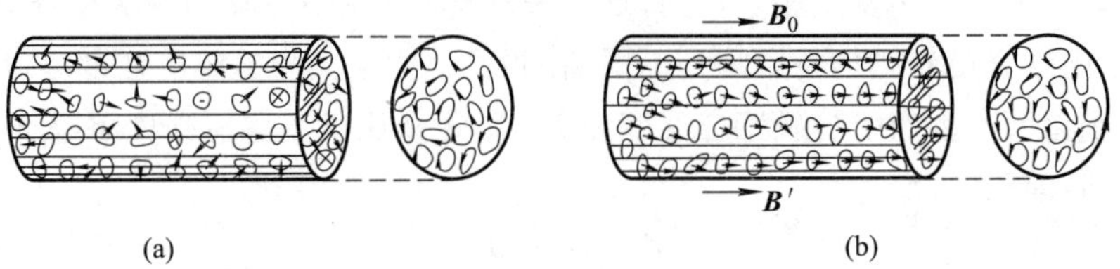

图 9－34 顺磁质中分子磁矩的取向

将磁介质放到磁场 $\boldsymbol{B}_0$ 中,磁介质将受到下面两种作用:

(1) 分子固有磁矩将受到外磁场 $\boldsymbol{B}_0$ 的磁力矩作用,使各个分子磁矩都有转向外磁场的方向排列的趋势,这样各个分子磁矩将沿外磁场 $\boldsymbol{B}_0$ 方向产生附加的磁场 $\boldsymbol{B}'$,如图 9－35(b)所示.

(2) 外磁场 $\boldsymbol{B}_0$ 将使各个分子固有磁矩发生变化,即对每一个分子产生一个附加的磁矩. 可以证明,不论外磁场的方向如何,总是产生一个与外磁场方向相反的附加磁矩,结果会产生一个与外磁场方向相反的 $\boldsymbol{B}'$.

顺磁质的分子固有磁矩不为零,加上外磁场 $\boldsymbol{B}_0$ 后,要产生与外磁场反向的附加分子磁矩. 但是由于顺磁质的分子固有磁矩一般要比附加磁矩大得多,因而在顺磁质内可以忽略不计. 所以,顺磁质在外磁场中的磁化主要取决于分子磁矩的转向作用,即顺磁质产生的附加磁场总是与外磁场方向相同.

抗磁质的分子固有磁矩为零,在加上外磁场 $\boldsymbol{B}_0$ 后,分子磁矩的转向效应不存在,所以外磁场引起的附加磁矩是产生附加磁场的唯一原因. 因而抗磁质产生的磁场总是与外磁场反向.

抗磁性是一切磁介质的特性,顺磁质也具有这种抗磁性,只不过,在顺磁质中,抗磁性的效应较顺磁性要小,因此,在研究顺磁质的磁化时,可以不考虑抗磁性.

由上面的讨论可以看出，磁介质的磁化实质上是分子磁矩的取向变化以及在外磁场作用下产生附加磁矩的作用. 无论哪种作用，磁介质磁化后都产生了磁矩，因此可以用磁介质中单位体积内的分子磁矩的矢量和来描述磁介质磁化的程度. 单位体积内的分子磁矩的矢量和称为磁化强度，用 $\boldsymbol{M}$ 表示. 以 $\sum\limits_i \boldsymbol{m}_i$ 表示体积元 ΔV 内所有分子磁矩的矢量和，则有

$$\boldsymbol{M}=\frac{\sum\limits_i \boldsymbol{m}_i}{\Delta V},\tag{9-36}$$

其中 ΔV 是体积元体积，$\boldsymbol{m}_i$ 是体积元内的第 i 个分子的磁矩. 在国际单位制中，磁化强度的单位是 $\mathrm{A}\cdot\mathrm{m}^{-1}$.

9.7.3　磁介质中的安培环路定理 磁场强度

不论是顺磁质还是抗磁质都有分子固有磁矩或附加磁矩，与这些磁矩相对应的是等效的分子电流. 在磁介质内部各点处的分子电流会相互抵消，而在磁介质表面上的分子电流没有抵消，它们方向都相同，相当于在表面上有一层流动的电流，这种电流称为磁化电流或束缚电流，一般用 I_{S} 表示.

在磁介质中，由于磁化作用而产生磁化电流，这时总的磁感应强度为传导电流产生的 $\boldsymbol{B}_0$ 和磁化电流产生的 $\boldsymbol{B}'$ 的矢量和. 此时的安培环路定理应写为

$$\oint \boldsymbol{B}\cdot \mathrm{d}\boldsymbol{l}=\mu_0\left(\sum I+\sum I_{\mathrm{S}}\right).\tag{9-37}$$

我们以无限长直螺线管中充满均匀的各向同性顺磁质为例来讨论. 设线圈中的传导电流为 I，磁介质的相对磁导率为 μ_r，单位长度线圈的匝数为 n，磁介质表面上单位长度的磁化电流为 nI'. 取如图 9－35 所示的回路，设 $ab=1$，则式(9－37)可以写为

$$\oint \boldsymbol{B}\cdot \mathrm{d}\boldsymbol{l}=\mu_0 n(I+I').$$

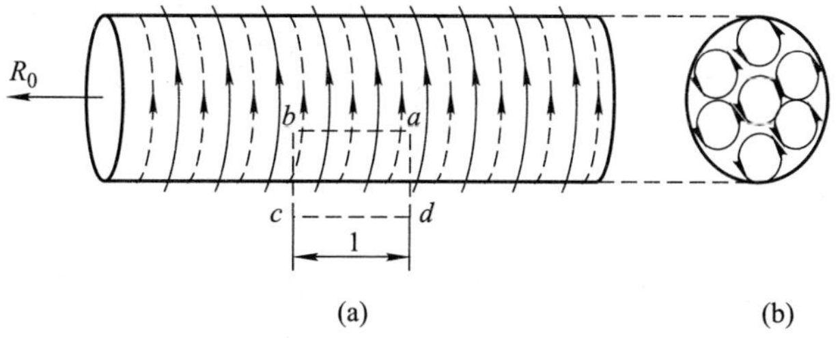

图 9－35　磁介质中的安培环路定理

对长直螺线管,有

$$B_0=\mu_0 nI,\quad B'=\mu_0 nI'.$$

由式(9-34)和式(9-35),有

$$\mu_0 nI+\mu_0 nI'=B=\mu_r B_0=\mu_r\mu_0 nI=\mu nI, \tag{9-38}$$

其中 $\mu=\mu_0\mu_r$. 将式(9-38)代入式(9-37),有

$$\oint \boldsymbol{B}\cdot \mathrm{d}\boldsymbol{l}=\mu nI. \tag{9-39}$$

令

$$\boldsymbol{H}=\frac{\boldsymbol{B}}{\mu}. \tag{9-40}$$

$\boldsymbol{H}$ 称为磁场强度,是表示磁场强弱与方向的物理量,是一个辅助量. 在国际单位制中 H 的单位是 $\mathrm{A\cdot m^{-1}}$. 引入磁场强度 $\boldsymbol{H}$ 后,式(9-37)可以表示为

$$\oint \boldsymbol{H}\cdot \mathrm{d}\boldsymbol{l}=nI. \tag{9-41}$$

因为 nI 为闭合回路所包围的传导电流的代数和,可改写为 $\sum\limits_i I_i$. 这样上式可改写为

$$\oint \boldsymbol{H}\cdot \mathrm{d}\boldsymbol{l}=\sum_i I_i. \tag{9-42}$$

式(9-42)表明,磁场强度沿任意闭合回路的线积分,等于该回路所包围的传导电流的代数和. 式(9-42)就是磁介质中的安培环路定理. 虽然这一定理是通过长直螺线管这一特例导出的,但可以证明,它在一般情况下也是正确的.

由于 $\boldsymbol{H}$ 的环流只与闭合回路所包围的传导电流的代数和有关,与磁化电流及闭合回路之外的传导电流无关,因此,计算有磁介质存在时的磁感应强度 $\boldsymbol{B}$ 时,一般方法是先利用式(9-42)求出 $\boldsymbol{H}$ 的分布,然后再利用式(9-40)求出 $\boldsymbol{B}$ 的分布. 当然只有电流分布有一定的对称性时,$\boldsymbol{H}$ 才能方便地由磁介质中的安培环路定理求出.

*9.8　铁磁质

铁磁质是一类性能特殊的磁介质,表现在它磁化后能产生很强的磁感应强度. 对顺磁质和抗磁质来说,其相对磁导率都近似等于 1,而且一般为不随外磁场而改变的常量. 铁磁质的相对磁导率 $\mu_r\gg 1$,一般可以达到 $10^2\sim 10^4$,而且随外磁场而变化. 铁磁质常用于电机、电气设备、电子器件等.

9.8.1 铁磁质的磁化规律 磁滞回线

铁磁质 μ 很大，且 μ 值还随外磁场而变化，即磁感应强度 B 与磁场强度 H 之间为非线性关系. 图 9－36 所示是铁磁质磁化时的 B-H 曲线. 从图 9－36 中可以看出，随着磁场强度 H 的逐渐增加，B 开始时缓慢增加(01 段)，接着随 H 变大，B 急剧增大(12 段)，然后缓慢增加(23 段)，最后增加得十分缓慢(34 段). 过了 4 点，再增加 H，B 几乎不再增加，达到饱和状态，相应的磁感应强度称为饱和磁感应强度. 从 0 到饱和状态的 B-H 曲线称为铁磁质的磁化曲线.

从图 9－36 的磁化曲线可以看出，铁磁质的 B 与 H 的关系不是线性的，根据 $\mu=B/H$，则铁磁质的磁导率 μ 不是常数. 磁导率 μ 与 H 的关系如图 9－37 所示.

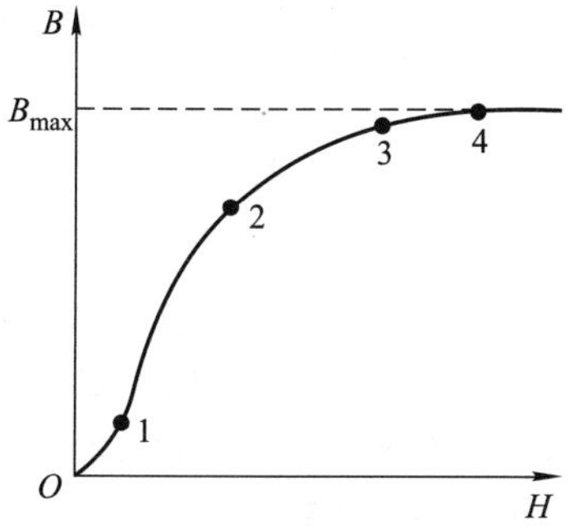

图 9－36 磁化曲线

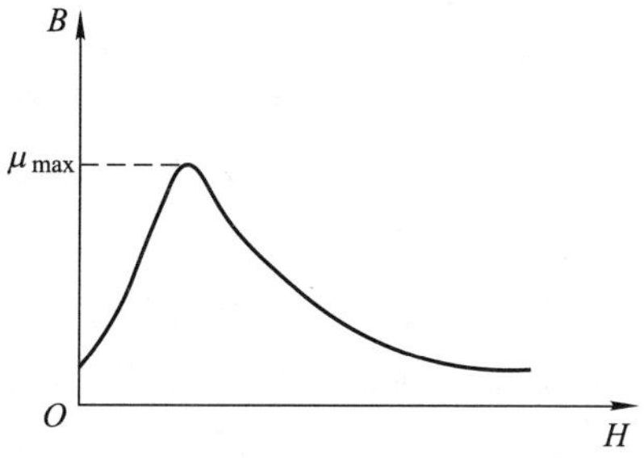

图 9－37 磁导率与 H 的关系

当铁磁质的磁感应强度达到饱和状态后，如图 9－38 所示，逐渐减小 H，磁感应强度 B 并不是沿起始磁化曲线 Oa 减小，并且，当 H 减小到零时，B 仍然保留一定的值 B_r，B_r 称为剩余磁化强度. 这种现象称为磁滞现象，简称磁滞. 要消除剩磁，使铁磁质中的 B 减小到零，必须加一个反向磁场，当反向磁场增加到 H_c 时，B 才能减小到零，这时的反向磁场 H_c 称为矫顽力. 如果反向磁场继续增加，则铁磁质将反向磁化，直到饱和状态. 此后，若使反向磁场减弱，H 减小到零，然后又沿正方向增加，B-H 曲线形成一个闭合曲线，称为磁滞回线.

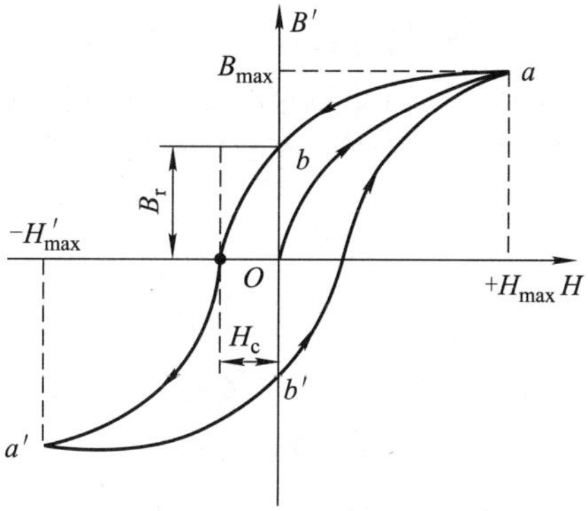

图 9－38 磁滞回线

磁滞是指磁感应强度 B 的变化落后于 H 的变化. 铁磁质的磁滞现象会造成

能量损失，这种损失的能量称为磁滞损耗. 可以证明，铁磁质在缓慢磁化情况下，经历一次磁化过程损耗的能量，与磁滞回线所包围的面积成正比.

9.8.2 磁性材料的分类

实验证明，不同铁磁材料的磁滞回线有很大的不同. 根据矫顽力的大小或磁滞回线的形状的不同，铁磁材料可分为软磁材料、硬磁材料和矩磁材料，如图 9-39 所示.

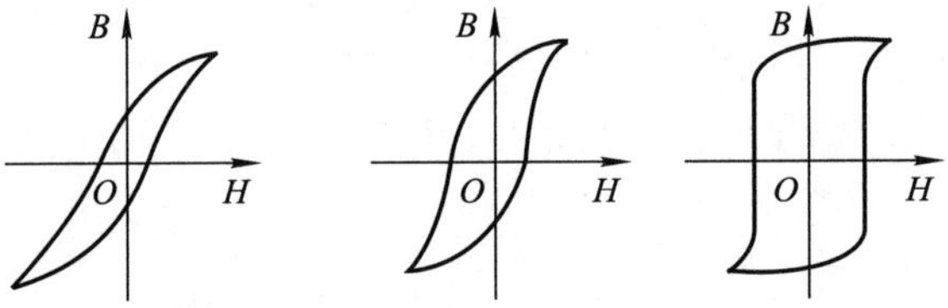

(a) 软磁材料 (b) 硬磁材料 (c) 矩磁材料

图 9-39 不同铁磁质的磁滞回线

软磁材料如软铁、硅钢、坡莫合金等，特点是矫顽力小，容易磁化，也容易退磁. 软磁材料的磁滞回线细而窄，所包围的面积小，因而磁滞损耗小，适用于交变磁场中，常用作变压器、继电器、电磁铁、电动机和发电机的铁芯等.

硬磁材料如碳钢、钕铁硼合金等，特点是矫顽力大，剩磁大. 硬磁材料的磁滞回线粗而宽，磁滞损耗大. 这种材料磁化后能保留很强的磁性，适用于制造各种类型的永磁体、扬声器等.

矩磁材料如锰镁铁氧体、锂锰铁氧体等，磁滞回线接近于矩形，特点是剩磁接近饱和值. 若矩磁材料在不同方向的外磁场下磁化，当电流为零时，总是处于两种剩磁状态，因此可用作计算机的“记忆”元件，或用于自动控制技术等方面.

9.8.3 磁畴

铁磁质的起因可以用“磁畴”理论来解释. 如图 9-40 所示，在铁磁质内存在着无数个自发磁化的小区域，称为磁畴，磁畴的体积约为 $10^{-12}\sim10^{-9}\,\mathrm{cm}^3$. 在每个磁畴中，所有原子的磁矩全都向着同一个方向排列整齐. 在未磁化的铁磁质中，由于热运动，各磁畴的磁矩取向是无规则的，因此整块铁磁质在宏观上对外不显示磁性. 当在铁磁质内加上外磁场并逐渐增大外磁场时，磁畴将发生变化，这时磁矩方向与外磁场方向接近的磁畴逐渐增大，而方向相反的磁畴逐渐减小. 最后当外加磁场达到一定程度后，所有磁畴的磁矩方向都指向同一方向，这时磁介质就达到饱和状态.

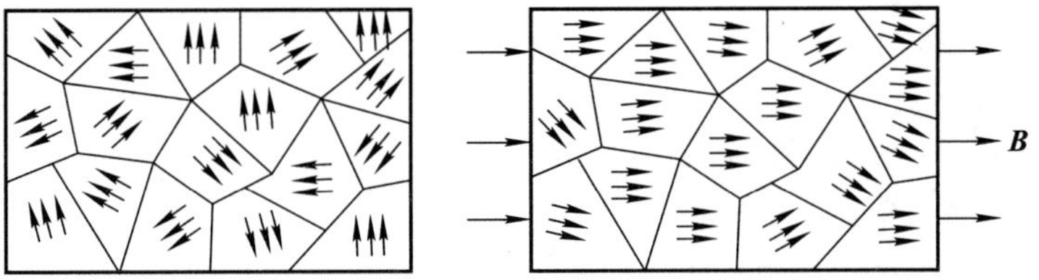

(a) 无外磁场　　(b) 有外磁场

图 9-40　磁畴

在外加磁场去除后，铁磁质将重新分裂为许多磁畴，但由于掺杂和内应力等原因，各磁畴之间存在摩擦阻力，使磁畴并不能恢复到原来杂乱排列的状态，因而表现出磁滞现象，当外磁场去除后，铁磁质仍能保留部分磁性.

当铁磁质的温度升高到某一临界温度时，分子热运动加剧，磁畴就会瓦解，从而使铁磁质的磁性消失，成为顺磁质. 这个临界温度称为居里温度或居里点.

习题

一、思考题

1. 在同一磁感应线上，各点磁感应强度 $\boldsymbol{B}$ 的数值是否都相等？为何不把作用于运动电荷的磁力方向定义为磁感应强度 $\boldsymbol{B}$ 的方向？

2. (1) 在没有电流的空间区域里，如果磁感应线是平行直线，磁感应强度 $\boldsymbol{B}$ 的大小在沿磁感应线和垂直它的方向上是否可能变化(即磁场是否一定是均匀的)？

(2) 若存在电流，上述结论是否还对？

3. 用安培环路定理能否求一段有限长载流直导线周围的磁场？

4. 如图 9-41 所示，在载流长螺线管的情况下，导出其内部 $B=\mu_0 nI$，外部 $B=0$，所以在载流螺线管外面环绕一周的环路积分

$$\oint_L \boldsymbol{B}_{外} \cdot \mathrm{d}\boldsymbol{l} = 0.$$

但从安培环路定理来看，环路 L 中有电流 I 穿过，环路积分应为

$$\oint_L \boldsymbol{B}_{外} \cdot \mathrm{d}\boldsymbol{l} = \mu_0 I,$$

这是为什么？

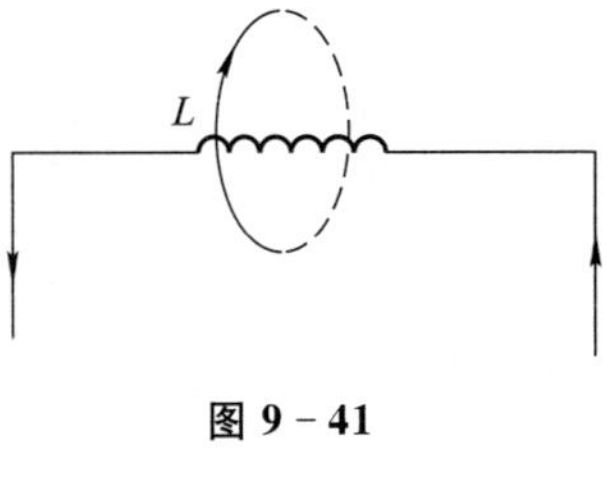

图 9-41

5. 如果一个电子在通过空间某一区域时不偏转，能否肯定那个区域中没有磁场？如果它发生偏转，能否肯定那个区域中存在磁场？

二、计算与证明题

1. 已知磁感应强度 $B=2\ \mathrm{Wb\cdot m^{-2}}$ 的均匀磁场方向沿 x 轴正方向，a,b,c,d,e,f 点的位置如图 9-42 所示，试求：

(1) 通过图中 $abcd$ 面的磁通量；

(2) 通过图中 $befc$ 面的磁通量；

(3) 通过图中 $aefd$ 面的磁通量.

2. 如图 9-43 所示，ab,cd 为长直导线，$\overset{\frown}{bc}$ 为圆心在 O 点的一段圆弧形导线，其半径为 R，所对圆心角为 60°，若通以电流 I，求 O 点的磁感应强度.

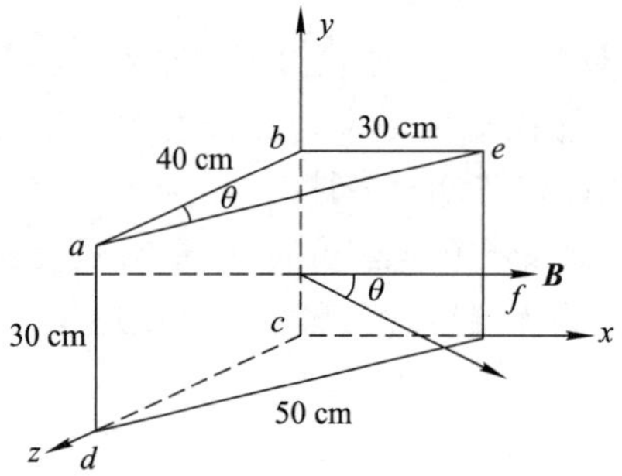

图 9-42

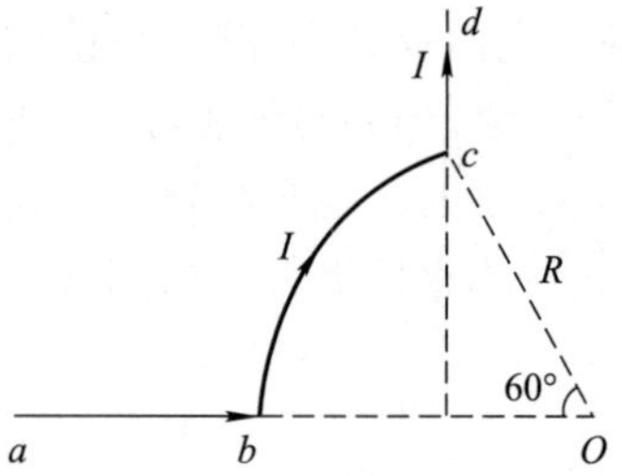

图 9-43

3. 在真空中，有两根互相平行的无限长直导线 L_1 和 L_2，相距 0.1 m，通有方向相反的电流，其中 $I_1=20\ \mathrm{A}$，$I_2=10\ \mathrm{A}$，如图 9-44 所示. a,b 两点与导线在同一平面内. 这两点与导线 L_2 的距离均为 5 cm. 试求 a,b 两点处的磁感应强度，以及磁感应强度为零的点的位置.

4. 如图 9-45 所示，两根导线沿半径方向引向铁环上的 a,b 两点，并在很远处与电源相连. 已知圆环的粗细均匀，求环中心 O 的磁感应强度.

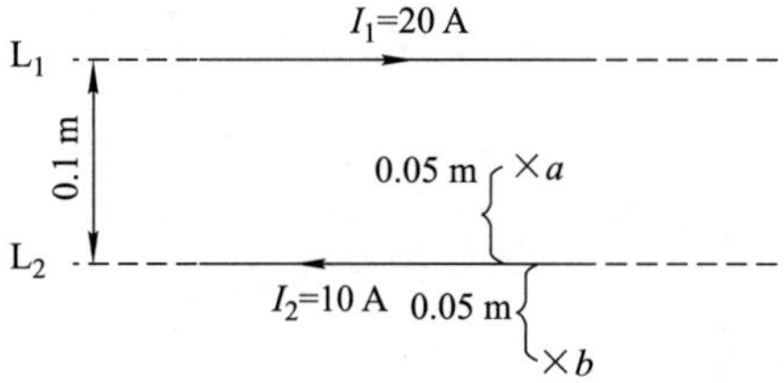

图 9-44

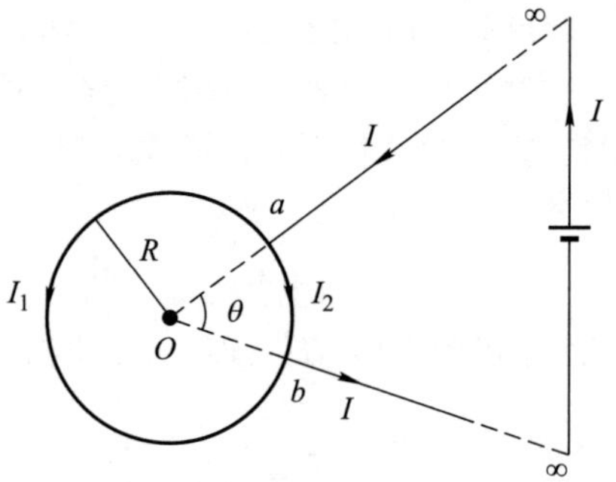

图 9-45

5. 在一半径 $R=1\ \mathrm{cm}$ 的无限长半圆柱形金属薄片中，自上而下地有电流 $I=5\ \mathrm{A}$ 通过，且电流分布均匀，如图 9-46 所示，试求圆柱轴线任一点 P 处的磁感应强度.

6. 如图 9－47 所示，氢原子处在基态时，它的电子可看作在半径为 $a=0.52\times10^{-8}$ cm 的轨道上做匀速圆周运动，速度大小为 $v=2.2\times10^{8}$ cm·s^{-1}，求电子在轨道中心所产生的磁感应强度和电子磁矩的值.

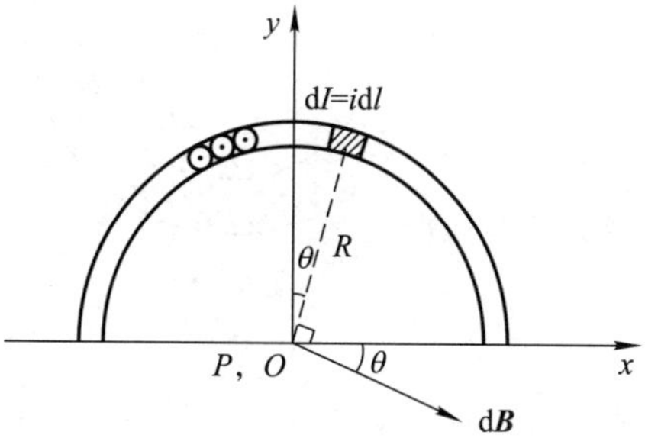

图 9－46

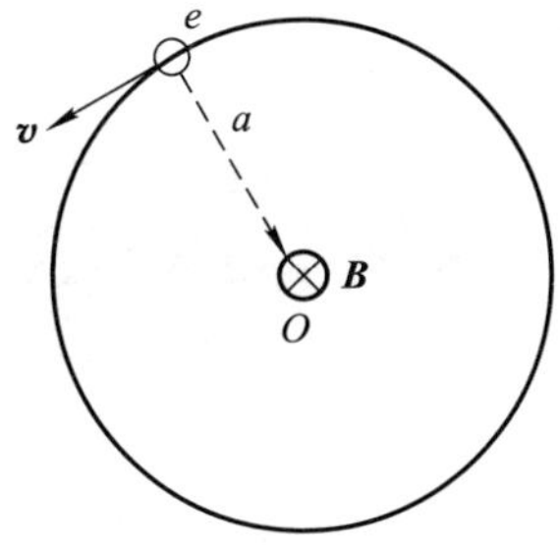

图 9－47

7. 两平行长直导线相距 $d=40$ cm，每根导线载有电流 $I_1=I_2=20$ A，如图 9－48 所示，求：

(1) 两导线所在平面内与该两导线等距的一点 a 处的磁感应强度；

(2) 通过图中斜线所示面积的磁通量($r_1=r_3=10$ cm，$r=15$ cm，$l=25$ cm).

8. 一根很长的铜导线载有电流 10 A，设电流均匀分布，在导线内部作一平面 S，如图 9－49 所示. 试计算通过 S 平面的磁通量(沿导线长度方向取长为 1 m 的一段进行计算). 铜的磁导率 $\mu=\mu_0$.

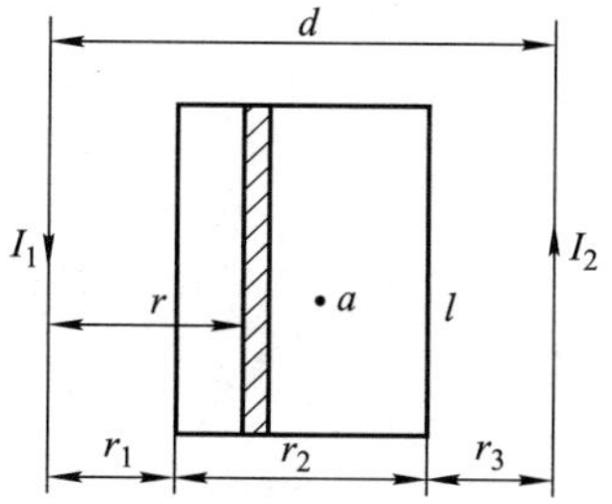

图 9－48

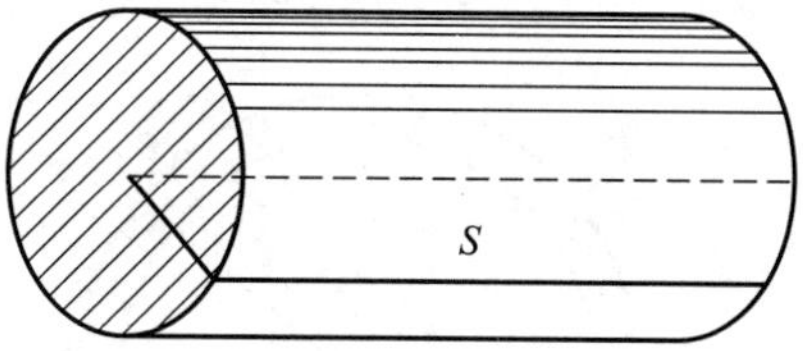

图 9－49

9. 设图 9－50 中两导线中的电流均为 8 A，对图示的三条闭合曲线 a，b，c，分别写出安培环路定理等式右边电流的代数和，并讨论：

(1) 在各条闭合曲线上，各点的磁感应强度 $\boldsymbol{B}$ 的大小是否相等？

(2) 在闭合曲线 c 上各点的 $\boldsymbol{B}$ 是否为零？为什么？

10. 图 9－51 所示是一根很长的长直圆管形导体的横截面，内、外半径分别为 a，b，导体内载有沿轴线方向的电流 I，且 I 均匀地分布在管的横截面上. 设导体的磁导率 $\mu=\mu_0$，试求导体内部各点($a<r<b$)的磁感应强度的大小.

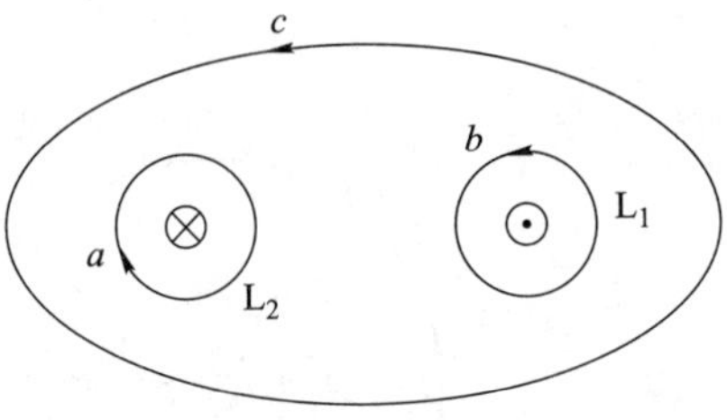

图 9-50

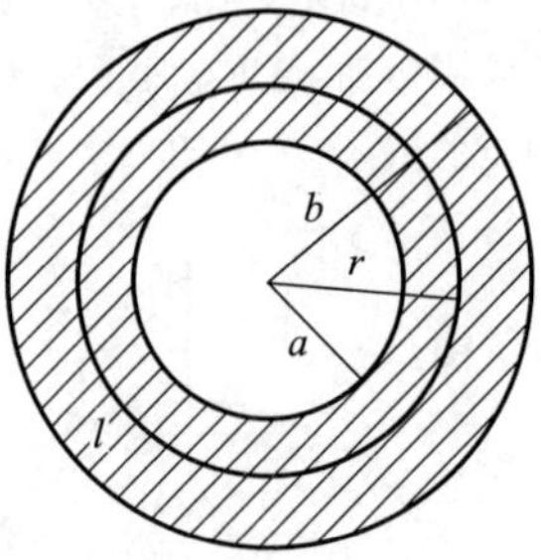

图 9-51

11. 一根很长的同轴电缆，由一导体圆柱（半径为 a）和一同轴的导体圆管（内、外半径分别为 b，c）构成，如图 9-52 所示. 使用时，电流 I 从一导体流去，从另一导体流回. 设电流都是均匀地分布在导体的横截面上，求

（1）导体圆柱内（$r<a$），

（2）两导体之间（$a<r<b$），

（3）导体圆筒内（$b<r<c$），

（4）电缆外（$r>c$）

各点处磁感应强度的大小.

12. 在半径为 R 的长直圆柱形导体内部，与轴线平行地挖成一半径为 r 的长直圆柱形空腔，两轴间距离为 a，且 $a>r$，横截面如图 9-53 所示. 现在电流 I 沿导体管流动，电流均匀分布在管的横截面上，且其方向与管的轴线平行，求：

（1）圆柱轴线上的磁感应强度的大小；

（2）空心部分轴线上的磁感应强度的大小.

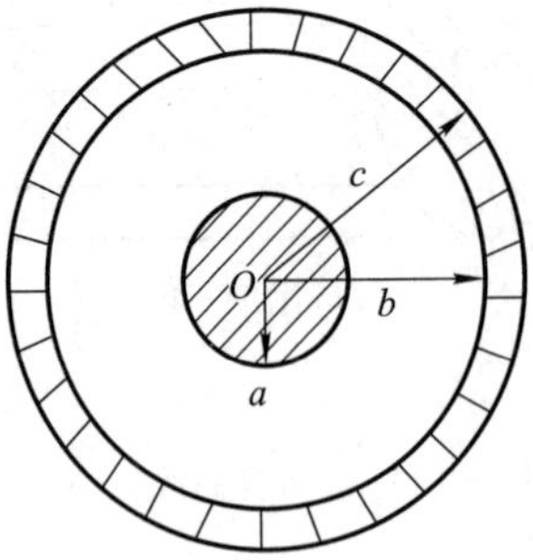

图 9-52

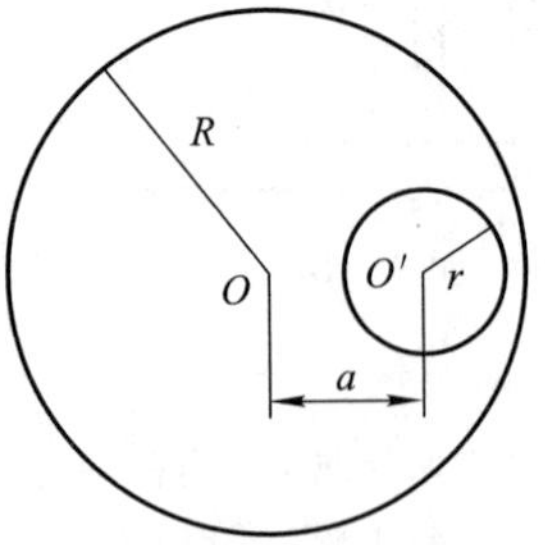

图 9-53

13. 如图 9-54 所示，长直电流 I_1 附近有一等腰直角三角形线框 abc，通以电流 I_2，二者共面，求三角形 abc 各边所受的磁力.

14. 如图 9-55 所示，在长直导线 ab 内通以电流 $I_1=20$ A，在矩形线圈 $cdef$ 中通有电流 I_2

$=10$ A,ab 与线圈共面,且 cd,ef 都与 ab 平行. 已知 $l_1=9$ cm,$l_2=20$ cm,$d=1$ cm,求:

(1) 导线 ab 的磁场对矩形线圈每边所作用的力;

(2) 矩形线圈所受合力和合力矩.

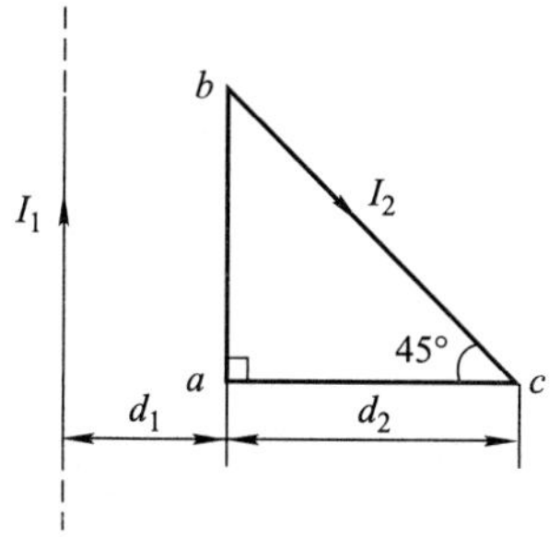

图 9-54

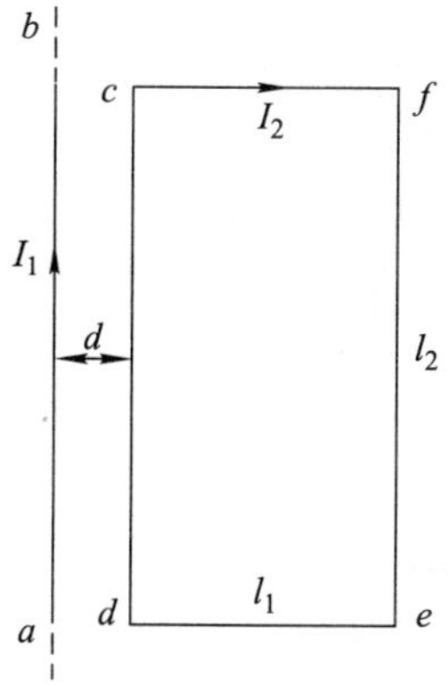

图 9-55

15. 边长为 $l=0.1$ m 的正三角形线圈放在磁感应强度 $B=1$ T 的均匀磁场中,线圈平面与磁场方向平行,如图 9-56 所示. 使线圈通以电流 $I=10$ A,求:

(1) 线圈每边所受的安培力;

(2) 对 OO' 轴的磁力矩大小;

(3) 从线圈平面与磁场平行时转到线圈平面与磁场垂直时磁力所做的功.

16. 一正方形线圈由细导线做成,边长为 a,共有 N 匝,可以绕通过其相对两边中点的一个竖直轴自由转动. 现在线圈中通有电流 I,并把线圈放在均匀的水平外磁场 $\boldsymbol{B}$ 中,线圈对其转轴的转动惯量为 J,求线圈绕其平衡位置做微小振动时的振动周期 T.

17. 如图 9-58 所示,一长直导线通有电流 $I_1=20$ A,旁边放一导线 ab,其中通有电流 $I_2=10$ A,且两者共面,求导线 ab 所受作用力对 O 点的力矩.

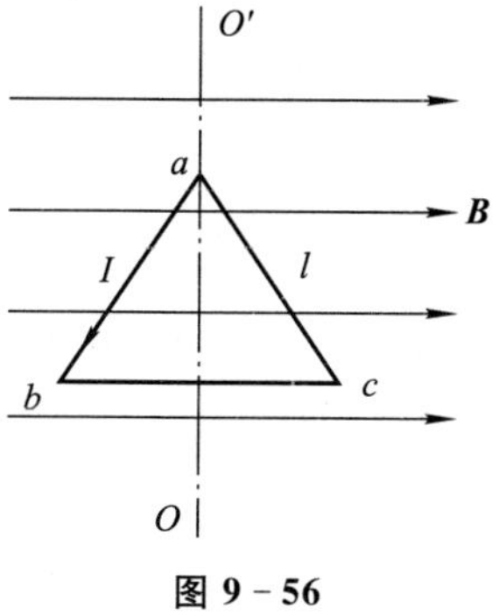

图 9-56

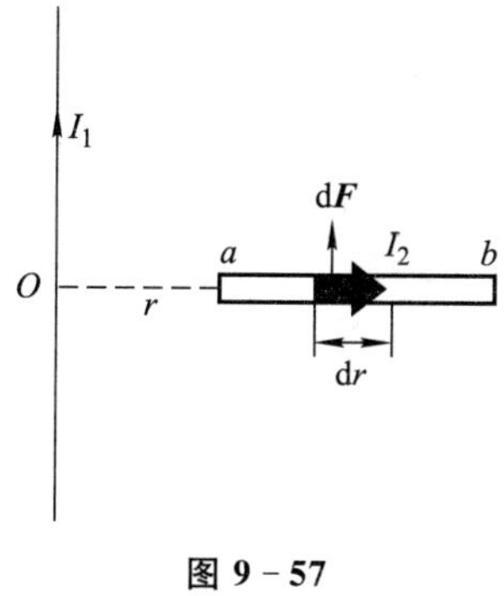

图 9-57

18. 如图 9-58 所示,一平面塑料圆盘,半径为 R,表面带有面密度为 σ 的剩余电荷. 假定圆盘绕其轴线 OO' 以角速度 ω 转动,磁场 $\boldsymbol{B}$ 的方向垂直于转轴 OO',试证磁场作用于圆盘的力矩的大小为 $M=\frac{\pi\sigma\omega R^4 B}{4}$.

19. 如图 9-59 所示,电子在 $B=7\times10^{-3}$ T 的匀强磁场中做圆周运动,圆周半径 $r=3$ cm. 已知 $\boldsymbol{B}$ 垂直于纸面向外,某时刻电子速度 $\boldsymbol{v}$ 向上.

(1) 试画出此电子运动的轨道;

(2) 求此电子速度 $\boldsymbol{v}$ 的大小;

(3) 求此电子的动能 E_k.

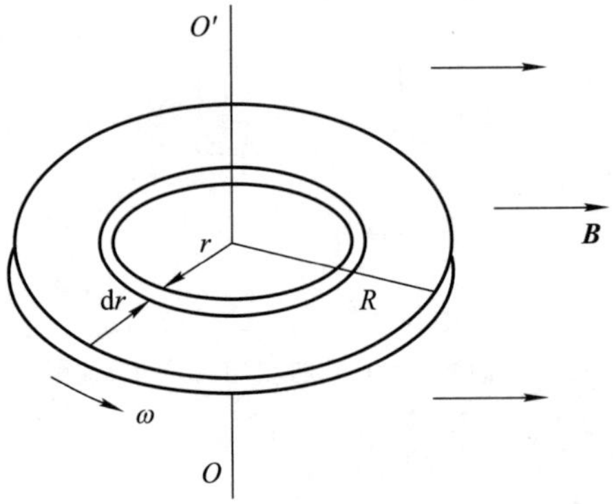

图 9-58

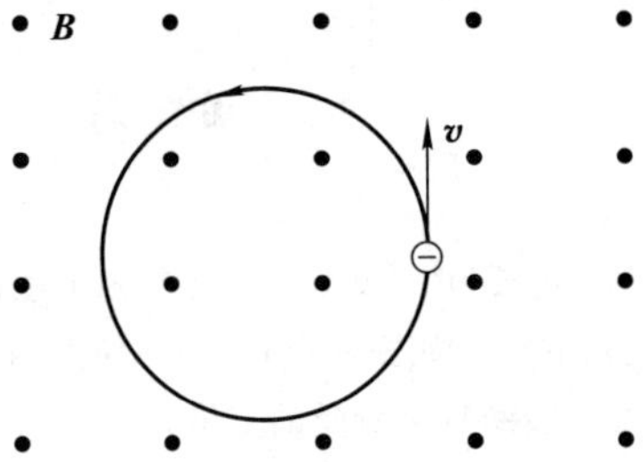

图 9-59

20. 如图 9-60 所示,一电子在 $B=2\times10^{-3}$ T 的磁场中沿半径为 $R=5$ cm 的螺旋线运动,螺距 $h=3$ cm.

(1) 求此电子的速度;

(2) 磁场 $\boldsymbol{B}$ 的方向如何?

21. 在霍尔效应实验中,一宽为 1 cm、长为 4 cm、厚为 1×10^{-3} cm 的导体,沿长度方向载有 3 A 的电流,当磁感应强度大小为 $B=1.5$ T 的磁场垂直地通过该导体时,产生 1×10^{-5} V 的横向电压,试求:

(1) 载流子的漂移速度;

(2) 每立方米的载流子数目.

22. 图 9-61 中的 3 条线表示 3 种不同磁介质的 B-H 关系曲线,虚线是 $B=\mu_0 H$ 关系的曲线,试指出哪一条表示顺磁质,哪一条表示抗磁质,哪一条表示铁磁质.

23. 螺绕环中心周长 $L=10$ cm,环上线圈匝数 $N=200$,线圈中通有电流 $I=100$ mA.

(1) 当管内是真空时,求管中心的磁场强度 $\boldsymbol{H}$ 和磁感应强度 $\boldsymbol{B}_0$;

(2) 若环内充满相对磁导率 $\mu_r=4200$ 的磁性物质,则管内的 $\boldsymbol{B}$ 和 $\boldsymbol{H}$ 各是多少?

*(3) 磁性物质中心处由导线中传导电流产生的 $\boldsymbol{B}_0$ 和由磁化电流产生的 $\boldsymbol{B}'$ 各是多少?

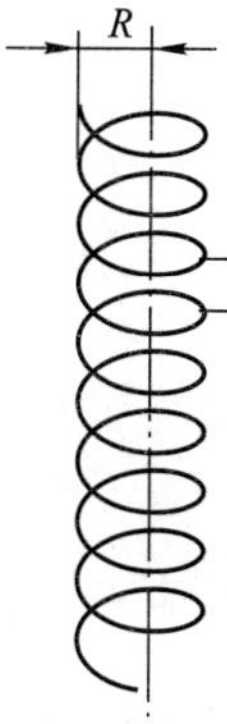

图 9-60

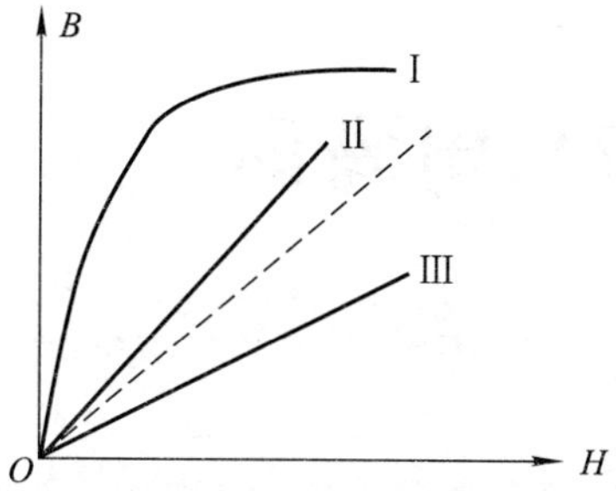

图 9-61

24. 螺绕环的导线内通有电流 20 A,利用冲击电流计测得环内磁感应强度的大小是 1 $Wb \cdot m^{-2}$. 已知环的平均周长是 40 cm,绕有导线 400 匝,试计算:

(1) 磁场强度;

(2) 磁化强度;

*(3) 磁化率;

*(4) 相对磁导率.

25. 一铁制的螺绕环,其平均圆周长 $L=30$ cm,截面积为 1 cm^2,在环上均匀绕以 300 匝导线,当绕组内的电流为 0.032 A 时,环内的磁通量为 2×10^{-6} Wb,试计算:

(1) 环内的平均磁通量密度;

(2) 圆环截面中心处的磁场强度.

第 10 章

电磁感应与电磁场

学习目标

• 理解电动势的概念、法拉第电磁感应定律和楞次定律.

• 理解感应电动势的概念,掌握动生电动势和感生电动势的计算.

• 理解自感和互感,掌握简单的互感系数和自感系数的计算.

• 掌握磁场能量密度和磁场能量的计算.

• 理解感生电场和位移电流的概念,理解麦克斯韦电磁场理论和麦克斯韦方程组的积分形式.

自 1820 年奥斯特发现了电流的磁效应后,人们就开始思考能否利用磁效应产生电流. 英国实验物理学家法拉第对这一问题进行了大量的实验研究,终于在 1831 年发现了电磁感应现象,即利用磁场产生电流的现象. 在理论上,电磁感应定律的发现全面揭示了电与磁的联系,是麦克斯韦电磁理论的基本组成部分之一;在实践上,它为人类获取巨大而廉价的电能开辟了道路,标志着一场重大的工业和技术革命的到来.

本章首先讲述电源电动势的基本概念以及电磁感应现象的基本规律——电磁感应定律,然后讨论动生电动势和感生电动势,介绍在电工技术中常用到的自感、互感和磁场能量等问题,最后给出麦克斯韦方程组.

10.1 电源电动势

如图 10 - 1 所示,当两个电势不等的导体极板 A,B 用导线连接起来时,导线中就有电流. 开始时,极板 A 和 B 分别带有正、负电荷. 在电场力的作用下,正电荷从极板 A 通过导线移到极板 B,并与极板 B 上的负电荷中和,直到两极板间的电势差消失,导线中的电流就终止了.

要维持导体中有恒定的电流，就必须将正电荷不断地从负极板 B 移到正极板 A 上，并使两极板间维持正负电荷不变，这样两极板间就有恒定的电势差. 显然要把正电荷从负极板 B 移到正极板 A 依靠静电力是不行的，必须有其他形式的力，使正电荷从负极板移到正极板，这种力称为非静电力. 能够提供把正电荷从负极板移到正极板的非静电力的装置叫作电源.

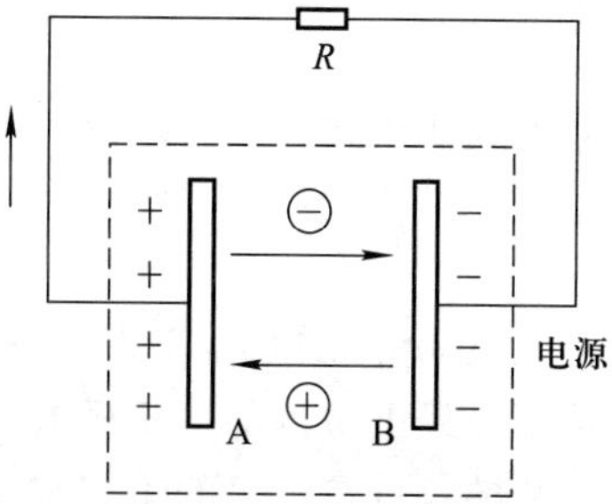

图 10-1 电源

电源有正负两极，电势高的地方为正极，电势低的地方为负极，用导线连接两极时就形成了一个闭合回路. 外电路上（电源以外的部分），在恒定电场作用下，电流从正极流向负极；内电路上（电源以内的部分），在非静电力作用下，电流从负极流向正极.

电源的种类很多，不同类型的电源，其非静电力的本质不同，如在电解电池、蓄电池中，非静电力是化学作用，光电池中，非静电力是光能，发电机中，非静电力是电磁作用.

从能量角度来看，电源内部非静电力将正电荷从负极移到正极是需要反抗静电力做功的，这使得电荷的电势能增大了. 电荷的电势能是由其他形式的能量转化而来的，如化学电池中化学能转化为电能，发电机中机械能转化为电能等.

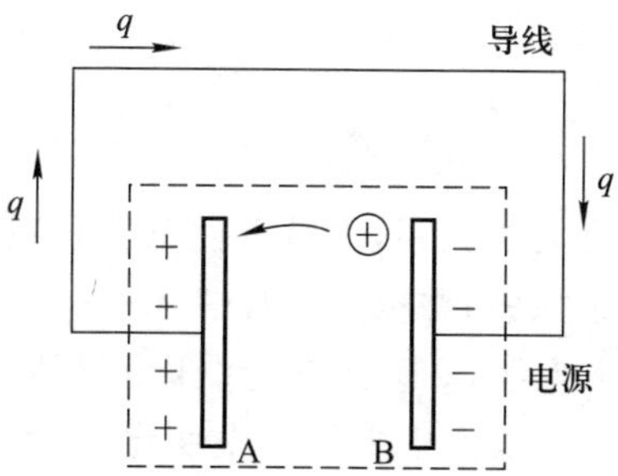

图 10-2 电动势

对不同的电源，把同样的电荷从负极移到正极，非静电力做功一般是不同的，说明不同电源中电源转化能量的能力不同. 为表述电源转化能量的本领，我们引入电动势的概念. 因为非静电力只存在于电源内部，我们定义电源电动势为：把单位正电荷从负极经电源内部移到正极时非静电力所做的功，用 ε 表示. 它反映了电源中非静电力做功的本领，如图 10-2 所示.

如果以 W_k 表示在电源内将正电荷 q 从负极经电源内部移到正极时非静电力做的功，则有

$$\varepsilon = \frac{W_k}{q}. \tag{10-1}$$

从场的观点来，可以把非静电力的作用看作一种非静电场的作用. 以 $\boldsymbol{E}_k$ 表示非静电场，则它作用在电荷 q 上的非静电力为

$$\boldsymbol{F}_k = q\boldsymbol{E}_k.$$

电荷 q 从负极经电源内部移到正极时非静电力做的功为

$$W_k = \int_{-\atop 电源内}^{+} q\boldsymbol{E}_k \cdot \mathrm{d}\boldsymbol{l}.$$

将上式代入式(9-6),可得

$$\varepsilon = \int_{-\atop 电源内}^{+} \boldsymbol{E}_k \cdot \mathrm{d}\boldsymbol{l}. \tag{10-2}$$

电动势是标量,与电流一样也有方向,其方向为电源内部电势升高的方向,即从负极经电源内部到正极的方向规定为电动势的方向.电动势的单位为V.虽然电动势的单位与电势的单位都是V,但它们是两个完全不同的物理量.电动势与非静电力的功联系在一起,而电势则与静电力的功联系在一起.电动势的大小只取决于电源本身的性质,一定的电源具有一定的电动势,而与外电路无关.

由于非静电力只存在于电源内部,则单位正电荷绕闭合电路一周时,非静电力对它所做的功仍然为 ε,即整个回路的总电动势为

$$\varepsilon = \oint_L \boldsymbol{E}_k \cdot \mathrm{d}\boldsymbol{l}. \tag{10-3}$$

10.2 电磁感应定律

电磁感应现象的发现,在物理学历史上具有划时代的意义,从此,电和磁这两个相对独立的部分,组成了一个完整的学科——电磁学.

10.2.1 电磁感应现象

电流磁效应的发现,从一个侧面揭示了电与磁之间的关系,于是人们自然联想到,磁场是否可以产生电流?许多科学家对此进行了探索,法拉第是其中之一.

法拉第电磁感应现象大体上可通过两类实验来说明:(1) 磁铁与线圈有相对运动时,线圈中产生电流,如图10-3所示;(2) 当一个线圈中电流发生变化时,可在另一线圈中感应出电流,如图10-4所示.

所有电磁感应实验的结果分析均表明,当穿过闭合导体回路所包围面积的磁通量发生变化时,回路中就会产生电流,这种现象称为电磁感应现象,这种电流称为感应电流.

当穿过闭合导体回路所包围面积的磁通量发生变化时,回路中产生电流,说明在回路中产生了电动势,这种电动势称为感应电动势.

需要注意的是,如果线圈不是闭合的,虽然没有感应电流,但感应电动势仍然存在.所以,感应电动势比感应电流反映更本质的东西.

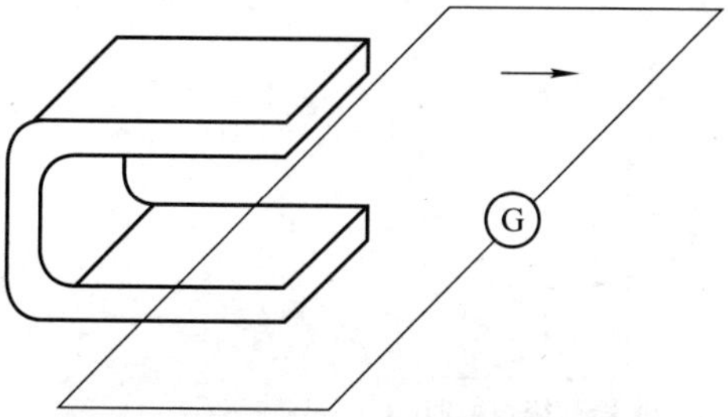

图 10-3 磁铁与线圈有相对运动时的电流

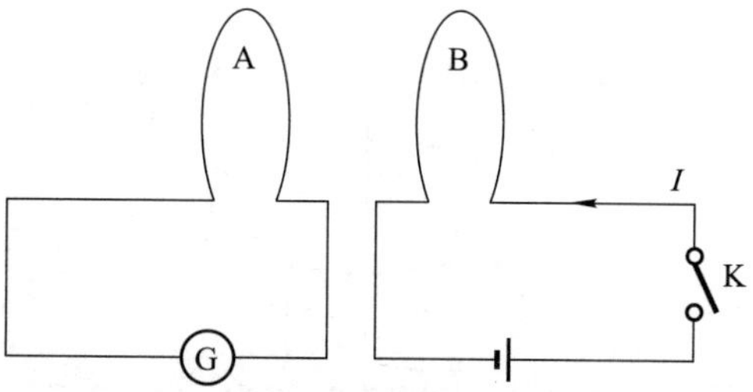

图 10-4 一线圈电流发生变化时，另一线圈中感应出电流

10.2.2 法拉第电磁感应定律

法拉第对电磁感应现象做了详细的分析，总结出如下结论：当穿过闭合回路所包围面积的磁通量发生变化时，不论这种变化是什么原因引起的，回路中就有感应电动势产生，并且感应电动势正比于磁通量对时间变化率的负值，即

$$\varepsilon_i = -\frac{d\Phi}{dt}. \tag{10-4}$$

式(10-4)就是法拉第电磁感应定律的数学表达式.

感应电动势的大小等于磁通量对时间的变化率，式(10-4)中的负号反映了感应电动势的方向与磁通量变化之间的关系. 在判断感应电动势的方向时，应先规定导体回路的绕行方向，然后，按右手螺旋关系确定出回路所包围面积的正法线方向 $\boldsymbol{n}$. 若磁感应强度 $\boldsymbol{B}$ 与 $\boldsymbol{n}$ 的夹角小于 90°，则穿过回路面积的磁通量 $\Phi>0$；反之，若磁感应强度 $\boldsymbol{B}$ 与 $\boldsymbol{n}$ 的夹角大于 90°，则 $\Phi<0$. 再根据 Φ 的变化情况，确定 $\frac{d\Phi}{dt}$ 的正负. 如果 $\frac{d\Phi}{dt}>0$，根据式(10-4)，则 $\varepsilon_i<0$，表示感应电动势的方向和回路的绕行方向相反. 反之，如果 $\frac{d\Phi}{dt}<0$，则 $\varepsilon_i>0$，表示感应电动势的方向和回路的绕行方向相同. 如图 10-5 所示.

如果回路是由 N 匝密绕线圈组成的，而穿过每匝线圈的磁通量都等于 Φ，则通过 N 匝线圈的磁通量为 $\Psi=N\Phi$. Ψ 称为磁链. 则有

$$\varepsilon_i = -\frac{d\Psi}{dt} = -N\frac{d\Phi}{dt}. \tag{10-5}$$

如果闭合回路的电阻为 R，则回路中的感应电流为

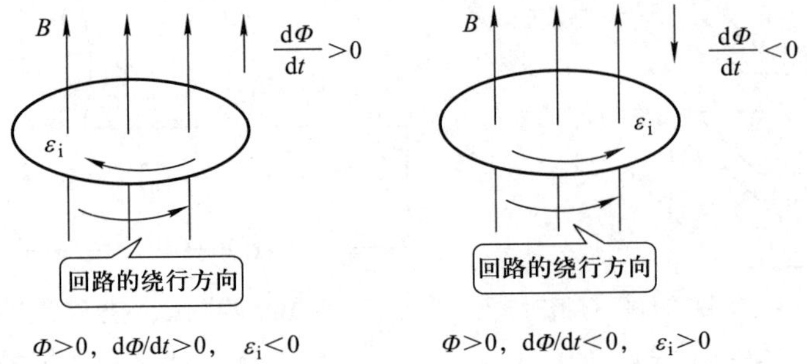

图 10 - 5　感应电动势的方向

$$I_{\mathrm{i}}=\frac{\varepsilon_{\mathrm{i}}}{R}=-\frac{1}{R}\frac{\mathrm{d}\Phi}{\mathrm{d}t}. \tag{10-6}$$

下面计算通过回路的感应电量.

令时间间隔 $\Delta t=t_2-t_1$,设在 t_1 时刻穿过回路所围面积的磁通量为 Φ_1,在 t_2 时刻穿过回路所围面积的磁通量为 Φ_2,因为

$$I=\frac{\mathrm{d}q}{\mathrm{d}t},$$

所以在 $\Delta t=t_2-t_1$ 时间内,通过回路的感应电量为

$$q=\int_{t_1}^{t_2} I\,\mathrm{d}t=\int_{\Phi_1}^{\Phi_2}-\frac{\mathrm{d}\Phi}{R}=\frac{1}{R}(\Phi_1-\Phi_2). \tag{10-7}$$

比较式(10 - 6)和式(10 - 7)可以看出,感应电流与回路中磁通量随时间的变化率有关,但是回路中的感应电量只与磁通量的变化量有关,而与磁通量随时间的变化率无关.

测出在某段时间中通过回路的感应电量,而且回路电阻为已知,则可求得在这段时间内通过回路所围面积的磁通量的变化. 磁通计就是根据这个原理设计的.

10.2.3　楞次定律

1834 年,楞次(Lenz)在大量实验事实的基础上,总结出了判断感应电流方向的规律:闭合回路中产生的感应电流的方向,总是使得它所激发的磁场阻碍引起感应电流的磁通量的变化. 这个规律称为楞次定律.

应用楞次定律判断感应电流的方向时,应该注意:(1) 回路绕行方向与回路正法线方向遵从右手螺旋关系;(2) 回路中感应电动势的方向与回路绕行方向一致时,感应电动势取正值,相反时取负值.

如图 10－6(a)所示，取回路的绕行方向为顺时针方向，各匝线圈的正法线 $\boldsymbol{n}$ 的方向与磁感应强度 $\boldsymbol{B}$ 的方向一致，因此穿过线圈的磁通量为正值．当磁铁移近线圈时，穿过线圈的磁通量增加．由式(10－4)得感应电动势 ε_i 小于零，感应电动势 ε_i 方向应与回路绕行相反，故其方向如图所示，感应电流 I_i 与 ε_i 方向相同，感应电流产生的磁场的方向与磁铁磁场的方向相反，将阻碍磁铁向线圈运动．当磁铁远离线圈时，如图 10－6(b)所示，穿过线圈的磁通量仍然为正值，而磁感应强度 $\boldsymbol{B}$ 减小，穿过回路的磁通量将减小，由式(10－4)得感应电动势 ε_i 大于零，即感应电流 I_i，ε_i 都与回路绕行方向一致，I_i 产生的磁场方向与磁铁磁场方向相同，将阻碍磁铁远离线圈的运动．

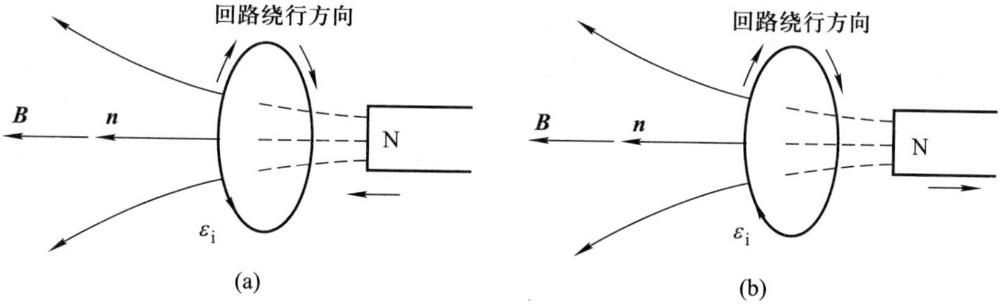

图 10－6 感应电动势方向的确定

又如图 10－7 所示，在闭合回路中，导线运动切割磁场线时，回路绕行方向 $abcda$，$\boldsymbol{n}$ 与 $\boldsymbol{B}$ 反向，$\Phi<0$．当 ab 向右滑动，即回路所围面积增大时，$\frac{\mathrm{d}\Phi}{\mathrm{d}t}<0$，则 $\varepsilon_i=-\frac{\mathrm{d}\Phi}{\mathrm{d}t}>0$，$I_i$，$\varepsilon_i$ 方向应与回路绕行方向一致．导线 ab 将受力 $\boldsymbol{F}_i$ 作用，方向向左，阻碍导线向右运动．因此，要移动导线，就需要外力做功，这样就把其他形式的能量转变为感应电流通过回路时所放出的焦耳热．

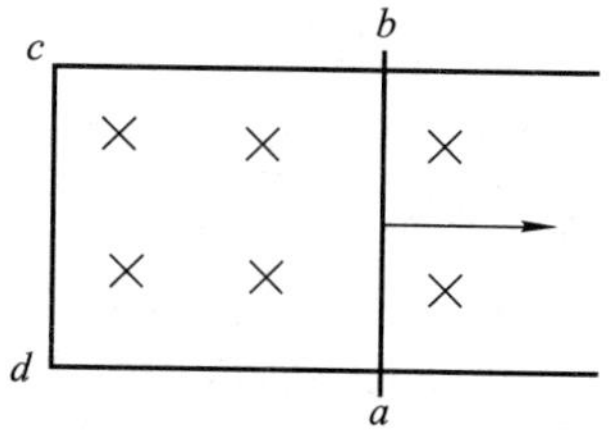

图 10－7 导体切割磁场线

楞次定律是能量守恒定律在电磁感应现象上的具体体现．感应电流在闭合回路中流动时将释放焦耳热，根据能量守恒定律，这部分热量只能从其他形式的能量转化而来．法拉第电磁感应定律中的负号，正表明了感应电动势的方向和能量守恒定律之间的内在联系．从前面的讨论可知，把磁棒插入线圈或从线圈中拔出，必须克服斥力或引力做机械功．实际上，正是这部分机械功转化成了感应电流所释放的焦耳热．

10.3 动生电动势

根据法拉第电磁感应定律我们知道,只要穿过一个闭合回路的磁通量发生了变化,在回路中就会有感应电动势产生. 但引起磁通量变化的原因可以不同,分为两种情况:一是导体或导体回路在恒定磁场中运动,导体或导体回路内产生感应电动势,这样产生的电动势称为动生电动势. 二是导体或导体回路不动,由于磁场随时间变化,穿过它的磁通量也会发生变化,这样回路中也会产生感应电动势,这种电动势称为感生电动势. 本节只讨论动生电动势.

如图10-8所示,一矩形导体回路,可动的边为长l的导体棒,在磁感应强度为$\boldsymbol{B}$的均匀磁场中,以速度$\boldsymbol{v}$向右运动,且速度$\boldsymbol{v}$与$\boldsymbol{B}$的方向垂直. 某时刻,穿过回路面积的磁通量为

$$\Phi = BS = Blx.$$

当ab运动时,回路所围面积扩大,则回路中的磁通量发生变化,由法拉第电磁感应定律可知,回路中感应电动势的大小为

$$|\varepsilon_{\mathrm{i}}| = \frac{\mathrm{d}\Phi}{\mathrm{d}t} = \frac{\mathrm{d}(Blx)}{\mathrm{d}t} = Bl\frac{\mathrm{d}x}{\mathrm{d}t} = Blv.$$

感应电动势的方向,由楞次定律可知为逆时针. 由于只是ab运动,其他边均不动,动生电动势应归于导体棒ab的运动,所以动生电动势集中于ab段内,这一段可视为整个回路的电源. 棒ab中的动生电动势的方向由a指向b,所以在棒上,b点电势高于a点电势.

我们已经知道,电动势是非静电力作用的表现,那么引起动生电动势的非静电力是什么呢?

当导体棒ab以速度$\boldsymbol{v}$在磁场中运动时,导体棒中的自由电子也以速度$\boldsymbol{v}$随着棒一起向右运动,因而每个自由电子所受的洛伦兹力为

$$\boldsymbol{F}_{\mathrm{m}} = -e\boldsymbol{v} \times \boldsymbol{B},$$

其中$-e$为电子所带的电量,$\boldsymbol{F}_{\mathrm{m}}$的方向由$b$指向$a$,如图10-9(a)所示. 在洛伦兹力的作用下,自由电子沿$b \to a$方向运动,即电流沿$a \to b$方向. 自由电子的运动结果,是使棒ab两端出现了电荷积累,a端带负电,b端带正电. 这两种电荷在导体中产生自b指向a的静电场,其电场强度为$\boldsymbol{E}$,所以,电子还要受到一个与洛伦兹力方向相反的静电力$\boldsymbol{F}_{\mathrm{e}} = -e\boldsymbol{E}$的作用. 此静电力随电荷的积累而增大,当静电力的大小增大到等于洛伦兹力的大小,即$F_{\mathrm{m}} = F_{\mathrm{e}}$时,$ab$两端保持稳定的电势差. 这时,导体棒$ab$相当于一个有一定电动势的电源,如图10-9(b)所示. 洛伦兹力是使在磁场中运动的导体棒维持恒定电势差的根本原因,即洛伦兹力是非静电力. 若

以 $\boldsymbol{E}_{\mathrm{k}}$ 表示非静电场强，则有

$$\boldsymbol{E}_{\mathrm{k}}=\frac{\boldsymbol{F}_{\mathrm{m}}}{-e}=\boldsymbol{v}\times\boldsymbol{B}. \tag{10-8}$$

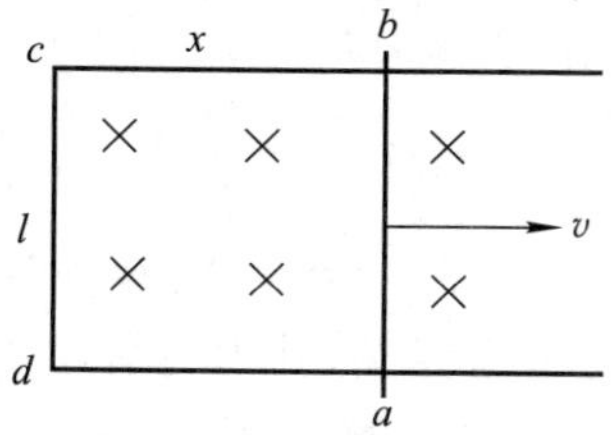

图 10-8 动生电动势

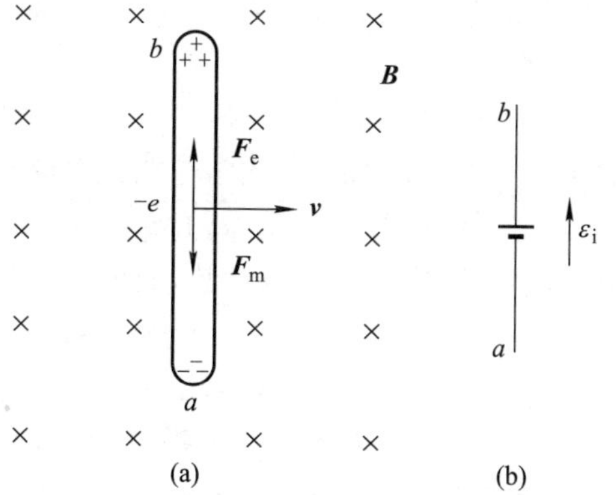

图 10-9 动生电动势与洛伦兹力

由电动势的定义，可知在磁场中运动的导体棒 ab 上产生的动生电动势为

$$\varepsilon_{\mathrm{i}}=\int_a^b\boldsymbol{E}_{\mathrm{k}}\cdot\mathrm{d}\boldsymbol{l}=\int_a^b(\boldsymbol{v}\times\boldsymbol{B})\cdot\mathrm{d}\boldsymbol{l}. \tag{10-9}$$

如图 10-9 所示，由于 $\boldsymbol{v}$，$\boldsymbol{B}$ 和 $\mathrm{d}\boldsymbol{l}$ 三者相互垂直，式(10-9)积分的结果为

$$\varepsilon_{\mathrm{i}}=\int_0^l vB\,\mathrm{d}l=Bvl.$$

对于一个任意形状的导线，在非均匀磁场中做任意运动时，导线中的自由电子随导线运动，同样会受到洛伦兹力的作用，导线内就会有 $\boldsymbol{E}_{\mathrm{k}}$，且产生动生电动势，整个导线上的动生电动势应该是各导线元的动生电动势之和. 设导线 ab 中的一段导线元 $\mathrm{d}\boldsymbol{l}$，以速度 $\boldsymbol{v}$ 运动，则在导线元中产生的动生电动势为

$$\mathrm{d}\varepsilon_{\mathrm{i}}=\boldsymbol{E}\cdot\mathrm{d}\boldsymbol{l}=(\boldsymbol{v}\times\boldsymbol{B})\cdot\mathrm{d}\boldsymbol{l},$$

导线 ab 上产生的总的动生电动势为

$$\varepsilon_{\mathrm{i}}=\int_a^b\mathrm{d}\varepsilon_{\mathrm{i}}=\int_a^b\boldsymbol{E}_{\mathrm{k}}\cdot\mathrm{d}\boldsymbol{l}=\int_a^b(\boldsymbol{v}\times\boldsymbol{B})\cdot\mathrm{d}\boldsymbol{l}.$$

如果整个导体回路 L 都在恒定磁场中运动，则闭合回路中产生的动生电动势为

$$\varepsilon_{\mathrm{i}}=\oint_L\mathrm{d}\varepsilon_{\mathrm{i}}=\oint_L(\boldsymbol{v}\times\boldsymbol{B})\cdot\mathrm{d}\boldsymbol{l}. \tag{10-10}$$

通过导体在磁场中运动时产生动生电动势的原因可以看出，动生电动势是导体中自由电子受到洛伦兹力作用的结果. 如果导体与外电路组成闭合回路，则在闭合回路中将有感应电流，电动势是要做功的. 但是我们知道洛伦兹力与电荷运动方向垂直，对运动电荷不做功，这里似乎就产生了矛盾. 这种情况可以通过下面的分

析加以解释.

如图10-10所示,随同导线运动的自由电子,在洛伦兹力的作用下,以速度 $\boldsymbol{u}$ 沿导线运动,可知此时电子同时参与了两个运动,其合速度为 $\boldsymbol{v}+\boldsymbol{u}$,其中 $\boldsymbol{v}$ 为电子随导线运动的牵连速度,$\boldsymbol{u}$ 为电子相对导线的定向移动速度. 因此电子所受的总的洛伦兹力为

$$\boldsymbol{F}=-e(\boldsymbol{v}+\boldsymbol{u})\times\boldsymbol{B}.$$

因为 $\boldsymbol{F}$ 垂直于 $\boldsymbol{v}+\boldsymbol{u}$,所以总的洛伦兹力对电子不做功,然而 $\boldsymbol{F}$ 的一个分力

$$\boldsymbol{f}=-e(\boldsymbol{v}\times\boldsymbol{B})$$

却对电子做正功,形成动生电动势,而另一个分力

$$\boldsymbol{f}'=-e(\boldsymbol{u}\times\boldsymbol{B})$$

方向沿 $-\boldsymbol{v}$ 方向,阻碍导体运动,因而做负功. 可以证明两个分力所做功的代数和等于零. 因此,洛伦兹力本身并不提供能量,而只是传递能量,外力克服阻力 $\boldsymbol{f}'$ 而做的功,通过另一分力 $\boldsymbol{f}$ 转化为感应电流的能量,即把机械能转化为电能.

【例10-1】 一根长度为 L 的铜棒,在磁感应强度为 $\boldsymbol{B}$ 的均匀的磁场中,以角速度 ω 在与磁场方向垂直的平面上绕棒的一端 O 做匀速转动(如图10-11所示),试求铜棒两端之间产生的感应电动势的大小.

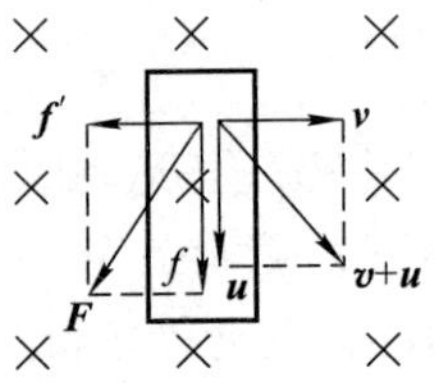

图10-10 洛伦兹力不做功

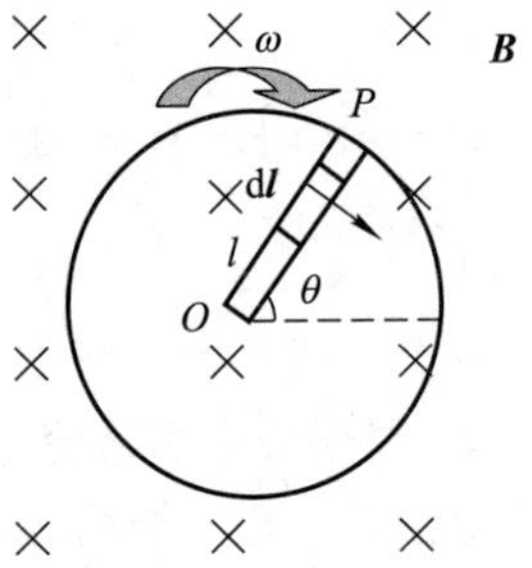

图10-11

解:这是一个动生电动势问题,可以用动生电动势计算公式求解,也可以用法拉第电磁感应定律求解.

解法1:按动生电动势计算公式求解.

在铜棒上距 O 为 l 处取一线元 $\mathrm{d}\boldsymbol{l}$,其运动速度的大小为 $v=\omega l$,并且 $\boldsymbol{v},\boldsymbol{B},\mathrm{d}\boldsymbol{l}$ 互相垂直,则线元上的动生电动势为

$$\mathrm{d}\varepsilon_{\mathrm{i}}=(\boldsymbol{v}\times\boldsymbol{B})\cdot\mathrm{d}\boldsymbol{l}=Bv\mathrm{d}l=B\omega l\mathrm{d}l,$$

整个铜棒上的总动生电动势为

$$\varepsilon_{\mathrm{i}}=\int\mathrm{d}\varepsilon_{\mathrm{i}}=\int_0^L B\omega l\mathrm{d}l=\frac{1}{2}B\omega L^2.$$

电动势的方向是由 O 指向 P，表明 O 点电势低，P 点电势高.

解法 2：用法拉第电磁感应定律求解.

用法拉第电磁感应定律求解时，首先要求出磁通量. 取任意扇形回路 $OPP'O$，设铜棒 OP 在 $\mathrm{d}t$ 时间内转过的角度为 $\mathrm{d}\theta$，扫过的扇形面积元为 $\mathrm{d}S=\frac{1}{2}L^2\mathrm{d}\theta$，则通过扇形面积元的磁通量为

$$\mathrm{d}\Phi=B\mathrm{d}S=\frac{1}{2}BL^2\mathrm{d}\theta.$$

由法拉第电磁感应定律，可得铜棒中的动生电动势为

$$\varepsilon_{\mathrm{i}}=-\frac{\mathrm{d}\Phi}{\mathrm{d}t}=-\frac{1}{2}B\omega L^2.$$

感应电动势的方向为由 O 指向 P.

推广：若将铜棒换成圆盘，则相当于无数根铜棒的并联，用此方法可形成一个圆盘发电机.

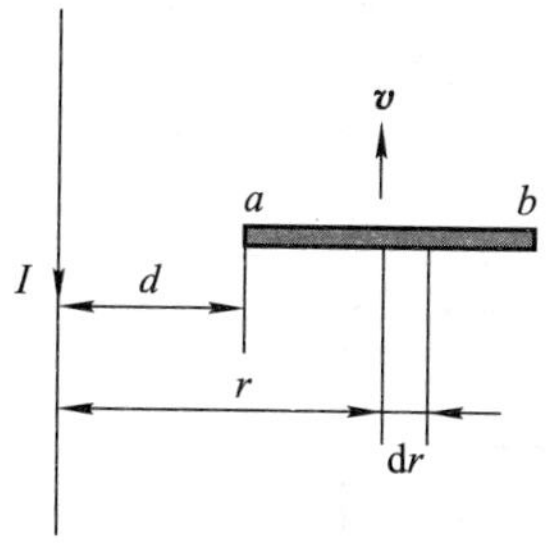

图 10－12

【例 10－2】 如图 10－12 所示，无限长直载流导线上电流为 I，长为 L 的导体细棒 ab 与长直导线共面，导体棒 ab 以速度 $\boldsymbol{v}$ 沿平行于长直导线的方向运动，且与之垂直，a 端到长直导线的距离为 d，求导体棒 ab 中的动生电动势，并判断哪端电势较高.

解：此题仍然可以用两种方法求解.

解法 1：在导体棒 ab 所在区域，长直导线在距其 r 处的磁感应强度 $\boldsymbol{B}$ 大小为

$$B=\frac{\mu_0 I}{2\pi r},$$

$\boldsymbol{B}$ 的方向为垂直纸面向外. 可见棒是在非均匀磁场中运动. 在导体棒 ab 上距长直导线 r 处取一线元 $\mathrm{d}\boldsymbol{r}$，方向向右，因 $\boldsymbol{v}\times\boldsymbol{B}$ 方向也向右，所以该线元中产生的电动势为

$$\mathrm{d}\varepsilon_{\mathrm{i}}=(\boldsymbol{v}\times\boldsymbol{B})\cdot\mathrm{d}\boldsymbol{r}=vB\mathrm{d}r=\frac{\mu_0 Iv}{2\pi r}\mathrm{d}r,$$

故导体棒 ab 上的总动生电动势为

$$\varepsilon_{ab}=\int\mathrm{d}\varepsilon_{\mathrm{i}}=\int_d^{d+L}\frac{\mu_0 Iv}{2\pi r}\mathrm{d}r=\frac{\mu_0 Iv}{2\pi}\ln\frac{d+L}{d}.$$

由于 $\varepsilon_{ab}>0$，表明电动势的方向由 a 指向 b，a 端电势低，b 端电势高.

解法 2：应用法拉第电磁感应定律计算.

假想一个 U 形导体框与 ab 组成一个闭合回路，先计算出回路的感应电动势.

由于 U 形框不运动,不会产生动生电动势,因而,回路的总感应电动势就是导体棒 ab 在磁场中运动时所产生的动生电动势.

设某时刻导体棒 ab 到 U 形框底边的距离为 y,取顺时针方向为回路的正方向,则该时刻通过回路的磁通量为

$$\Phi=\iint \boldsymbol{B}\cdot \mathrm{d}\boldsymbol{S}=\int_{d}^{d+L}-\frac{\mu_0 I}{2\pi r}y\,\mathrm{d}r=-\frac{\mu_0 I}{2\pi}y\ln\frac{d+L}{d},$$

回路中的电动势为

$$\varepsilon_{\mathrm{i}}=-\frac{\mathrm{d}\Phi}{\mathrm{d}t}=-\frac{\mathrm{d}}{\mathrm{d}t}\left(-\frac{\mu_0 I}{2\pi}y\ln\frac{d+L}{d}\right)=\frac{\mu_0 I}{2\pi}v\ln\frac{d+L}{d}.$$

$\varepsilon_{\mathrm{i}}>0$ 表示动生电动势方向与所选回路正方向相同,即沿顺时针方向,因此在导体棒 ab 上,电动势由 a 指向 b,b 端电势高. 这个结果与解法 1 完全相同.

【例 10－3】 交流发电机原理.

如图 10－13(a)所示,$abcd$ 是一单匝线圈,它可以固定转轴在磁极 N,S 所激发的均匀磁场(磁场方向由 N 指向 S)中匀速转动,转动的角速度为 ω,试求线圈中的电动势.

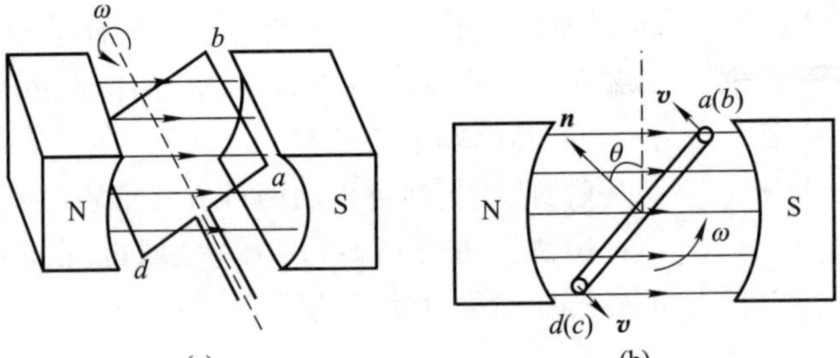

图 10－13 交流发电机原理

解:此题仍然可以用两种方法求解.

解法 1:设线圈 ab 和 bc 的边长为 l_1,bc 和 da 的边长为 l_2,则线圈的面积 $S=l_1l_2$. 若在瞬时线圈处于如图 10－13(b)所示的位置,此时线圈平面的法线方向 $\boldsymbol{n}$ 与竖直方向的夹角为 θ,则在 ab 边中产生的感应电动势为

$$\varepsilon_{ab}=\int_a^b(\boldsymbol{v}\times\boldsymbol{B})\cdot \mathrm{d}\boldsymbol{l}=\int_a^b vB\sin\left(\frac{\pi}{2}+\theta\right)\mathrm{d}l=vBl_1\cos\theta.$$

同理,在 cd 边中产生的感应电动势为

$$\varepsilon_{cd}=\int_a^b(\boldsymbol{v}\times\boldsymbol{B})\cdot \mathrm{d}\boldsymbol{l}=\int_c^d vB\sin\left(\frac{\pi}{2}+\theta\right)\mathrm{d}l=vBl_1\cos\theta.$$

由于在线圈回路中这两个电动势方向相同,则整个回路中的感应电动势为

$$\varepsilon = \varepsilon_{ab} + \varepsilon_{cd} = 2vBl_1 \cos \omega t.$$

设线圈的角速度为 ω，并取线圈平面处于水平位置时作为计时零点，则上式中的 v 和 θ 为

$$v = \frac{l_2}{2} \cdot \omega, \quad \theta = \omega t.$$

代入 ε 的表达式，得

$$\varepsilon = 2 \frac{l_2}{2} \omega B l_1 \cos \omega t = BS\omega \cos \omega t,$$

其中 B 为磁极间的磁感应强度.

解法 2：我们从穿过线圈的磁通量的变化来考虑. 当线圈处于如图 10－13(b) 所示的位置时，通过线圈的磁通量为

$$\Phi = BS\cos\left(\theta + \frac{\pi}{2}\right) = -BS\sin\theta = -BS\sin\omega t,$$

则

$$\varepsilon = -\frac{\mathrm{d}\Phi}{\mathrm{d}t} = BS\omega\cos\omega t.$$

两种方法计算的结果相同.

从计算的结果看，感应电动势随时间变化的曲线是余弦曲线，这种电动势叫作简谐交变电动势，简称交流电.

10.4 感生电动势

下面讨论由于磁场随时间变化而产生的电动势——感生电动势.

10.4.1 感生电场 感生电动势

一个闭合回路静止放置于磁场中，当磁场变化时，穿过它的磁通量要发生变化，这时在回路中也产生感应电流，因而在闭合回路中产生感应电动势. 这样产生的感应电动势称为感生电动势. 由于导体回路静止，所以产生感生电动势的非静电力不可能是洛伦兹力. 那么产生感生电动势的非静电力是什么？

英国著名物理学家麦克斯韦分析了一些电磁感应现象以后，提出了假设：变化的磁场在其周围空间要激发一种电场，这种电场称为感生电场或涡旋电场，它就是产生感应电动势的“非静电场”. 后来的大量实验证实了麦克斯韦假设的正确性.

以 $\boldsymbol{E}_\mathrm{k}$ 表示感生电场，由电动势定义可知，由于磁场的变化，在一个导体回路 L 中产生的感生电动势为

$$\varepsilon_i = \oint_L \boldsymbol{E}_k \cdot \mathrm{d}\boldsymbol{l}. \qquad (10-11)$$

根据法拉第电磁感应定律，

$$\varepsilon_i = \oint_L \boldsymbol{E}_k \cdot \mathrm{d}\boldsymbol{l} = -\frac{\mathrm{d}\Phi}{\mathrm{d}t} = -\frac{\mathrm{d}}{\mathrm{d}t}\iint_S \boldsymbol{B} \cdot \mathrm{d}\boldsymbol{S} = -\iint_S \frac{\partial \boldsymbol{B}}{\partial t} \cdot \mathrm{d}\boldsymbol{S}.$$

当导体回路不动，仅考虑磁场 $\boldsymbol{B}$ 随时间变化时，则有

$$\varepsilon_i = \oint_L \boldsymbol{E}_k \cdot \mathrm{d}\boldsymbol{l} = -\frac{\mathrm{d}\Phi}{\mathrm{d}t},$$

即

$$\oint_L \boldsymbol{E}_k \cdot \mathrm{d}\boldsymbol{l} = -\frac{\mathrm{d}}{\mathrm{d}t}\iint_S \boldsymbol{B} \cdot \mathrm{d}\boldsymbol{S} = -\iint_S \frac{\partial \boldsymbol{B}}{\partial t} \cdot \mathrm{d}\boldsymbol{S}. \qquad (10-12)$$

式(10－12)中面积分区间 S 是以回路 L 为周界的曲面. 式(10－12)表明，在变化的磁场中，感生电场对任意闭合路径 L 的线积分等于这一闭合路径所包围的面积上的磁通量的变化率.

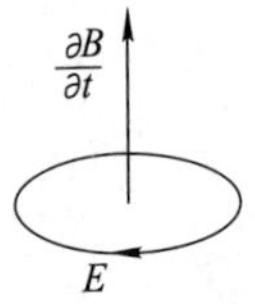

图 10－14 左手螺旋

若闭合路径 L 的绕行方向与其所包围面积的正法线方向满足右手螺旋关系，则由式(10－12)可知，$\boldsymbol{E}_k$ 线的方向与 $\frac{\partial \boldsymbol{B}}{\partial t}$ 的方向之间满足左手螺旋关系，如图 10－14 所示.

感生电场与静电场的相同之处是对电荷都有作用力. 感生电场与静电场的不同之处是：静电场的场源是静止电荷，而感生电场的场源是变化的磁场；静电场的电场线起源于正电荷，终止于负电荷，不闭合，而感生电场的电场线是闭合的，感生电场不是保守场.

在一般情况下，空间的电场既有静电场，又有感生电场，空间总电场 $\boldsymbol{E}$ 是静电场 $\boldsymbol{E}_s$ 和感生电场 $\boldsymbol{E}_k$ 的叠加，即

$$\boldsymbol{E} = \boldsymbol{E}_s + \boldsymbol{E}_k.$$

而 $\oint_L \boldsymbol{E}_s \cdot \mathrm{d}\boldsymbol{l} = 0$，所以，由式(10－12)可得

$$\oint_L \boldsymbol{E} \cdot \mathrm{d}\boldsymbol{l} = -\iint_S \frac{\partial \boldsymbol{B}}{\partial t} \cdot \mathrm{d}\boldsymbol{S}. \qquad (10-13)$$

式(10－13)是电磁学的基本方程之一.

【例 10－4】 一半径为 R 的长直螺线管内通以变化的电流，则磁感应强度也将随之变化. 当磁感应强度 B 随时间以恒定速度 $\frac{\partial B}{\partial t}$ 变化时，如图 10－15 所示，求涡旋电场的分布.

解：根据磁场分布的轴对称性及感生电场的电场线呈闭合曲线的特点，可知回路上感生电场的电场线处在垂直于轴线的平面内，它们是以轴为圆心的一系列同

心圆，同一同心圆上任一点的感生电场 $\boldsymbol{E}_{\mathrm{k}}$ 大小相等，并且方向必然与回路相切. 取以 r 为半径的圆形闭合回路 L，选取 L 的绕行方向为逆时针方向，则沿闭合回路 L 的 $\boldsymbol{E}_{\mathrm{k}}$ 的线积分为

$$\oint_L \boldsymbol{E}_{\mathrm{k}} \cdot \mathrm{d}\boldsymbol{l} = E_{\mathrm{k}} 2\pi r.$$

当 $r<R$ 时，式(10-13)为

$$\oint_L \boldsymbol{E}_{\mathrm{k}} \cdot \mathrm{d}\boldsymbol{l} = \pi r^2 \frac{\mathrm{d}B}{\mathrm{d}t},$$

因此得到

$$E_{\mathrm{k}} 2\pi r = \pi r^2 \frac{\mathrm{d}B}{\mathrm{d}t},$$

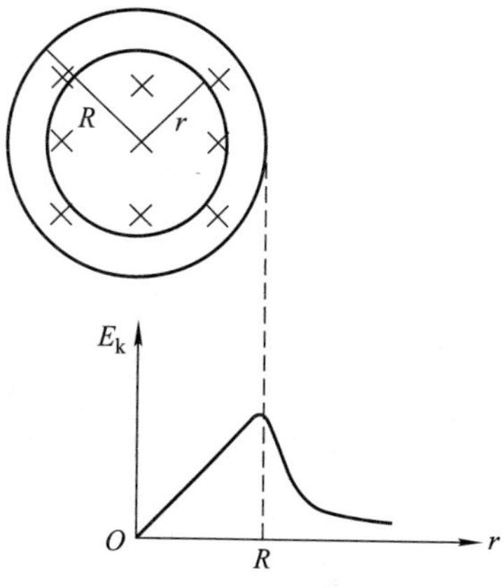

图 10-15

所以

$$E_{\mathrm{k}} = \frac{r}{2} \frac{\mathrm{d}B}{\mathrm{d}t}.$$

当 $r \geqslant R$ 时，回路面积上只有 πR^2 面积中有磁通量的变化，于是有

$$E_{\mathrm{k}} 2\pi r = \pi R^2 \frac{\mathrm{d}B}{\mathrm{d}t},$$

所以得

$$E_{\mathrm{k}} = \frac{R^2}{2r} \frac{\mathrm{d}B}{\mathrm{d}t}.$$

E_{k} 随 r 的变化规律如图 10-15 所示.

*10.4.2 电子感应加速器

电子感应加速器是利用感生电场对电子加速的设备，其结构原理如图 10-16 所示. 在电磁铁的两磁极间放一个真空室，电磁铁受交变电流激励，在两磁极间产生交变磁场. 当磁场发生变化时，两极间任意闭合回路的磁通发生变化，就会产生感生电场，射入其中的电子在感生电场的作用下就不断加速，同时电子还要受到磁场的洛伦兹力作用，使其在环形真空室内沿圆形轨道运动. 为了使电子稳定在半径为 R 的圆形轨道上，则产生向心力的洛伦兹力应满足

$$evB_R = m\frac{v^2}{R},$$

即

$$B_R = \frac{mv}{eR},$$

其中 B_R 是电子轨道上的磁感应强度，R 为轨道半径，v 为电子运动速度.

设轨道平面上的平均磁感应强度为 $\bar{B}$，则通过轨道面积的磁通量为

$$\Phi=\bar{B}S=\bar{B}\pi R^2.$$

由式(10 - 13)可得

$$\oint_L \boldsymbol{E}_{\mathrm{k}}\cdot\mathrm{d}\boldsymbol{l}=E_{\mathrm{k}}2\pi R=-\frac{\mathrm{d}\Phi}{\mathrm{d}t}=-\pi R^2\frac{\mathrm{d}\bar{B}}{\mathrm{d}t},$$

所以得

$$E_{\mathrm{k}}=-\frac{R}{2}\frac{\mathrm{d}\bar{B}}{\mathrm{d}t},$$

作用在电子上的切向力的大小为

$$eE_{\mathrm{k}}=\frac{eR}{2}\frac{\mathrm{d}\bar{B}}{\mathrm{d}t}.$$

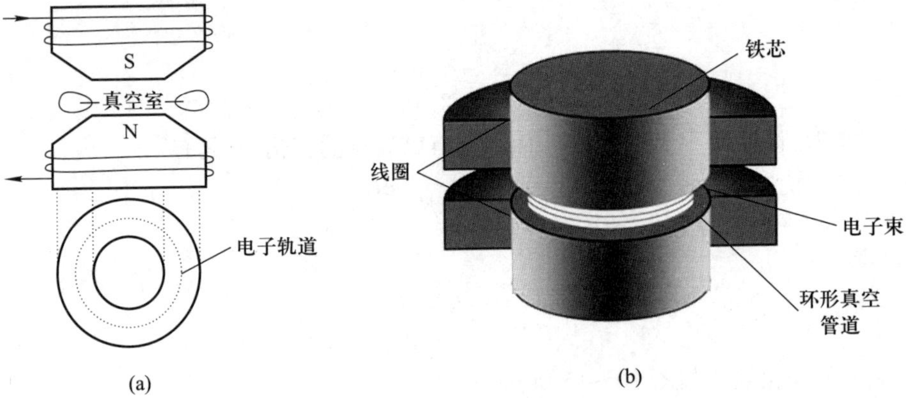

图 10 - 16 电子感应加速器

根据牛顿第二定律，有

$$F_{\mathrm{e}}=\frac{\mathrm{d}}{\mathrm{d}t}(mv)=\frac{\mathrm{d}}{\mathrm{d}t}(eRB_R)=eR\frac{\mathrm{d}B_R}{\mathrm{d}t},$$

所以

$$\frac{\mathrm{d}B_R}{\mathrm{d}t}=\frac{1}{2}\frac{\mathrm{d}\bar{B}}{\mathrm{d}t},$$

即只要 $B_R=\bar{B}/2$，被加速的电子就可稳定在半径为 R 的圆形轨道上运动.

小型电子感应加速器可将电子加速至能量为几十万电子伏特(eV)，大型的电子感应加速器的被加速电子能量可达数百万电子伏特. 电子感应加速器是近代物理研究的重要装置，用加速后具有较高能量的电子束去轰击各种靶，可得到穿透能力很强的 X 射线. 利用这些 X 射线，可研究某些核反应和制备一些放射性同位素. 电子在加速时要辐射能量，这限制了加速能量的进一步提高.

* 10.4.3 涡电流

前面讨论了变化的磁场在导体回路中产生感生电流的情形. 当大块导体在磁场中运动或者放在变化的磁场中时,由于感应电场力的作用,导体中就会有感应电流产生. 这种在大块导体内产生的感应电流称为涡电流,简称涡流. 由于导体的电阻率很小,涡电流可以很大,就会产生大量的热量.

涡电流的热效应可以利用. 在冶金工业中,用高频感应炉熔化活泼或难熔的金属. 在制造显像管、电子管时,在做好后要抽气封口,可以利用涡电流加热,一边加热,一边抽气,然后封口,避免氧化与沾污.

涡电流还可以起阻尼作用. 当一块金属制成的摆置于电磁铁的两极之间,电磁铁的线圈没通电时,两极间没有磁场,摆要停下来需要很长时间. 在电磁铁的线圈中通电后,两极间有了磁场,由于电磁阻尼,摆很快就会停下来. 在一些电磁仪表,如检流计中,常利用电磁阻尼来使摆动的指针迅速地停在平衡位置处.

有时涡电流发热是有害的,在这些情况下要尽量减小涡电流. 如在变压器、电机中,铁芯都不是整块,而是由一片片彼此绝缘的硅钢片叠合而成. 这样虽然穿过整个铁芯的磁通量不变,但对每一片来说,产生的感应电动势小,涡电流就减小了. 减小涡电流的另一种方法是选用电阻率较高的材料做铁芯.

10.5 自感与互感

当一个导体回路中的电流发生变化时,此电流所产生的通过回路本身所围面积的磁通量也发生变化,从而此回路中会产生感应电动势. 这种由于回路中的电流发生变化,而在自身回路中引起感应电动势的现象称为自感现象,产生的电动势称为自感电动势.

当一个线圈中的电流发生变化时,将在其周围空间产生变化的磁场,从而使在它附近的另一个线圈中产生感应电动势. 这种现象称为互感现象,产生的电动势称为互感电动势.

10.5.1 自感系数 自感电动势

设闭合回路中电流为 I,根据毕奥-萨伐尔定律,电流 I 所产生磁场的磁感应强度与电流 I 成正比,因此穿过回路所围面积的磁链也与 I 成正比,即

$$\Psi_{\mathrm{m}}=LI, \tag{10-14}$$

其中比例系数 L 称为回路的自感系数,简称自感,它取决于回路的几何形状、大

小、线圈的匝数以及周围磁介质的磁导率.

在国际单位制中，自感的单位为亨利，符号为“H”.

由法拉第电磁感应定律，自感电动势为

$$\varepsilon_L=-\frac{\mathrm{d}\Psi_m}{\mathrm{d}t}=-\frac{\mathrm{d}}{\mathrm{d}t}(LI)=-L\frac{\mathrm{d}I}{\mathrm{d}t}-I\frac{\mathrm{d}L}{\mathrm{d}t}.$$

如果回路的几何形状、大小、线圈匝数及周围介质的磁导率都不随时间变化，则 L 为一恒量，$\frac{\mathrm{d}L}{\mathrm{d}t}=0$，因而

$$\varepsilon_L=-L\frac{\mathrm{d}I}{\mathrm{d}t}. \tag{10-15}$$

式(10-15)中的负号是楞次定律的表示，即自感电动势将反抗回路中电流的变化，电流增加时，自感电动势与原来的电流方向相反，电流减小时，自感电动势与原来的电流方向相同. 注意，自感电动势所反抗的是电流的变化，而不是电流本身.

在相同电流变化的条件下，回路的自感系数越大，产生的自感电动势越大，即阻碍作用越强，回路中的电流越不容易改变. 因而回路的自感有使回路中的电流保持不变的性质，与力学中物体的惯性有些相似，故称为电磁惯性. 自感系数就是回路电磁惯性的量度.

【例 10-5】 有一长直螺线管，长为 l，横截面积为 S，线圈总匝数为 N，管中磁介质的磁导率为 μ，试求其自感系数.

解:对于长直螺线管，当有电流 I 通过时，可以把管内的磁场看作均匀的，管内磁感应强度的大小为

$$B=\mu nI=\frac{\mu NI}{l}.$$

磁感应强度的方向与螺线管的轴线平行，因此穿过每匝线圈的磁通量为

$$\Phi=BS=\frac{\mu NIS}{l}.$$

长直螺线管是由 N 匝圆线圈组成的，所以通过长直螺线管的磁链为

$$\Psi_{\mathrm{m}}=N\Phi=\frac{\mu N^2IS}{l}.$$

由自感系数的定义得螺线管的自感系数为

$$L=\frac{\Psi_{\mathrm{m}}}{I}=\frac{\mu N^2S}{l}=\mu n^2V,$$

其中 $V=Sl$ 为螺线管的体积. 可见自感系数只与螺线管本身的形状、大小及周围的磁介质有关，而与螺线管中的电流无关.

增大自感 L 可以通过增大单位长度的匝数，也可以通过在螺线管中插入磁介质来实现.

10.5.2　互感系数 互感电动势

如图 10－17 所示，设 Ψ_{21} 表示回路 1 中电流 I_1 激发的磁场在回路 2 中的磁链，当两个回路的形状、相对位置及周围介质的磁导率都不变时，根据毕奥-萨伐尔定律，Ψ_{21} 与 I_1 成正比，即

$$\Psi_{21}=M_{21}I_1, \tag{10-16}$$

其中比例系数 M_{21} 称为回路 1 对回路 2 的互感系数，简称互感，它与线圈几何形状、大小、匝数、回路的相对位置及周围介质的磁导率有关，与回路中的电流无关.

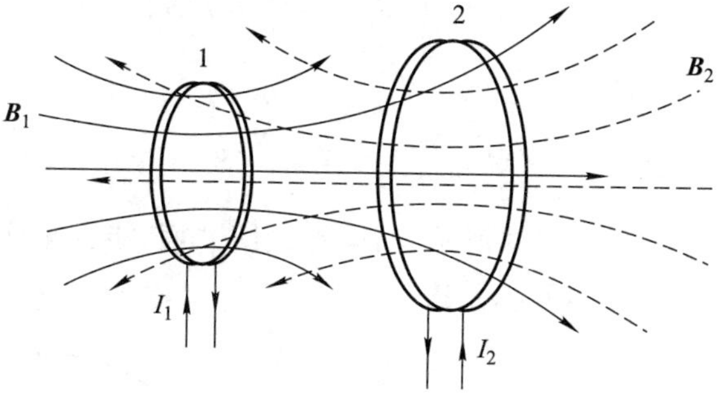

图 10－17　互感

当电流 I_1 发生变化时，在回路 2 中产生的互感电动势为

$$\varepsilon_{21}=-\frac{\mathrm{d}\Psi_{21}}{\mathrm{d}t}=-M_{21}\frac{\mathrm{d}I_1}{\mathrm{d}t}. \tag{10-17}$$

同理，回路 2 中的电流 I_2 激发的磁场在回路 1 中的磁链表示为 Ψ_{12}，Ψ_{12} 与 I_2 成正比，即 $\Psi_{12}=M_{12}I_2$.

当电流 I_2 发生变化时，在回路 1 中产生的互感电动势为

$$\varepsilon_{12}=-\frac{\mathrm{d}\Psi_{12}}{\mathrm{d}t}=-M_{12}\frac{\mathrm{d}I_2}{\mathrm{d}t}, \tag{10-18}$$

其中 M_{12} 称为回路 2 对回路 1 的互感系数. 理论与实验都证明 M_{21} 与 M_{12} 总是相等的，一般用 M 表示，即

$$M_{21}=M_{12}=M.$$

M 称为两个回路间的互感系数，简称互感，它与回路的几何形状、大小、匝数、回路的相对位置及周围介质的磁导率有关. 在国际单位制中，M 的单位是也是亨利，同样用 H 表示.

互感现象在电子技术、电子测量等方面都有广泛的应用，如各种变压器利用互感现象可以把一个电路储存的能量或信号传递到另一个电路. 有时互感也会带来

电路间的相互干扰，在电路设计时要设法减小这种干扰.

【例 10 - 6】 如图 10 - 18 所示，一长直螺线管长为 l，横截面积为 S，密绕有 N_1 匝线圈，在其中部再绕 N_2 匝线圈，螺线管内磁介质的磁导率为 μ，试计算这两个共轴螺线管的互感系数.

解：设长直螺线管中通有电流 I_1，它所产生的磁感应强度为

$$B_1=\mu\frac{N_1}{l}I_1,$$

电流 I_1 的磁场穿过螺线管 2 的磁链为

$$\Psi_{21}=N_2B_1S=\frac{\mu N_1N_2}{l}I_1S,$$

根据互感系数的定义可得

$$M=\frac{\Psi_{21}}{I_1}=\frac{\mu N_1N_2}{l}S.$$

【例 10 - 7】 如图 10 - 19 所示，两圆形线圈共面，半径依次为 $R_1,R_2,R_1\gg R_2$，匝数分别为 N_1,N_2. 求互感系数.

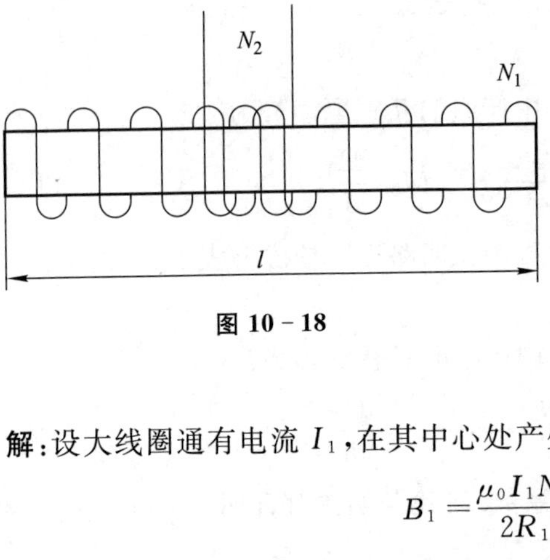

图 10 - 18

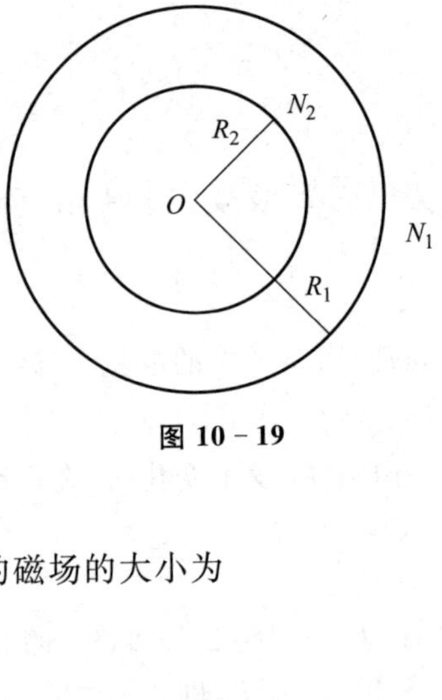

图 10 - 19

解：设大线圈通有电流 I_1，在其中心处产生的磁场的大小为

$$B_1=\frac{\mu_0I_1N_1}{2R_1}.$$

因为 $R_1\gg R_2$，所以小线圈可视为处于均匀磁场中，通过小线圈的磁链为

$$\Psi_{21}=N_2B_1S_2=\frac{\mu_0I_1N_1N_2}{2R_1}\pi R_2^2.$$

由互感的定义 $M=\frac{\Psi_{21}}{I_1}$，有

$$M=\frac{\mu_0N_1N_2}{2R_1}\pi R_2^2.$$

本题中如果用 $\Psi_{12}=MI_2$ 求解，由于求 Ψ_{12} 比较困难，则互感系数不易求出.

10.6 磁场的能量

与电场类似，凡存在磁场的地方必具有磁场能量. 研究图 10－20 所示的实验，开关 K 合上后，由于存在自感电动势，回路中的电流要经历一个从零到稳定值的暂态过程. 与此同时，电流所激发的磁场也从零达到恒定分布. 在这个过程中，电源对外做功分为两个部分：一部分是为回路中产生的焦耳热提供能量而做功，另一部分则是为克服自感电动势提供能量而做功，这个功转化为线圈磁场的能量，即磁能.

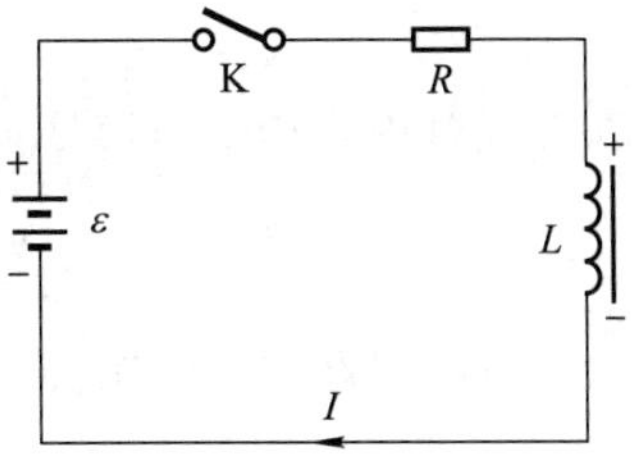

图 10－20 *RL* **回路**

对于如图 10－20 所示的电路，根据欧姆定律可得

$$\varepsilon - L\frac{\mathrm{d}I}{\mathrm{d}t}=RI. \tag{10-19}$$

将式(10－19)两边同乘以 $I\mathrm{d}t$，则有

$$\varepsilon I\mathrm{d}t = LI\mathrm{d}I + RI^2\mathrm{d}t.$$

积分得

$$\int_0^t \varepsilon I\mathrm{d}t = \int_0^I LI\mathrm{d}I + \int_0^t RI^2\mathrm{d}t.$$

这就是一个功能转换关系，其中 $\int_0^t \varepsilon I\mathrm{d}t$ 是电源电动势所做的功，$\int_0^t RI^2\mathrm{d}t$ 是回路中负载放出的焦耳热，$\int_0^I LI\mathrm{d}I$ 是电源反抗自感电动势所做的功，这部分功就等于线圈中储存的能量.

线圈储存的磁场能量为

$$W_{\mathrm{m}} = \int_0^I LI\mathrm{d}I = \frac{1}{2}LI^2. \tag{10-20}$$

可以看出，式(10－20)与第 8 章中电容器储存的电场能量 $W_{\mathrm{e}}=\frac{1}{2}CU^2$ 类似.

电场能量密度为 $w_{\mathrm{e}}=\frac{1}{2}\varepsilon E^2$，表明电场能量是储存在电场中的，对于磁场能量也可以引入磁场能量密度的概念. 我们以长直螺线管为例来讨论.

长直螺线管自感系数为

$$L=\mu n^2 V.$$

当螺线管中的电流为 I 时，利用式(10 - 20)可得其磁能为

$$W_m=\frac{1}{2}LI^2=\frac{1}{2}\mu n^2 VI^2.$$

由于长直螺线管内的磁场 $B=\mu nI$，代入上式得

$$W_m=\frac{B^2}{2\mu}V.$$

在螺线管内磁场是均匀分布的，因此螺线管内的磁场能量密度为

$$w_m=\frac{W_m}{V}=\frac{B^2}{2\mu}. \tag{10-21}$$

对于各向同性均匀介质，由于 $B=\mu H$，上式又可以写成

$$w_m=\frac{B^2}{2\mu}=\frac{1}{2}\mu H^2=\frac{1}{2}BH. \tag{10-22}$$

式(10 - 22)是由螺线管这一特例导出的，但可以证明它是普遍成立的. 对于任意磁场，所储存的总能量为

$$W_m=\iiint_V w_m \mathrm{d}V=\iiint_V \frac{1}{2}BH\mathrm{d}V,$$

其中积分遍及整个磁场分布的空间.

【例 10 - 8】 用磁场能量的方法证明两个线圈互感系数相等，即 $M_{12}=M_{21}$.

证明:设两线圈最初状态为断路.

先接通线圈 1，使电流由 0 增大到 I_{10}，则线圈 1 中的磁能为$\frac{1}{2}L_1 I_{10}^2$，其中 L_1 为线圈 1 的自感系数.

在接通线圈 1 后，再接通线圈 2，使其电流由 0 增大 I_{20}，则其磁能为$\frac{1}{2}L_2 I_{20}^2$，其中 L_2 为线圈 2 的自感系数.

由于 2 接通时，线圈 1 中会产生互感电动势，为了保持线圈 1 中电流 I_{10}不变，故线圈中必须有附加能量来克服这一互感电动势 $\varepsilon_{12}=M_{12}\frac{\mathrm{d}I_2}{\mathrm{d}t}$，其中 M_{12}是线圈 2 对线圈 1 的互感系数，所以附加的磁能为

$$\int_0^t \varepsilon_{12} I_{10}\mathrm{d}t=\int_0^t M_{12}\frac{\mathrm{d}I_2}{\mathrm{d}t}I_{10}\mathrm{d}t=\int_0^{I_{20}} M_{12}I_{10}\mathrm{d}I_2=M_{12}I_{10}I_{20}.$$

故两线圈组成的系统中，总磁能为

$$W_m=\frac{1}{2}L_1 I_{10}^2+\frac{1}{2}L_2 I_{20}^2+M_{12}I_{10}I_{20}. \qquad ①$$

当先在线圈 2 中产生电流 I_{20}，后在线圈 1 中产生 I_{10}时，按上述讨论，同样可得出

$$W_m = \frac{1}{2}L_1 I_{10}^2 + \frac{1}{2}L_2 I_{20}^2 + M_{21} I_{10} I_{20}, \quad ②$$

其中 M_{21} 为线圈 1 对线圈 2 的互感系数. 因为系统的能量与电流的先后无关,比较①与②两式,可得 $M_{12} = M_{21}$.

10.7 位移电流 麦克斯韦电磁场理论

麦克斯韦于 1865 年,在前人的基础上总结了电磁学的全部定律,提出了有旋电场和位移电流的概念,并把全部电磁学规律概括成一组方程,即麦克斯韦方程组,建立了完整的电磁场理论,并预言了以光速传播的电磁波的存在. 过后不久,赫兹(Hertz)便从实验中证实了这个预言,实现了电、磁、光的统一. 本节介绍位移电流及麦克斯韦方程组.

10.7.1 位移电流 全电流定理

稳恒电流的磁场遵从安培环路定理

$$\oint_L \boldsymbol{H} \cdot d\boldsymbol{l} = \sum_i I_i,$$

式中的电流是穿过以闭合曲线 L 为边界的任意曲面 S 的传导电流. 对于非稳恒电流的情形,例如在有电容器的电路中,传导电流 I 不连续,安培环路定理是否还适用呢?

如图 10-21 所示,在电容器放电过程中,导线中的电流 I 随时间而变化,这是一个不稳恒的过程. 若在 A 板附近,取一个闭合回路 L,以 L 为边界作曲面 S_1 和 S_2,其中 S_1 与导线相交,而 S_2 穿过两极板之间,不与导线相交. 当把安培环路定理应用于曲面 S_1 和 S_2 之上时,对于曲面 S_1 来说,由于传导电流穿过该面,所以有

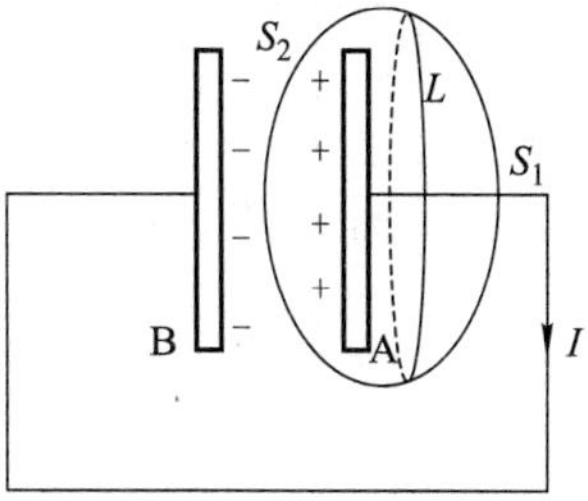

图 10-21 位移电流

$$\oint_L \boldsymbol{H} \cdot d\boldsymbol{l} = I.$$

而对于曲面 S_2 来说,没有传导电流穿过该面,因此有

$$\oint_L \boldsymbol{H} \cdot d\boldsymbol{l} = 0.$$

结果表明,在非稳恒磁场中,把安培环路定理应用到以同一闭合路径 L 为边界的不同曲面时,得到不同的结果. 上面的矛盾说明,在非稳恒电流的磁场中,安培环路定理不再适用,必须要找新的规律来代替它.

麦克斯韦认为上述矛盾的出现是由于传导电流的不连续，传导电流在电容器两极板间中断了. 他注意到，在电容器充电(或放电)的情况下，电容器极板间虽无传导电流，但是电容器极板上的电荷是随时间不断变化的，因而在极板间存在随时间变化的电场.

以电容器放电为例，设平行板电容器极板的面积为 S，在某时刻，极板 A 上电荷为 q，极板上电荷面密度为 σ，导线中传导电流等于电容器极板上电荷对时间的变化率，即

$$I=\frac{\mathrm{d}q}{\mathrm{d}t},$$

而传导电流密度等于极板上电荷面密度对时间的变化率，即

$$j=\frac{\mathrm{d}\sigma}{\mathrm{d}t}.$$

电容器两极板间无电流，对整个电路来说，传导电流不连续.

由第 8 章内容可知，两极板间的电位移矢量的大小为 $D=\sigma$，所以穿过极板的电位移通量为 $\Phi_D=DS=\sigma S$. 于是电位移通量 Φ_D 随时间的变化率为

$$\frac{\mathrm{d}\Phi_D}{\mathrm{d}t}=\frac{\mathrm{d}(\sigma S)}{\mathrm{d}t}=\frac{\mathrm{d}q}{\mathrm{d}t}=I. \tag{10-23}$$

由式(10-23)可知，电位移通量随时间的变化率 $\frac{\mathrm{d}\Phi_D}{\mathrm{d}t}$ 在数值上等于板内的传导电流. 考虑方向，当放电时，极板上电荷面密度减少，两板间电场减小，$\frac{\mathrm{d}\boldsymbol{D}}{\mathrm{d}t}$ 与场的方向相反，即 $\frac{\mathrm{d}\boldsymbol{D}}{\mathrm{d}t}$ 与传导电流密度 $\boldsymbol{j}$ 的方向一致. 因此可以设想，如果以 $\frac{\mathrm{d}\boldsymbol{D}}{\mathrm{d}t}$ 表示某种电流密度，那么它就可以代替两极板间中断了的传导电流密度，从而保持电流的连续性，如图 10-22 所示. 充电时的情况也可说明这一点，请读者自证.

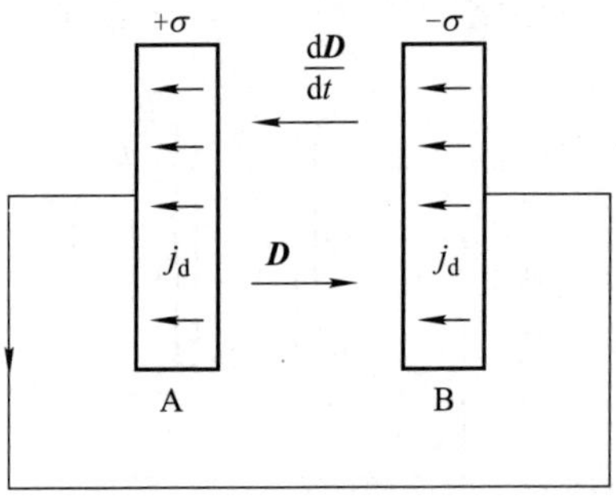

图 10-22 电流的连续性

于是，麦克斯韦提出位移电流假设，位移电流定义为：通过电场中某一点的位移电流密度 $\boldsymbol{j}_{\mathrm{d}}$，等于该点的电位移矢量对时间的变化率，通过电场中某一曲面的位移电流 I_{d} 等于通过该曲面的电位移通量 Φ_D 对时间的变化率，即

$$\boldsymbol{j}_{\mathrm{d}}=\frac{\mathrm{d}\boldsymbol{D}}{\mathrm{d}t},\quad I_{\mathrm{d}}=\frac{\mathrm{d}\Phi_D}{\mathrm{d}t}. \tag{10-24}$$

引入位移电流后，在电容器极板处中断的传导电流就被位移电流接替，保持了电流的连续性. 传导电流 I_{c} 和位移电流 I_{d} 之和称为全电流，用 I_{S} 表示，即

$$I_S = I_c + I_d.$$

对任何电路，全电流是保持连续的.

此时，安培环路定理可修正为

$$\oint_L \boldsymbol{H} \cdot d\boldsymbol{l} = I_S = I_c + \frac{d\Phi_D}{dt} = \iint_S \left(\boldsymbol{j}_c + \frac{d\boldsymbol{D}}{dt}\right) \cdot d\boldsymbol{S}. \quad (10-25)$$

式(10－25)称为全电流安培环路定理，简称全电流定理.

位移电流本质上是一种变化着的电场，变化的电场可以激发磁场. 应该注意，位移电流 I_d 和传导电流 I_c 是两个截然不同的概念，它们只是在产生磁场方面是等效的，故都称为电流，但在其他方面存在着根本的区别. 首先，位移电流 I_d 与电场的变化率有关，与电荷运动无关，而传导电流则是电荷的定向运动. 其次，传导电流在通过导体时会产生焦耳热，而位移电流则不会产生焦耳热.

【例 10－9】 如图 10－23 所示，半径为 $R=5$ cm 的两块圆板，构成平行板电容器，以匀速充电使电容器极板间的电场强度的时间变化率为 $dE/dt = 2\times10^{13}$ $V\cdot m^{-1}\cdot s^{-1}$. 求：(1) 两极板间的位移电流；(2) 两极板间磁感应强度的分布及极板边缘的磁感应强度.

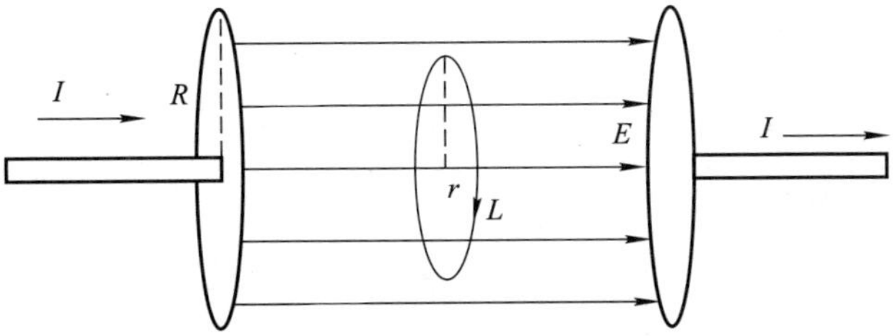

图 10－23

解：(1) 由式(10－24)得两极板间的位移电流为

$$I_d = \frac{d\Phi_D}{dt} = S\frac{dD}{dt} = \pi R^2 \varepsilon_0 \frac{dE}{dt} \approx 1.4 \text{ A}.$$

(2) 由于两极板间的电场对圆形平板具有轴对称性，所以磁场对两极板的中心连线也具有对称性. 以两极板中心连线为轴，在平行于平板的平面上作半径为 r 的圆形回路为积分回路，由对称性可知，在此积分回路上磁感应强度的大小相等，磁感应线的方向沿回路的切线方向，且与电流的方向符合右手螺旋关系. 由全电流安培环路定理得

$$\oint_L \boldsymbol{H} \cdot d\boldsymbol{l} = \frac{B}{\mu_0} 2\pi r = \frac{d\Phi_D}{dt} = \pi r^2 \varepsilon_0 \frac{dE}{dt},$$

所以

$$B=\frac{\mu_0\varepsilon_0}{2}r\,\frac{\mathrm{d}E}{\mathrm{d}t}.$$

当 $r=R$ 时，

$$B=\frac{\mu_0\varepsilon_0}{2}R\,\frac{\mathrm{d}E}{\mathrm{d}t}\approx 5.6\times10^{-6}\ \mathrm{T}.$$

结果表明，虽然位移电流已经很大，但它所产生的磁场是很弱的，在一般实验中不易测量到. 但是在超高频情况下，将会获得较强的位移电流产生的磁场.

10.7.2 麦克斯韦方程组的积分形式 电磁场

前面我们分别介绍了麦克斯韦涡旋电场和位移电流这两个假设. 涡旋电场假设指出，除静止电荷产生的无旋电场外，变化的磁场产生涡旋电场；位移电流假设指出，变化的电场和传导电流一样将产生涡旋磁场. 这两个假设揭示了电场和磁场之间的相互联系，即变化的电场和磁场不是彼此孤立的，而是相互联系、相互激发的，在变化电场的空间必然存在变化磁场，同样，在变化磁场的空间也必然存在变化电场，变化电场与变化磁场相互激发，组成一个统一的整体，即电磁场.

前面几章我们研究了静电场和稳恒磁场，得到了下面的规律：

(1) 静电场的高斯定理

$$\oiint_S \boldsymbol{D}\cdot\mathrm{d}\boldsymbol{S}=q=\iiint_V\rho\,\mathrm{d}V;$$

(2) 静电场的环路定理

$$\oint_L \boldsymbol{E}\cdot\mathrm{d}\boldsymbol{l}=0;$$

(3) 磁场的高斯定理

$$\oiint_S \boldsymbol{B}\cdot\mathrm{d}\boldsymbol{S}=0;$$

(4) 稳恒磁场的安培环路定理

$$\oint_L \boldsymbol{H}\cdot\mathrm{d}\boldsymbol{l}=\sum_i I_i.$$

对一般电磁场情况，在麦克斯韦引入涡旋电场和位移电流两个重要概念后，将静电场的环路定理改为

$$\oint_L \boldsymbol{E}\cdot\mathrm{d}\boldsymbol{l}=-\frac{\mathrm{d}\Phi}{\mathrm{d}t}=-\iint_S\frac{\partial\boldsymbol{B}}{\partial t}\cdot\mathrm{d}\boldsymbol{S},$$

将稳恒磁场的安培环路定律改为

$$\oint_L \boldsymbol{H}\cdot\mathrm{d}\boldsymbol{l}=I_S=\iint_S\left(\boldsymbol{j}_c+\frac{\mathrm{d}\boldsymbol{D}}{\mathrm{d}t}\right)\cdot\mathrm{d}\boldsymbol{S}.$$

麦克斯韦还认为，静电场的高斯定理与稳恒磁场的高斯定理也可适用于一般

的电磁场. 麦克斯韦把电场与磁场统一为电磁场,得到电磁场满足的基本方程,即

$$\oiint_S \boldsymbol{D}\cdot\mathrm{d}\boldsymbol{S}=q=\iiint_V \rho\mathrm{d}V, \tag{10-26}$$

$$\oiint_S \boldsymbol{B}\cdot\mathrm{d}\boldsymbol{S}=0, \tag{10-27}$$

$$\oint_L \boldsymbol{E}\cdot\mathrm{d}\boldsymbol{l}=-\frac{\mathrm{d}\Phi}{\mathrm{d}t}=-\iint_S \frac{\partial \boldsymbol{B}}{\partial t}\cdot\mathrm{d}\boldsymbol{S}, \tag{10-28}$$

$$\oint_L \boldsymbol{H}\cdot\mathrm{d}\boldsymbol{l}=I_S=\iint_S\left(\boldsymbol{j}_c+\frac{\mathrm{d}\boldsymbol{D}}{\mathrm{d}t}\right)\cdot\mathrm{d}\boldsymbol{S}. \tag{10-29}$$

这四个方程就是麦克斯韦方程组的积分形式.

下面简要说明方程组中各方程的物理意义.

(1) 式(10-26)是电场的高斯定理,说明电场强度与电荷的关系,穿过任意封闭曲面的电位移通量,等于该封闭曲面内自由电荷的代数和.

(2) 式(10-27)是磁场的高斯定理,说明磁感应线都是闭合的,因此在任何磁场中,通过任意封闭曲面的磁通量总是等于零.

(3) 式(10-28)是法拉第电磁感应定律,说明变化的磁场和电场的联系.

(4) 式(10-29)是全电流安培环路定理,说明电流及变化的电场和磁场的联系.

麦克斯韦电磁场理论不仅全面揭示了电磁场的规律,而且预言了电磁波的存在,并证明了光是一种电磁波. 1887 年,德国物理学家赫兹首先以实验证实了电磁波的存在. 麦克斯韦理论是物理学史上最伟大的成就之一,它奠定了经典电动力学的基础,也为无线电技术的进一步发展开辟了广阔的前景.

在实际应用中,还必须考虑介质的情况,因此,应加上三个物理方程作为麦克斯韦方程组的辅助方程. 在各向同性介质中,介质方程为

$$\boldsymbol{D}=\varepsilon_r\varepsilon_0\boldsymbol{E},$$
$$\boldsymbol{B}=\mu_0\mu_r\boldsymbol{H},$$
$$\boldsymbol{j}=\sigma\boldsymbol{E}.$$

在非均匀介质中,还要考虑电磁场量在介质分界面上的边值关系,以及具体问题中的初值条件.

由电磁场量满足的边界条件和已知的初始条件,根据麦克斯韦方程组及三个辅助方程,就可确定介质中某一点在任一时刻的电磁场分布. 正如牛顿方程能完全描述质点的动力学过程一样,麦克斯韦方程组能完全描述电磁场的动力学过程.

习题

一、思考题

1. 在磁场变化的空间里，如果没有导体，那么，在这个空间是否存在电场？是否存在感应电动势？

2. 在电磁感应定律 $\varepsilon_i=-\mathrm{d}\Phi/\mathrm{d}t$ 中，负号的意义是什么？如何根据负号来确定感应电动势的方向？

3. 平行板电容器的位移电流可写成 $I_d=C\dfrac{\mathrm{d}U}{\mathrm{d}t}$（试证明），其中 C 为电容器的电容，U 是电容器两极板的电势差. 如果不是平行板电容器，以上关系还适用吗？

4. 如何设计一个自感较大的线圈？

5. 互感电动势与哪些因素有关？要在两个线圈间获得较大的互感，应该用什么办法？

6. 什么是位移电流？位移电流与传导电流有什么异同？

7. 如何理解麦克斯韦电磁场理论的四个积分方程？

二、计算与证明题

1. 一半径为 $r=10$ cm 的圆形回路放在 $B=0.8$ T 的均匀磁场中，回路平面与 $\boldsymbol{B}$ 垂直. 当回路半径以恒定速度 $\dfrac{\mathrm{d}r}{\mathrm{d}t}=80\ \mathrm{cm\cdot s^{-1}}$ 收缩时，求回路中感应电动势的大小.

2. 一对互相垂直的相等的半圆形导线构成回路，半径为 $R=5$ cm，如图 10－24 所示. 均匀磁场 $B=8\times10^{-3}$ T，$\boldsymbol{B}$ 的方向与两半圆的公共直径（在 Oz 轴上）垂直，且与两半圆构成相等的角 α. 当磁场在 5 ms 内匀速降为零时，求回路中的感应电动势的大小及方向.

*3. 如图 10－25 所示，一根导线弯成抛物线形状，放在均匀磁场中，导线形状满足抛物线方程 $y=ax^2$. $\boldsymbol{B}$ 与 xOy 平面垂直，细杆 cd 平行于 x 轴并以加速度 a 从抛物线的底部向开口处做平动，求 cd 距 O 点为 y 处时回路中产生的感应电动势.

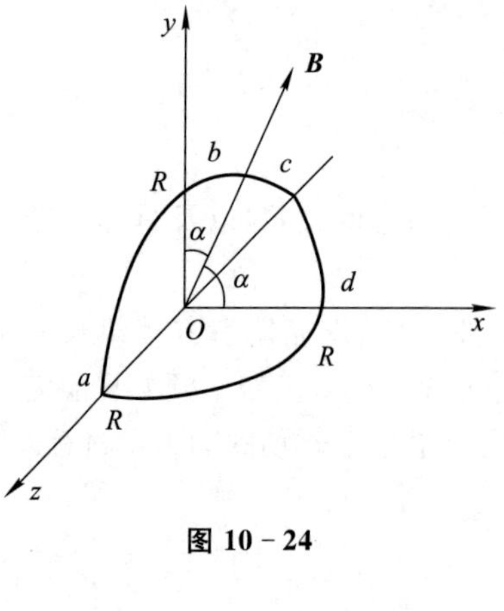

图 10－24

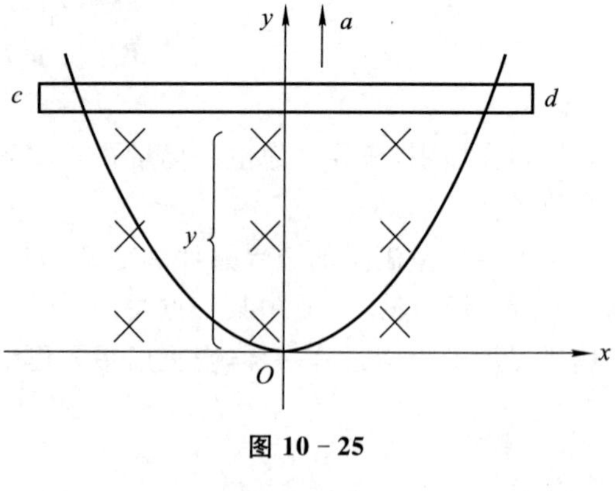

图 10－25

4. 如图 10－26 所示，载有电流 I 的长直导线附近，放一导体半圆环 MeN 与长直导线共面，且端点 MN 的连线与长直导线垂直. 半圆环的半径为 b，环心 O 与导线相距 a. 设半圆环以速度 v 平行于导线平移，求半圆环内感应电动势的大小和方向及 MN 两端的电压 U_M-U_N.

5. 在两平行载流的无限长直导线的平面内有一矩形线圈，各个距离和长度如图 10－27 所示. 两导线中的电流方向相反、大小相等，且电流以 $\frac{dI}{dt}$ 的变化率增大，求：

(1) 任一时刻线圈内所通过的磁通量；

(2) 线圈中的感应电动势.

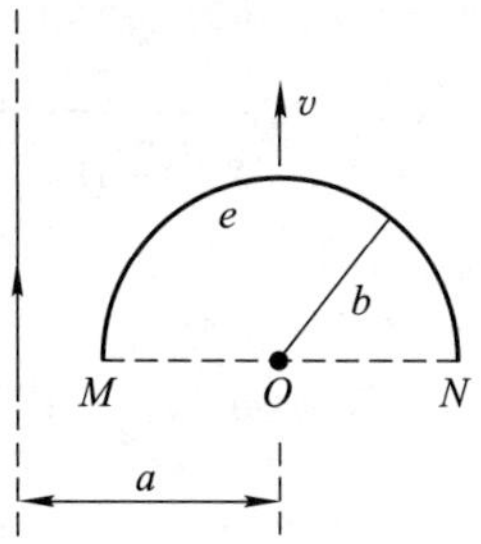

图 10－26

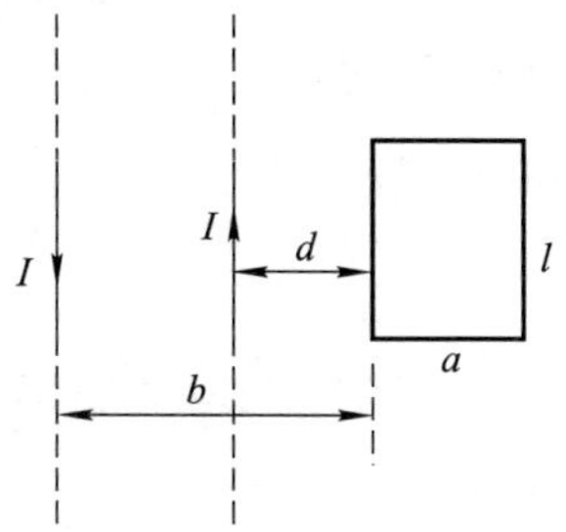

图 10－27

6. 如图 10－28 所示，用一根硬导线弯成半径为 r 的一个半圆. 令这半圆形导线在磁场中以频率 f 绕图中半圆的直径旋转. 整个电路的电阻为 R，求感应电流的最大值.

7. 如图 10－29 所示，长直导线通以电流 $I=5$ A，在其右方放一长方形线圈，两者共面. 线圈长 $b=0.06$ m，宽 $a=0.04$ m，线圈以速度 $v=0.03\ \mathrm{m\cdot s^{-1}}$ 垂直于直线平移远离，求 $d=0.05$ m 时线圈中感应电动势的大小和方向.

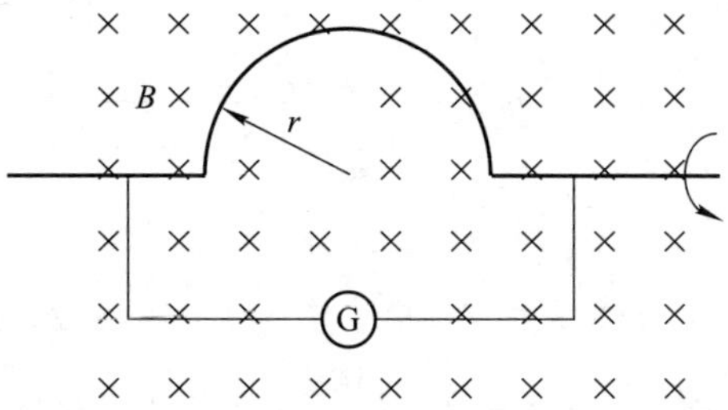

图 10－28

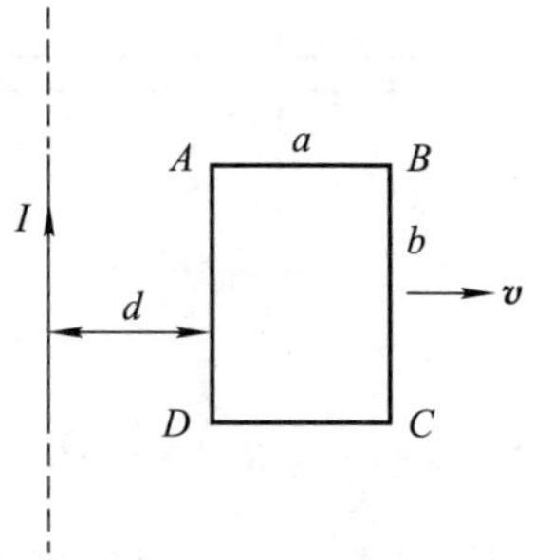

图 10－29

8. 长度为 l 的金属杆 ab 以速度 v 在导电轨道 $abcd$ 上平行移动. 已知导轨处于均匀磁场 $\boldsymbol{B}$ 中，$\boldsymbol{B}$ 的方向与回路的法线成 60°角（如图 10－30 所示），$\boldsymbol{B}$ 的大小为 $B=kt$（k 为常数）. 设 $t=0$ 时杆位于 cd 处，求任一时刻 t 导线回路中感应电动势的大小和方向.

9. 一矩形导线框以恒定的加速度 a 向右穿过一均匀磁场区，$\boldsymbol{B}$ 的方向及框和磁场区域的尺寸如图 10 - 31 所示. 取逆时针方向为电流正方向，画出线框中电流与时间的关系(设导线框刚进入磁场区时 $t=0$).

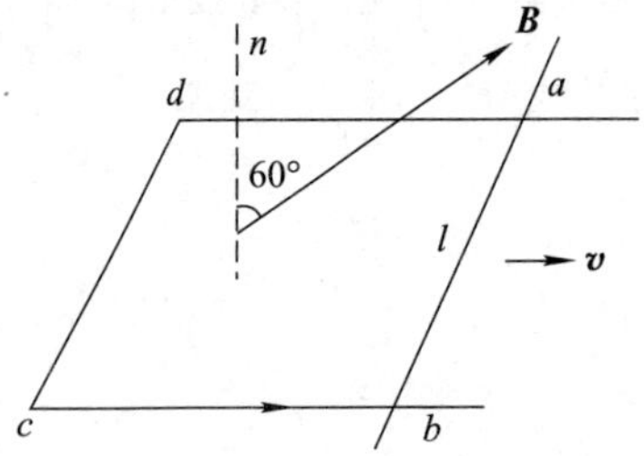

图 10 - 30

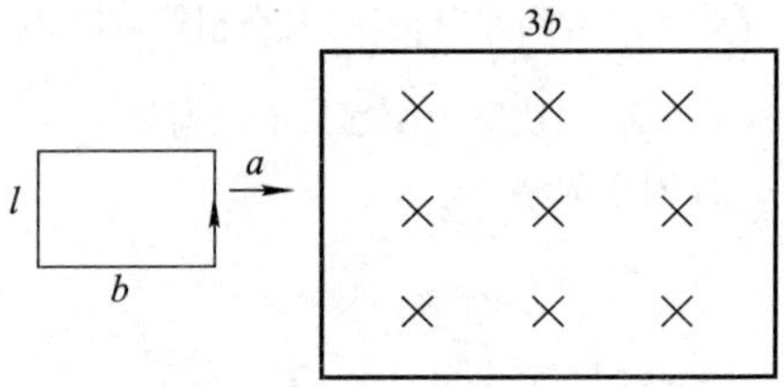

图 10 - 31

10. 导线 ab 长为 l，绕过 O 点的垂直轴以匀角速度 ω 转动，$aO=\dfrac{l}{3}$，磁感应强度 $\boldsymbol{B}$ 平行于转轴，如图 10 - 32 所示.

(1) 试求 ab 两端的电势差；

(2) a，b 哪一点电势高？

11. 如图 10 - 33 所示，长度为 $2b$ 的金属杆位于两无限长直导线所在平面的正中间，并以速度 $\boldsymbol{v}$ 平行于两直导线运动. 两直导线通以大小相等、方向相反的电流，两导线相距 $2a$，试求金属杆两端的电势差及其方向.

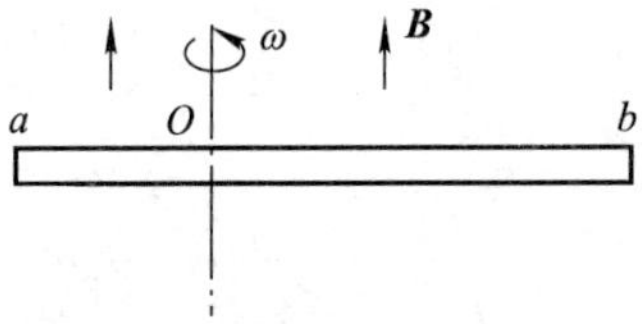

图 10 - 32

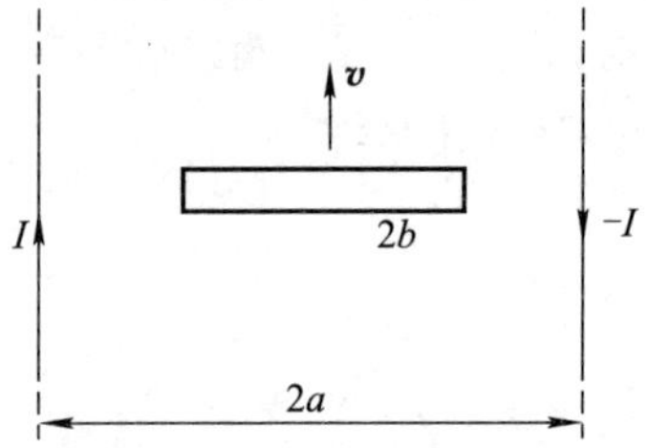

图 10 - 33

12. 磁感应强度为 $\boldsymbol{B}$ 的均匀磁场充满一半径为 R 的圆柱形空间，一金属杆 ac 放在图 10 - 34 中位置，杆长为 $2R$，其中一半位于磁场内，另一半在磁场外. 当 $\dfrac{\mathrm{d}B}{\mathrm{d}t}>0$ 时，求杆两端的感应电动势的大小和方向.

13. 半径为 R 的直螺线管中，有 $\dfrac{\mathrm{d}B}{\mathrm{d}t}>0$ 的磁场，一任意闭合导线 abc，一部分在螺线管内绷直成 ab 弦，a，b 两点与螺线管绝缘，如图 10 - 35 所示. 设 ab 长为 R，试求闭合导线中的感应电动势.

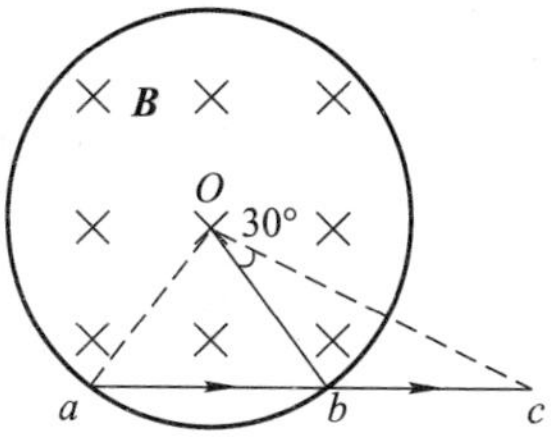

图 10-34

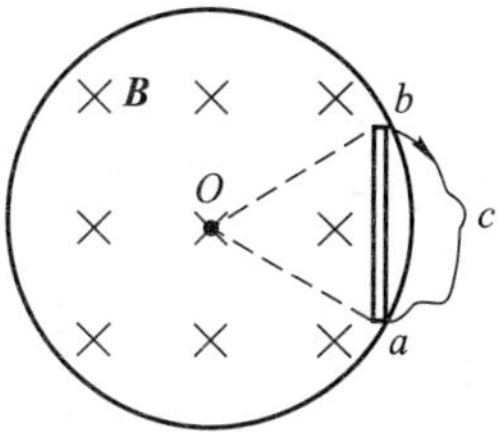

图 10-35

14. 如图 10-36 所示，在垂直于直螺线管管轴的平面上放置导体 ab 于其直径位置，另一导体 cd 在一弦上，导体均与螺线管绝缘. 当螺线管接通电源的一瞬间，管内磁场如图示方向，试求：

(1) ab 两端的电势差；

(2) c，d 两点电势高低的情况.

15. 一无限长的直导线和一正方形的线圈如图 10-37 所示放置(导线与线圈接触处绝缘)，求线圈与导线间的互感系数.

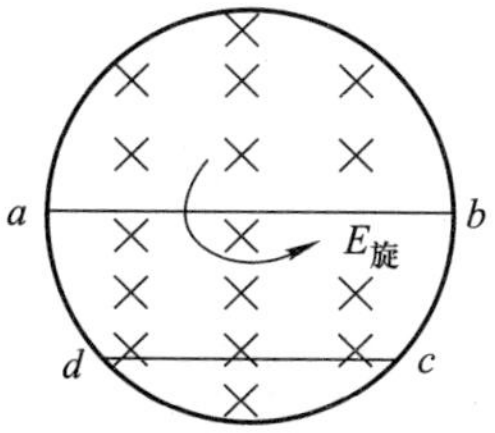

图 10-36

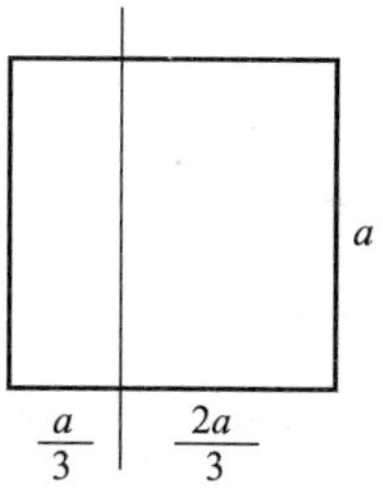

图 10-37

16. 一矩形线圈长为 $a=20$ cm，宽为 $b=10$ cm，由 100 匝表面绝缘的导线绕成，放在一无限长导线的旁边且与线圈共面，如图 10-38 所示. 求图 10-38(a)和图 10-38(b)两种情况下，线圈与长直导线间的互感.

17. 如图 10-39 所示，两根平行长直导线横截面的半径都是 a，中心相距为 d，两导线属于同一回路. 设两导线内部的磁通可忽略不计，证明：这样一对导线长度为 l 的一段自感为

$$L=\frac{\mu_0 l}{\pi}\ln\frac{d-a}{a}.$$

18. 两线圈顺串联后总自感为 1 H，在它们的形状和位置都不变的情况下，反串联后总自感为 0.4 H，试求它们之间的互感.

19. 一螺线环各种尺寸参数如图 10-40 所示，共有 N 匝，试求：

(1) 此螺线环的自感系数；

(2) 导线内通有电流 I 时的环内磁能.

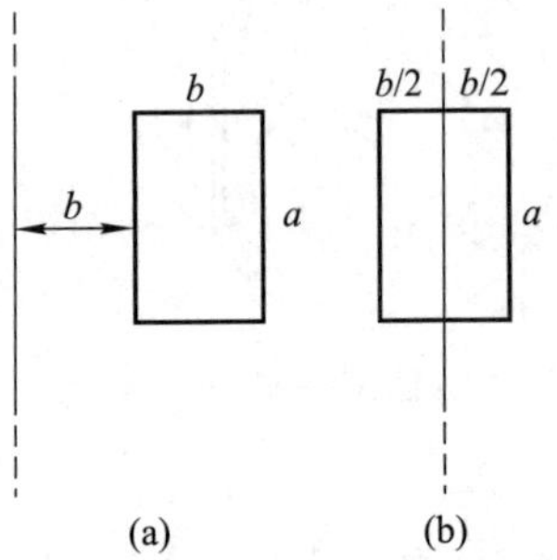

图 10-38

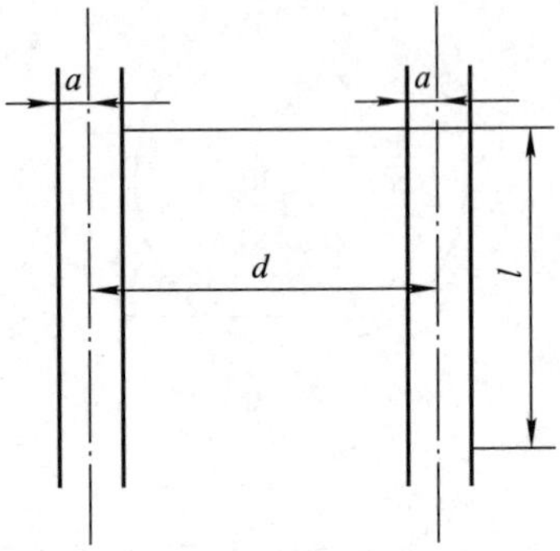

图 10-39

20. 一无限长圆柱形直导线的截面各处的电流密度相等，总电流为 I，求导线内部单位长度上所储存的磁能.

21. 圆柱形电容器内、外导体截面半径分别为 R_1 和 R_2（$R_1<R_2$），中间充满介电常数为 ε 的电介质. 当两极板间的电压随时间的变化率 $\frac{\mathrm{d}U}{\mathrm{d}t}=k$（$k$ 为常数）时，求介质内距圆柱轴线为 r 处的位移电流密度.

22. 如图 10-41 所示，平行板电容器内各点的交变电场强度为 $E=720\sin(10^5\pi(t/\mathrm{s}))\,\mathrm{V\cdot m^{-1}}$，正方向向右，试求：

(1) 电容器中的位移电流密度；

(2) 电容器内距中心连线 $r=10^{-2}$ m 的一点 P，当 $t=0$ 和 $t=\frac{1}{2}\times10^{-5}$ s 时磁场强度的大小及方向（不考虑传导电流产生的磁场）.

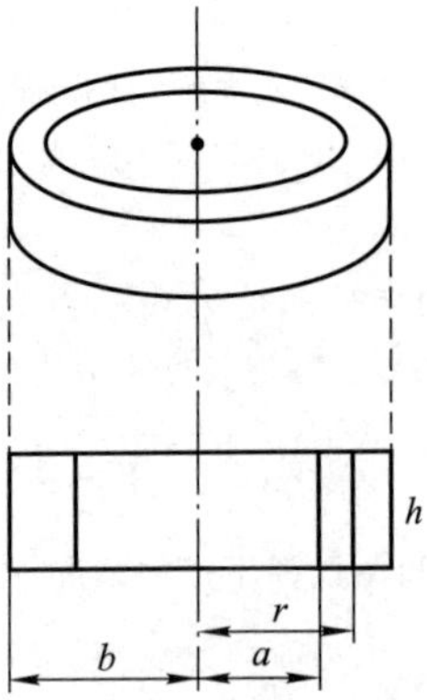

图 10-40

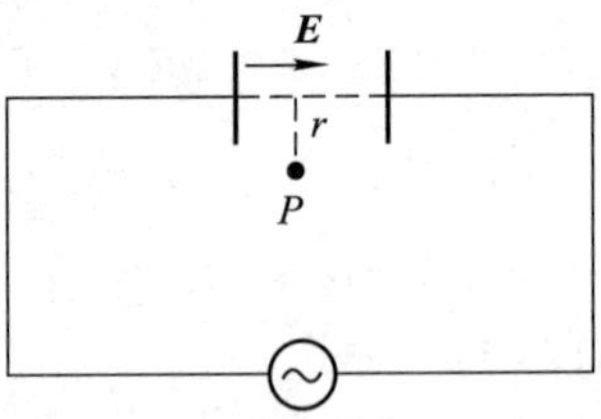

图 10-41

23. 半径为 $R=0.1\ \mathrm{m}$ 的两块圆板构成平行板电容器，放在真空中. 现对电容器匀速充电，使两极板间电场的变化率为 $\frac{\mathrm{d}E}{\mathrm{d}t}=1\times10^{13}\ \mathrm{V\cdot m^{-1}\cdot s^{-1}}$，求两极板间的位移电流，并计算电容器内距离两圆板中心连线为 $r(r<R)$ 处的磁感应强度 B_r 以及 $r=R$ 处的磁感应强度 B_R.